高等学校规划教材

电器电子产品处理与生态设计

李忠国　编著

化学工业出版社
·北京·

内容简介

本教材系统介绍了电器电子废物污染控制及资源化利用基本方法，从技术应用到工厂设计、从生态设计到产业链的发展均做了阐述，使学生能够将生态设计及绿色发展的理念引入到环境保护工作的学习和研究中。全书共分十二章，主要内容包括电器电子产品的生产发展，废弃电器电子产品产生量预测、管理、拆解技术及资源化，废弃电器电子产品中危险废物的管理与处理处置，电器电子产品生态设计的概念和方法、生态设计评价，电器电子产品再制造，电器电子产品处理绿色工厂与绿色供应链。

本教材为环境科学与工程专业本科生和研究生教学用书，也可供固体废物处理处置行业的从业人员阅读，同时可为设计制造和加工行业技术人员提供参考。

图书在版编目（CIP）数据

电器电子产品处理与生态设计/李忠国编著．—北京：化学工业出版社，2021.8

高等学校规划教材

ISBN 978-7-122-39152-0

Ⅰ.①电… Ⅱ.①李… Ⅲ.①日用电气器具-废弃物-废物处理-高等学校-教材②电子产品-废弃物-废物处理-高等学校-教材 Ⅳ.①X76

中国版本图书馆 CIP 数据核字（2021）第 091950 号

责任编辑：窦 臻 林 媛　　文字编辑：刘 璐 陈小滔

责任校对：李 爽　　装帧设计：关 飞

出版发行：化学工业出版社（北京市东城区青年湖南街 13 号 邮政编码 100011）

印 装：北京虎彩文化传播有限公司

787mm×1092mm 1/16 印张 20 字数 535 千字 2022 年 3 月北京第 1 版第 1 次印刷

购书咨询：010-64518888　　售后服务：010-64518899

网 址：http://www.cip.com.cn

凡购买本书，如有缺损质量问题，本社销售中心负责调换。

定 价：66.00 元

前言

随着全球电子化进程的快速推进，人类对应用于各个领域的电子系统的依赖性与日俱增，电器电子产品已进入人类生产生活的各个角落，在带给人类科技享受的同时也带来了环境污染。中国是电器电子产品的生产和消费大国，电器电子产品生产过程中所消耗的资源份额逐渐扩大，资源消耗与环境污染已经成为制约行业发展的重要因素，废弃物的高效处理利用与产品的生态设计是解决资源与环境问题的重要举措。

电器电子产品中既含有环境风险物质也含有高值材料，对环境风险物质的限制使用与对高值材料的有效回收是电器电子产品设计和废弃电器电子产品处置的重要内容。本书通过对废弃电器电子产品处理技术的介绍以及对生态设计和绿色工厂建设的分析，阐明了废弃电器电子产品资源化利用与电器电子产品生态设计的发展方向。

电器电子产品是人类文明发展的产物，本书分别在第一章和第二章对电器电子产品社会发展以及生产发展历程做了介绍，旨在说明废弃电器电子产品是人类社会发展的产物，废弃电器电子产品处理技术应紧紧围绕同时代的生产技术、材料技术、信息技术等科学技术的发展而有所更新，不同时代生产的电器电子产品应采用不同的方法予以回收利用；第三章和第四章对废弃电器电子产品的产生量预测和管理做了介绍，说明废弃电器电子产品的处理处置已成为社会发展的重大问题，也是国际上共同存在的普遍问题；第五章重点介绍了“四机一脑”等代表性废弃电器电子产品的几种典型拆解技术，大部分拆解技术均因废弃电器电子产品的种类、型号的不同而呈现出单一性和局限性，要研发出通用性和自动化、规模化的拆解技术及装备就需要对电器电子产品的设计、生产、加工等环节统一标准，规范制式，通过电器电子产品的生态设计实现废弃电器电子产品的集约化处理；第六章对废弃电器电子产品资源化方法进行了介绍，资源化方法应根据废弃电器电子产品的材料组成特性进行选择和使用；第七章对废弃电器电子产品中危险废物的管理以及几种典型环境风险物质的处理处置方法进行了阐述，危险废物的安全处置是废弃电器电子产品处理的重要环节，也是电子废物环境污染控制的重要内容；第八章和第九章分别对生态设计和电器电子产品生态设计的要求、方法以及内容进行了介绍，产品认证是对电器电子产品生态设计结果认可的一种重要表现形式；第十章介绍了评价电器电子产品生态设计效果的两种评价方法，即安全（辐射）评价和能耗评价；第十一章介绍了电器电子产品再制造的一般方法，对电器电子产品元器件的识别及安全性能的鉴定是再制造的关键环节；第十二章对废弃电器电子产品处理绿色工厂与绿色供应链的建设进行了阐述，废弃电器电子产品处理属于环保产业，环保产业的建设应符合环保、低耗、高效的要求，在管理及生产过程中都应符合绿色化建设标准。

本书为环境科学与工程专业本科生和研究生教学用书，可供废弃电器电子产品处理处置教学、工程教育专业教学和产业人员知识教育培训使用，也可供设计制造和加工行业技术人员参考。本书由兰州大学教务处及兰州大学资源环境学院资助完成，书中引用的部分内容为编著者在清华大学从事博士后研究工作时与清华大学师生共同获得的研究成果。本书在编写过程中参考和引用了许多电子废物和生态设计领域研究人员的科研成果，在此对他们表示感谢。由于编著者水平有限，书中如有不当之处或需要商榷的内容，欢迎广大读者及专业人士不吝斧正，以期本书更趋完善。

编著者
2020 年 10 月

目录

第十一章 电子元器件再利用及电器电子产品再制造 / 250

第十二章 电器电子产品处理绿色工厂与绿色供应链 / 271

第一章 绪 论

第一节 电器电子产品的社会发展

18 世纪中叶以来，人类历史上先后发生了三次工业革命，第一次工业革命开创了“蒸汽时代”（1760—1840），标志着农耕文明向工业文明的过渡，世界经济重心从东方转向了西方；第二次工业革命进入了“电气时代”（1840—1950），电力、钢铁、铁路、化工、汽车等工业兴起，石油成为新能源，美国替代英国成为世界经济的领导者，第二次工业革命促使交通迅速发展，世界各国交流趋于频繁，国际经济逐渐走向全球化；第三次工业革命始于第二次世界大战后，以电子工业为基础开创了“信息时代”，电子技术成为推动现代社会经济前进的火车头，随着电子技术的广泛发展，其应用向着军事和国民经济各部门全方位渗透，大大增强了国家的军事实力，迅速提高了工农商各业的经济效益，同时也明显地改善了人民的生活质量。有些国家相继提出了“国民经济电子化”“电子立国”等响亮口号。

电子技术是第二次工业革命时代西方国家在 19 世纪末、20 世纪初开始发展起来的新兴技术，由美国人莫尔斯发明电报开始，1902 年英国物理学家弗莱明发明电子管，而电子管成为第一代电子产品的核心。随着电子应用技术的发展，20 世纪 40 年代末世界上诞生了第一只半导体三极管，它因具有小巧、轻便、省电、寿命长等特点，很快被各国应用起来，在很大范围内取代了电子管。20 世纪 50 年代末期，世界上出现了第一块集成电路，它把许多晶体管等电子元件集成在一块硅芯片上，使电器电子产品向更小型化发展。集成电路从小规模集成电路迅速发展到大规模集成电路和超大规模集成电路，从而使电器电子产品向着高效能低消耗、高精度、高稳定、智能化的方向发展。

我国现代电器电子产业的发展开始于 1978 年的改革开放，在这之后的几十年中，共经历了三个明显的发展阶段：市场化转型阶段、规模化发展阶段和代工跟随阶段（图 1-1）。

市场化转型阶段：自 1978 年到 1990 年初期，我国电器电子产业性质发生了一次重大的转变，即将生产军工产品为主的电子信息产业转变成以生产军工产品与民用产品相结合的电子信息产业，使电子信息产业积极满足经济发展的需求，有效促进了我国电子信息产业的发

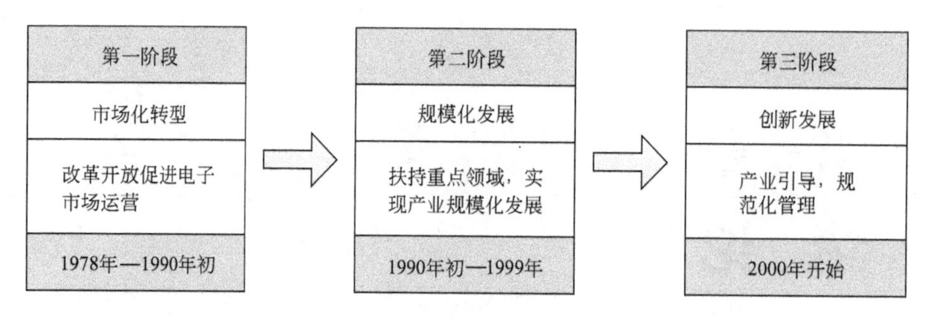

图 1-1　我国电器电子产业发展阶段

展，同时依靠引进国外先进的高新技术，促进了我国电子信息产业的国际化进程，为我国的电子信息产业规模化、产业化的生产打下了坚实的基础。1984 年十二届三中全会后，我国彩电业基本实现了设计、生产、制造、销售一条龙的目标，并且在彩电业的带动下，我国消费类电子信息产业也得到了长足发展。与此同时，我国电子计算机信息系统工程政策的实施，也促进了电子信息技术在我国国民经济各个领域的广泛应用，实现了电子信息产业的第一次经济飞跃。

规模化发展阶段：1990 年初至 1999 年，我国国民经济与社会发展进入了信息化时代，而这个信息化时代离不开电子信息产业的发展。为促进电子信息行业健康可持续发展，我国电子信息行业实施了一系列重大工程［如金系列工程（金关、金税以及金卡）及 909 工程］，使得电子信息产业进入了由长期从事单一产品加工制造逐步向软硬件开发制造以及应用和信息服务业诸业发展的转变阶段，我国电子信息产业开始由传统的制造业逐步迈进现代电子信息产业的行列。

创新发展阶段：从 2000 年开始。在该期间，我国电子信息产业开始进入新的发展阶段，在继续做大产业规模，通过代工进入全球电子产业链分工体系的基础上，向技术研发、产品创新等方面发展。

第二节　电器电子产品发展的负面影响

一、人体健康影响

1. 有害物质影响

电器电子产品中含有重金属等多种有害物质，因废弃的电器电子产品回收处理不当而产生的有害物质可损害人体生理系统的正常功能。某些成分如铅及其化合物、砷、六价铬、镍及其化合物、镉及其化合物、铍及其化合物、二噁英等甚至有致癌作用，严重威胁人体健康，其中铅、汞、镉、铬和类金属砷被列为全国《重金属污染综合防治“十二五”规划》重点监控与污染物排放量控制的重金属。

（1）铅的影响

作为一种重要的金属材料，铅（lead，Pb）被广泛应用于电器电子产品的制造中，电脑中的主要含铅部位有阴极射线管显示器的锥玻璃、线路板及其他元件的焊接点。铅是严重危害人类健康的一种重金属元素，具有“三致”（致癌、致突变、致畸）性，几乎对人体的各个系统均具有毒性。在较高剂量的暴露下铅对神经系统、血液系统、心血管系统、生殖系统以及肾脏和骨骼等都有毒性作用。国际癌症研究机构将铅列为人类致癌物，美国毒物与疾病管理委员会一直将铅列为第二位危害人体健康的有毒物质。铅中毒可引起红细胞寿命缩短与血红素合成受阻进而导致贫血，低浓度铅会对幼儿的生长发育与智力产生严重影响。过量的铅吸收可使中枢神经系统与周围神经系统受损，引起脑病和周围神经病，严重的铅性脑病会发生惊厥、麻痹、昏迷，甚至引起心、肺衰竭而死亡。慢性铅中毒可导致伸肌无力以及出现神经衰弱症候，使肾脏的排泄机制受到影响，肾组织出现进行性变性，伴随肾功能不全。短期大剂量的铅摄入可导致肾脏中近球小管的衬细胞变性，细胞出现不同程度的坏死以及氨基酸、葡萄糖、磷酸盐吸收的减少。

（2）镉的影响

在电子制造业中镉（cadmium，Cd）被用于电阻器、红外线发生器、半导体等元件中，同时镉也是塑料的固化剂。镉及其化合物具有致癌作用，主要与肺癌、前列腺癌、肾癌和膀胱癌的发生有关。镉对组织的毒害作用是通过竞争与钙调素（CaM）结合，干扰钙与 CaM 结合时所调控的生理生化体系，使 Ca^{2+}-ATP 酶和磷酸二酯酶活性受到抑制，影响细胞骨架，刺激动脉血管平滑肌细胞，致使血压升高。镉能够导致心肌内高能磷酸盐贮存量下降，降低心肌细胞收缩性和心血管系统的兴奋性，对心血管系统的影响主要体现为导致高血压、动脉粥样硬化、心肌病、血管内皮细胞损伤等。镉中毒患者会伴有牙齿颈部黄斑、嗅觉减退或丧失、鼻黏膜溃疡和萎缩、食欲减退、恶心，更有甚者会出现肝功能轻度异常、体重减轻和高血压。长期接触镉的人，肺癌发病率增高。

（3）铬的影响

铬（chromium，Cr）通常以三价、六价的形式存在，其中六价铬于 1990 年就被国际癌症研究机构（IARC）列为已知的人类致癌物。六价铬在工业中应用非常广泛，在电子产品制造业中，铬被用于钢铁的防锈以及坚化和美化处理。六价铬具有强氧化性和腐蚀性，可通过空气、食物和水进入人体，影响机体的氧化还原和水解等正常生理过程。接触六价铬可发生铬性皮炎和湿疹，皮肤患处瘙痒形成丘疹或水泡，经呼吸道进入人体可引起鼻炎、鼻中隔溃疡和穿孔、咽炎、支气管炎、肺气肿等。铬化合物不损伤完整皮肤，但擦伤皮肤接触铬化合物时可发生伤害。铬化合物对呼吸道的损害主要表现为鼻中隔溃疡、穿孔及呼吸系统癌症。

（4）镍的影响

电器电子产品中的镍（nickel，Ni）主要存在于阴极射线管（CRT）、印刷线路板（PCB）和外壳。接触镍最常见的职业疾病有皮肤变态反应、肺纤维化和心血管系统病变等。镍的吸入影响包括哮喘、慢性肥大性鼻炎和鼻窦炎、鼻息肉及鼻中隔穿孔。实验室和流行病学研究表明，氧化镍及其晶体化合物（如次硫化镍）与存在于镍熔炼厂和提炼厂的其他镍化合物（硫酸镍）相比，有更强的致癌性。镍暴露对生殖系统也存在影响，在器官发育期，怀孕动物高剂量镍盐（$NiCl_2$，$NiCO_3$，$NiSO_4$）和羰基镍暴露会引起胎儿畸形。

（5）汞的影响

在电子制造业中，汞（mercury，Hg）被广泛用于电池、线路板、转换器和平面显示器中。金属汞主要以蒸气形式经呼吸道进入人体，有机汞混合物则通过肺、消化道、皮肤等途径吸收，对机体具有持久性毒害作用，包括神经毒性、肾毒性、生殖毒性和免疫毒性等。低剂量汞对成人可造成记忆丧失，包括注意力不集中、共济失调、感觉迟钝、发音障碍、亚临床手指震颤、听觉和视觉损伤、感觉紊乱、疲劳加重，对儿童、婴幼儿可造成语言和记忆能力短缺、注意力不集中。对运动系统的损害表现为：破坏成人精细运动功能、肌力降低、疲劳感增加，导致婴幼儿行走能力延迟。对肾脏系统的损害表现为可使血浆肌酐水平增高。对心血管系统的损害表现为使正常心血管发生内环境平衡改变。对免疫系统的损害表现为造成整个机体的免疫力降低，如自身免疫性狼疮加重、多发性硬化、自身免疫性甲状腺炎、特异性湿疹。对生殖系统的损害表现为造成男性和女性的生育力降低、后代畸形。

(6) 砷的影响

在电器电子产品制造中，砷（arsenic，As）主要用于提高合金的硬度，加入钢中以增加钢的耐热性。砷可通过呼吸道、消化道和皮肤进入人体。无机砷的摄入可增加心血管系统、呼吸系统、胃肠系统、生殖系统、外周血管、脑血管、周围神经等的患病风险。砷可通过扰乱机体的氧化/抗氧化平衡系统，产出过多的活性氧类和一氧化氮，消耗超氧化物歧化酶、谷胱甘肽氧化酶等抗氧化酶并对含巯基抗氧化酶起抑制作用，致使机体氧化、抗氧化系统失衡，造成DNA和线粒体的氧化损伤，进而影响机体健康。

(7) 二噁英的影响

多氯代二苯并-对-二噁英（polychlorinated dibenzo-*p*-dioxins，PCDDs）和多氯代二苯并呋喃（polychlorinated dibenzofurans，PCDFs）总称为二噁英类物质。二噁英（dioxin）是环境中高度稳定的氯代芳香族化合物，主要产生于有氯供体存在时的燃烧过程和有氯处理工艺的化学工业过程，是环境中毒性最大的物质之一，其急性毒性是氰化钾的1000倍，国际癌症研究中心已将其列为人类一级致癌物。在废旧电器电子产品土法回收处理中，二噁英主要来源于电线包皮、电脑外壳等聚氯乙烯塑料的焚烧。二噁英类物质由400多种化合物组成，主要包括75种多氯代二苯并二噁英和135种多氯代二苯并呋喃。二噁英中含4个氯原子的2,3,7,8-四氯代二苯并二噁英（2,3,7,8-TeCDD）毒性最大。二噁英极具亲脂性及化学稳定性，有免疫毒性、生殖毒性、内分泌毒性，在体内很难代谢排出。

(8) 溴化阻燃剂的影响

溴化阻燃剂（brominated flame retandants，BFRs）是普遍使用的工业化学制剂，被广泛用于印刷电路板、塑料、涂层、电线电缆及树脂类电子元件中。在BFRs产品中，大约1/3含有多聚溴化二苯醚（polybrominated diphenyl ethers，PBDEs）；1/3含四溴双酚A（tetrabromobisphenol A，TBBPA）及其衍生物；1/3含其他溴化合物，如多溴二苯联苯（polybrominated biphenyls，PBBs）和六溴环丙烷十二烷（hexabromocyclododecane，HBCD）等。

PBDEs产品包括5-BDE、8-BDE、10-BDE。5-BDE主要影响神经行为的发育，可导致行为习惯、学习记忆和自发性运动活性的损伤；8-BDE主要具有胚胎毒性及致畸性，可引起大鼠、小鼠和家兔体重下降，延迟骨化，弯肋、软骨、后肢畸形等；10-BDE可引起成年大鼠甲状腺增生、肝扩大、肾脏玻璃样变性等。TBBPA可原发性地改变生物膜的渗透性，导致人红细胞溶血和大鼠线粒体内的氧化磷酸化解偶联。在亚急性和慢性暴露的研究中，小鼠口服可导致体重下降、脾脏重量增加、红细胞浓度降低、血清蛋白浓度降低、血清甘油三酯降低等改变；大鼠口服可见轻微的肾损伤。低剂量反复暴露于 PBBs 可导致大鼠肝脏重量增加、体积增大、肝细胞膨胀、内质网增殖、肝细胞坏死等形态学改变，还可导致大鼠胸腺重量降低、体积减小等萎缩性改变。长期体外毒性研究发现，PBBs 可导致肝脏肿瘤，对生殖也有不利影响。哺乳动物的毒性实验中，HBCD 经口给药后，在脂肪组织中累积，并可在多个器官中被检测到。

2. 电磁辐射影响

电磁辐射产生于电流，只要有电流的地方就有辐射，电流大小不同，辐射量也不同。电磁辐射对人体的危害分为热效应、非热效应和累积效应。热效应是高频电磁波穿透生物表层直接对生物内部组织作用，对生物机体细胞产生"加热"作用，引起体温升高，虽然机体表面无任何表现，但内部组织却已经被严重"烧伤"。非热效应是低频电磁波产生的影响。人体被电磁波辐射后，体温无明显改变，但人体固有的微弱电磁场已经受到干扰，使人体内原有的电磁发生异变，从而对人体造成伤害。累积效应是指人体受到辐射来不及恢复又被辐射伤害。高剂量的电磁辐射会影响及破坏人体原有的生物电流和生物磁场，使人体内原有的电磁场发生异常，对人体造成严重伤害。

（1）中枢神经系统的危害

电磁辐射能干扰人体的中枢神经系统，导致中枢神经系统机能障碍并发生畸变，自主神经功能失调，人体生态失去平衡。临床表现为头疼、头晕、恶心、乏力、烦躁不安、睡眠障碍、记忆力减退等。

（2）心血管系统的危害

电磁辐射会干扰人体的心血管系统，导致植物性神经功能紊乱和心血管系统的畸变。临床表现为心动过缓或过速、血沉下降、血压升高、心搏血量减少、冠状动脉供血不足、窦性心律不齐甚至突发心脏病。配装心脏起搏器的病人，如果处于高电磁辐射的环境中，会影响心脏起搏器的正常使用。

（3）危害人的免疫系统

长时间的电磁辐射可造成人体的免疫功能和代谢功能下降，导致白细胞或红细胞减少，严重的还会诱发癌症，并会加速人体的癌细胞增殖。长期处于高电磁辐射的环境中，会使血液、淋巴液和细胞原生质发生改变，诱发基因突变。

（4）危害人的生殖系统

电磁辐射对男性生殖系统的不利影响表现为性功能下降，性器官萎缩衰老，精子黏稠、减少或坏死，绝精；对女性生殖系统的不利影响表现为女性卵巢衰老，月经紊乱，乳腺癌发病率增加。

（5）危害人的视觉系统

电磁辐射危害眼球晶状体和视网膜，表现为眼涩，眼球晶状体出现水肿、混浊，眼球温度升高，引发白内障、视力下降等视功能障碍。

二、环境影响

废旧电器电子产品含有有毒物质，如果随意丢弃到环境中，可对环境造成污染。废旧电器电子产品含有的常见污染物质见表 1-1。

表 1-1 废旧电器电子产品含有的常见污染物质

有毒物质	电器电子废物零部件
铅	电池、线路板焊脚、CRT
镉及镉化合物	印刷线路板(PCB)、半导体、聚氯乙烯稳定剂、充电电池
无机汞	PCB、电池、自动调温器、汞开关、荧光灯、手机以及其他通信设备
铬	外壳(硬化剂等)
溴化阻燃剂	PCB、连接器、塑料外壳、电缆
砷	CRT 、PCB、晶体管
镍	CRT 、PCB、外壳
铍	PCB、连接器
硅	CRT 、PCB
聚氯乙烯	电线、电缆外皮、板卡
镓	半导体和 PCB

废弃电器电子产品对环境的污染主要表现在溶出毒害物质对土壤、水源的污染，同时还体现在违法焚烧造成的大气污染。以我国某镇为例，该镇曾以电子废弃物的加工利用而闻名，有利用价值的废弃物在此被拆解和重新拼装，剩余的被提炼和燃烧，甚至直接填埋丢弃。该区域的空气和地下水都受到了严重的污染，曾出现大面积的呼吸系统疾病，很多从事电子废弃物拆解加工的女工分娩时的羊水呈墨绿色，甚至有些刚出生的婴儿皮肤漆黑并很快夭折。2008 年美国政府问责局（GAO）研究发现，该区域的儿童血液中铅含量水平比美国疾病控制和预防中心（CDC）设置的最高安全含量标准还要高出 50%，而土壤样品中发现的铬和钡的含量更是比美国环境保护署（EPA）的标准限值分别高出了 1338 倍和 10 倍。

三、资源影响

电器电子产品的生产消耗了大量的金属和非金属材料，材料消耗的占比逐年增加。以铜金属为例，自改革开放以来，由于经济连续多年保持高速发展，大规模的基础设施建设以及中国制造业的崛起，电力电缆、电子通信、家用电器、机械制造、建筑工业、交通运输、国防等行业用铜量大幅增加。其中，电力设施及电缆行业用铜约占我国铜消费的 46%，建筑约占 18%，家用电器约占 16%，交通运输约占 11%，电子约占 7%。

据中国电器工业协会统计，主营业务收入 1 亿元的电机用铜量在 100t 左右，主营业务收入 1 亿元的电线电缆用铜量在 450t 左右；业务收入 1 亿元的高压开关用铜量在 70t 左右；主营业务收入 1 亿元的变压器行业用铜量在 50t 左右。因此，对废弃电器电子产品进行资源化回收和循环利用具有重要的环境意义和经济价值。

参考文献

[1] 吕京，贺锡雯．国外铅毒性研究近况．中华预防医学杂志，1994（02）：104-106.
[2] 杨红光，梁友信．铅接触对神经行为功能影响的研究．中华预防医学杂志，1994，028（001）：9-12.
[3] 宋华琴，刘建荣．铅的总接触量对儿童健康危害的研究．中华预防医学杂志，1993，27（2）：91-93.
[4] 杜丽娜，余若祯，王海燕，等．重金属镉污染及其毒性研究进展．环境与健康杂志，2013，30（2）：167-174.
[5] 张娟萍，张喜凤．镉污染对人体危害的初探．价值工程，2013（25）：282-283.
[6] 张汉池，张继军，刘峰．铬的危害与防治．内蒙古石油化工，2003，30：72-73.
[7] 胡勇强．镍毒性的临床反应．国外医学（医学地理分册），2000，21（3）：121-123.

[8] 安建博．低剂量汞毒性与人体健康．国外医学（医学地理分册），2007，28（1）：39-42.
[9] 曹立，郭小娟．慢性砷暴露与砷毒性的研究新进展．医学综述，2014，20（17）：3161-3163.
[10] 郁万妮．以卤代苯酚为前体物的二噁英气相形成机理研究．济南：山东大学，2013：2-9.
[11] 李燕，霍霞，徐锡金．溴化阻燃剂的毒性研究进展．环境与健康杂志，2007，24（2）：119-121.
[12] 张经纬．家用电器电磁辐射污染危害及防护．潍坊教育学院学报，2012，25（6）：73-74.
[13] 张辉，刘丽．电磁辐射污染与人体健康．沈阳师范学院学报（自然科学版），1999：61-63.
[14] 赵进沛，李清亚．铅与人体健康．贵州环保科技，1998，4（3）：25-27.
[15] 孙毅．职业性铅接触的骨毒效应．上海：复旦大学，2008.
[16] 叶钟灵．迎接4.0第四次工业革命．电子产品世界，2015（1）：3-6.
[17] 中国电子产业发展历程回顾．中商情报网，2013.
[18] 霍霞，丘波，彭琳，等．电子废物与人体健康，工业卫生与职业病，2006，32（5）：312-315.
[19] 姜声扬，庄勋，马振祥，等．亚慢性镉中毒所致小鼠睾丸、精子损伤及锌保护作用研究．中国工业医学杂志，2004，17（1）：7-10.
[20] 李军，高希宝，曹晶，等．儿童智力发育与体内铅、镉水平关系的探讨．中国心理卫生杂志，2003，17（2）：132-134.
[21] Werfel U，Langen V，Eickhoff I，et al. Elevated DNA single strand breakage frequencies in lymphocytes of welder s exposed to chromium and nickel. Carcinogenesis，1998，19（3）：413-418.
[22] Kaur P，Dani H M. Carcinogenicity of nickel is the result of its binding to RNA and no t to DNA. Journal of environmental pathology toxicology and oncology，2003，22（1）：29-39.
[23] Arter D E，Aposhian H V，Gandolfi A J. The metabolism of inorganic arsenic oxides，gallium arsenide，and arsine：a toxicochemical review. Toxicology and applied pharmacology，2003，193（3）：309-334.
[24] Ferreccio C，Gonzalez C，Milosavjlevic V，el al. Lung cancer and arsenic concentrations in drinking w ater in Chile. Epidemiology，2000，11（6）：673-679.
[25] Gill U，Chu I，Ryan，JJ，et al. Polybrominated diphenyl ethers：human t issue levels and toxicology. Reviews of environmental contamination and toxicology，2004，183：55-97.
[26] Wong R H，Chen P C，Du C L. An increased standardized mortality ratio for liver cancer among polyvinyl chloride worker s in Taiwan. Journal of Occupational and Environmental Medicine，2002，59（6）：405-409.
[27] 黄晓敏，蔡思彧，陆晓纯，等．手机及常用电器辐射的测量和防护．上海工程技术大学学报，2010，24（3）：228-231.
[28] USA Government Accountability Office. Electronic waste：EPA needs to better control harmful US exports through stronger enforcement and more comprehensive regulation [EB/OL]，2012.
[29] Eric V H. Poisoning the poor for profit：the injustice of exporting electronic waste to developing countries. Duke Environmental Law and Policy Forum，2010（1）：32-35.
[30] Guo Y Heavy metal contamination from electronic waste recycling at Guiyu，Southeastern China. Journal of Environmental Quality，2009（2）：1617-1620.
[31] 柳群义，王安建，张艳飞，等．中国铜需求趋势与消费结构分析．中国矿业，2014，23（9）：5-8.
[32] 邓伟．我国电器行业“十三五”发展趋势与铜消费及预测．中国有色金属报．2017-4-25（004）.
[33] 霍霞，丘波，彭琳，等．电子废物与人体健康．工业卫生与职业病，2006，32（5）：312-315.
[34] 赵波．反思：中国垃圾问题．智囊・财经报道，2003（1）：12-17.
[35] 刘定国，李春林．发达国家对华输出电子废弃物的环境影响与对策．沈阳工业大学学报：社会科学版，2014，（1）：40-45.
[36] USA Government Accountability Office. Electronic waste：EPA needs to better control harmful US exports through stronger enforcement and more comprehensive regulation [EB/OL]．2008. http：//WWW. gao. gov/new. items/d081044. pdf.
[37] Eric V H. Poisoning the poor for profit：the injustice of exporting electronic waste to developing countries. Duke Environmental Law and Policy Forum，2010（1）：32-35.

第二章
电器电子产品的生产发展

第一节　电器电子产品的定义及分类

一、电器电子产品定义

20 世纪 80 年代以来，随着微电子技术、网络技术、光学技术、生物技术和新材料技术等当代科学技术的发展，人类进入了一个以信息化为标志的文明发展阶段。在信息社会，智能化的综合网络将遍布社会的各个角落，固定电话、手机、电视、计算机等各种信息化的终端设备几乎无处不在。信息社会的生产生活中，易用、价廉的电器电子产品及各种基于网络的 3C 家电得到广泛应用，人们生活在一个被各种信息终端所包围的社会中，电器电子产品成为人类生产生活活动中不可或缺的一部分。

关于电器电子产品的定义，欧洲联盟［European Union，简称欧盟（EU）］在 2012/19/EU 指令第三条（定义）中有明确说明："电子电器设备"或"EEE"指设计使用电压为交流电不超过 1000V 和直流电不超过 1500V 的，依赖电流或者电磁场正常工作的设备和能产生、传送和测量上述电流和电磁场的设备。

我国对电器电子产品也有相应定义。根据原国家环境保护总局《关于加强废弃电子电气设备环境管理的公告》（环发〔2003〕143 号）以及《电器电子产品有害物质限制使用管理办法》（2016 年 1 月 6 日颁布）第一章第三条术语释义，电器电子产品定义为："电器电子产品，是指依靠电流或电磁场工作或者以产生、传输和测量电流和电磁场为目的，额定工作电压为直流电不超过 1500V、交流电不超过 1000V 的设备及配套产品。其中涉及电能生产、传输和分配的设备除外。"此处的"配套产品"，是指用于该管理办法适用范围内电器电子设备的组件/部件、元器件和材料。

二、电器电子产品分类

1. 欧盟电器电子产品分类

欧盟 2012/19/EU 指令在附件Ⅲ中明确了电器电子产品涵盖范围，指令中电器电子产品涉及以下六种：

① 换热设备。

② 屏幕、显示器和屏幕表面大于 $100cm^2$ 的设备。

③ 灯具。

④ 大型设备（任何外部尺寸超过 50cm）包括但不限于：家用电器；IT 和电信设备；消费设备；照明灯具；音像复制设备，音频设备；电气和电子工具；玩具、休闲和运动设备；医疗设备；监控设备；自动售货机；电感设备。这一类别不包括类别①～③的设备。

⑤ 小型设备（外形尺寸不超过 50cm），包括但不限于：家用电器；消费设备；照明灯具；音像复制设备，音频设备；电气和电子工具；玩具、休闲和运动设备；医疗设备；监控设备；自动售货机；电感设备。这一类别不包括类别①～③和⑥的设备。

⑥ 小型 IT 和电信设备（外形尺寸不超过 50cm）。

欧盟 2012/19/EU 指令同时在附件Ⅱ中对电器电子产品进行了细分，将电器电子产品分成了 10 大类 100 小类，并且在小类中采取开放式范围（意即未列入的产品亦属规范范围）。相关分类见表 2-1。

表 2-1　欧盟 2012/19/EU 指令中电器电子产品类别

序号	大类	小类
1	大型家用电器	大型制冷器具；冰箱；冰柜；其他用于冷藏、保存和储存食物的大型器具；洗衣机；干衣机；洗碟机；电饭煲；电炉；电热板；微波炉；其他用于烹饪和其他食品加工的大型器具；电加热器具；电暖器；其他用于加热房间、床、座椅家具的大型器具；电风扇；空调电器；其他通风、排气通风及调节设备
2	小家电	真空吸尘器；地毯清扫机；其他清洁用具；用于纺织、缝纫、编织和其他加工的器具；熨斗等电器；烤面包机；煎锅；磨碎机、咖啡机和打开或密封容器或包装的机器和设备；电动刀具；理发、吹风、刷牙、剃须、按摩及其他身体护理用具；用于测量、指示或记录时间的钟表、仪器和设备；量具
3	信息技术与通信设备	中央处理器；大型机；小型计算机；打印单元；个人计算器；个人电脑（包括 CPU、鼠标、屏幕和键盘）；笔记本电脑（包括 CPU、鼠标、屏幕和键盘）；小型笔记本电脑；记事本电脑；打印机；复印设备；电工电子刻字机；袖珍计算器；其他通过电子手段收集、储存、处理、展示或交流信息的产品和设备；用户终端和系统；传真机；电传；电话；付费电话；无绳电话；移动电话；自动应答系统；以及通过电信传送声音、图像或其他信息的其他产品或设备
4	消费类设备和光伏板	收音机；电视机；摄像机；录像机；高保真录音机；音频放大器；乐器；用于记录或复制声音、图像的其他产品或设备（包括使用数字或其他技术用于声音和图像分配的非电信设备）；光伏电池板
5	照明设备	非家用荧光照明灯具；直管荧光灯；紧凑型荧光灯；高强度放电灯具（包括高压钠灯和金属卤化物灯）；低压钠灯；用于传播或控制光的其他照明设备（不包括灯丝灯泡）
6	电气和电子工具（不包括大型固定工业工具）	钻；锯；缝纫机；木材、金属及其他材料的车削、铣削、打磨、锯切、剪切、钻孔、打孔、折弯、折叠、弯曲和类似的加工设备；铆接、钉紧或拧除铆钉、钉子、螺钉和类似用途的工具；焊接、熔接和类似用途的工具；用于割草或其他园艺活动的工具
7	玩具、休闲及运动器材	电动火车或赛车系列；掌上电动游戏机；视频游戏机；用于骑自行车、潜水、跑步、划船等活动的电脑；电动或电子元件运动器材；投币机
8	医疗器械（除植入和受感染的产品外）	放射治疗设备；心血管设备；透析设备；呼吸机；核医学设备；体外诊断实验设备；分析仪；冰柜；受精试验用具；用于检测、预防、监测、治疗、减轻疾病、伤害或残疾的其他器具
9	监控仪器	烟雾探测器；热调节器；恒温器；家用或实验室用的测量、称重设备或调节器具；工业装置中使用的其他监测和控制仪器（如在控制面板中）
10	自动售货机	热饮自动售货机；冷、热瓶装或罐装自动售货机；固态制品自动售货机；自动取/存款机；所有自动提供各种产品的电器

2. 我国环保行业电器电子产品分类

根据国家环境保护总局《关于加强废弃电子电气设备环境管理的公告》（环发〔2003〕143号），我国电器电子产品分为9大类。我国环保领域电器电子产品分类见表2-2。

表2-2 我国环保领域电器电子产品分类

序号	大类	小类
1	大型家用电器	冰箱、洗衣机、微波炉、空调等
2	小型家用电器	吸尘器、电动剃须刀等
3	信息技术(IT)和远程通信设备	计算机、打印机、传真机、复印机、电话机等
4	用户设备	收音机、电视机、摄像机、音响等
5	电子和电气工具	钻孔机、电锯等
6	电子玩具、休闲和运动设备	
7	医用装置	放射治疗设备、心脏病治疗仪器、透视仪等
8	监视和控制工具	烟雾探测器、自动调温器等
9	各种自动售货机	

3. 我国电子行业电器电子产品分类

中华人民共和国电子工业部1997年9月3日发布了《电子产品分类与代码》（SJ/T 11144—1997）。电子信息产业行业分类目录及注释见表2-3。

表2-3 电子信息产业行业分类目录及注释

行业代码	电子信息产业行业分类	国标代码	国民经济行业分类
A	雷达工业行业		
A0000	雷达及配套设备制造	402	雷达及配套设备制造
A4020	雷达整机制造		
A4021	雷达专用配套设备及其他制造		
B	通信设备工业行业		
B0000	通信设备制造	401	通信设备制造
B4011	通信传输设备制造	4011	通信传输设备制造
B4012	通信交换设备制造	4012	通信交换设备制造
B4013	通信终端设备制造	4013	通信终端设备制造
B4014	移动通信设备制造	4014	移动通信及终端设备制造
B4015	移动通信终端制造	4014	移动通信及终端设备制造
B4019	其他通信设备制造	4019	其他通信设备制造
C	广播电视设备工业行业		
C0000	广播电视设备制造	403	广播电视设备制造
C4031	广播电视节目制作及发射设备制造	4031	广播电视节目制作及发射设备制造
C4032	广播电视接收设备器材制造	4032	广播电视接收设备及器材制造
C4039	应用电视设备及其他广播电视设备制造	4039	应用电视设备及其他广播电视设备制造
D	电子计算机工业行业		
D0000	电子计算机制造	404	电子计算机制造
D4041	电子计算机整机制造	4041	电子计算机整机制造
D4042	计算机网络设备制造	4042	计算机网络设备制造
D4043	电子计算机外部设备制造	4043	电子计算机外部设备制造
D4044	电子计算机配套服务及耗材制造	4043	电子计算机外部设备制造
D9045	计算机应用产品制造	4152、4155	投影设备和计算器及货币专用设备制造业
E	软件产业		
E0000	软件制造及软件服务业	62	软件业
E6201	软件制造		
E6202	系统集成制造		
E6203	软件服务业		

续表

行业代码	电子信息产业行业分类	国标代码	国民经济行业分类
F	家电制造工业行业		
F0000	家用视听设备制造	407	家用视听设备制造
F4071	电视机制造	4071	家用影视设备制造
F4073	摄、录像、激光视盘机制造	4071	家用影视设备制造
F4072	家用音响电器设备制造	4072	家用音响设备制造
F3950	其他家用电子电器制造	3959	家用电力器具制造
G	电子测量仪器工业行业		
G0000	电子测量仪器制造	41	仪器仪表及文化、办公用机械制造
G4128	电子测量仪器制造	4128	电子测量仪器制造
G3681	医疗电子仪器及设备制造	3681	医疗电子仪器及设备制造业
G4122	汽车电子仪器制造	4122	汽车及其他用计数仪表制造
G4110	应用电子仪器制造	4121、4123～4127	环境监测专用仪器仪表制造和其他电子专用仪器六个制造业
H	电子工业专用设备工业行业		
H0000	电子工业专用设备制造	366	电子和电工机械专用设备制造
H3662	电子工业专用设备制造	3662	电子工业专用设备制造
H3625	电子工业模具及齿轮制造	3625	模具制造
H3669	其他电子设备制造	3699、4090	其他电子设备制造和其他设备制造
I	电子元件工业行业		
I0000	电子元件制造	406	电子元件制造
I4061	电子元件及组件制造	4061	电子元件及组件制造
I4062	电子印制电路板制造	4062	电子印制电路板制造
I4063	敏感元件及传感器制造	4061	电子元件及组件制造
I3070	电子塑料零件制造	3070	塑料零件制造
J	电子器件工业行业		
J0000	电子器件制造	405	电子器件制造
J4051	真空电子器件制造	4051	电子真空器件制造
J4059	光电子器件及其他电子器件制造	4059	光电子器件及其他电子器件制造
J4052	半导体分立器件制造	4052	半导体分立器件制造
J4053	集成电路制造	4053	集成电路制造
K	电子信息机电产品工业行业		
K0000	电子信息机电产品制造	39	电气机械及器材制造
K3919	电子微电机制造	3919	微电机及其他电机制造
K3931	电子电线电缆制造	3931	绝缘电线电缆制造
K3932	光纤、电缆制造	3932	光导纤维电缆制造
K3940	电池制造	3940	电池制造
L	电子信息专用材料工业行业		
L0000	电子信息专用材料制造		
L9001	电子元件材料制造		信息化学品制造
L9002	真空电子器件材料制造		信息化学品制造
L3353	半导体材料制造		信息化学品制造
L2665	信息化学材料制造	2665	信息化学品制造

4. 我国电器电子产品其他分类

2016 年 1 月 6 日工业和信息化部、国家发展和改革委员会、科学技术部、财政部、环境保护部、商务部、海关总署以及国家质量监督检验检疫总局 8 部门联合发布了《电器电子产品有害物质限制使用管理办法》。为确保《电器电子产品有害物质限制使用管理办法》有效实施，2016 年 5 月 16 日，工信部节能和综合利用司正式发布了《实施〈电器电子产品有害物质限制使用管理办法〉的常见问题答疑》，对电器电子产品分类做了明确解释，将我国电器电子产品分为以下10类（包括但不限于）：

①通信设备；②广播电视设备；③计算机及其他办公设备；④家用电器电子设备；⑤电子仪器仪表；⑥工业用电器电子设备；⑦电动工具；⑧医疗电子设备及器械；⑨照明产品；⑩电子文教、工美、体育和娱乐产品。

第二节　我国电器电子产品的发展

一、通信设备

1. 通信设备定义及分类

通信设备（industrial communication device，ICD）是指用于工控环境的有线通信设备和无线通信设备。有线通信是指通信设备传输间需要经过线缆连接，即利用架空线缆、同轴线缆、光纤、音频线缆等传输介质传输信息的方式。有线通信设备包括解决工业现场的串口通信、专业总线型的通信、工业以太网的通信以及各种通信协议之间的转换设备；无线通信是指利用电磁波信号在自由空间中传播的特征进行信息交换而不需要物理连接线的通信，无线通信设备包括无线AP、无线网桥、无线网卡、无线避雷器、天线等设备。

通信设备按通信信号传播方式可分为载波设备（包括载波机、音频架、高频架）、微波设备（包括收发信机、终端机）和光纤设备（包括光端机、光中继机、数字设备）。

2. 我国通信业发展历程

我国通信业发展可以归纳为五个阶段，即萌芽阶段、探索阶段、起步阶段、快速发展阶段和迅猛发展阶段。

第一阶段（萌芽阶段）：19世纪，电报、电话相继问世，人类进入用电传递信息的时代。鸦片战争后，西方列强在用大炮打开中国国门的同时，也向中国输入了近代的邮政和电信技术，中国古老的邮驿制度和民间通信逐步被先进的邮政和电信替代。

第二阶段（通信产业探索阶段）：此期间我国通信发展主要围绕服务于党政军各部门的通信需求展开，普及范围非常有限。

第三阶段（通信发展起步阶段）：改革开放初期，随着经济的发展，通信需求呈爆炸式增长，我国通信建设克服了起步较晚、基础薄弱、技术落后等困难，制定了一系列优先发展通信的政策、措施，奠定了我国通信产业“高起点、大跨越”式发展的基础。

第四阶段（通信产业快速发展阶段）：我国通信产业进入快速发展时期，几乎所有的通信基础设施建设都于该期间完成。

第五阶段（移动通信为代表的通信业迅猛发展阶段）：移动通信技术是我国通信业发展的主要成就，移动通信技术先后经历了从1G到5G的历程，即从第一代发展到了第五代。

二、广播电视设备

1. 广播电视设备定义及分类

广播电视设备（radio and television equipment）是通过无线电波或导线向广大地区播送

音响、图像节目的设备。

广播电视设备一般包括：

① 有线电视系统前端设备器材；

② 有线电视干线传输设备器材；

③ 用户分配网络的各种设备；

④ 广播电视中心节目制作和播出设备器材；

⑤ 广播电视信号无线发射与传输设备器材；

⑥ 广播电视信号加解扰、加解密设备器材；

⑦ 卫星广播设备器材；

⑧ 广播电视系统专用电源产品；

⑨ 广播电视监测、监控设备器材。

2. 我国广播电视业发展历程

我国广播电视业发展经历了以下五个阶段。

第一阶段（萌芽阶段）：西方发达国家无线电广播进入发展与成熟阶段，而中国刚开始涉足，加上经济不稳，引领性的行业核心技术始终掌握在西方发达国家手中。

第二阶段（建设阶段）：随着第一台品牌收音机（红星牌 501）、第一套黑白电视播控设备（北京广播器材厂与清华大学合作设计）、第一台黑白电视接收机（国营天津无线电厂研制）的相继问世以及第一座电视台（北京电视台）的建设，标志着我国广播电视业进入了建设阶段。

第三阶段（扩张阶段）：改革开放政策的出台促进了广播电视业的发展，全国省级电视台纷纷成立，初步形成了遍布全国的广播电视网。“四级办广播、四级办电视、四级混合覆盖”的建设体制，促进了行政区域化的广播电视发展格局的形成。

第四阶段（调整覆盖结构阶段）：卫星的应用促使广播电视节目传输取得了突破性的进展，光纤同轴电缆混合网（hybrid fiber-coaxial，HFC）、光缆干线和数字等技术的使用，加速了广播电视在全国范围内的普及。

第五阶段（数字化发展阶段）：20 世纪 90 年代末，我国卫星广播电视节目开始采用数字化传输，数字接收系统由“逐步普及”向不断“更新换代”转变。

三、计算机及其他办公设备

（一）计算机及办公设备定义及分类

1. 计算机及办公设备定义

计算机（computer）俗称电脑，是现代一种可以进行数值计算、逻辑计算，具有存储记忆功能的用于高速计算的电子计算机器，是能够按照程序运行，自动、高速处理海量数据的现代化智能电子设备。

办公设备（office equipments），是指产生或利用电子文档、图像的设备，通常泛指与办公室相关的设备。办公设备有广义概念和狭义概念的区分。狭义概念指多用于办公室处理文件的设备。例如，人们熟悉的传真机、打印机、复印机、投影仪、碎纸机、扫描仪等，还有台式计算机、笔记本、考勤机、装订机等。广义概念则泛指所有可以用于办公室工作的设备和器具，这些设备和器具在其他领域也被广泛应用。包括电话、程控交换机、小型服务器、计算器等。

2. 计算机及办公设备分类

(1) 计算机分类

根据《微型计算机通用规范》(GB/T 9813—2000)、《计算机通用规范　第1部分：台式微型计算机》(GB/T 9813.1— 2016)和《计算机通用规范　第2部分：便携式微型计算机》(GB/T 9813.2— 2016)可将计算机分为台式微型机、便携式微型机、PC-工作站和PC-服务器四类。

(2) 办公设备分类

办公设备按用户可分为普通办公设备和专业办公设备。普通办公设备是指常见的办公室设备，如计算机、传真机、打印机、复印机等；专业办公设备是指在邮局、银行、金融、财务、铁路、航空、建筑工程等机构和部门使用的有特殊构造和要求的设备，如各种非标准尺寸打印机、POS机、货币清分机、ATM等。

(二) 我国计算机及办公设备发展历程

1. 我国计算机的发展历程

中国的计算机(主要指电子计算机)事业起步于20世纪50年代中期，与国外同期的先进计算机水平相比，起步晚了约10年。与国外计算机发展历程相同，国内计算机的发展也经历了从早期的基于电子管、晶体管的计算机，到基于中小规模集成电路的计算机，一直到基于超大规模集成电路的计算机的过程。

第一代计算机(电子管计算机)：我国计算机发展起步于引进苏联的M-3和БЭСМ-II计算机图纸资料，在参考美国SAGE(半自动地面防空系统)基础上研发设计出了大型通用数字电子管计算机，并且应用于中国第一颗氢弹研制的计算任务。该阶段研发设计的计算机主要有高性能通用计算机、各种专用计算机以及相应配套设备等。

第二代计算机(晶体管计算机)：中国在研制第一代电子管计算机的同时，已开始研制第二代晶体管计算机，中国计算机研制进入高速追赶国际先进水平的阶段，中国的计算机制造水平逐渐成熟，稳定性得到极大提高，器件损坏和耗电量均大大降低。

第三代计算机(集成电路计算机)：集成电路计算机是继电子管计算机、晶体管计算机之后的第三代电子计算机。此阶段中国计算机工业已初步形成，实现了大型应用系统工程配套的产用结合，微型机国产化进程加快。

第四代计算机(大规模集成电路计算机)：中国第四代计算机的研制从微机开始，长城和联想等个人电脑企业的崛起，使中国与国际基本上同步推出每一代集成最新技术的个人电脑，中国微机产业已达国际先进水平。

2. 我国办公设备的发展历程

我国的办公自动化(office automation，OA)产业从20世纪80年代末发展至今，经历了三个阶段四种类型的演化发展，已从最初提供面向单机的辅助办公产品，发展到面向企业级应用的大型协同工作软件。

第一阶段(文件型OA)：我国对OA的初步认识始于全国首次办公自动化规划会议，这一阶段的OA系统以个人电脑和办公套件为主要特征，应用了以数据为处理中心的传统MIS系统，把IT技术引入办公领域，提高了文件管理水平。

第二阶段（协同型 OA）：计算机性能的提升和计算机网络、数据库等技术的发展，使得办公自动化系统更多地承担了信息通道的任务，形成了以工作流为中心的办公自动化系统，整合了以团队协作和项目管理为目标的沟通合作软件工具。

第三阶段（知识型和智能型 OA）：知识智能型 OA 系统可通过利用先进的协作技术，帮助企业提高整体业务水平，使企业实现从“How to”到“Know”的过程转变。

四、家用电器电子设备

（一）家用电器电子设备定义及分类

1. 家用电器的定义

家用电器（household electrical appliances，HEA）又称民用电器、日用电器，主要指在家庭及类似场所中使用的各种电器和电子器具。

2. 我国家用电器的分类

家用电器种类繁多，各国分类方法不尽相同，世界上尚未形成统一的家用电器分类方法。参考相关标准及法规性文件，可将我国家用电器分类如下。

（1）按相关安全标准分类

《家用和类似用途电器的安全》系列标准中国家对常用电器安全要求共分 0 类器具（Class 0 Appliance）、0I 类器具（Class 0I Appliance）、I 类器具（Class I Appliance）、Ⅱ类器具（ClassⅡ Appliance）、Ⅲ类器具（ClassⅢ Appliance）五个大类。

（2）按废弃电器电子产品分类方法分类

《废弃电器电子产品分类》（SB/T 11176—2016）中废弃电器电子产品分类代码表将废弃家用和类似用途电器产品分为厨卫电器、清洁电器、电暖器具、美容保健电器以及其他家用和类似用途电器产品五类。参照此分类方法按产品的功能、用途分类可将家用电器电子产品分为八类。相关分类见表 2-4。

表 2-4 家用电器电子产品分类

序号	类别	内容
1	制冷电器	包括家用冰箱、冷饮机、冰激凌机等
2	空调器	包括房间空调器、电扇、换气扇、冷热风器、空气清洁器、空气去湿器等
3	清洁电器	包括洗衣机、干衣机、电熨斗、吸尘器、地板打蜡机、擦窗机等
4	厨房电器	包括电灶、微波炉、电磁灶、电烤箱、电饭锅、电火锅、洗碟机、电热水器、食物加工机、搅拌器、绞肉机、洗碗机、榨汁机等
5	电暖器具	包括电热毯、电热被、水热毯、电热服、空间加热器、电熨斗、熨衣机、熨压机等
6	整容保健电器	包括电动剃须刀、电吹风、电推剪、整发器、超声波洗面器、烘发机、修面器、电动按摩器、按摩靠垫、空气负离子发生器、催眠器、脉冲治疗器等
7	声像电器	包括微型投影仪、电视机、收音机、录音机、录像机、摄像机、组合音响、电唱机等
8	其他家用和类似用途电器电子设备	如烟火报警器、电铃、电子玩具、电子乐器、电子游戏机等

(3) 其他分类

家用电器行业早期通常按外观把家用电器分为四类：黑色家电、白色家电、米色家电和绿色家电。

（二）家用电器电子设备发展历程

我国家用电器电子设备的发展先后经历了萌芽阶段，组织筹建阶段，技术引进阶段，自主研发阶段，国际并轨阶段和节能、环保绿色发展阶段六个阶段。

第一阶段（萌芽阶段）：新中国成立前中国电器产品主要为国外直接进口，仅有的家用电器生产主要集中在上海、广州等沿海开埠城市。新中国成立后我国相继有了电冰箱、电子管电视机、吸尘器、三相窗式空调器、彩色电视机、自动型洗衣机的生产能力。

第二阶段（组织筹建阶段）：国务院决定将轻工业部同纺织工业部分开，由轻工业部统一管理全国家用电器工业，并将洗衣机、冰箱、电风扇、房间空调器、吸尘器、电熨斗6个产品列入国家和部管计划，对国内尚不能生产的家用电器零配件和原材料（如冰箱压缩机、洗衣机定时器、ABS工程塑料等），由国家列入进口计划。

第三阶段（技术引进阶段）：该阶段以引进冰箱压缩机的生产技术和设备为主。

第四阶段（自主研发阶段）：中国通过自主研发先后生产出壁挂机空调、双门冰箱、彩电等电器，自主研发设计的压缩机首次打入国际市场，外国公司纷纷在中国寻求合作伙伴，在中国建立生产其名牌产品的基地，名牌产品逐步形成。

第五阶段（国际并轨阶段）：国家环境保护总局与联合国开发计划署联合签订了全球环境基金《中国节能氟利昂替代冰箱广泛商业化障碍消除项目》（GEF项目）。国家质量监督检验检疫总局发布《强制性产品认证管理规定》，将原有认证制度统一为“中国强制认证”（China Compulsory Certification，CCC，简称“3C”标志）。

第六阶段（节能、环保绿色发展阶段）：国家发展和改革委员会研究起草并公布了《废旧家电及电子产品回收处理管理条例》（征求意见稿），并与国家质量技术监督检验检疫总局联合发布了《能源效率标识管理办法》，冰箱、空调产品开始实施能效标识管理制度。

五、电子仪器仪表

（一）电子仪器仪表定义及分类

1. 电子仪器仪表定义

电子仪器仪表（electronic instrumentation）是用以检出、测量、观察、计算各种物理量、物质成分、物性参数等的电子器具或设备。广义来说，电子仪器仪表也可具有自动控制、报警、信号传递和数据处理等功能，例如用于工业生产过程自动控制中的气动调节仪表和电动调节仪表，以及集散型仪表控制系统。

2. 电子仪器仪表分类

(1) 按国民经济行业分类

根据《国民经济行业分类》（GB/T 4754—2017），电子仪器仪表可分为通用电子仪器仪表和专用电子仪器仪表两类。电子仪器仪表分类见表2-5。

表2-5 电子仪器仪表分类

类别	名称	说明
通用电子仪器仪表	工业自动控制电子仪器仪表	用于连续或断续生产制造过程中，测量和控制生产制造过程的温度、压力、流量、物位等变量或者物体位置、倾斜、旋转等参数的工业用电子检测仪器仪表
	电工仪器仪表	用于电压、电流、电阻、功率等量的测量、计量、采集、监测、分析、处理、检验与控制用电子仪器仪表
	电子绘图、计算及测量仪器	供设计、制图、绘图、计算、测量以及学习或办公教学等使用的电子类测量和绘图用具、器具及量仪
	电子实验分析仪器仪表	利用物质的物理、化学、电学等性能对物质进行定性、定量分析和结构分析，以及湿度、黏度、质量、比重等性能测定所使用的电子仪器仪表；用于对各种物体在温度、湿度、光照、辐射等环境变化后适应能力的电子类实验装置；各种物体物化特性参数测量的电子类仪器、实验装置及相关器具
	电子试验机	测试、评定和研究材料、零部件及其制成品的物理性能、力学性能、工艺性能、安全性能、舒适性能的电子类实验仪器仪表
	供应用电子仪器仪表	电、气、水、油和热等类似气体或液体的供应过程中使用的电子类计量仪表、自动调节或控制仪器
	其他通用电子仪器仪表	其他未列明的通用电子仪器仪表和电子仪器仪表元器件
专用电子仪器仪表	环境监测专用电子仪器仪表	对环境中的污染物、噪声、放射性物质、电磁波等进行监测和监控的专用电子仪器仪表
	运输设备及生产用计数电子仪表	汽车、船舶及工业生产用电子类转数计、生产计数器、里程记录器等
	导航、测绘、气象及海洋专用电子仪器	用于气象、海洋、水文、天文、航海、航空等方面的电子导航、测绘、制导、测量仪器和仪表
	农林牧渔专用电子仪器仪表	农、林、牧、渔生产专用电子仪器仪表
	地质勘探和地震专用电子仪器仪表	地质勘探、钻采、地震等地球物理专用电子仪器仪表
	教学电子专用仪器仪表	专供教学示范或展览而无其他用途的电子专用仪器仪表
	核子及核辐射电子测量仪器仪表	专门用于核离子射线的测量或检验的电子仪器仪表，核辐射探测器等核专业用电子仪器仪表
	电子测量仪器仪表	用电子技术实现对被测对象（电子产品）的电参数定量检测仪器仪表
	其他专用仪器仪表	用于纺织、电站热工仪表等其他未列明的专用电子仪器仪表
	钟表与计时仪器仪表	各种电子类钟、表、钟表机芯、时间记录装置、计时器，包括装有电子钟表机芯或同步马达用以测量、记录或指示时间间隔的仪器仪表
	光学仪器仪表	用玻璃或其他材料（如石英、萤石、塑料或金属）制作的光学配件、装配好的光学元件、组合式光学显微镜以及军用望远镜等光学电子仪器仪表
	衡器	用来测定物质质量的各种电子或机电结合的仪器仪表
	其他仪器仪表	上述未列明的仪器仪表

（2）其他分类

按动力源分：可分为电动/电子仪器仪表，气动仪器仪表，液动仪器仪表等。

按功能分：可分为检测仪表，控制仪表，执行仪表等。

按物理量分：可分为电气仪器仪表，化学光学仪器仪表，核仪器仪表，无线电仪器仪表、电子仪器仪表，长度仪器仪表，时间测量仪器仪表，热工仪器仪表，力学仪器仪表，其他仪器仪表（如毒气、爆炸危险气体含量检测仪器仪表等）。

按原理分：可分为容积式仪器仪表，速度式仪器仪表，力式仪器仪表，差压式仪器仪表，热式仪器仪表，超声波式仪器仪表，电磁流量计等。

按行业用途分：可分为标准计量仪器仪表，科学实验仪器仪表，教学仪器仪表，航空航天仪器仪表，汽车仪器仪表，矿用仪器仪表，工业仪器仪表，商贸仪器仪表等。

（二）电子仪器仪表发展历程

我国电子仪器仪表在工业自动化的应用过程中从单机自动化、车间自动化发展到了综合自动化水平。其应用历程可划分为四个发展阶段。

第一阶段：20 世纪 40 年代末到 50 年代末采用大尺寸的基地式仪表，运用以单变量调节为主要内容的古典控制理论，实现就地分散控制，以求稳定产品质量，改善劳动条件，降低原材料和能源消耗。

第二阶段：20 世纪 60 年代到 70 年代相继采用单元组合仪表（DDZ、QDZ）、巡回检测装置和工业计算机，运用以多变量控制、最佳控制和自适应控制为主要内容的现代控制理论，实现集中控制和优化控制，提高设备效率，保证安全生产，适应工艺设备的大型化和连续化。

第三阶段：20 世纪 80 年代到 90 年代采用工业控制机组成分级系统和分散型控制系统（DCS），把单机控制、协调控制、最佳控制和管理调度自动化联系起来，运用大系统理论，向综合自动化迈进。

第四阶段：21 世纪以来开始采用新一代分散控制系统和基于现场总线的新型控制系统（FCS），实现网络化控制和管理，开始走上新一轮的技术革命道路。

参考文献

[1] Official Journal of the European Union. Directive 2012/19/EU of the European parliament and of the council of 4 July 2012.

[2] 赵宾．计算机的发展．知识经济，2013（1）：96.

[3] 曾杰，李琳．办公自动化的发展趋势分析．产业与科技论坛，2009，8（8）：153-154.

[4] 潘春年．广播电视覆盖工程的发展史．黑龙江科技信息，2016（21）：80.

[5] 曹辉萍，杨姮．中国通信产业发展历程分析．信息通信，2012（4）：255-256.

第三章
废弃电器电子产品产生量预测

第一节　废弃电器电子产品的定义及分类

一、废弃电器电子产品的定义

废弃电器电子产品，亦称电子废物（waste electrical and electronic equipment，WEEE)。我国《废弃电器电子产品回收处理管理条例》（中华人民共和国国务院令第551号，2009年2月25日）第一章总则中第二条规定“本条例所称废弃电器电子产品的处理活动，是指将废弃电器电子产品进行拆解，从中提取物质作为原材料或者燃料，用改变废弃电器电子产品物理、化学特性的方法，减少已产生的废弃电器电子产品数量，减少或者消除其危害成分，以及将其最终置于符合环境保护要求的填埋场的活动，不包括产品维修、翻新以及经维修、翻新后作为旧货再使用的活动。”

《电子废物污染环境防治管理办法》（国家环境保护总局令第40号，2007年9月27日）第五章附则中第二十五条规定：

① 电子废物是指废弃的电子电器产品、电子电气设备（以下简称产品或者设备）及其废弃零部件、元器件和国家环境保护总局会同有关部门规定纳入电子废物管理的物品、物质。包括工业生产活动中产生的报废产品或者设备、报废的半成品和下脚料，产品或者设备维修、翻新、再制造过程产生的报废品，日常生活或者为日常生活提供服务的活动中废弃的产品或者设备，以及法律法规禁止生产或者进口的产品或者设备。

② 工业电子废物是指在工业生产活动中产生的电子废物，包括维修、翻新和再制造工业单位以及拆解利用处置电子废物的单位（包括个体工商户），在生产活动及相关活动中产生的电子废物。

因在《电子废物污染环境防治管理办法》中电子废物的内容涵盖了《废弃电器电子产品回收处理管理条例》中废弃电器电子产品所指内容，因此本书中的废弃电器电子产品统称为电子废物。

二、废弃电器电子产品的分类

根据《废弃电器电子产品分类》(SB/T 11176—2016)，电子废物可分为6大类，31亚类，编码方法采用层次码法和优先序分类法，见表3-1。

表3-1　废弃电器电子产品分类代码表

大类	亚类	名称
01		废弃显示器件类产品
01	01	含阴极射线管(CRT)的产品
01	02	14寸及以上含液晶屏的产品
01	03	含等离子屏的产品
01	04	含OLED显示屏的产品
01	05	背投显示设备
01	99	其他显示器件类产品
02		废弃温度调节产品
02	01	家用和类似用途的制冷产品
02	02	工商用制冷产品
02	03	家用和类似用途的空气调节器
02	04	工商用空调设备
02	99	其他温度调节产品
03		废弃电光源
03	01	含汞荧光灯
03	02	非含汞荧光灯(不包括LED灯)
03	03	LED灯
03	99	其他废弃电光源
04		废弃信息技术、通信与电子产品
04	01	电子计算机
04	02	通信终端
04	03	移动通信终端设备
04	04	电子产品
04	99	其他信息技术和通信产品
05		废弃家用和类似用途电器产品
05	01	厨卫电器
05	02	清洁电器
05	03	电暖器具
05	04	美容保健电器
05	99	其他家用和类似用途产品
06		废弃专业用途产品
06	01	用于商业、饮食、服务的专业用途产品
06	02	办公电器
06	03	仪器仪表
06	04	电动工具
06	05	医疗设备
06	99	其他专业用途产品

1. 采用层次码法

用4位数字表示，第一层次为大类产品，由2位代码表示；第二层次为亚类产品，用2位代码表示(示例：0101表示含阴极射线管＜CRT＞的废弃产品)。

2. 采用优先序分类法

如果产品同时适用于2个产品亚类，该产品应纳入编号位于前面的类别(示例：14寸以上废弃微型计算机的一体机，同时符合0102和0401，按照优先序原则，该产品应纳入0102)。

第二节　废弃电器电子产品产生量预测方法

电子废物种类多，产生量大且分散，因此其产生量一般缺乏可靠的统计数据，通常是采用一定的模型，基于电器电子产品的销售量、保有量、使用寿命、平均寿命等参数来进行估算或预测。常用的测算模型包括：市场供给模型及其改进模型(市场供给A模型)、斯坦福模型、卡内基·梅隆模型、时间预测模型、消费与使用模型和增量成本效益比率模型等。

一、市场供给模型

市场供给模型（market supply model）是假设电子产品达到平均寿命即完全废弃，根据产品的销量数据和产品的平均寿命期来估算废旧电子产品数量。

市场供给模型的使用前提是假设出售的电子产品到达平均寿命期时全部废弃，在寿命期之前仍被消费者继续使用，且该电子产品的平均寿命稳定。

根据市场供给模型应用条件，某种废弃电子电器每年产生量的估算方法可以表示为：

$$Q_n = S_{n-i} \tag{3-1}$$

式中 Q_n——第 n 年电器电子产品废弃物产生量；

S_{n-i}——第 $n-i$ 年度电器电子产品的销售量；

i——电器电子产品的平均寿命期。

二、市场供给 A 模型

市场供给 A 模型（market supply A model）是对市场供给模型的改良，其基本原理是假设电器电子产品到达平均使用寿命后没有 100%废弃，而是围绕平均寿命前后分布。市场供给 A 模型与市场供给模型的区别在于用最长使用寿命年限内不同年份的报废比例来对电器电子产品的报废量进行测算。

如果在某种电子产品的功能设计保持长时间相对稳定的前提下，电子产品的寿命期符合正态分布规律，废弃电器电子每年产生量的估算方法可以表示为：

$$Q_n = \sum_{i=0}^{t} S_i P_i \tag{3-2}$$

式中 Q_n——第 n 年某种电器电子产品废弃物产生量；

S_i——第 n 年算起，i 年前电器电子产品的产量；

i——电器电子产品的实际寿命期；

t——电器电子产品的最长寿命期；

P_i——$n-i$ 年生产的电器电子产品 i 年后废弃的概率。

三、斯坦福模型

斯坦福模型（Stanford model）与市场供给 A 模型类似，不同之处在于在斯坦福模型中，产品的寿命周期分布随时间的变化，即 i 年前销售的电子产品过了 i 年后废弃的概率是变化的。特别适应于电脑等淘汰速率变化很快的 IT 行业产品。

$$Q_n = \sum_{i=0}^{t} S_i P_{xi} \tag{3-3}$$

式中 Q_n——第 n 年某种电器电子产品废弃物产生量；

S_i——第 n 年算起，i 年前电器电子产品的产量；

i——电器电子产品的实际寿命期；

t——电器电子产品的最长寿命期；

P_{xi}——$n-i$ 年生产的电器电子产品 i 年后废弃的概率。

四、卡内基·梅隆模型

卡内基·梅隆模型（Carnegie Mellon model）从电子废弃物的环境危害性、资源性角度出发，考虑了废弃电器电子产品维修后作为二手产品继续使用的过程，通过考虑电器电子产品废弃后的处置方式，对市场供给模型进行修正。卡内基·梅隆模型在分析消费者对电子废物处理行为的基础上，设定了再使用、循环、储存和填埋四种不同处理方式，即对电器电子产品报废后作不同处置：再使用（作为二次产品使用）、循环（废弃电子产品的零部件组装再利用及资源化利用）、储存（闲置）和填埋（最终废弃）等。由于卡内基·梅隆模型和后续使用的计算方法在同功能预测方法中较为简单易懂，同时该方法对销售量较大的电器电子产品有普遍适用性，能为电子废物有效管理和基础研究提供科学的数据支持，因此在无法通过统计以往年份电器电子产品废弃量来对所采用的预测模型进行参数修正的情况下，通常会使用卡内基·梅隆模型。其分析见图 3-1。

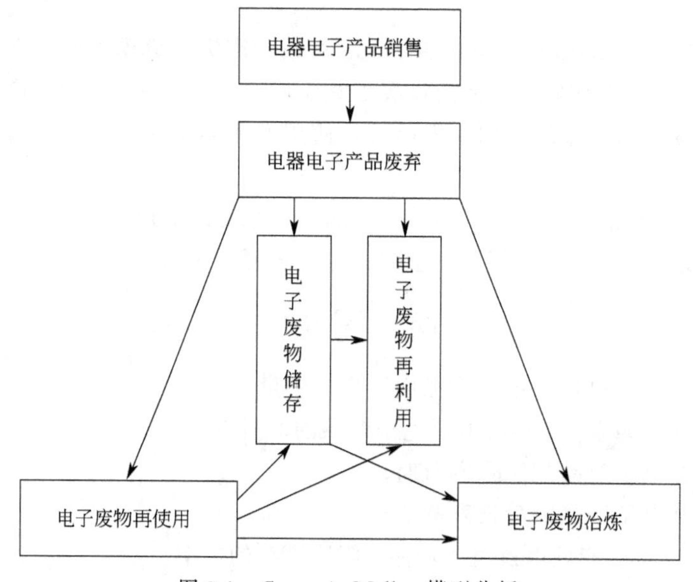

图 3-1 Carnegie Mellon 模型分析

五、时间预测模型

1. 时间预测模型的定义及分类

时间序列分析预测法是根据客观事物发展的连续规律性，运用过去的历史数据，通过统计分析，进一步推测事物未来的发展趋势。时间序列分析预测法突出了时间因素在预测中的核心作用，总是假设预测对象的变化仅与时间有关，其基本思路是首先分析实际序列的变化特征，选择适当的模型形式和模型参数以建立预测模型，利用模型推测未来状态，最后对模型预测值进行评价和修正，得到预测结果。

常见的时间预测模型主要有自回归模型、滑动平均模型和自回归滑动平均模型，时间梯度模型是时间预测模型的一种，常被应用于电子废物产生量的预测中。

（1）自回归模型

自回归模型（autoregressive model，简称 AR 模型）是一种线性预测，即已知 N 个数据，可由模型推出第 N 点前面或后面的数据（设推出 P 点），所以其本质类似于插值，其目的都是为了增加有效数据，与插值不同的是 AR 模型是由 N 点递推，而插值是由两点（或少数几点）去推导多点。

（2）滑动平均模型

滑动平均模型（moving average model，简称 MA 模型）又称移动平均模型，按公式的物理意义可以解释为模型表示现在的输出是现在和过去 M 个输入的加权和。由于未来的不确定性因素有很多，所以，滑动平均模型多用于短期估算。

（3）自回归滑动平均模型

自回归滑动平均模型（autoregressive moving average model，简称 ARMA 模型）中包含了 p 个自回归项和 q 个移动平均项，ARMA（p，q）模型可以表示为：

$$X_t = C + \varepsilon_t + \sum_{i=1}^{p} \varphi_i X_{t-i} + \sum_{j=1}^{q} \theta_j \varepsilon_{t-j} \tag{3-4}$$

式中　X_t——平稳、正态、零均值的时间序列；

p——自回归阶数；

q——滑动平均阶数；

φ_i——自回归系数；

θ_j——滑动平均系数；

ε_t——随机干扰值。

2. 常用时间梯度模型计算公式

时间梯度模型（time-step model）也被称为“时间阶段模型”，该方法以某一类别电器电子产品的社会保有量和销售量为基础数据，考虑进入和退出保有量的产品数量，假设初始年份之前的废弃物产生量为零，利用归纳法的思想进行估算。

估算公式为：

$$Q_t = \sum S_n - (H_t - H_i)_{\text{household+organization}} - \sum Q_n, [n=(i+1) \sim t, i<t] \tag{3-5}$$

式中　Q_t——t 年的某一类别废弃电器电子产品的产生量；

Q_n——n 年的某一类别废弃电器电子产品的产生量；

H——该类产品的社会保有量，分为家庭保有量和组织保有量两部分，分别用 household 和 organization 表示；

S_n——n 年的产品销售量；

i——输入数据起始年份。

时间梯度的基本原理是时间序列中的每一数据都是多个因素综合作用得到的结果，预测对象受到外部因素综合作用的变化过程可以通过整个时间序列反映出来，模型公式可写成：

$$Q_n = \sum_{i=0}^{t} S_i - \sum_{i=0}^{t} Q_i + H_{n-i} - H_n \tag{3-6}$$

式中　Q_n——第 n 年电器电子产品废弃物产生量；

S_i——第 n 年算起，i 年前电器电子产品的产量；

i——电器电子产品的实际寿命期；

t——电器电子产品的最长寿命期；

Q_i——第 i 年生产的电器电子产品废弃物产生量；

H_n——第 n 年某种电器电子产品社会存量；

H_{n-i}——第 $n-i$ 年某种电器电子产品社会存量。

六、消费与使用模型

消费与使用模型（consumption and use model）又叫“估算”模型（the estimate method），主要依据电器电子产品社会保有量和平均寿命对废弃物产生量进行估算，对产品平均寿命的变化比较敏感。消费与使用模型较其他电子废弃物预测方法更为简便易用，并且该方法对保有量较大的电器电子产品具有普遍适用性，能为废弃电器电子产品的有效管理提供科学的数据支持。

消费与使用模型的估算公式为：

$$Q_x=\frac{H_u N_u+H_r N_r}{100n} \tag{3-7}$$

式中 Q_x——第 x 年度某种废弃电器电子产品的产生量；

H_u——该种电器电子产品当年的城镇居民家庭平均每百户拥有量；

N_u——城镇居民总户数；

H_r——该种电器电子产品当年的农村居民家庭平均每百户拥有量；

N_r——农村居民总户数；

n——该类产品的平均寿命。

七、增量成本效益比率模型

增量成本效益比率模型（incremental cost-effectiveness ratio model，简称 ICER 模型）假设电器电子产品已经在市场中处于饱和状态，主要依据电器电子产品的保有量和估计替换率来估算废弃量。

ICER 的定义是两种相互竞争的策略（如新干预与标准干预或不干预）之间的成本差异与有效性差异的比率，可以用替换相应样本的平均值来进行估算。

$$ICER=\frac{\dfrac{\sum_{i=1}^{n}C_{Ai}}{n}-\dfrac{\sum_{j=1}^{m}C_{Bj}}{m}}{\dfrac{\sum_{i=1}^{n}E_{Ai}}{n}-\dfrac{\sum_{j=1}^{m}E_{Bj}}{m}} \tag{3-8}$$

式中 C_{Ai}，C_{Bj}——分别为样本 A 中第 i 个和样本 B 中第 j 个成本量；

E_{Ai}，E_{Bj}——分别为样本 A 中第 i 个和样本 B 中第 j 个效率值；

n——样本 A 中样本数量；

m——样本 B 中样本数量。

ICER 模型需要采集大量的数据进行对比分析，数据的分析和解释比较复杂，受许多因素的影响，选取的样本数群不同，所得到的结果也不同，其中关键的指标是样本平均值的取值计算。

八、自适应模型

无模型自适应模型（model-free adaptive model，简称 MFA 模型）基于物料守恒原理，将某一类别电器电子产品的社会保有量视为一个整体，基于社会保有量的变化和一定时间内的销售量对废弃量进行估算。估算公式为：

$$Q_t = S_t - \Delta H_{(\text{household}+\text{organization})} \tag{3-9}$$

式中 Q_t——某一时期某一类别废弃电器电子产品的产生量；

S_t——同期该类产品的销售量；

ΔH——同期该类产品社会保有量的变化，分为家庭保有量和组织保有量两部分，分别用 household 和 organization 表示。

从形式上看，该方法类似于简化的时间梯度模型，但是其设计思路却不尽相同。该方法涉及参数少，估算过程简便，在近年获得了较多的应用，但不适合“库容”或者社会保有量无法确定的电器电子产品类别的废弃物产生量估算。

九、饱和市场模型

饱和市场模型（saturation market model）基于市场供给，以某一类别电器电子产品的销售量为基础数据，假设处于使用状态的产品数量已经达到饱和，利用产品替换率估算废弃量。

估算公式为：

$$Q_t = S_t F_s \tag{3-10}$$

式中 Q_t——某一时期某一类别废弃电器电子产品的产生量；

S_t——同期该类产品的销售量；

F_s——饱和因子，即产品的替换率，指可能造成同类产品废弃的电器电子产品占该类产品销售量的比例，例如若 $F_s=0.6$，则表示新销售的某类电器电子产品中有 60%将替换现有社会保有量中的同类产品，剩余的 40%将导致社会保有量增加。

该方法计算简便，但饱和因子的数值难以获得，限制了其应用。有研究表明，饱和因子随着市场的饱和与技术的进步有升高的趋势。极端情况下，饱和因子 $F_s=1$，即在某一时间段内销售某一类别的电器电子产品完全替代在用同类产品，这时产品的销售量即等于同一时间段内同类产品的废弃量，这种情况是饱和市场模型的一个特例即完全饱和模型。

十、因子模型

因子模型（factor model）只考虑电器电子产品生命周期中的废弃阶段，试图通过解释和定量分析影响废弃物产生过程的各种因子而估算废弃物的产生量。该方法一般分为三个步骤，即：①定性识别影响因子；②确定影响因子与废弃物产生量间的定量关系；③设置合理情景进行估算。

十一、计量经济学分析模型

计量经济学分析模型（econometric analysis model）指基于国内生产总值等经济学指标

估算社会消费行为的分析方法。该方法通过在已有废弃电器电子产品产生量与未来经济学指标的预测值间建立定量关系估算未来的废弃电器电子产品产生量。

该方法的应用过程通常包括以下三个步骤：①根据经济理论构建一个计量经济学联立方程；②使用统计数据测试方程，确保提出的方程能拟合数据；③假设方程在未来不变，依据此方程做出预测。数据需求则包括研究区域和特定时段内的居民收入水平和物价水平等参数，技术进步也是需要考虑的关键因素。

十二、使用阶段分析模型

该方法需要考虑三个方面的因素：电器电子产品的寿命分布、社会保有量和技术进步引发的产品替代效应。该方法对于输入数据精度要求高，例如寿命分布和替代效应分别需要使用威布尔分布和费雪-派模型等方法计算，由此导致计算过程相对复杂，应用实例较少。

十三、直接分析法

直接分析法是一种很少被提及的废弃电器电子产品产生量估算方法，该方法基于从废弃电器电子产品回收网点或处理设施处采集的产品回收数据分析总体产生量。该方法对于输入数据的精确度要求高，适用于具有完善的废弃电器电子产品管理体系的国家和地区。

参考文献

[1] 王琪，杨旸，马红烨．废弃电子产品资源化潜力预测模型研究，2014，24（11）：147-153.

[2] 李博，杨建新，吕彬，等．废弃电器电子产品产生量估算——方法综述与选择策略．生态学报．2015，35（24）：7965-7973.

[3] Heejung Bang，Hongwei Zhao. Median-Based Incremental Cost-Effectiveness Ratio（ICER）. Journal of Statistical Theory and Practice，2012，6（3）：428-442.

[4] 李大利．一种时间序列预测方法的应用研究．长春：吉林大学，2008.

[5] 徐国祥．统计预测和决策．4版．上海：上海财经大学出版社，2012.

[6] 李博，杨建新，吕彬，等．废弃电器电子产品产生量估算——方法综述与选择策略．生态学报，2015，35（24）：7965-7973.

[7] 金玉，顾一帆，张书豪，等．废弃电器电子产品产生量估算方法研究趋势分析．环境工程，2019（11）：144-148.

[8] 王琪，杨旸，马红烨．废弃电子产品资源化潜力预测模型研究．中国人口·资源与环境，2014，024（11）：147-153.

[9] 陈勇．福州市废旧家电回收量预测．物流工程与管理，2014，36（2）：129-131.

[10] 何捷娴，樊宏，尹荔松．广东省废旧家电总量估算研究．绿色科技，2013（8）：294-296.

[11] 张默，石磊．我国彩色电视机废弃量预测模型对比．环境与可持续发展，2007（3）：53-54.

[12] 李博，杨建新，吕彬，等．中国废旧手机产生量时空分布研究．环境科学学报，2015，35（12）：4095-4101.

第四章 废弃电器电子产品的管理

第一节 国外废弃电器电子产品管理

一、欧盟废弃电器电子产品管理

欧盟从 1990 年起，就对电子废弃物问题给予高度关注，德国、荷兰、瑞士等成员国为解决日益严峻的电子废物污染问题，先后颁布实施了电子废物管理法。为解决各国独立的电子废物管理法对欧盟市场统一和内部贸易发展造成的影响，1997 年 2 月 24 日，欧盟委员会废弃物管理战略决议要求，尽快制定关于电子废弃物的专项法律。欧盟电子废弃物管理法于 2002 年 10 月 11 日获得批准，全称欧洲议会和欧盟理事会《报废电器电子设备指令》，简称欧共体指令 2002/96/EC。同时制定并获批准的还有欧洲议会和理事会《关于限制在电子产品中使用某些有毒物质的法令》，简称欧共体指令 2002/95/EC。这两部法令于 2003 年 2 月 13 日起生效。

欧共体指令 2002/96/EC 共包括 19 条正式条款和 4 个附则。它的出台是建立在瑞典、德国、荷兰、意大利、葡萄牙等欧盟各成员国已颁布的相关法律基础上，同时经过了长时间的准备、酝酿和修改，总结了各方的意见和建议，并参考了相关科研项目和调查研究成果而形成的。应该说，这部法律是一部全面、细致、严谨和科学的成文法。它同时体现出以下几个特征：

① 相关名词术语定义清楚、准确。指令第三条的定义条款分别对电器电子设备、报废电器电子设备、防治、再利用、循环、回收、处置、处理、生产者、销售商、来自私人家庭的报废电器电子设备、危险物质或者配制品和资金协议等十三个相关名词进行了定义和解释。

② 相关责任主体的责任划分明确、具体。如成员国政府负有将指令内容内化为国内法律形式，通过制定相应的执行措施、实施监督检查以及为使用者提供信息等义务。生产者负有在产品设计中“充分考虑如何有利于报废电器电子设备及其部件和材料的分解与回收，特别是再利用和循环”的义务，还有召回、处理和承担回收费用及产品使用后的告知等责任；

消费者负有积极协助分类收集电子废弃物，并为回收处理提供方便的义务；回收处理商负有必须取得政府许可及依照标准工艺进行回收处理的义务。

③ 管理措施和目标具体可行。如指令第5条分类收集条款中规定“各成员国应确保最晚至2006年12月31日，从私人家庭分类收集报废电器电子设备的数量至少达到人均每年4kg”。第7条回收条款中规定，各成员国应当确保生产者在2006年12月31日前对大型报废家电产品整机回收率达到80%以上，组件、材料和物质的再利用和循环率达到75%以上；对小型报废家电产品整机回收率要求达到70%以上，组件、材料和物质的再利用和循环率达到50%以上。此外，指令还规定了详细可行的管理措施：

a. 延伸生产者责任。根据“谁污染谁负责”的原则，指令中采用了生产者责任延伸的做法，使生产者在产品整个生命周期内承担责任。指令中明确要求生产者在产品设计阶段采用环保型设计和生态标签措施，当产品生命终结时，生产者对废弃产品承担召回和资源化责任。该措施使得生产者在生产和设计时就把环境保护的因素考虑了进去，责任范围覆盖产品的生产、消费、使用完毕等全过程。

b. 分类收集和回收处理。指令要求各成员国在2005年8月13日前，根据人口密度、分布合理、收集便利等原则建立起允许最终拥有生产者可以独立或联合建立和运行处理系统，也可以委托回收商处理，但必须采用最佳的处理、回收和资源化技术。从事电子废弃物处理的企业必须要通过主管机构的审查并获得许可，每年至少审查一次，内容包括需要处理的电子废弃物的类型和数量、需要遵守的一般技术要求和已采取的安全预防措施。同时，该指令对电子废弃物的贮存和处理提出了具体的技术要求，并指出了其他工艺环节应执行的标准和要求。此外，对电子废弃物在欧盟境内外的运输与处理也制定了相关措施和标准。

c. 资金管理和费用承担。指令第八条规定：在2005年8月13日前，生产者应负责投资建设与电子产品废弃物收集、处理、回收和环境无害化处置等相关的设施。在2005年8月13日前，投放市场的产品所产生的报废电器电子设备（历史性废物）的管理费用，将由相关费用发生时的市场上所有生产者按比例提供资金建立的体系提供，例如根据它们经营的某种类型设备所占市场的份额比例提供；在2005年8月13日后，投放市场的产品，每个生产者应负责为自己产品产生的废弃物的相关处理提供资金。

为进一步加强电子废物的管理，欧洲议会和欧盟理事会对第2002/96/EC指令进行了修订，并在2012年7月24日在欧盟官方期刊上正式公布了WEEE指令修订版（2012/19/EU）。

该指令的重要修订如下：

① 范围　为避免欧盟内部法律和行政措施之间的差异可能导致贸易壁垒并扭曲欧盟内的竞争，将涵盖范围扩大至所有电子电气设备。新的WEEE指令，自2018年8月15日起，将电子电气设备重新分类成6大类产品（温度交换设备、显示器/监视器、灯类产品、大型设备、小型设备以及小型IT和通信设备），并采取开放式范围（未列入的产品亦属规范范围）。

② 产品回收系统的建立　经销商应于零售商店（卖场面积大于$400m^2$）或其邻近的区域，提供尺寸小于25cm的小型废电子电气产品的免费回收。

③ 收集率　要求各会员国确保履行“生产者责任”，并设定每年最低收集率。达标率为2016年最低收集率的45%，而自2019年起，每年要达到的最低收集率为65%。

④ 再生目标　新的WEEE修订版将每个产品类别均设定其再生率目标，一共分为三个时段。

（一）荷兰废弃电器电子产品管理

1. 荷兰电子废物管理进程

荷兰是欧盟研究、实施废弃电子电气设备（简称 WEEE）法律比较早的国家，在欧盟 WEEE 指令出台前，1998 年 4 月 21 日，荷兰就已颁布实施了《白色家电和棕色家电法令》，其要求近似于欧盟 WEEE 指令的规定。

1998 年荷兰国会通过了相关的法律，为电子消费品产品回收与循环利用提供了法律基础。从 1999 年 1 月开始先以大型电器为对象启动回收与循环利用系统，自 2000 年 1 月将小型电器包括进来，2002 年 1 月则进一步将所有电子电气产品都纳入其管理范围。

欧盟《关于在电子电气设备中限制某些有害物质的指令》（RoHS 指令）和《关于报废电子电气设备指令》（WEEE 指令）发布后，荷兰分别于 2004 年 7 月 6 日、7 月 19 日采纳并通过《WEEE 管理法令》和《WEEE 管理办法》，并于 2005 年 1 月 1 日起实施，而照明产品实施时间推迟到 2005 年 8 月 13 日。《WEEE 管理法令》是荷兰有关废弃电子电气设备的管理和某些有害物质使用的国家法令，主要完成对欧盟 RoHS 指令的法律转换；《WEEE 管理办法》则是荷兰住宅、空间规划与环境部制定的对欧盟 WEEE 指令的法律转换。

荷兰废弃电子电气设备法律规定的产品范围、回收、再利用以及再循环目标与欧盟 WEEE 指令相同。其中，电器整机的再使用（指进入旧货市场的旧电器）不包括在再回收、再利用和再循环率的计算中，而零部件的再利用可以包括在内；出口到欧盟以外国家和地区的废弃电子电气设备也不包括在内，除非出口商可以证明出口的废弃电子电气设备已经按照等同于 EC 标准的要求进行再回收、再利用和再循环处理。

2. 荷兰电子废物回收组织

荷兰针对不同电子电气产品类别建立了三个回收组织：金属及电子产品处置协会（NVMP）、ICT 组织和照明设备回收组织（Stichting Lightrec）。

（1）NVMP

NVMP 是荷兰金属和电子产品处置协会，依据 1998 年荷兰的《白色家电和棕色家电回收处理法》建立，主要处理白色电器和小家电。该系统是一个伞形机构，在进行制度建设的总协会（董事会）下设了 5 个独立的基金会，分别负责 5 类产品（白色电器、棕色电器、通风设备、电动工具和金属电动产品）的回收管理，政府以监督员的身份出席董事会会议。NVMP 协会设置回收事务、处理事务、财务管理和公共关系四个专业部门以及一个独立的监督小组，对 NVMP 基金的运行过程进行监督，并负责对外交流联络、向政府和社会通报有关信息等。

NVMP 是电子废弃物回收处理体系的组织管理者，它通过招投标方式在各个区域分别与一定数量的回收点、物流商（即运输商）和电子废弃物处理工厂签订商业合同，回收点、物流商和处理商则依据合同履行各自的职责。居民家庭或单位用户产生电子废弃物时可直接交至市政回收点、市政回收中心或产品销售商中的任意一家，均无须支付任何费用。各回收网点（包括零售商）均应无条件接收各种电子废弃物，并通过自身的物流体系或签约物流商将电子废弃物集中送往签约的处理工厂，在处理工厂内进行无害化处理和资源化利用。

（2）ICT 组织

ICT 组织主要处理 IT 产品、办公用品和通信产品，1998 年由 160 家生产商和进口商共同出资建立。ICT 不采用可见收费，每个会员企业按照实际发生的回收成本付费，并内部消化这些成本。

ICT 组织分销商接收普通消费者或商业用户交回的废弃电子电气设备，生产商负责将之运输到处理厂。大多数旧设备通过“以旧换新”收集。回收商负责登记所接收设备的质量和数量，据此计算出生产商应承担的费用。收集处理费用的收取方式则由生产商自行决定。收集渠道有多种，包括转售商、修理中心和市政当局。生产商负责收集和处理所有“灰色”产品，而不仅仅是自己品牌的产品。ICT 组织的生产商和进口商每月支付一次回收处理费用，包括分担孤儿产品（无主产品）以及逃避责任的企业生产的产品的处理费用。如果生产商自行处理旧设备，需支付的费用将会降低，但需填写相应的声明表格（与回收发票一起发给会员）。

（3）照明设备回收组织

照明设备回收组织（Stichting Lightrec）是由包括飞利浦、SLI Benelux、Cooper Menvier 等公司在内的企业为履行废弃电子电气设备的回收义务，于 2003 年 12 月成立的一个专门处理商用和家用废灯泡和照明器具（至少有一个灯泡的器具）的回收组织，采用可见收费。

荷兰电子废物在回收系统中的物流如图 4-1 所示。

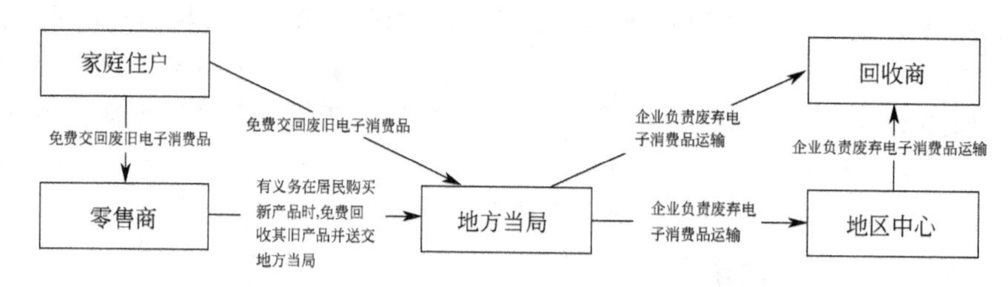

图 4-1　荷兰电子废物在回收系统中的物流

在荷兰电子废物回收系统中，家庭住户可以通过两种渠道免费交付废旧电子消费品：一种渠道是通过零售商（零售商可以再送至城市回收厂）来实现；另一种渠道就是直接送至城市回收厂。这样的组织形式为零售商以旧换新的业务留下空间，也为其继续保留原有的客户源和维修业务保有余地。

（二）德国废弃电器电子产品管理

1. 德国电子废物管理进程

在电子废弃物管理的管理理念方面，德国自 20 世纪 70 年代至今不断实践与调整，电子废弃物的管理理念从随意处置、末端控制，逐渐发展至推进资源再生。物质循环理念为德国电子废弃物管理勾画了明确的愿景与方向，成为德国颁布法律政策的依据。

20 世纪 60 年代后期电子电器设备在西德的私人家庭开始大幅度普及，这一时期，废弃物未经分类和污染控制，便被倾倒在市政填埋场中。1972 年，西德宪法修订案将废物管理行为纳入了法律调整的范围，联邦政府首次获得了可适用于德国全境的、有关废物管理的立法权，于同年颁布了《废物管理法》。该法的目标是制止废弃物的无序倾倒，组织废弃物的处置。1986 年，《废物管理法》的修订首次提出了废弃物的预防、处理与再循环的管理原则，其后联邦政府颁布了《包装物条例》等一系列法规，为日后电子废弃物管理体系的建立奠定了基础。

20 世纪 90 年代早期，联邦政府在将《欧盟废物框架指令》《关于危险废物的欧盟指令》

转化为国内法的同时颁布了《废物处理法》。该法着眼于自然资源保护以及废弃物的环境友好处理与处置，该法的颁布标志着德国废物的管理理念从线型物质流转变为循环型物质流。

欧盟《关于在电子电气设备中限制某些有害物质的指令》（RoHS 指令）和《关于报废电子电气设备指令》（WEEE 指令）发布后，德国在 2005 年颁布了《电子废弃物法》（2005 年 8 月 13 日生效）。该法的立法宗旨是“预防产生自电子电器设备的废弃物，推进电子废弃物的再使用、物质再循环与其他形式的资源再生，从而减少电子废弃物的处置量及电子废弃物中所含的危险物质”。该法全面贯彻了延伸生产者责任与物质循环原则，将由公共废物管理机构独立承担的电子废弃物管理责任，重新分配为由生产者与公共废物管理机构分担，且规定了生产者必须达到的回收利用与再循环目标。

2. 德国电子废物管理体系

为了把 WEEE 和 RoHS 指令落实到本国法律中，德国环境部发布了有关废旧电器回收的工作草案，建立了德国电子废物管理体系。体系要求州政府建立登记中心，生产者和进口者成立协会。

（1）登记中心

① 负责登记由生产者和进口者提供的每年为 WEEE 的回收处理保留的资金证明，并负责向协会提供登记的生产者和进口者名单。

② 在指定方运输某个收集点的电子废物前确认运输的总量。

③ 负责通知指定方运走指定地点的电子废物。

（2）协会

决定哪个生产者或者指定的第三方在什么位置收集多少量的 WEEE，为登记中心提供科学依据。在网上公布登记的生产者名单和详细的废物统计。

（3）政府机关

① 联邦环境署　行政主管部门，负责管理生产者的注册与担保、协调回收容器在公共废物管理机构间的配置、监督结算机构等。

② 联邦州　《废物处理法》的执行主体，负责颁布州法规，指定辖区内执行《废物处理法》的州级行政主管部门与公共废物管理机构。

③ 州级行政主管部门　负责制定生产者向公共废物管理机构支付的费率。

④ 公共废物管理机构　负责废弃物回收、运输、处理与处置的管理和运营。

⑤ 乡村与城镇区域、城市与市政　颁布地方法规来细化联邦州的法规，例如明确回收频率、方式、场所设置、费用支付等事项。

（4）家庭消费者

① 必须将家庭产生的废物分类，将电子废弃物分离出来，放入专门的收集容器。

② 禁止家庭与第三方就废物的回收、处置签订协议。

③ 使用上门收取系统时，家庭需要向市政支付该服务的全部或部分费用。

（5）分销者

分销者指“通过交易向使用者提供新电子电器设备的任何人或法人”。其中，“明知新电子电器设备的生产者未注册但仍继续销售的分销者，视为该设备的生产者”，需承担相应的生产者责任。

分销者可以自愿决定是否参与回收电子废弃物。一旦参与，分销者有义务将电子废弃物从其他类别的废物中分离出来，但可自由选择处置途径，例如卖给中间商等。

(6) 公共废物管理机构

公共废物管理机构是电子废弃物的法定回收机构，负责向家庭收集电子废弃物，是管理并运营电子废弃物的收集场所。

公共废物管理机构的责任在向生产者或其代理人完成移交电子废弃物任务后结束。具体而言，公共废物管理机构的责任包括：

① 向家庭回收电子废弃物；

② 信息告知；

③ 电子废弃物的分类存放与免费移交。

(7) 生产者

根据延伸生产者责任原则，生产者根据本企业产品在德国的市场份额（占有率），承担电子废弃物收集总量中同比例的电子废弃物的转运、处理与处置成本。生产者延伸责任体现为如下事项：

① 贴加单独收集的提示标签　生产者必须对 2005 年 8 月 13 日后投放市场的电子电器设备，附加“禁止扔到普通垃圾箱”的标签，用以提示消费者不要将电子废弃物弃置到一般收集容器中。

② 注册　向德国市场投放电子电器设备之前生产者必须对名下所有品牌在国家电器设备注册处注册，并在所有商业交易中使用国家电器设备注册处所颁发的注册号。

③ 电子废弃物的转运、运输、处理与处置　生产者对本企业生产产品转化而成的电子废弃物负责，而不为其他生产者的产品的生命终期管理负责，单个生产者的责任需按比例（基于电子电器设备市场占有率或电子废弃物在该类电子废弃物总量中的比例）从收集到的电子废弃物总量中区分出来。生产者可委托处理企业进行电子废弃物的转运、运输、处理与处置运营。

④ 报告

a. 每月，每个注册生产者需向国家电器设备注册处报告其投放德国市场的电子电器设备的种类与数量。

b. 每年，每个生产者需向国家电器设备注册处报告自公共废物管理机构收取的电子废弃物量（按收集组分类），单独或经由生产者责任组织回收的电子废弃物的类别与数量以及处理设施接收、再使用、再循环、回收利用与出口的电子废弃物量（按电子电器设备类别分类）。

⑤ 提供财政担保　生产者必须在首次注册以及此后的年度注册中，根据该年度意欲投放德国市场的电子电器设备数量，提供相应的破产担保。

(8) 结算机构

结算机构负责协调与监控电子废弃物的流向，确定生产者的责任份额并予以分配，监控生产者的责任完成情况并提供证明。联邦环境署指定国家电器设备注册处（EAR）为法定结算机构。

① 确定生产者注册的管理与责任份额

a. 向意欲进入德国电子电器设备市场的生产者颁发注册号，并向社会公布生产者的注册状况。

b. 每月得出每个生产者本年度在特定电子电器设备类别中的市场占有率，并据此确定下一年度每个生产者应负责处理的电子废弃物限额（占回收总量的百分比）。

② 分配电子废弃物回收任务

a. 筛选出当前责任履行程度最低的单个生产者，联系该企业来执行该次电子废弃物的收取、运输和处理任务。

b. 记录并更新该生产企业的责任履行程度。

c. 向所有生产者统一分配地域不同（不考虑市场地域或距离）的电子废弃物收集容器。

③ 监控与证明延伸生产者责任

a. 每年汇总本年度各生产者收取并处理的电子废弃物总量。

b. 根据各生产者的责任份额核实其责任的完成情况，并为生产者提供守法证明。

④ 其他行政管理事宜

a. 出现争议时，可判定《电子废弃物法》是否适用于特定的电子电器设备种类；如生产者有异议，可以上诉至法院。

b. 向联邦环境署提供每年度所有注册生产者的名单，并报告投放市场的电子电器设备总量，所有生产者收集、再使用、再循环以及其他方式回收利用与出口的电子废弃物数量。

⑤ 遵守法定管理权限

a. 国家电器设备注册处是非营利机构，但可在德国《成本条例》允许的范围内向生产者收费。

b.《电子废弃物法》严格限制了国家电器设备注册处的管辖权限，注册处的权限不得超出电子废弃物回收处理协调所必需的范围；只要生产者承担延伸责任的方式在法律允许的范围之内，则严禁国家电器设备注册处对其进行干预。

c. 国家电器设备注册处必须保持中立，不得与任何处理企业或生产者签订协议。

（9）处理者

处理企业应在《电子废弃物法》、《废物处理法》、《专门废物管理公司条例》以及《污染排放控制法》等法律条文的约束下使用最佳技术，确保电子废弃物的处理达到法定再循环率与回收利用率的限值。

① 进行年度认证

a.《电子废弃物法》要求处理设施进行年度认证。需认证事项包含：处理企业的技术水平、组织能力与知识水平等符合法律要求，处理技术能满足法定回收利用率与再循环率的要求，可证实的回收利用率，计算方法的有效性等。

b.《废物处理法》的附件 3 规定了最佳技术的确定标准。

c.《电子废弃物法》限定了认证的专家资格，并规定认定标准。

d.《电子废弃物法》规定认证的有效期不超过 18 个月。

② 申请污染排放许可　处理企业应按照德国《污染排放控制法》向政府申请排污许可并接受当地污染控制主管部门监控。

3. 德国电子废物回收处理体系

德国电子废物回收处理体系按照电子废弃物单独回收、推进资源再生和防止污染造成人体与环境损害的整体要求对电子废物的收集、转运以及处理进行了全过程污染控制。对回收的不同阶段进行划分的同时，也明确了处理阶段的工作内容。德国电子废物全过程污染控制见图 4-2。

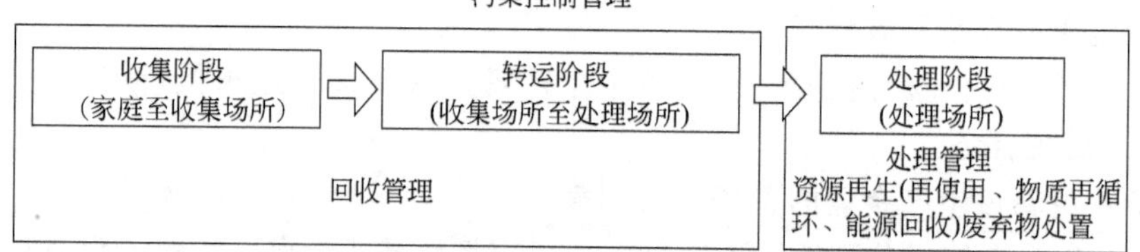

图 4-2 德国电子废物全过程污染控制

(1) 电子废弃物的回收

回收方面，要求电子废弃物应自家庭产生的废弃物中分离出来，单独存放。在 2006 年 12 月 31 日之前，家庭消费者产生的电子废弃物的回收量应达到每年至少 4kg/人的水平。

(2) 电子废弃物的处理

电子废弃物回收后，需要进行处理。处理是使用专门设施进行的，包括电子废弃物的污染防控、拆卸、粉碎、回收利用、处置准备等。图 4-3 为德国电子废物处理方法。

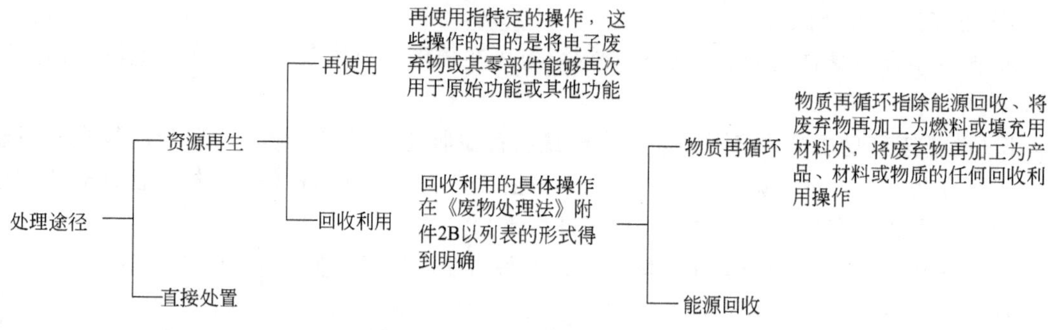

图 4-3 德国电子废物处理方法

(3) 电子废弃物的污染控制

污染控制方面，《电子废弃物法》附件 3 以控制有毒有害物质的排放为目标，规定了针对特定物质与零部件的操作规范。例如，要求移除含有特定有毒有害物质的电子废弃物零部件或物质，以及存放与运输过程中的注意事项等。

二、美国废弃电器电子产品管理

1. 美国电子废物管理进程

1965 年美国国会通过了《固体废物处置法》(Solid Waste Disposal Act，SWDA)，开始对固体废物和危险废物的处置进行管理。对于电子废物，美国国会虽然酝酿过很多法案，包括国会议员 Mike Thompson 提出的《国家计算机回收法案》，但 1976 年美国颁布的《资源保护回收法》(Resource Conservation and Recovery Act，RCRA)(之后于 1986 年修订) 只对 CRT 以及含有破坏臭氧层的氯氟烃和含氢氯氟烃的电子废物的回收处理提出了要求。当然，也有个别法规对非电池的处理提出了要求，包括美国消费电子协会在内的一些商贸组织对这些法律的实施做了积极努力。《资源保护回收法》授予美国环境保护署 (Environmental Protection Agency，EPA) 对危险废物进行包括生产、运输、处置在内的全过程管理的权力。

2009年7月6日，参议员提出了《电子设备回收利用的研究和发展法案》(S. 1397)。S. 1397法案不仅对电子废物非法倾倒问题加以关注，还倡导了电子设备可持续设计，并且为电子设备可持续设计提供了减少有毒有害废物数量和提高产品回收再利用的研究发展资金。

2009年4月22日世界地球日期间，众议院通过了两项法律，即H. R. 1580《电子设备回收利用的研究和发展法案》和H. R. 957《绿色能源教育法》。H. R. 1580法案要求美国环保署择优资助大学群体、政府实验室和私营企业以进行回收利用电子设备和削减电子设备中有害物质为目的的科学研究，以便“促进科学家、工程师和技术人员在电子设备的生产、设计、再制造和回收领域的个人发展。”该法案要求补助金受益人每两年向国会做可能会阻碍项目实施的研究工艺、过程差距、风险和监管障碍等问题的报告。

美国环保署认为不同的产品需要不同的生产者延伸制度。政府更倾向于利用市场的力量实施生产者延伸制度，并支持各州政府探索电子废物的各种管理途径。联邦政府发布命令，如果企业自己不能解决问题，政府将对此进行强制立法，由此促使企业界自发开展废弃家电产品的回收和处理行动。

美国民间环境保护组织与电子产业界就电子废物立法管制问题的争论很激烈，其中硅谷毒物联盟是民间激进的环境保护主义者的代表，强烈要求联邦政府和地方政府对电子废物管理采取更为严格的措施，要求生产者承担废物回收处理责任。产业界从维护本国电子产业国际竞争力的角度出发对通过立法强制厂商进行电子废物回收处理采取了抵制的态度。当欧盟提出电子产品生产材料中限制使用环境敏感物和生产者需要承担废弃产品回收责任的规定时，美国电子协会对此提出异议，主张电子废物管理应该遵循自愿协议的原则，而不是依靠法律强制规定。2001年以美国电子协会、电子产业协会、国家电子制造者协会和半导体产业协会为代表的美国电子产业界再次针对欧盟电子电器产品环境条例草案提出反对意见。

政府部门的态度比较折中，力图在产业界与民间环境保护主义力量之间寻求调和与妥协。在环境保护署的支持下，电子行业与其他利益相关主体共同成立了一个基于自愿原则的协调机构——国家电子产品全程化服务启动项目，负责在全国范围内建立一个电子废物管理体系，将电子废物回收处理的成本纳入生产成本中去，并在各地组织了一系列试验回收项目，以搜集建立适合当地环境的回收体系和管理办法。

2. 美国电子废物管理模式

(1) 企业自发行动

美国企业开展了一系列废弃电子产品的回收计划，主要集中在计算机领域。如IBM公司2000年11月启动了回收行动。从个人和小企业手中回收任何品牌的计算机，消费者必须自己将计算机包装好并送往一个UPS（United Parcel Service，Inc.，美国联合包裹运送服务公司）地点。回收的废弃计算机送往宾夕法尼亚州的Enviro-cycle回收公司。该回收公司将可用的计算机通过非营利机构捐献出去，不可再用的废弃计算机则进行处理回收原料。

惠普（HP）公司2001年5月启动回收行动回收任何品牌的计算机，消费者自己将计算机包装好由德邦（Fedex）公司上门收购，回收的计算机将运往HP公司在加利福尼亚州和田纳西州的工厂进行循环利用。

2001年5月，索尼和松下以及夏普一道在新泽西州开展回收行动。各生产厂商对其产品的循环再利用付费，但废弃产品的收集、分类以及运输的费用由当地政府承担。这项行动不向最终用户收费。

2000 年 4 月，美国国家电子产品全程化服务动议项目（NEPSI）开始实施。该项目由工业界、政府、非政府组织以及学术界的代表参加，重点讨论了废弃产品收集、运输和循环利用付费机制。

(2) 地方立法

美国是没有签署关于危险废物的《巴塞尔公约》的国家，通常将电子废物出口到其他缺乏严格环境管理机制且拆解成本低的国家。一段时期内美国有 50%～70%的电子废物出口到发展中国家，主要出口到中国，其次是印度、尼日利亚和加纳等国。虽然美国尚未制定联邦法律来规范电子废物的回收利用，但各州对电子废物都采取了焚烧、填埋或再生回收材料的措施用来保护公众健康和消除有毒物质的环境污染。20 世纪 90 年代，美国大部分州都先后成立了电子废物立法机构，截至 2013 年，已经有 25 个州通过立法规范全州范围内的电子废物回收处理。在通过电子废物立法的 25 个州中，有 23 个州（加利福尼亚州和犹他州除外）采用生产者责任延伸制度的模式管理本州的电子废物。但由于各州关于电子废物的法律不同，法律执行的效果也不同。

三、日本废弃电器电子产品管理

日本是世界上典型的循环经济实施较好的国家之一，也是发达国家中对循环经济立法比较全面的国家。日本的电子废物管理法律法规中，占有重要地位的是《家用电器再利用法》。该法 1998 年通过，于 2001 年正式实施，是世界上较早的关于废旧家电回收和处理方面的立法。该法是对电视机、特定类型的空调、电冰箱（冷冻柜）和洗衣机（干燥机）四类废家电进行有效再生利用、减少废弃物排放的特定法律，是日本建设循环型社会法律体系的重要组成部分。《家用电器再利用法》明确要求产品生产者承担产品的回收义务和再商品化义务，产品经销商承担产品的回收义务和交付给产品生产者的第三方处理企业的义务，消费者承担将自己废弃的设备交付给经销商的义务，并承担废物收集、处理的相关费用，四类废家电回收利用率必须达到一定标准（55%～82%）。

日本建立的法律框架如图 4-4 所示。

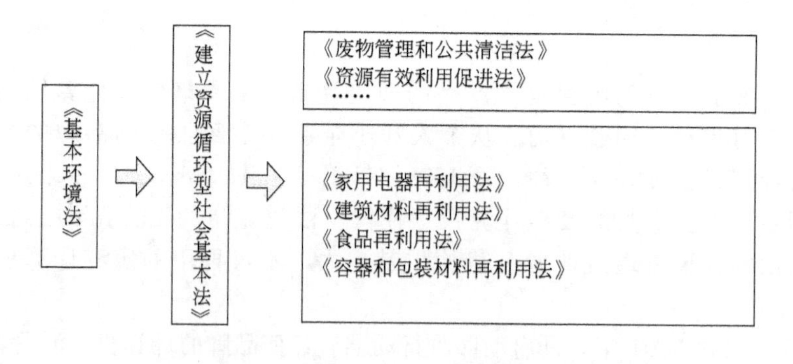

图 4-4 日本法律框架

第二节　我国废弃电器电子产品管理概况

一、废弃电器电子产品回收行业发展

我国废弃电器电子产品回收行业的发展经历了三个阶段，见图 4-5。第一个阶段是 2009 年之前市场经济体制下的个体回收商的回收模式；第二个阶段是 2009～2011 年，在家电以旧换新政策下的以零售商和制造商为主的政府补贴回收模式；第三个阶段是 2012 年后通过基金间接补贴带动的以个体回收为主的新型多渠道回收模式。2012 年《废弃电器电子产品处理基金征收使用管理办法》发布并实施，通过基金补贴，促使了各相关方加入回收体系建设中，带动了废弃电器电子产品回收行业进入了新的发展阶段。

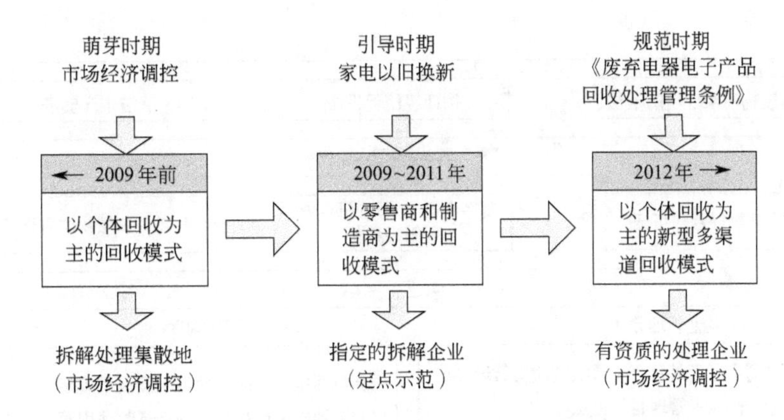

图 4-5　废弃电器电子产品回收行业发展阶段

二、废弃电器电子产品处理行业发展

我国废弃电器电子产品处理行业的发展经历了四个阶段，见图 4-6。第一个阶段是 2005

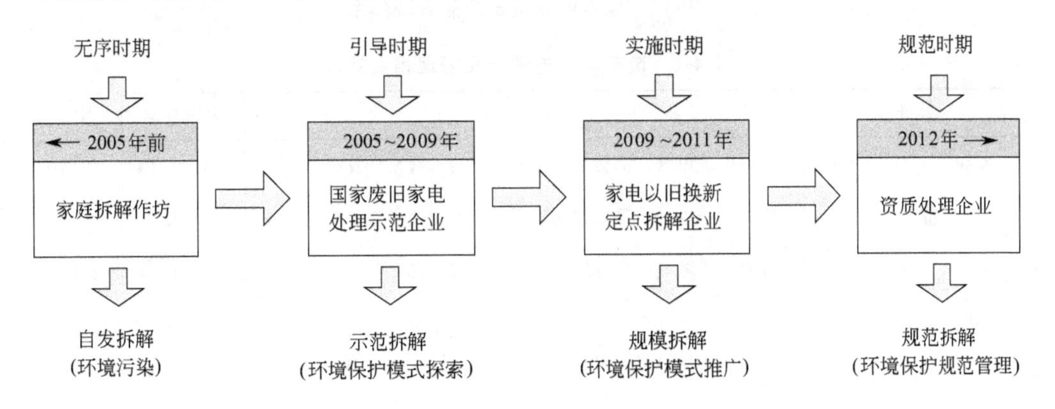

图 4-6　废弃电器电子产品处理行业发展阶段

年前自发形成的拆解处理集散地模式阶段；第二个阶段是在2005～2009年国家支持建设的少数废旧家电回收处理示范企业的阶段；第三个阶段是2009～2011年家电以旧换新政策下涌现出的100余家新兴的废旧家电指定拆解企业的阶段；第四个阶段是2012年在《废弃电器电子产品回收处理管理条例》和基金制度的激励下，形成的109家有资质的处理企业的阶段。

三、废弃电器电子产品管理

（一）废弃电器电子产品管理制度

1. 相关法律法规及规范性文件

我国废弃电器电子产品管理文件涉及再生资源和环境保护两个领域，涵盖电器电子产品的绿色设计与制造、再制造、回收、处理、资源综合利用和处置多个环节。从法律法规到管理办法和规章、标准，已经形成一个自上而下的较为完善的管理体系，见图4-7、表4-1。

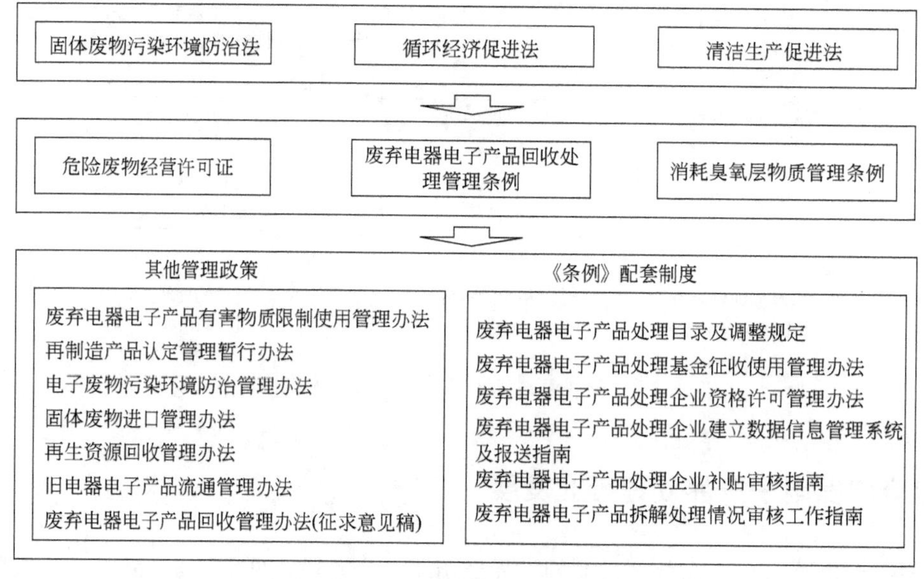

图4-7 废弃电器电子产品管理体系

表4-1 废弃电器电子产品管理相关标准

序号	标准号	标准名称	发布日期	实施日期
1	GB/T 31371—2015	废弃电子电气产品拆解处理要求 台式微型计算机	2015-02-04	2015-10-01
2	GB/T 31372—2015	废弃电子电气产品拆解处理要求 便携式微型计算机	2015-02-04	2015-10-01
3	GB/T 31373—2015	废弃电子电气产品拆解处理要求 打印机	2015-02-04	2015-10-01
4	GB/T 31374—2015	废弃电子电气产品拆解处理要求 复印机	2015-02-04	2015-10-01
5	GB/T 31375—2015	废弃电子电气产品拆解处理要求 等离子电视机及显示设备	2015-02-04	2015-10-01
6	GB/T 31376—2015	废弃电子电气产品拆解处理要求 液晶电视机及显示设备	2015-02-04	2015-10-01

续表

序号	标准号	标准名称	发布日期	实施日期
7	GB/T 31377—2015	废弃电子电气产品拆解处理要求　阴极射线管电视机及显示设备	2015-02-04	2015-10-01
8	GB/T 32355.1—2015	电工电子产品可再生利用率评价值　第1部分:房间空气调节器、家用电冰箱	2015-12-31	2017-01-01
9	GB/T 32355.2—2015	电工电子产品可再生利用率评价值　第2部分:洗衣机、电视机和微型计算机	2015-12-31	2016-07-01
10	GB/T 32355.4—2015	电工电子产品可再生利用率评价值　第4部分:复印机和打印机	2015-12-31	2016-07-01
11	GB/T 32356—2015	电子电气产品可再生利用设计导则	2015-12-31	2016-07-01
12	GB/T　32357—2015	废弃电子电器产品回收处理污染控制导则	2015-12-31	2016-07-01

2. 废弃电器电子产品处理基金管理制度

根据《废弃电器电子产品回收处理管理条例》(国务院令第551号)的规定，经国务院批准，财政部会同环境保护部、国家发改委、工业和信息化部、海关总署、税务总局于2012年印发了《废弃电器电子产品处理基金征收使用管理办法》(财综〔2012〕34号)，建立了由电器电子产品生产者、进口电器电子产品的收货人或者其代理人依规缴纳的政府性废弃电器电子产品处理基金，主要用于废弃电器电子产品回收处理费用的补贴。之后，国家发改委、环境保护部、工业和信息化部、财政部、海关总署、国家税务总局等部门也分别于2010年、2015年组织制定了《废弃电器电子产品处理目录(第一批)》(公告〔2010〕第24号)、《制定和调整废弃电器电子产品处理目录的若干规定》(公告〔2010〕第24号)和《废弃电器电子产品处理目录(2014年版)》(公告〔2015〕第5号)，对废弃电器电子产品回收处理费用补贴范围进行了限定。

为促进废弃电器电子产品妥善回收处理，规范和指导废弃电器电子产品拆解处理情况审核工作，保障基金使用安全，环境保护部于2010年发布了《废弃电器电子产品处理企业建立数据信息管理系统及报送指南》(公告〔2010〕第84号)和《废弃电器电子产品处理企业补贴审核指南》(公告〔2010〕第83号)，并于2015年发布了《废弃电器电子产品拆解处理情况审核工作指南(2015年版)》(公告〔2015〕第33号)。随后，生态环境部于2019年发布了《废弃电器电子产品拆解处理情况审核工作指南(2019年版)》(国环规固体〔2019〕1号)，对《废弃电器电子产品拆解处理情况审核工作指南(2015年版)》作了进一步修正。

废弃电器电子产品处理基金补贴流程见图4-8。

(二)废弃电器电子产品处理资格许可

为了规范废弃电器电子产品处理行业，防止废弃电器电子产品处理污染环境，根据《中华人民共和国固体废物污染环境防治法》、《废弃电器电子产品回收处理管理条例》和《中华人民共和国行政许可法》，2010年环境保护部分别发布了《废弃电器电子产品处理资格许可管理办法》和《废弃电器电子产品处理企业资格审查和许可指南》，对废弃电器电子产品处理企业行业准入进行了规范化管理。

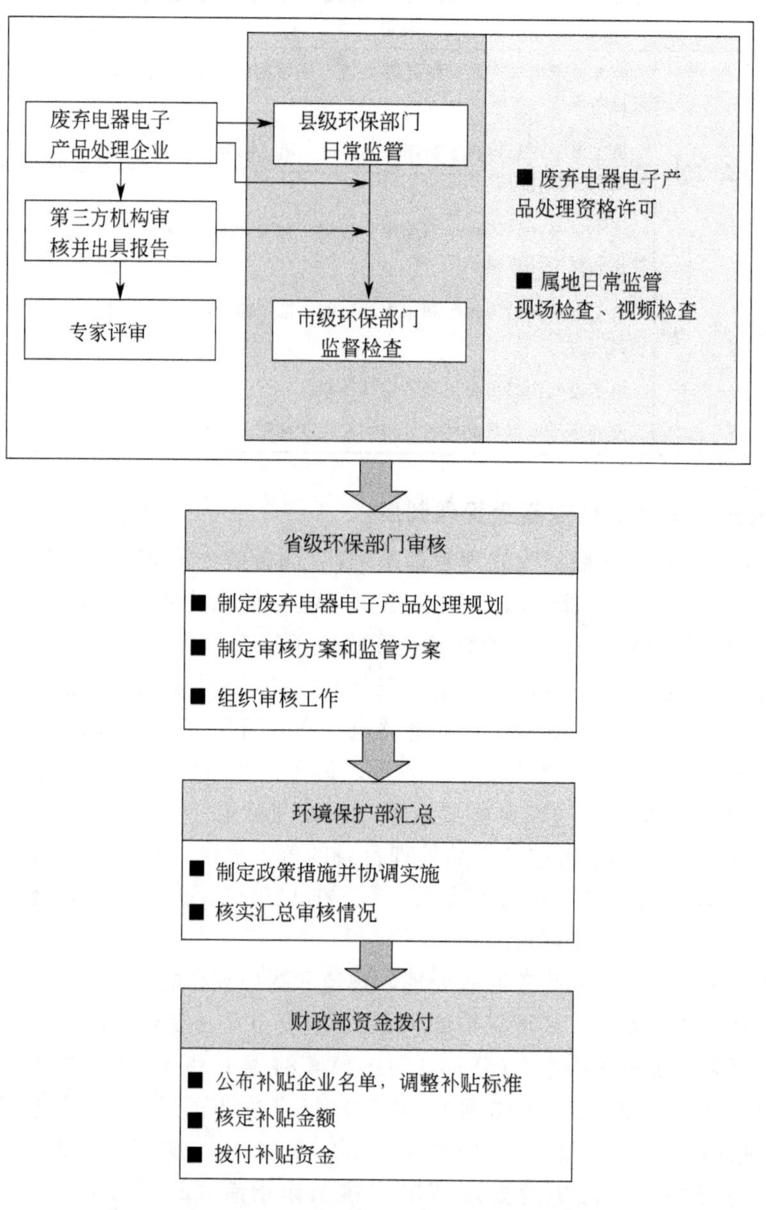

图 4-8 废弃电器电子产品处理基金补贴流程

1. 废弃电器电子产品处理资格许可程序

废弃电器电子产品处理申请企业应当依法成立，符合本地区废弃电器电子产品处理发展规划的要求，并具有增值税一般纳税人企业法人资格。表 4-2 为废弃电器电子产品处理资格许可申请工作内容。

图 4-9 为废弃电器电子产品处理资格许可申请流程。

2. 废弃电器电子产品处理资格许可证书

废弃电器电子产品处理资格许可证书编号由一个英文字母 E 与七位阿拉伯数字组成。第一位、第二位数字为废弃电器电子产品处理设施所在地的省级行政区划代码，第三位、第四位数字为省辖市级行政区划代码，第五位、第六位数字为县级政府行政区划代码，最后一位数字为流水号。

表 4-2　废弃电器电子产品处理资格许可申请工作内容

资格许可程序	工作项目	工作内容	备注
申请	申请	申请企业应当向废弃电器电子产品处理设施所在地设区的市级人民政府环境保护主管部门(简称“许可机关”)提出处理一类或多类废弃电器电子产品申请	
		申请企业应填写《废弃电器电子产品处理资格申请书》并提交相应证明材料	申请材料应当内容完整、格式规范、装订整齐
		申请企业具有多处废弃电器电子产品处理设施的，应就各处的设施分别申请处理资格许可	各处的处理设施均应符合本指南的要求
受理和审批	受理	许可机关自收到申请材料之日起 5 个工作日内完成对申请材料的形式审查，并做出受理或不予受理的决定	申请材料不完整的，应当要求申请人限期补交
	公示	许可机关应当在受理之日起 3 个工作日内对受理申请进行公示，征求公众意见，公示期限不得少于 10 个工作日	公示可采取以下一种或者多种方式： (1)在申请企业所在地的公共媒体上公示； (2)在许可机关网站上公示； (3)其他便利公众知情的公示方式
		公众可以在公示期内以信函、传真、电子邮件或者按照公示要求的其他方式，向许可机关提交书面意见	
		对公众意见，受理申请的环境保护主管部门应当进行核实	
	审查	许可机关应当自受理申请之日起 60 日内，对申请企业提交的证明材料进行审查，并对申请企业是否具备许可条件进行现场核查	
		许可机关对申请企业提交的证明材料进行审查前，应当核实申请企业是否符合本地区废弃电器电子产品处理发展规划的要求	
		许可机关应组织相关专家对申请企业进行评审。专家人数不少于 5 人。专家应当掌握和熟悉废弃电器电子产品、固体废物特别是危险废物管理的法律法规和标准规范，了解废弃电器电子产品处理技术和设备、环境监测和安全等相关知识。专家组中至少有 1 名所在地省级环保部门推荐的专家和 1 名所在地县级环保部门推荐的专家。专家组长应当具有高级职称，5 年以上固体废物相关工作经验	
	审批	经书面审查和现场核查符合条件，授予处理资格，并予以公告；不符合条件的，书面通知申请企业并说明理由	

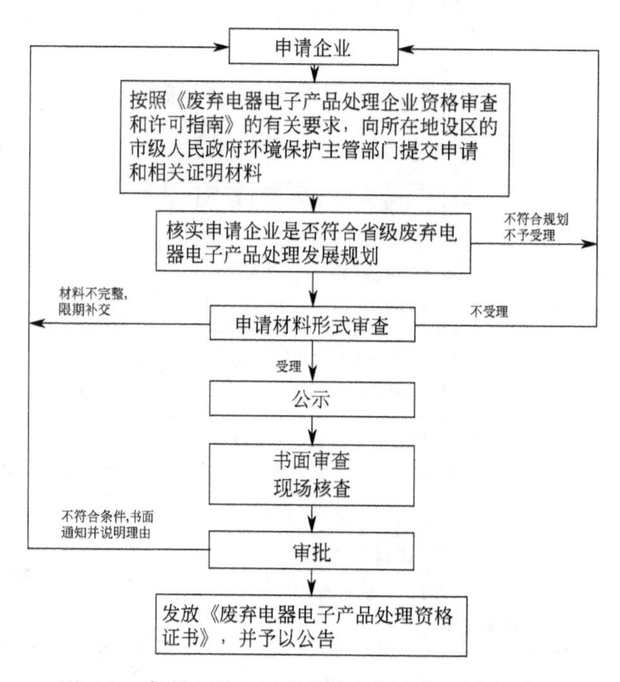

图 4-9　废弃电器电子产品处理资格许可申请流程

注：1. 申请企业具有多处废弃电器电子产品处理设施的，应就各处的设施分别申请处理资格许可。

2. 本图为示意图，具体流程可咨询废弃电器电子产品处理设施所在地设区的市级人民政府环境保护主管部门。

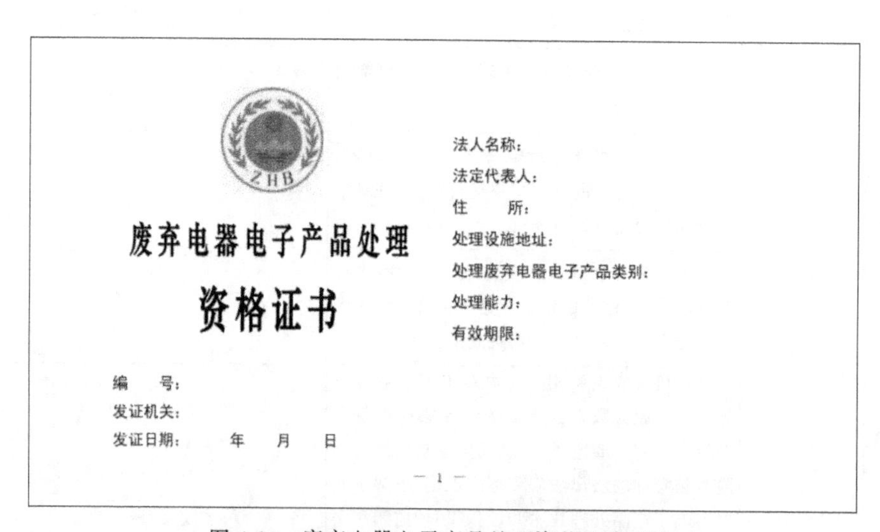

图 4-10　废弃电器电子产品处理资格证书正本

废弃电器电子产品处理资格证书可分为正本和副本（见图 4-10、图 4-11），正本为一份，副本可为多份。证书应包括：法人名称、法定代表人、住所；处理设施地址；处理的废弃电器电子产品类别；主要处理设施、设备及运行参数；处理能力；有效期限；颁发日期和证书编号。

申请企业取得处理资格后，应当在经营范围内注明处理的废弃电器电子产品类别。

废弃电器电子产品处理
资格证书

（副本X）

法人名称：

法定代表人：

住　　所：

处理设施地址：

处理废弃电器电子产品类别：

各类别废弃电器电子产品处理能力：

主要处理设施、设备及运行参数：

有效期限：

说　明

1. 废弃电器电子产品处理资格证书是经营单位取得废弃电器电子产品处理资格的法律文件。
2. 废弃电器电子产品处理资格证书的正本和副本具有同等法律效力，资格证书正本应放在经营设施的醒目位置。
3. 禁止伪造、变造、转让废弃电器电子产品处理资格证书。除发证机关外，任何其他单位和个人不得扣留、收缴或者吊销。
4. 废弃电器电子产品处理企业变更法人名称、法定代表人或者住所的，应当自工商变更登记之日起15个工作日内，向原发证机关申请办理处理资格变更手续。
5. 增加废弃电器电子产品处理类别，新建处理设施，改建或者扩建原有处理设施，处理废弃电器电子产品超过资格证书处理能力20%以上的，废弃电器电子产品处理单位应当重新申请领取废弃电器电子产品处理资格证书。
6. 废弃电器电子产品处理企业拟终止处理活动的，应当对经营设施、场所采取污染防治措施，对未处置的废弃电器电子产品作出妥善处理，并在采取上述措施之日起20日内向原发证机关提出注销申请，由原发证机关进行现场核查合格后注销处理企业处理资格。

编　　号：
发证机关：
发证日期：　　　年　　月　　日

— 2 —

图4-11　废弃电器电子产品处理资格证书副本

（三）废弃电器电子产品处理管理信息系统

根据《废弃电器电子产品处理企业资格审查和许可指南》，废弃电器电子产品处理申请企业应当建立数据信息管理系统，跟踪记录废弃电器电子产品在企业内部运转的整个流程，包括记录废弃电器电子产品接收的时间、来源、类别、重量和数量；运输者的名称和地址；贮存的时间和地点；拆解处理的时间、类别、重量和数量；拆解产物（包括最终废弃物）的类别、重量或数量、去向等。

1. 系统建设

信息系统建设目标与内容见表4-3。

表4-3　信息系统建设目标与内容

建设目标	建立废弃电器电子产品处理监督管理信息系统
	落实国务院《废弃电器电子产品回收处理管理条例》
	推动和完善废弃电器电子产品回收处理法规、标准、各项管理制度的落实和监督管理
	满足我国废弃电器电子产品处理的信息化管理需求
	不断提升固体废物环境管理工作的科学化和规范化水平
建设内容	结合业务实际情况和信息技术趋势，完成编制项目的初步设计
	建设面向各级环保部门的业务门户
	搭建适用的业务应用系统，实现对实际废弃电器电子产品处理的数据录入、数据汇总和数据上报的操作功能，建立对废弃电器电子产品处理企业的监督检查功能
	搭建集中的数据中心系统、查询分析系统，为全面存储、查询和分析废弃电器电子产品处理信息提供平台功能
	建立基础的配置管理系统，实现对废弃电器电子产品管理目录数据的设置，各级环保用户的权限设置，不同用户不同系统的安全管理等基础功能
	进行必要的单元测试、集成测试和用户测试，确保满足实际管理业务需求
	搭建符合需要的基础软硬件平台，保证支持全国的各级用户可以正常地访问使用系统，保证提供系统运行3年以上的数据存储空间
	实现与目前网络平台的顺利连接，进行必要的调整部署和安全防护
	对全国相关用户进行系统操作使用培训和答疑

废弃电器电子产品处理管理信息系统工作结构图及网络图见图 4-12、图 4-13。

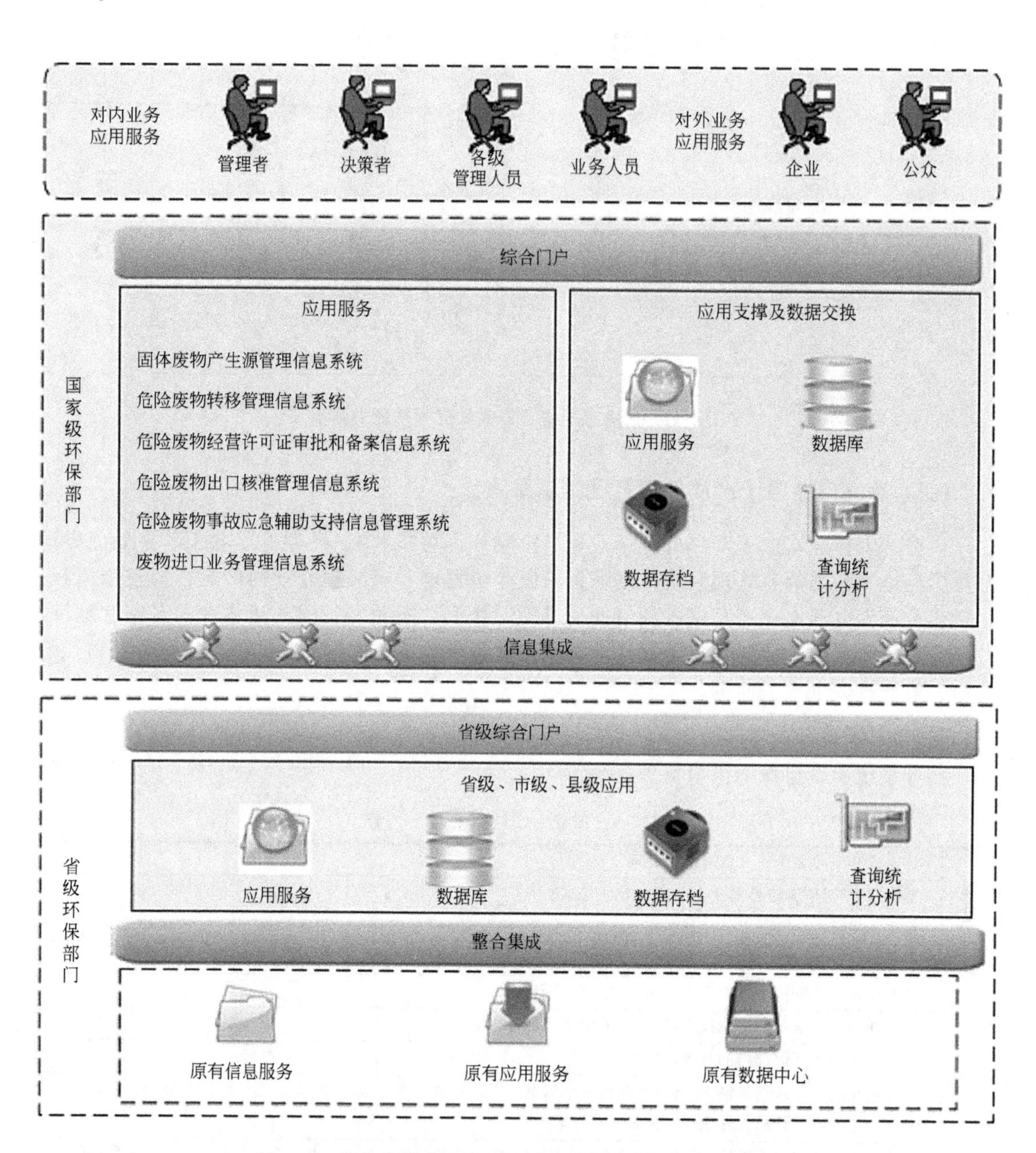

图 4-12　废弃电器电子产品处理管理信息系统工作结构图

2. 系统功能

信息系统主要功能是实现企业、区县、地市、省、国家多个单位多级固废管理的联网办公，提高政府办公效率（见图 4-14）。

废弃电器电子产品处理管理信息系统管理内容见表 4-4。

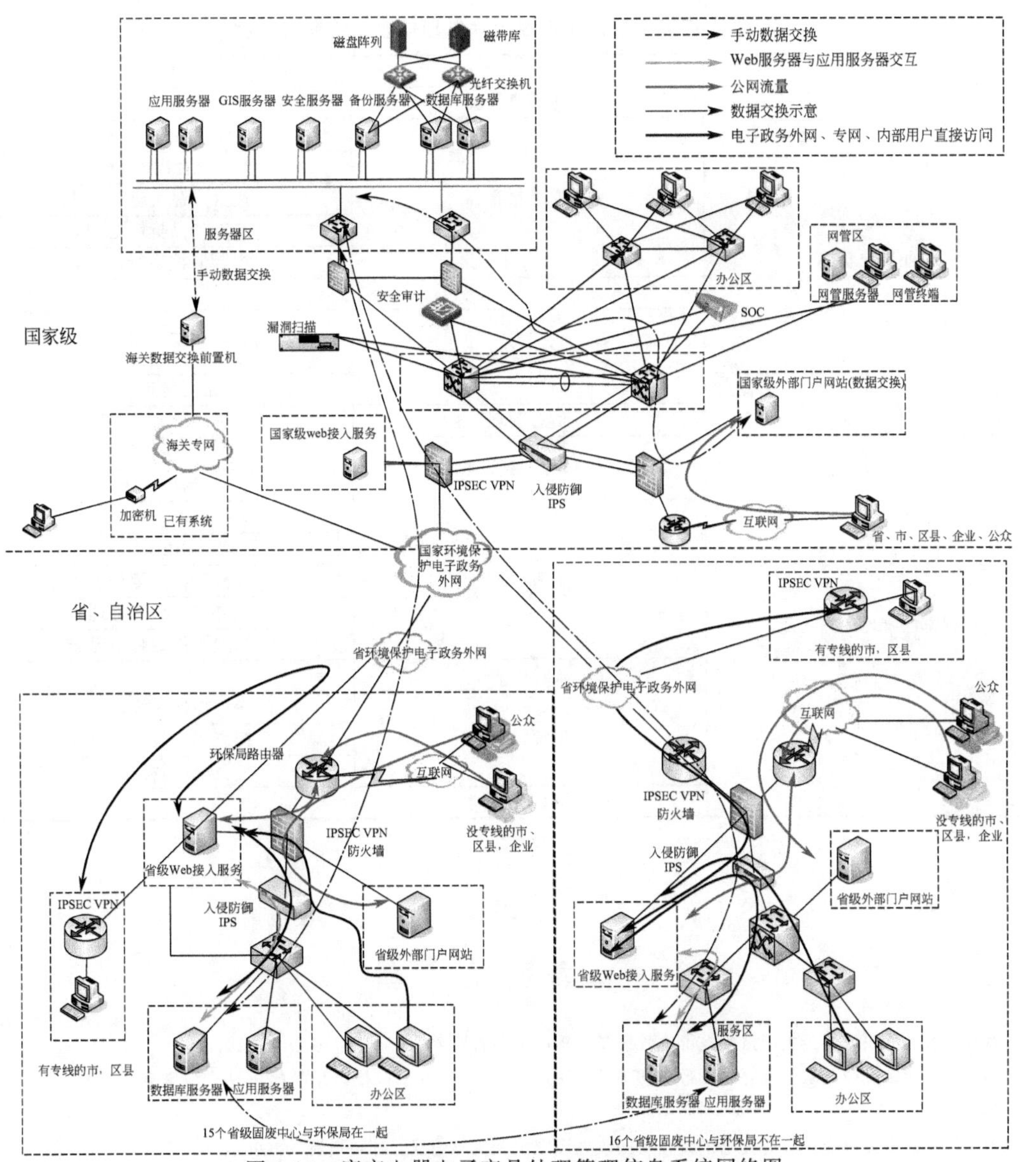

图 4-13　废弃电器电子产品处理管理信息系统网络图

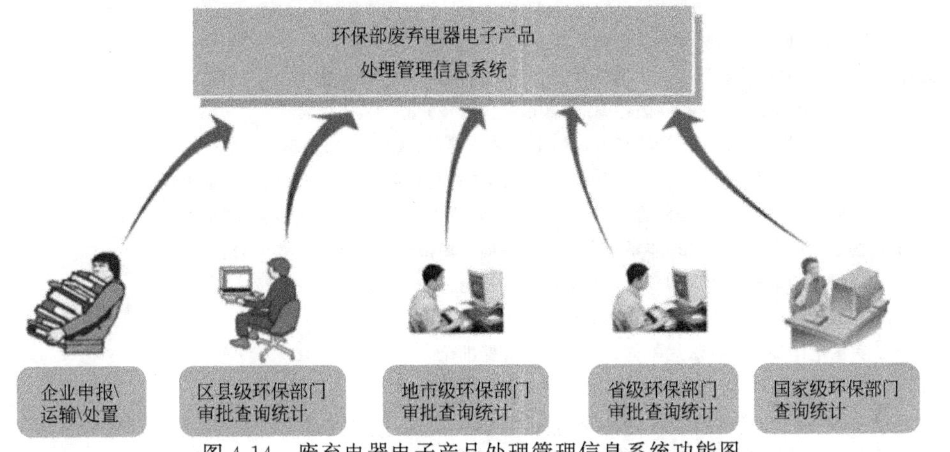

图 4-14　废弃电器电子产品处理管理信息系统功能图

表 4-4　废弃电器电子产品处理管理信息系统管理内容

功能分类	项目	内容
企业用户功能	企业信息管理	
	数据上报管理	废弃产品出库/入库表
		拆解产物出库/入库表
		废弃产品关键产物表
		废弃产品拆解处理表
		视频监控运行情况表
	统计报表	
	图形统计报表	按地区统计
		按废弃产品类别统计
		按拆解物统计
	信息管理	
环保部门管理用户功能	基本信息管理	部门信息管理
		密码修改
	报表管理	废弃产品出库/入库表
		拆解产物出库/入库表
		废弃产品关键产物表
		废弃产品拆解处理表
		视频监控运行情况表
	统计报表	
	图形统计报表	按地区统计
		按废弃产品类别统计
		按拆解物统计
	信息管理	

参考文献

[1] 欧洲议会和欧盟理事会关于报废电子电气设备（WEEE）的第 2012/19/EU 号指令，2012.

[2] 阎利，刘应宗．荷兰电子废弃物回收制度对我国的启示．西安电子科技大学学报（社会科学版），2006，16（4）：60-66.

[3] 国家发展改革委环资司．荷兰电子废弃物回收处理立法及实施情况．环境资源，2006（15）：36.

[4] 向宁，梅凤乔，叶文虎．德国电子废弃物回收处理的管理实践及其借鉴．中国人口·资源与环境，2014，24（2）：111-118.

[5] 侯晓梅．废旧家电回收利用法律制度研究．武汉：武汉大学，2004.

[6] 贾秀春．我国废旧家电回收利用法律制度研究．重庆：重庆大学，2006.

[7] 王海涛．WEEE 及 RoHS 指令在欧盟各国的实施．电器，2005（3）：52-54.

[8] 建华，刘瑞挺，徐恪，等．中国计算机发展简史．科技导报，2016，34（14）：12-21.

[9] 毛欣，刘菁，李彦．德国电子废弃物循环利用体系的调查与思考．中国环境管理干部学院学报，2006（2）：64-67.

[10] 张科静，魏珊珊．德国基于 EPR 的电子废弃物再生资源化体系对我国的启示．环境保护，2008（16）：76-79.

[11] 刘小丽，杨建新．电子废物管理体系研究．城市环境与城市生态，2005，18（4）：30-33.

[12] 王琼．美国各州的电子废物管理概况．文史博览（理论），2015（4）：54-56.

[13] 曾延光．美国各州电子废弃物回收立法最新进展．信息技术与标准化，2009（7）：24-30.

[14] 曾延光．美国电子废物回收法规概览．信息技术与标准化，2007（5），10-15.

[15] 曲扬．欧盟电子废物法律问题研究．北京：华北电力大学，2016.

[16] Official Journal of the European Union（2011）．DIRECTIVE 2011/65/EU OF THE EUROPEAN PARLIAMENT AND OF THE COUNCIL of 8 June 2011.（online）．https：//eur-lex. europa. eu/eli/dir/2011/65/oj（accessed 28

June 2020）.
[17] 王斌，乌力吉图．日本电子废弃物处理模式的阶段式研究．经济师，2008（12）：108-109.
[18] 邵诣臻，黄菊文，李光明，等．我国电子废弃物管理现状及对策研究．环境科技，2011，24（增1）：87-90.
[19] 游佳．我国电子废弃物回收处理法律制度研究．重庆：西南政法大学，2008.
[20] 刘芳，郑莉霞，李金惠．中日韩电子废物管理比较研究．环境污染与防治，2017，39（1）：102-105.
[21] 侯瑞花．我国电子废弃物回收管理主体责任承担研究．乌鲁木齐：新疆财经大学，2015.
[22] Ministry of Environment，Government of Japan . Laws：Waste & Recycling [EB/OL]．[2020-08-30]．http：//www. env. go. jp/en/laws/recycle/index. html.
[23] 日本環境省．廃棄物・リサイクル [EB/OL]．[2020-08-30]．http：//www. env. go. jp/hourei/11/.
[24] 徐鹤，周婉颖．日本电子废弃物管理及对我国的启示．环境保护，2019，47（18）．59-62.
[25] 薛军．环保部废弃电器电子产品处理信息管理系统建设情况介绍 [EB/OL]．环境保护部固体废物管理中心．https：//ishare. iask. sina. com. cn/f/bxYWCDLYKfv. html.

第五章 废弃电器电子产品拆解技术

第一节 废弃电器电子产品手工拆解技术

《电子废物污染环境防治管理办法》第二十五条给出了拆解的明确定义：拆解是指以利用、贮存或者处置为目的，通过人工或者机械的方式将电子废物进行拆卸、解体活动，不包括产品或者设备维修、翻新、再制造过程中的拆卸活动。拆解过程中需要对废弃电器电子产品的零部件、元器件进行识别，以便分离有害物质和回收价值材料。

一、计算机拆解技术

1. 计算机的构成

计算机是由硬件系统（hardware system）和软件系统（software system）两部分组成。传统电脑系统的硬体单元一般可分为输入单元、输出单元、算术逻辑单元、控制单元及记忆单元，其中算术逻辑单元和控制单元合称中央处理单元（center processing unit，CPU）。计算机主要由以下部件构成：

① 电源　计算机电源的作用是将220V交流电转换为电脑中使用的5V、12V、3.3V直流电，其性能的好坏，直接影响到其他设备工作的稳定性，进而会影响整机的稳定性。

② 主板　计算机内信息传输的重要“交通枢纽”。主板将电脑的各个部件紧密连接在一起，是计算机各部件工作的平台，各个部件通过主板进行数据传输，其工作稳定性影响着整机工作的稳定性。

③ CPU　即中央处理器，是计算机的运算核心和控制核心，是整个计算机系统的最高执行单元，其功能主要是解释计算机指令以及处理计算机软件中的数据。CPU由运算器、控制器、寄存器和高速缓存及实现它们之间联系的数据、控制及状态的总线构成。

④ 内存　又叫内部存储器或者是随机存储器（RAM），主要有DDR、DDR Ⅱ、DDR Ⅲ三类。内存属于电子式存储设备，它由电路板和芯片组成，特点是体积小，速度快，有电可存，无电清空，即电脑在开机状态时内存中可存储数据，关机后将自动清空其中的所有数据。

⑤ 硬盘　属于外部存储器，分为机械硬盘和固态硬盘。机械硬盘容量很大，尺寸有3.5

英寸、2.5英寸、1.8英寸、1.0英寸等，由金属磁片制成，具有记忆功能；固态硬盘是用固态电子存储芯片阵列而制成的硬盘，在产品外形和尺寸上也完全与普通硬盘一致，由控制单元和存储单元（FLASH芯片）组成，比机械硬盘速度更快。

⑥ 声卡　组成多媒体电脑必不可少的一个硬件设备，其作用是当发出播放命令后，声卡将电脑中的声音数字信号转换成模拟信号送到音箱上发出声音。

⑦ 显卡　在工作时与显示器配合输出图形、文字，作用是将计算机系统所需要的显示信息进行转换驱动，并向显示器提供扫描信号，控制显示器的正确显示，是连接显示器和计算机主板的重要元件，是“人机对话”的重要设备之一。

⑧ 网卡　工作在数据链路层的网络组件，是局域网中连接计算机和传输介质的接口，不仅能实现与局域网传输介质之间的物理连接和电信号匹配，还涉及帧的发送与接收、帧的封装与拆封、介质访问控制、数据的编码与解码以及数据缓存的功能等。网卡的作用是充当电脑与网线之间的桥梁，它是用来建立局域网并连接到网络的重要设备之一。在整合型主板中常把声卡、显卡、网卡部分或全部集成在主板上。

⑨ 调制解调器　俗称“猫”，分为内置式和外置式，有线式和无线式。调制解调器是通过电话线上网时必不可少的设备之一。它的作用是将电脑上处理的数字信号转换成电话线传输的模拟信号。随着ADSL宽带网的普及，内置式调制解调器逐渐退出了市场。

⑩ 光驱　计算机用来读写光碟内容的机器，也是在台式机和笔记本便携式电脑里比较常见的一个部件。光驱分为CD-ROM驱动器、DVD光驱（DVD-ROM）、康宝（COMBO）和DVD刻录机（DVD-RAM）等。

⑪ 键盘　分为有线键盘和无线键盘两种，是主要的人工学输入设备，通常为104键或105键，用于计算机文字、数字等信息的输入和计算机操控。

⑫ 鼠标　分为光电和机械两种，是人们使用电脑不可缺少的部件之一。移动鼠标时，电脑屏幕上就会有一个箭头指针跟着移动，并可以很准确指到想指的位置，快速地在屏幕上定位。

2. 计算机的分类

（1）台式计算机

台式计算机一般由三部分组成，即主机、显示器（包括CRT显示器、LCD显示器）和附件（键盘、鼠标等）。相关组成见图5-1。

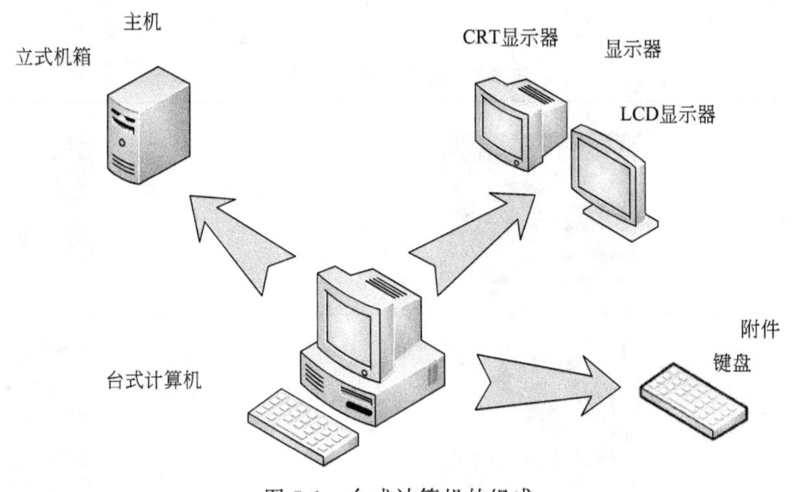

图5-1　台式计算机的组成

(2) 便携式计算机

便携式计算机包括笔记本电脑、掌上电脑、个人数字助理、电子词典、计算器等。笔记本电脑（notebook computer，简称为 notebook），亦称笔记型、手提或膝上电脑（laptop computer，简称为 laptop），是一种小型、可方便携带的个人电脑，笔记本主要由外壳、显示屏、处理器、定位设备、硬盘、内存、电池、声卡、显卡以及内置变压器组成。笔记本电脑的重量通常为 1～3kg，其发展趋势是体积越来越小，重量越来越轻，而功能却越来越强大。笔记本电脑跟 PC 的主要区别在于其便携性。笔记本电脑的组成见图 5-2。

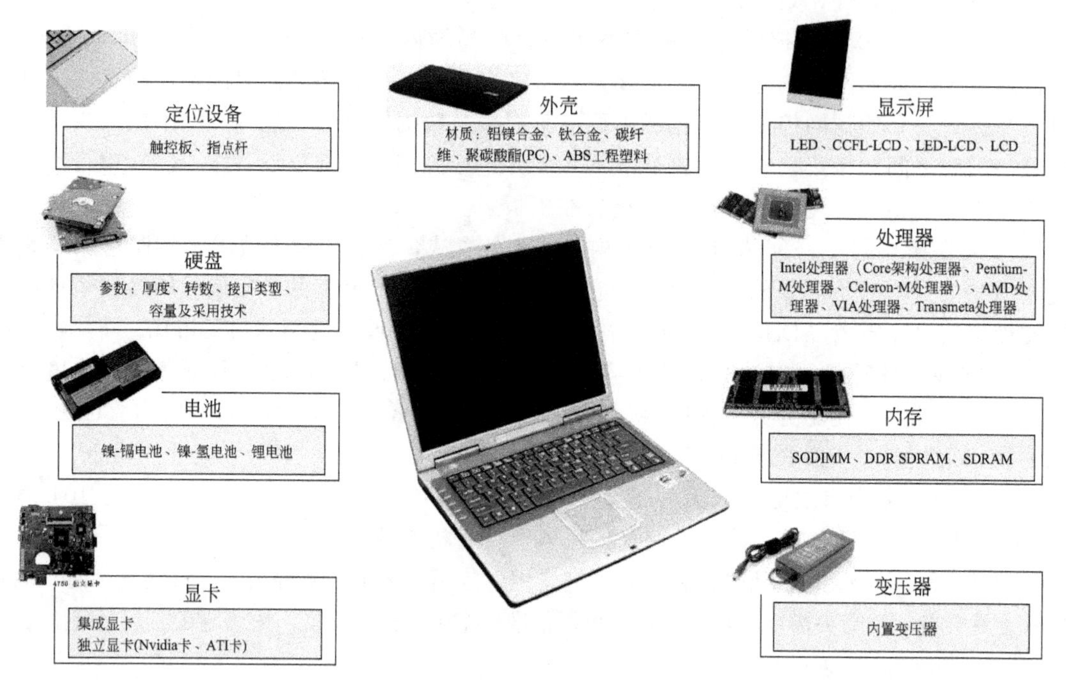

图 5-2 笔记本电脑的组成

3. 计算机的拆解

(1) 台式主机的拆解

拆解步骤见表 5-1。

表 5-1 台式主机拆解步骤

(1)卸除机箱外壳所有螺丝，移除机箱外壳	(2)拆除硬盘、光驱、软驱螺丝
(3)拔出总线和各种电源线	(4)取出硬盘、软驱、电源和光驱

续表

(5)拔出内存、各种 AGP 卡、PCI 卡、CPU(含风扇),以及插卡固定金属条		(6)拆除主板固定螺丝,取出主板	
(7)卸下主机前面板		(8)取下指示灯及线、开关键及线;拔出主机喇叭;解体主机支架	

(2) 便携式计算机的拆解

拆解步骤见表 5-2。

表 5-2　笔记本电脑拆解步骤

(1)打开笔记本电脑,旋开显示屏与主机连接转轴,将显示屏与主机分离		(2)拆掉主机键盘	
(3)拆解电源、CPU 和风扇等较大部件		(4)拆除主板及电路板	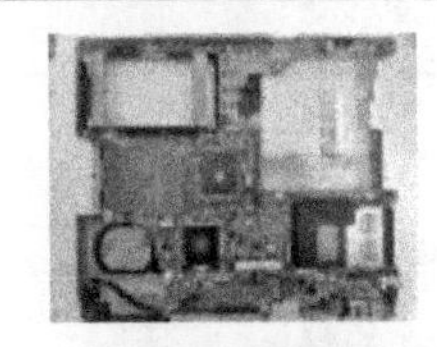
(5)拆除壳体	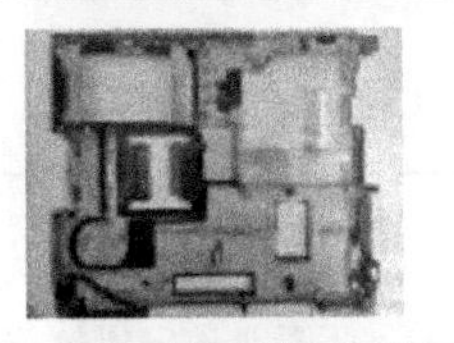	(6)拆除显示屏边框	
(7)去除液晶面板,将液晶面板与显示屏壳体分离	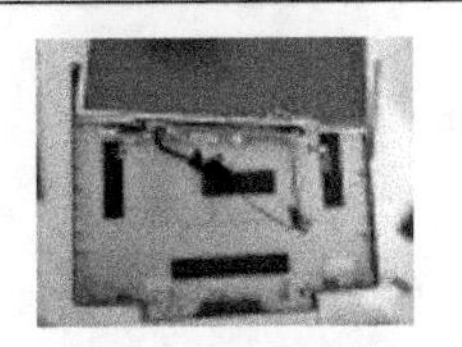	(8)拆开液晶屏	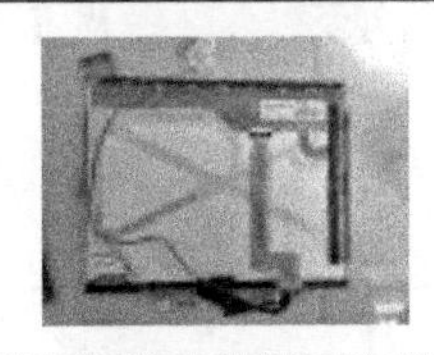
(9)拆解液晶面板	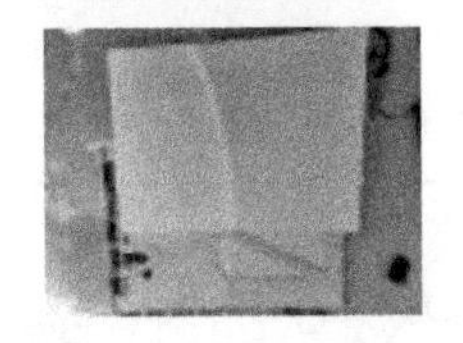	(10)取出保护膜、扩散板,收集液晶,将液晶玻璃板单独存放	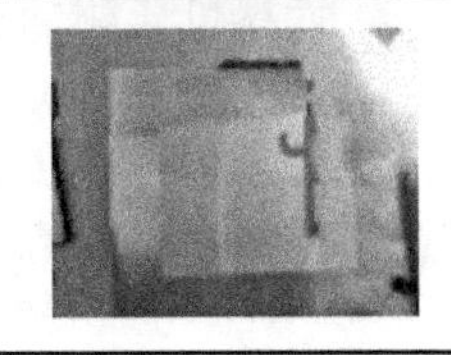

(3) 计算机小型部件的拆解

计算机主机拆解下来的小型部件、电路板以及复杂元器件等经简单分类后可送往小型部件及电路板拆解台进行进一步拆解。小型部件及电路板拆解台设相应气动工具以及必需的小型工器具，并配有备用电源。小型部件拆解可直接手工完成，每个工位集中供应单一类型的小型部件，从小型部件上拆解下来的材料须分类存放。电路板的拆解主要需要对电路板上有价值的部件以及含危险物质部件进行单独拆解，拆解下来的高价值部件分类存放。拆解下来的含危险物质部件贴相应的危险物质分类标识并分类封装。

① 计算机主机电源的拆解　拆解步骤见表 5-3。

表 5-3　计算机主机电源的拆解步骤

(1)拆除外壳螺丝,取出外壳(金属)		(2)剪断风扇和电源插口的电源线,取下风扇、电源插口	
(3)拆除电路板固定螺丝,取下电路板			

② 计算机硬盘的拆解　拆解步骤见表 5-4。

表 5-4　计算机硬盘的拆解步骤

(1)卸下硬盘金属板螺丝,取下金属板		(2)卸下硬盘电路板螺丝,取下电路板	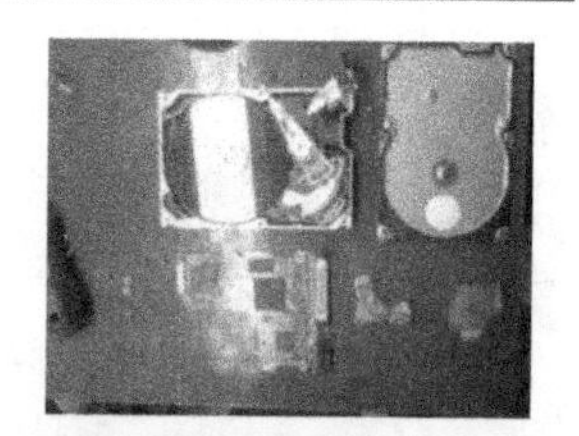
(3)卸下磁头、芯片固定螺丝,取下磁头		(4)卸下磁盘固定螺丝,取出上磁盘;拔出中间铁垫圈,取出下磁盘和转盘	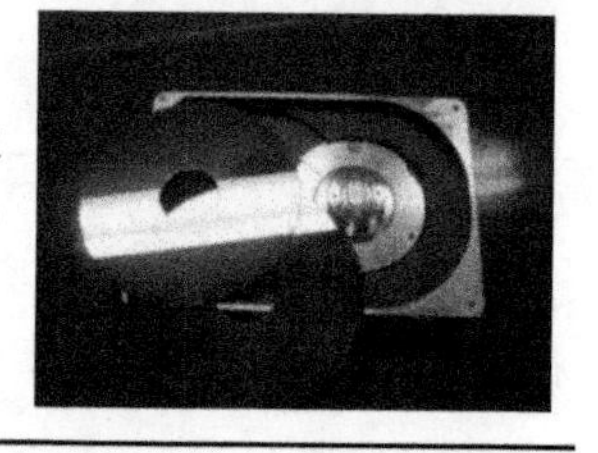

③ 计算机光驱的拆解　拆解步骤见表 5-5。

表 5-5　计算机光驱的拆解步骤

(1)取下光驱前挡板(塑料);拔出光驱托盘;卸下两侧螺丝,拔出背面金属板;用一字螺丝刀起下光盘托盘;拆除内部螺丝,取出激光头及其连接件	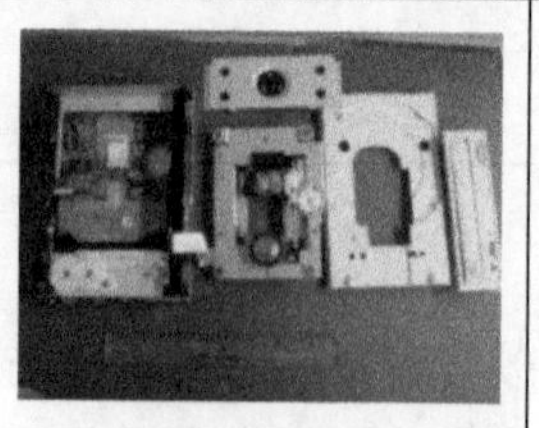	(2)拆除内部各类螺丝,分离框架(金属)、支架(塑料)、齿轮(塑料)和齿轮驱动组(铜)	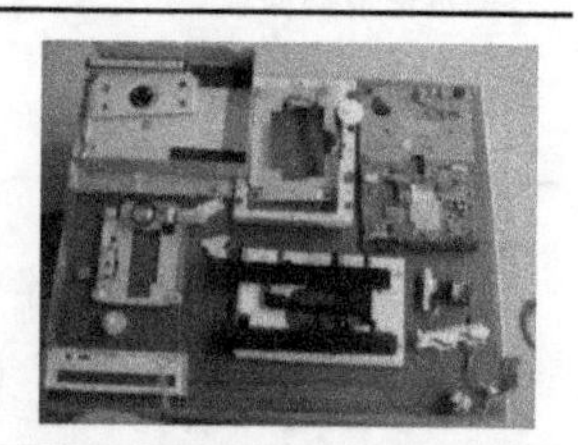

④ 计算机软驱的拆解　拆解步骤见表 5-6。

表 5-6　计算机软驱的拆解步骤

(1)卸下软驱螺丝，分离塑料后盖		(2)卸除软驱电路板螺丝，拔除金属紧固片，取下电路板	

二、电视机/显示器拆解技术

电视机是“电视信号接收机”的通称，有黑白电视机和彩色电视机两种，是用电的方法即时传送活动视觉图像的设备。电视机由复杂的电子线路和喇叭、荧光屏等组成，其作用是通过天线接收电视台发射的全电视信号，再通过电子线路分离出视频信号和音频信号，分别通过荧光屏和喇叭还原为图像和声音。

显示器通常也被称为监视器，属于电脑的输入输出（I/O）设备，是一种将电子图文通过传输设备显示到屏幕上的工具。

1. 电视机/显示器的构成

(1) 电视机的构成

① 显像管　阴极射线管电视机（cathode ray tube，CRT）的显像管是整个 CRT 电视机的主体和核心，由荧光屏、锥体、管径和管脚构成。

② 机芯　安装有电路及大部分电路元件的主印制板。

③ 信号系统　包括公共信号通道、伴音通道和视放末级电路，由高频放大器、混频器和本机振荡器三部分组成。

④ 电视扫描系统　包括同步电路、行扫描电路、场扫描电路、显像管及其供电电路，其主要作用是使显像管的荧光屏上形成正常的光栅。

⑤ 电视电源电路　包含晶体管、电阻、电感和电容等部件的集成电路。

⑥ CPU 微电脑控制器　遥控系统和彩电控制系统的核心部件，可完成选台、调整图像参数和音量变化等操作。

⑦ 总线　集成电路之间传输时钟脉冲与数据信息的公用线路。

(2) 显示器的构成

① CRT 显示器　一种使用阴极射线管的显示器，主要由五部分组成：电子枪、偏转线圈、荫罩、高压石墨电极和玻璃外壳（含荧光粉涂层）。其结构件见图 5-3。

a. 电子枪（electron gun）　产生、加速及会聚高能量密度电子束流的装置，可发射出具有一定能量、一定束流以及速度和角度的电子束。根据枪体结构不同，电子枪可分为轴向电子枪（直线自加速电子枪）、环形电子枪（静电场偏转电子枪）两种。

b. 偏转线圈（deflection coils）　套在显像管的锥体部位并与基板上的扫描电路连接的装置，用以实现图像的行场扫描。偏转线圈由一对水平线圈和一对垂直线圈组成，每一对线圈由两个圈数相同、形状完全一样的互相串联或并联的绕组所组成。

c. 荫罩（shadow mask） 荫罩是在玻壳和电子枪之间安装在显像管内刻蚀有数十万个微孔的超薄超低碳冷轧钢片，有孔状和条栅状两种类型。

d. 高压石墨电极（high pressure graphite electrode） 用于电视机高压电的工作运转。

e. 荧光粉涂层（phosphor layer） 位于CRT显示屏内表面，用于接受电子枪发射的电子束，通过电子的激发调节出红色、蓝色、黄色等不同的图像色彩。

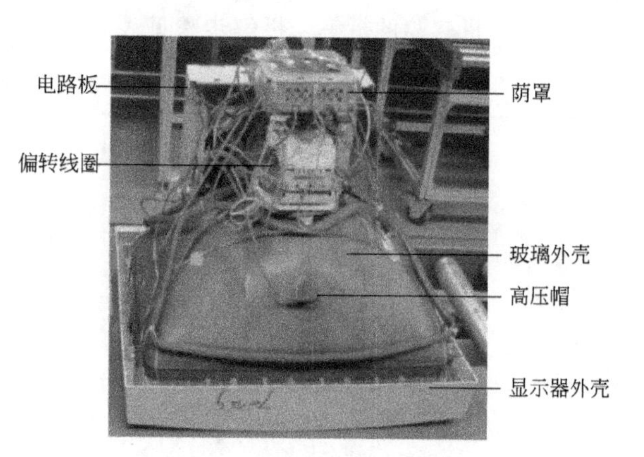

图 5-3　CRT 显示器结构

f. 玻璃外壳（glass shell） CRT的玻璃外壳由荧光屏玻璃、锥形玻璃、颈部玻璃和熔结玻璃组成。

② 液晶显示器（liquid crystal display，LCD） 平面超薄的显示设备，主要由驱动板（主控板）、电源板、高压板（有的和电源板设计在一起）、功能面板、VGA接口、DVI接口、液晶面板（包括液晶分子、液晶驱动芯片、彩色滤光片、偏光板、导光板等）、背光灯管组成。LCD显示器结构见图5-4。

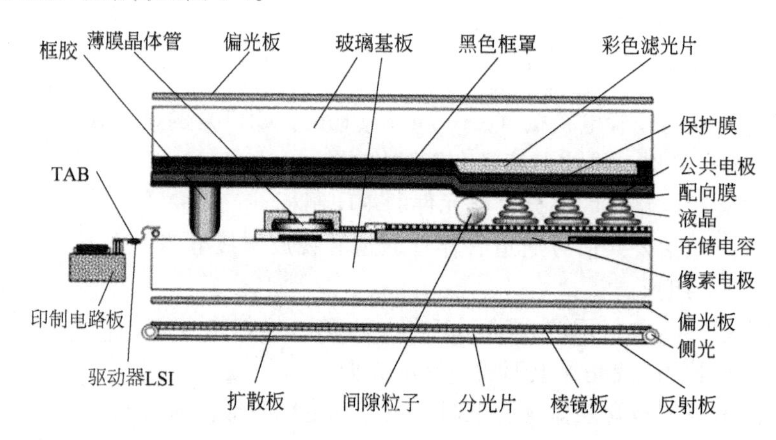

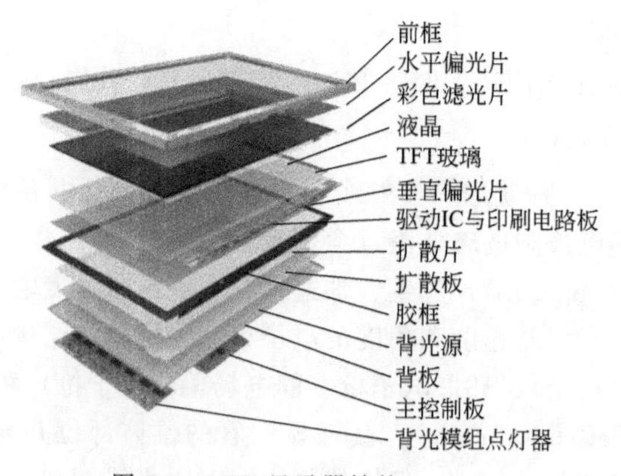

图 5-4　LCD 显示器结构

a. 驱动板（panel drive board） 常被称为模拟/数字（A/D）板，通常包含主控芯片、MCU 微控制器、ROM 存储器、电源模块、电源接口、VGA 视频信号输入接口、OSD 按键板接口、高压板接口、LVDS/TTL 驱屏信号接口等几部分。

b. 电源板 以电源调变为主的机板，可根据需求对电流进行调变，如交流（AC）、直流（DC）、脉冲、高压、低压、高频、低频等。

c. 高压板 又称升压板，负责提供足够高的输入电压使液晶屏发光，由脉宽产生 IC（包含振荡/控制/反馈等外围电路）、供电控制电路、自激振荡产生器、反馈取样电路等组成。

2. 电视机/显示器的分类

电视机有阴极射线管电视机、液晶电视机、等离子电视机、数字光处理电视机和发光二极管电视机等。与电视机相同，显示器也可分为阴极射线管显示器、等离子显示器、液晶显示器等。

3. 电视机/显示器的拆解

① CRT 电视机/显示器的拆解 拆解步骤见表 5-7。

表 5-7 CRT 显示器的拆解步骤

(1)用螺丝刀去掉固定显示器外壳的螺丝，将外壳分离(一般为 4 个，分布于外壳的四个角。也有的是 2 个在一端，另一端用塑料卡口固定) 拆解工作注意事项：有的显示器有底座，一般底座不用螺丝固定，而是采用塑料扣等"小机关"，可以采用巧劲分开，已经老化的可以直接用铁钳破坏即可取出	
(2)外壳分离后，出现线路板、玻壳和固定玻壳的塑料面板等。为了便于后续处理，需要将连接线路板、玻壳的电线等剪断，注意剪断的位置尽量靠近玻壳一端。此时，可以对玻壳表面沉积的灰尘进行简单擦拭 拆解工作注意事项：此过程中会产生大量灰尘等颗粒物，应做好防护措施，防止吸入	
(3)去除显像管的固定螺丝(一般在四个角上)，拔出安放在玻壳锥形中央的阳极帽，即可取出线路板和各种连接线 拆解工作注意事项：不需要将线路板分开拆解，可以一次性将其整体取出	

(4)剪断将玻壳固定在塑料面板上的金属丝,去掉玻壳四个角上的固定螺丝,即可将玻壳取出 拆解工作注意事项:分离显像管与印刷电路板的拆解同时进行	
(5)拆除电子枪顶端密封口的密封玻璃(绿色部分内侧),释放真空,此时可听到较大的气流声 拆解工作注意事项:释放玻壳内部的真空状态是保证安全拆解的重要步骤,必须进行此操作	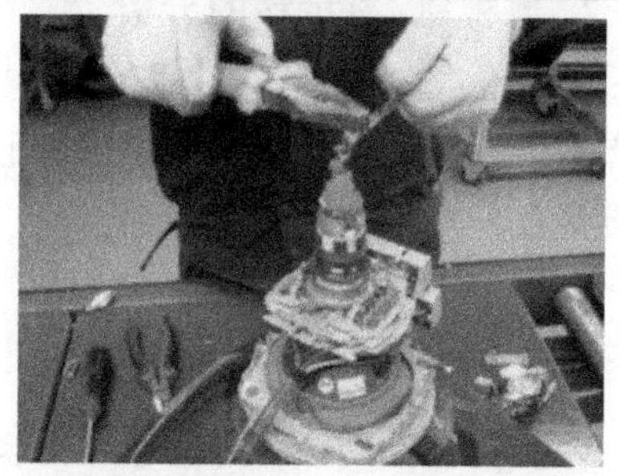
(6)去掉固定偏转线圈的螺丝(一般有两个,靠近顶部一个,中部一个)。螺丝取出后,就可以旋转用力将线圈取出 拆解工作注意事项:偏转线圈中包含铜丝、磁铁等价值较大的成分,可以单独进行后续回收处理	
(7)将印刷电路板从显示器塑料面板中分离 拆解工作注意事项:印刷电路板可能通过螺丝或是卡口固定在面板上,拆解时应根据其固定方式选择拆解方法	

② LCD 电视机/显示器的拆解　拆解步骤见表 5-8。

表 5-8　LCD 电视机的拆解步骤

(1)拆除外壳螺栓		(2)打开后盖	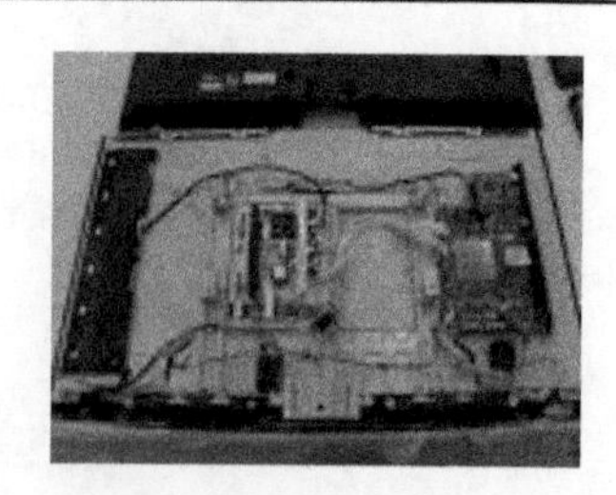

续表

(3)将液晶面板与金属背板的螺栓拆除，将固定面板金属边框的螺栓拆除 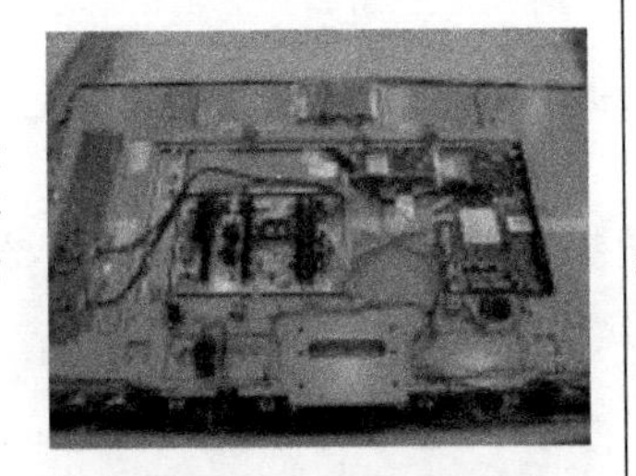	(4)移除背光灯管，移出液晶板 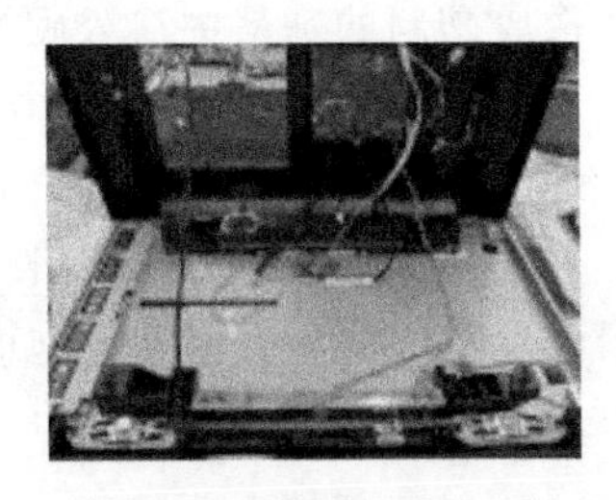
(5)拆除液晶板上的电路板 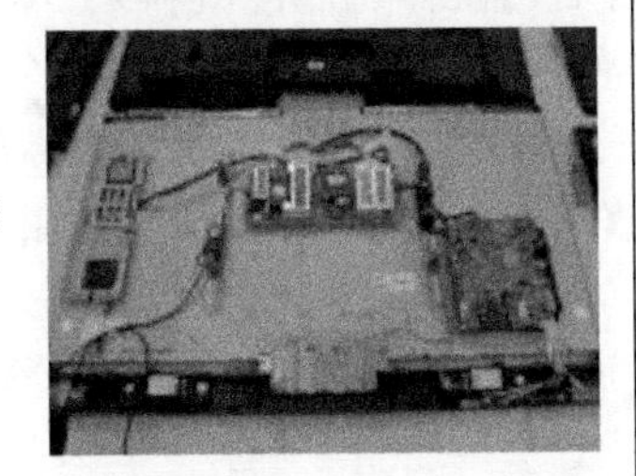	(6)拆除电路板上的元器件 
(7)拆解液晶屏各膜层 	(8)取出保护膜、扩散板，收集液晶，将液晶玻璃板单独存放 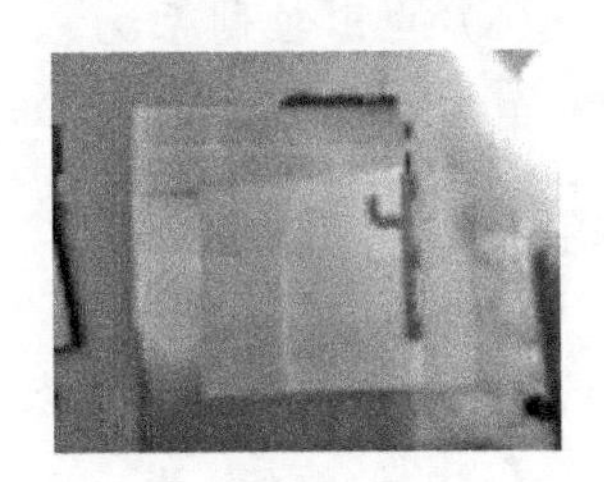

三、电冰箱拆解技术

1. 电冰箱的构成

电冰箱是由箱体、制冷系统、电器控制系统及附件四大部分组成。冰箱结构如图 5-5 所示。

(1) 箱体

电冰箱的箱体主要由外箱、箱门、内胆、绝热层等组成。

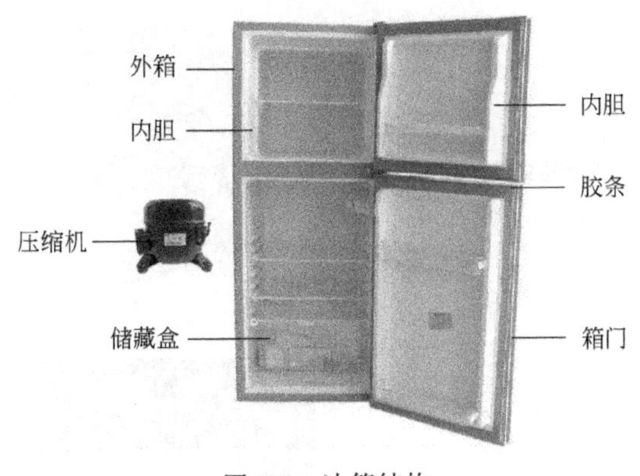

图 5-5 冰箱结构

① 外箱 外箱一般有两种结构形式，一种是拼装式，即由左右侧板、后板、斜板等拼装成一个完整的箱体；另一种是整体式，顶板与左右侧板按要求辊轧成倒“U”字形，再与后板、斜板点焊成箱体，或将底板与左右侧板弯折成“U”字形，再与后板、斜板点焊成一体。

② 箱门 箱门一般由门面板、门内胆、门衬板和磁性门封条等组成。电冰箱的门与门框之间采用磁性门封作为密封装置。磁性门封

由塑料门封条和磁性胶条两部分组成，塑料门封条采用乙烯基塑料挤塑成型，磁性胶条则是在橡胶塑料的基料中渗入硬性磁粉挤塑成型。

③ 内胆　内胆包括箱内胆和门内胆，一般是采用丙烯腈-丁二烯-苯乙烯（ABS）板或高强度改性聚苯乙烯（HIPS）板。

④ 绝热层　绝热层一般采用聚氨酯发泡塑料。聚氨酯发泡塑料是在异氰酸酯、聚醚的聚合反应中加入发泡剂发泡而成。

（2）制冷系统

制冷系统包括压缩机、冷凝器（左冷凝器、右冷凝器、底冷凝器）、蒸发器（R 蒸发器、F 蒸发器）、毛细管、制冷剂、干燥过滤器和储液器等。

① 压缩机　将来自蒸发器中低温低压的制冷剂蒸气绝热压缩成高温高压的蒸气。

② 冷凝器　将压缩机中高温高压制冷剂蒸气进行冷凝，将其变成高压低温的制冷剂冷液。

③ 蒸发器　使低温低压制冷剂沸腾，吸收周围介质的热量，形成制冷剂低温低压干饱和蒸气。

（3）电器控制系统

电器控制系统包括温控器、电机启动和保护装置、化霜装置、温度补偿装置、冷藏室灯及其开关等。

（4）附件

附件包括层架、门搁架、果菜箱、果菜箱盖、冷冻室抽屉、冰格、蛋格、除臭装置等。

2. 电冰箱的分类

按制冷方式分类：电机压缩式、吸收式、电磁振荡式和半导体式。

按冷气传递方式分类：直冷式（有霜式）、间冷式（风冷式）。

按形状结构分类：单门、双门及多门。

3. 电冰箱的拆解

拆解步骤见表 5-9。

表 5-9　电冰箱的拆解步骤

(1)移除储存盒；拆除冰箱门；去掉箱门胶条		(2)负压抽出制冷剂；抽出压缩机油；拆除散热器；拆除压缩机	
(3)切割外箱体		(4)拆除外箱体表皮	

续表

(5)拆除电控系统 	(6)拆除散热管；剥离聚氨酯 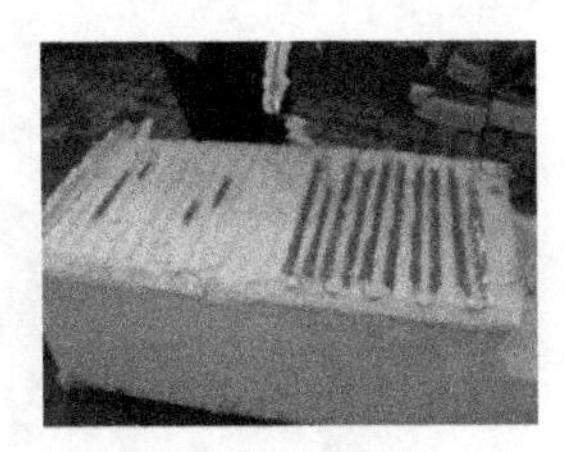

四、洗衣机拆解技术

1. 洗衣机的构成

普通洗衣机由洗涤桶、电动机、定时器、传动部件、箱体、箱盖及电控系统组成。洗衣机结构如图 5-6 所示。

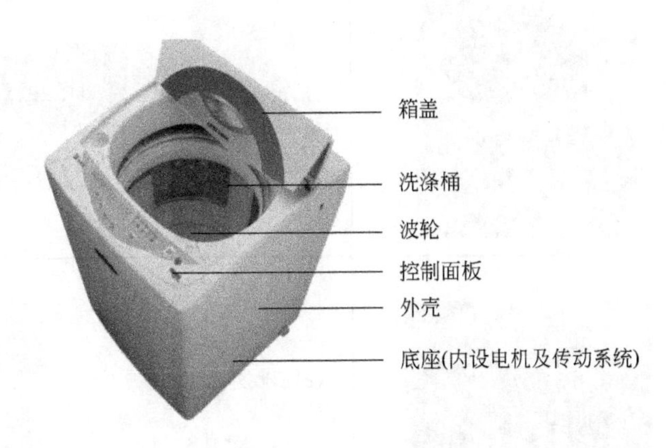

图 5-6　洗衣机结构

① 洗涤桶　洗衣机的主要部件，材质有不锈钢和 ABS 工程塑料两种，可完成洗涤、脱水等工作。

② 电动机　又名运转式异步电动机，由定子、转子和端盖组成，用于驱动洗衣机滚筒，完成洗涤和脱水工作。

③ 传动部件　包括小皮带轮、大皮带轮、输入齿轮轴、中心轮、行星齿轮、行星架、波轮轴和波轮。

④ 电控系统　通常包括电源电路、单片机控制装置、显示装置、电机电路及报警器。

2. 洗衣机的分类

按结构形式分：单桶、双桶、多桶型。

按洗涤方式/结构原理分：滚筒式、波轮式（涡卷式）和搅拌式等。

按自动化程度分：普通型、半自动型和全自动型等。

3. 洗衣机的拆解

拆解步骤见表 5-10。

表 5-10　波轮洗衣机的拆解步骤

步骤	图示	步骤	图示
(1)拆解洗衣机上盖	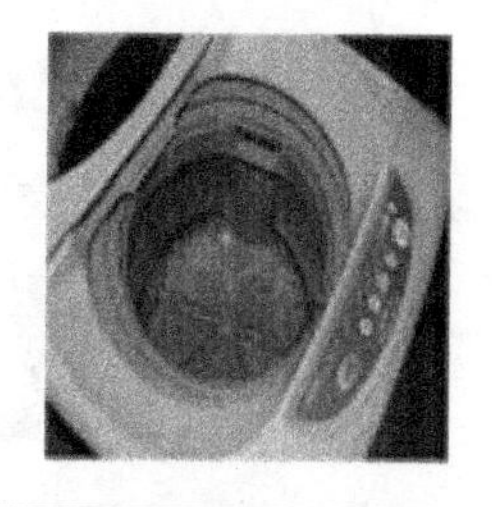	(2)卸下洗衣机波轮帽，卸掉波轮	
(3)拆除内桶与减速机连接的六方螺钉	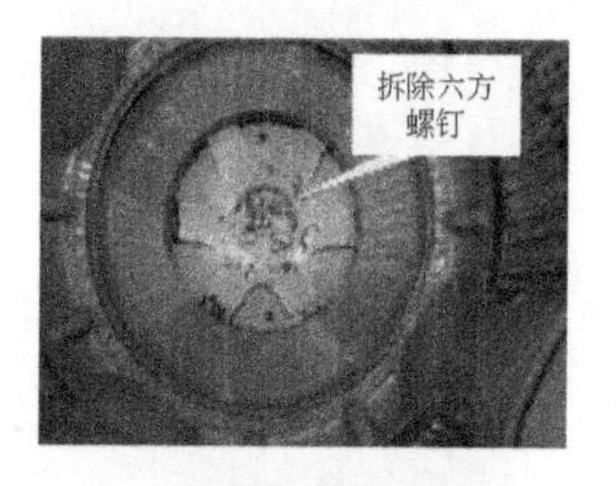	(4)拆除外部螺栓，分离外壳	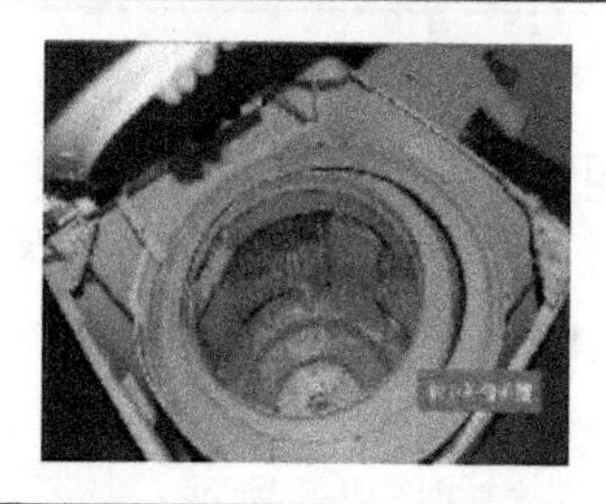
(5)取出内桶，拆掉内桶上转轴		(6)拆解洗衣机控制面板	
(7)拆解电力系统及电机		(8)回收外壳体及零部件	

五、空调器拆解技术

1. 空调器的构成

空调器（air conditioner）一般包括冷源/热源设备、冷热介质输配系统、末端装置和辅助设备，主要部件有压缩机、冷凝器、蒸发器、四通阀和毛细管组件等。空调室外机和室内机结构分别如图 5-7 和图 5-8 所示。

① 压缩机　用于在空调制冷剂回路中压缩驱动制冷剂，一般装在室外机中。

② 冷凝器　将压缩机输送过来的较低压力工质蒸气冷凝成较高压力液体的装置。连接冷凝器的管道上通常附加良导热金属平板散热片以加速散热。

③ 蒸发器　安装在室内机内，是加热使溶液浓缩或从溶液中析出晶粒的设备。蒸发器由套有翅片的管子组成，分加热室和蒸发室两部分，向液体提供蒸发所需要的热量，促使液体沸腾汽化。

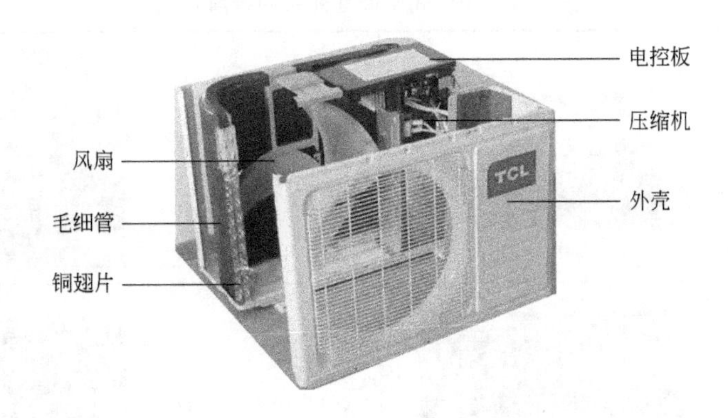

图 5-7　空调室外机结构

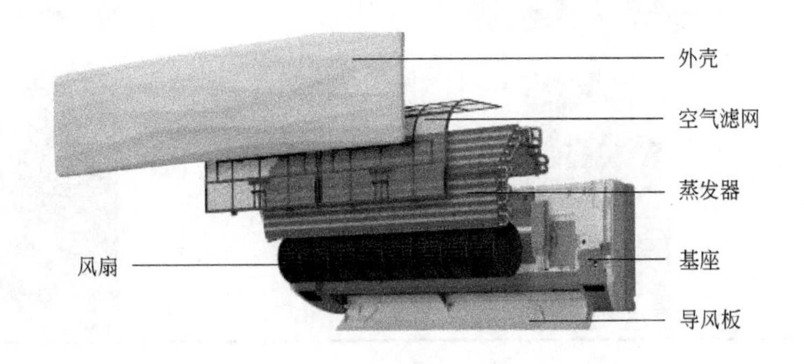

图 5-8　空调室内机结构

④ 四通阀　有四个油口的控制阀。

⑤ 毛细管组件　包括毛细管和单向阀（单向阀普遍应用于空调室外机中）。

2. 空调器的分类

家用空调分为很多种，其中常见的包括挂壁式空调、立柜式空调 、窗式空调和吊顶式空调。

① 挂壁式空调　通常称为分体式空调，多为家用，安装灵活，由室外机（压缩机整体）、室内机（蒸发器）和连接铜管组成。

② 立柜式空调　可调节大范围空间的气温，适合应用于大客厅或商业场所。

③ 窗式空调　相对简单，多为单室使用，可直接以窗户作为支撑安装。

④ 吊顶式空调　由混风段、过滤段、表冷段、加湿段、风机段组成，由冷冻水经蒸发器蒸发，通过风机完成换热。

3. 空调器的拆解

为避免环境污染，分体式空调需要在回收前就进行室内机、室外机的分离操作。分离操作的重要环节就是制冷剂的回收。在进行制冷剂回收操作时，首先需要打开空调制冷，温度调到最低并使空调器运转 5～10min，压缩机一切运转正常后关闭高压阀，回收回路中的制冷剂。制冷剂回收工作完成后，断开室内机和室外机的连接铜管，将室内机和室外机分离、拆除并送交资质单位进行拆解。

① 室外机的拆解　拆解步骤见表 5-11。

表 5-11 挂壁式空调室外机的拆解步骤

(1)拆除室外机壳体螺栓，打开室外机壳体		(2)拆除室外机电路板、变压器	
(3)拆除风扇		(4)拆除控制面板、压缩机	
(5)抽取制冷剂，拆解压缩机，回收压缩机油		(6)拆解毛细管及铜翅片	

② 室内机的拆解　拆解步骤见表 5-12。

表 5-12 挂壁式空调室内机的拆解步骤

(1)拆除外壳及导风板	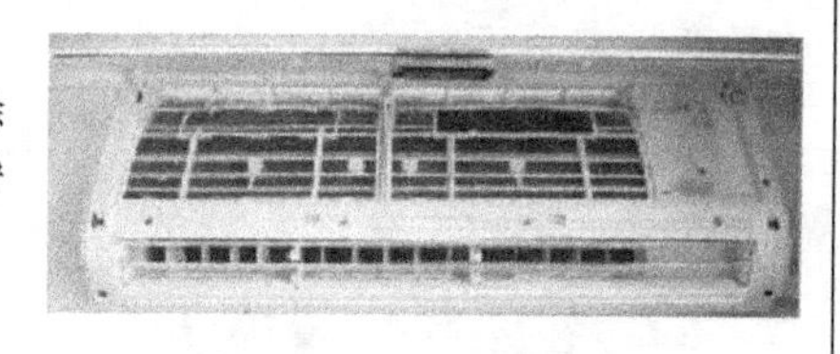	(2)拆除空气滤网及蒸发器	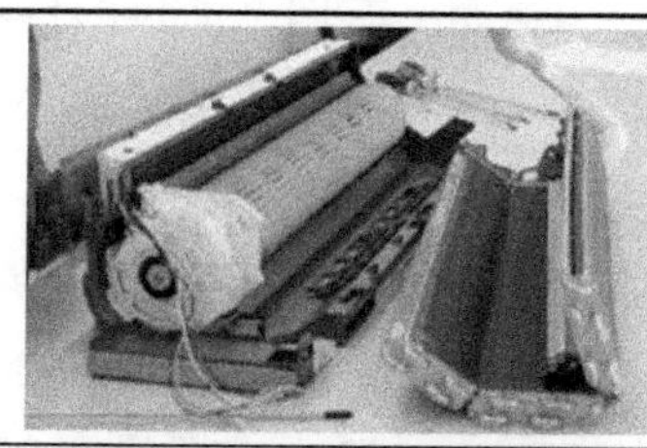
(3)拆除风扇		(4)拆解基座	

六、其他废弃电器电子产品拆解技术

(一) 吸油烟机的拆解

1. 吸油烟机的拆解步骤

① 拆卸前面板　玻璃面板为钢化玻璃与钣金件黏合在一起的总成件，琴键开关和控制面板固定在其上；玻璃面板靠下部的卡钩和上部的两颗螺钉与主壳体配合固定。其拆卸步骤如下：用十字形螺丝刀卸下固定玻璃面板的两颗螺钉，往上提面板，即可与壳体分离；然后

拔下控制线的接插件，即可卸下前面板。

② 拆卸琴键开关、控制面板　将玻璃面板表面朝下放置，用螺丝刀卸下固定琴键开关的两颗螺钉，即可卸下开关；再卸下固定控制面板的四颗螺钉，即可取下控制面板。

③ 拆卸油杯、油网、进风圈、手紧螺母、叶轮　手握油杯逆时针旋转，即可取下油杯；用螺丝刀卸下固定油网的三颗螺钉，即可取下油网；再卸下固定进风圈的四颗螺钉，取下进风圈；手握手紧螺母顺时针旋转即可卸下手紧螺母，然后手持叶轮沿轴向外用力，即可取出叶轮。

④ 拆卸电容　用螺丝刀卸下固定电容的螺钉，再拔下连接电机与电容的插件，即可取下电容。

⑤ 卸电机　用螺丝刀卸下固定护线盖的两颗螺钉，取下护线盖；卸下固定电机护罩的三颗螺钉，取下电机护罩；再卸下固定电机的四颗螺钉，电机可与壳体分离；然后用钳子捏住电机线的接线帽，校正或破坏接线帽，使接线与之脱离，分离与电机相连的导线，即可取下电机。

⑥ 卸电源线　用“人”字形螺丝刀卸下固定电源线的两颗“人”字形螺钉；再卸下电源线上的接地螺钉；然后将接线拆解。

2. 吸油烟机拆解的流程

拆解流程见图 5-9。

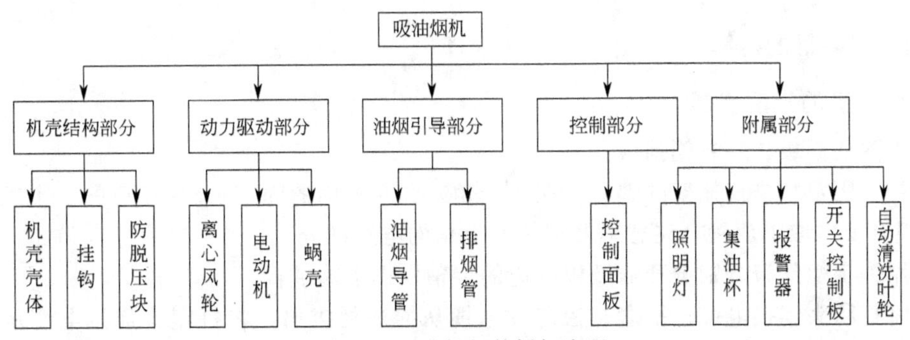

图 5-9　吸油烟机的拆解流程

(二) 电热水器的拆解

1. 电热水器的拆解步骤

① 卸掉电热水器内胆侧面的盖子。

② 取出温控器，依次拆下加热器垫圈、加热器、温控器。

③ 拆下控制面板。

2. 电热水器的拆解流程

拆解流程见图 5-10。

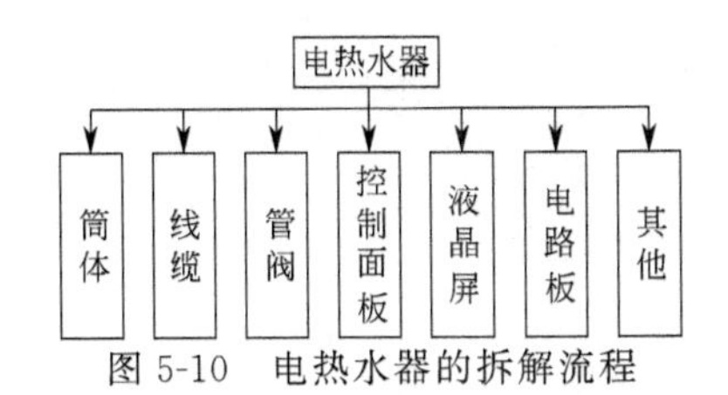

图 5-10　电热水器的拆解流程

（三）燃气热水器的拆解

1. 燃气热水器的拆解步骤

① 拆去燃气热水器面板及外壳。

② 拆除给排气装置。

③ 分别拆除热交换器、燃烧器、控制装置。

④ 拆除电路板。

2. 燃气热水器的拆解流程

拆解流程见图 5-11。

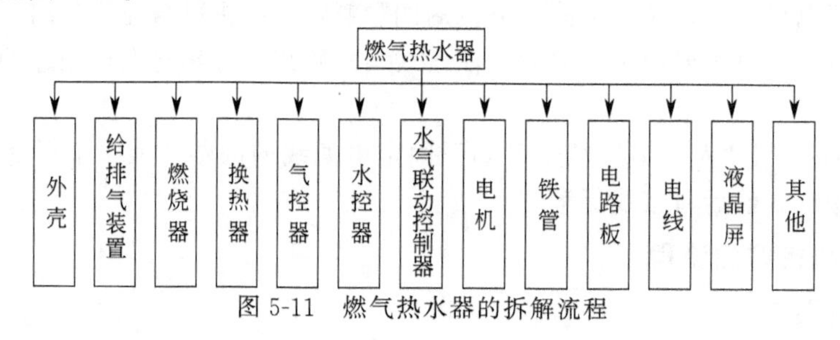

图 5-11　燃气热水器的拆解流程

（四）打印机的拆解

1. 打印机的拆解步骤

① 拆除前面板、左右侧挡板。

② 拧下固定扫描仪托架的螺钉（在 4 个角）和左前面的固定 USB 接口的 2 个螺钉，将扫描仪组合反向取下放置，注意不要损坏左上角的电路部分。

③ 用一字螺丝刀分别撬开输纸板两边的卡轴，拆下输纸板。

④ 将打印头连接电缆、墨盒监控芯片电缆从插座处拔出，将打印头连接电缆从电路板卡槽中拔出。

2. 打印机的拆解流程

拆解流程见图 5-12。

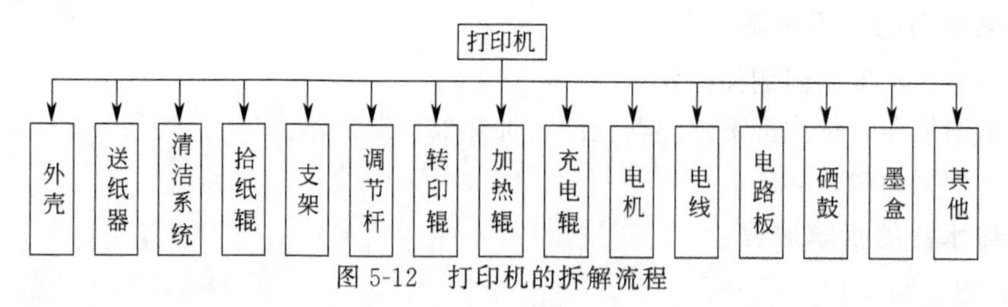

图 5-12　打印机的拆解流程

（五）复印机的拆解

1. 复印机的拆解步骤

① 拆除外壳。

② 拆除成像系统。

③ 拆除显影系统。

④ 拆除送纸系统。

⑤ 拆除清洁系统。

⑥ 拆除定影系统。

⑦ 拆除传动系统。

⑧ 拆除电路板和电源。

2. 复印机的拆解流程

拆解流程见图 5-13。

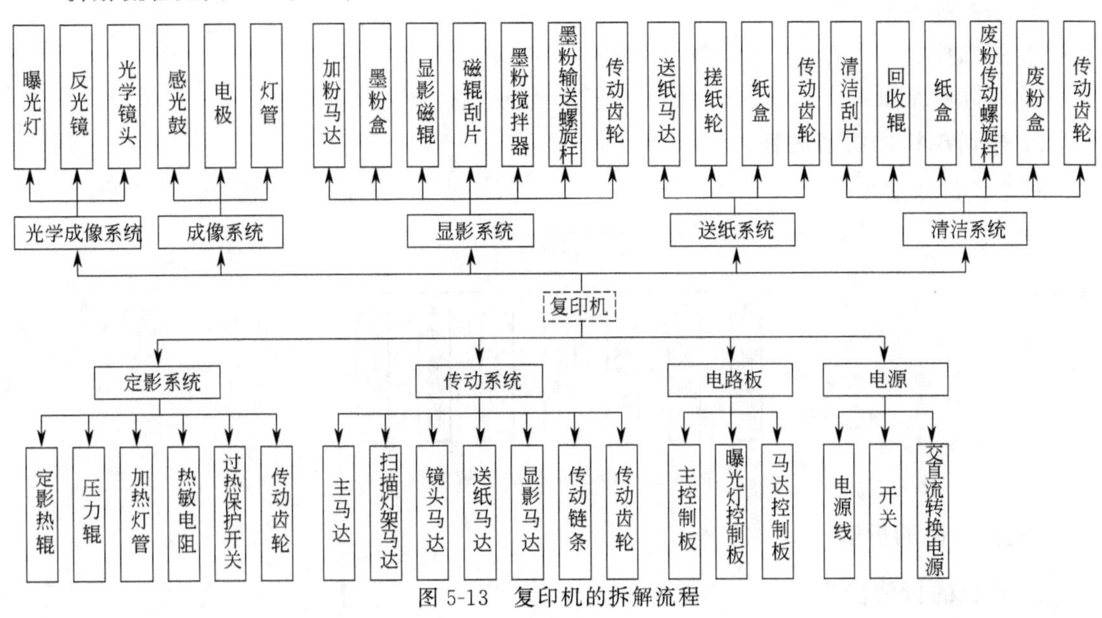

图 5-13 复印机的拆解流程

（六）传真机的拆解

1. 传真机的拆解步骤

① 拆除话筒。

② 拆除外壳及电线。

③ 拆除热敏系统。

④ 拆除输纸机构。

⑤ 拆除电路板。

2. 传真机的拆解流程

拆解流程见图 5-14。

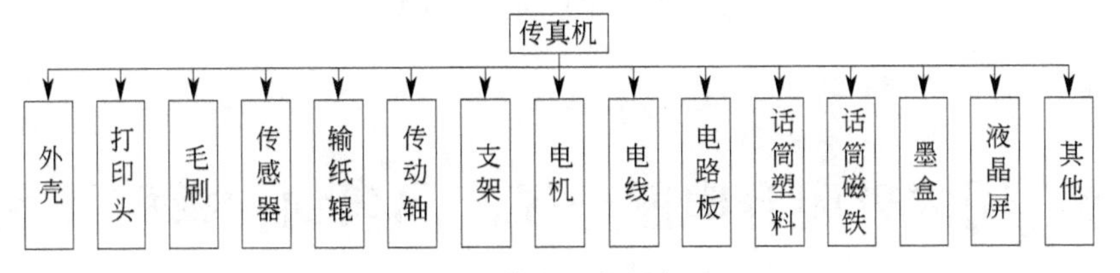

图 5-14 传真机的拆解流程

（七）监视器的拆解

监视器的拆解参见“电视机/显示器拆解技术”。

（八）电话单机的拆解

1. 电话单机的拆解步骤

① 拆除话筒。
② 拆除外壳及电线。
③ 拆除按键。
④ 拆除电路板。

2. 电话单机的拆解流程

拆解流程见图 5-15。

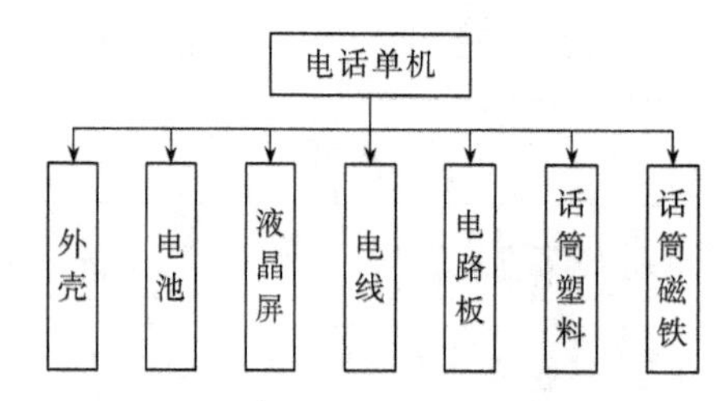

图 5-15　电话单机的拆解流程

（九）手机的拆解

1. 手机的拆解步骤

① 拆手机后盖。
② 拆除手机电池。

2. 手机的拆解流程

拆解流程见图 5-16。

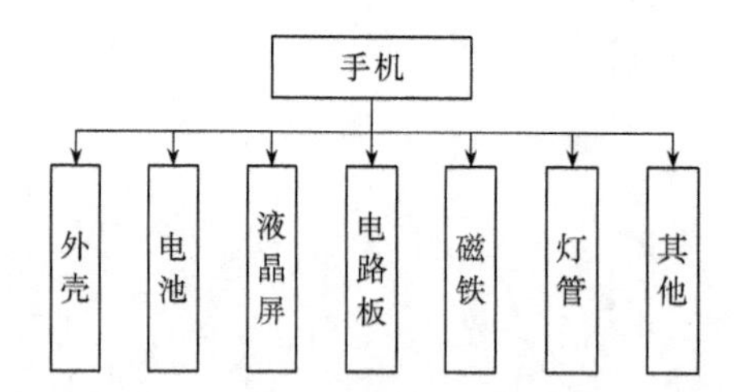

图 5-16　手机的拆解流程

第二节　国内外废弃电器电子产品自动化拆解技术概况

自动化拆解是一种依靠机械装置，在操作软件控制下完成拆解工作的一种方法。自动化拆解技术的实现不仅需要解决机械等技术方面的难题，还需要系统的软件支持和完整的产品数据采集功能。

一、国外自动化拆解技术

国外废弃电器电子产品自动化拆解技术发展较早，其中电视机自动化拆解技术和废电路板自动化拆解技术较为典型。

（一）电视机的自动化拆解技术

德国弗劳恩霍夫应用中心工业股份有限公司研发了一种电视机和显示器自动化拆解设备，其拆解目标是移除电视机和显示器的外壳、显像管、电感线圈以及印刷电路板等，实现危险物质的分离和去除。

采用该自动化拆解技术拆解电视机时，首先将电视机置入拆解单元，由图像识别系统识别电视机类型，通过已经储存的数据库选择特定工作程序进行拆解操作：

① 拆解后盖进行危险物品检测；

② 用特定的通风道对电视机进行通风；

③ 移除电视机的印刷电路板、电缆、电子枪、检测系统和显像管；

④ 进行印刷电路板的拆解处理以及显像管和塑料的再循环处理。

在电视机和显示器的拆解过程中，自动化拆解机器人的图像处理系统同时承担了对拆解过程的监控以及对危险部件检测的任务。

1. 自动化拆解系统组成

自动化拆解技术软件系统的核心由四个独立并相关的数据库组成，即：符号数据库、产品数据库、组分数据库和规划数据库。该技术拥有一个灵活的、可进行自由编程的拆解工作站，能有效识别产品变量和产品类型。

（1）拆解站

拆解站由以下几部分组成：

① 拆解机器人（使用拆解工具对电子废物进行破坏性的或非破坏性的拆解）；

② 带有拆解工具，能移走电子废物零部件的机器人；

③ 固定拆解设备；

④ 可自由编程的机器人控制器；

⑤ 安全识别装置；

⑥ 图像处理系统以及进行过程控制和监测的传感器。

（2）拆解执行系统

拆解执行系统由以下几部分组成：

① 产品数据库；

② 用于过程安排和机器人控制的分配器；

③ 拆解顺序模块；

④ 根据产品状态和性质检测结果调整、改进拆解顺序的模块。

分配器可以获得每一个产品的数据库，该数据库含有机器人所进行拆解程序的必要信息，如可能以及可行的拆解操作、产品的处理操作以及拆解和处理工具分配等信息。

2. 拆解过程控制

由于废弃电器电子产品具有复杂多样性，自动拆解过程会出现未知的或不确定的变量，这些变量需要通过外部传感器和数据库所收集的信息进行修正。同时，为避免拆解过程中有意外事件发生影响拆解程序的运行，需要在拆解计划中的每个关键点开始之前对先前的决策进行再次审定或修正。拆解规划的软件构件见图 5-17。

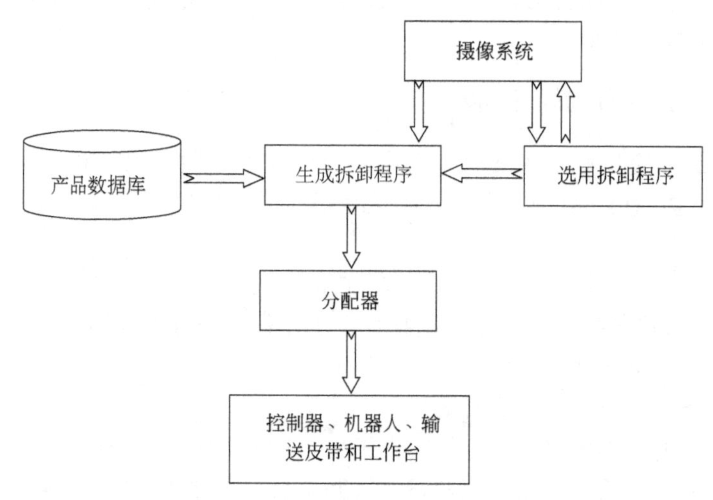

图 5-17 拆解规划的软件构件

为了解决自动拆解过程中出现的特殊问题，科特布斯勃兰登堡工业大学开发了一种电子废物自动化拆解的创造性计划和控制新方法，该方法可以不断优化所要求的参数，并逐渐消除不确定因素。该方法的特点是在中心数据库中存储关于标准组件的结构以及拆解数据的信息和记录、特殊设备拆解信息以及高水准拆解方案等相关数据。

【例】以拆解废弃电视机的后机盖为例。

电视机的相关部分（如印刷电路板和显像管等）都安装在电视机内部，因此拆解后机盖是拆解电视机的首要任务。由于电视机后盖上螺丝或其他连接件的形状结构以及位置均不相同，给传感器系统识别和拆解命令的执行带来困难，需要选择两个不同的拆解系统完成拆解任务。

在第一个选择系统中，传感器系统将识别后盖上的所有螺丝，由拆解机器人通过标准螺丝开启工具旋出所有的连接螺丝，每四个螺丝的拆除时间大约是 15s；螺丝旋出后，由一个特殊吸取设备吸走螺丝并运到仓库；然后，由搬运机器人将通过特殊钳子取下的后盖也运到仓库。该过程速度快，且后盖材料、螺丝以及电视机的其余部分分离效果好。但是该系统对识别螺丝位置和螺丝类型的图像处理系统要求很高，在遇到螺丝锈蚀、破坏或后盖变形、有黏结板等重大变化时有很高的错误提示率。

在第二个选择系统中，需要使用破坏性工具拆除螺丝，螺丝位置并不需要像使用改锥拧螺丝那样精确，对传感系统的要求不高。该方法的缺点是会产生锉屑、前盖上留有剩余螺丝和拆除时间（20s）较长。

（二）废电路板的自动化拆解技术

电路板是电器电子产品的主要组成部件，电路板上通常带有芯片、电容、电阻、电池、晶体管、变压器、电位器等元器件，其中某些长效元器件可通过无损拆解进行回收，回收后的元器件经检测合格后可重新利用。电路板上电子元器件与线路板基板快速、环保、无害拆解及各种电子元器件的自动分类已成为废弃电路板整体资源化的重要环节。

废电路板的半自动拆解技术主要由元器件手工拆解和自动化拆卸设备拆解两种拆解方式组成。由于废弃电器电子产品中的电路板大小形状都存在差异性，所以在此阶段手工拆解更有优越性。经手工拆解后得到的电路板可使用自动拆解设备进一步拆解。图 5-18 为印刷电路板半自动化拆解。自动拆解设备可以对电路板和电路板上元件进行识别，对有利用价值或者有害的零件进行特殊处理，自动拆解一般采用激光技术进行拆解，这种技术相较于传统的拆解技术有许多的优点，例如：可精确地控制拆解焊点的温度，操作灵活精准，处理时间短效率高，处理过程对元件的影响较小等。

图 5-18　印刷电路板半自动化拆解

电路板可使用自动化拆解设备的拆解室主要由视觉系统工作站、激光卸焊系统工作站、机器人拆卸工作站、红外加热拆卸工作站以及卸焊零部件存储工作站组成。

视觉系统是一个带有图像识别和处理的计算机系统，该系统可通过对电路板上的部件形状和标签与数据库中的信息（信息来源于电路板生产商和市场）相比较，以识别电路板上可重新再使用的及有害部件，确定要处理的零部件的位置、尺寸和重心，并将这些信息传输给下一工作站。

激光卸焊系统是利用激光对电路板上被认为是有价值的或者有害的零部件进行加热后，经下一作业的机器手去除。这种特殊的激光卸焊和机器手配合的技术可以从电路板上去掉很多种元器件。激光拆解技术对元件所产生的热应力小，有利于延长其再使用寿命。对于一些不适合或者不值得采用激光技术的拆解可应用红外加热卸焊技术进行处理。红外加热会在元件内部产生较高的热应力，会降低回收元件的使用寿命。

针对废弃电路板的自动拆解，日本电气股份有限公司（NEC Corporation）研发了一套自动化拆解废电路板中电子元器件的装置，这种装置采用红外加热和两级去除技术，在加热和冲击的共同作用下将电路板上的穿孔元件和表面元件进行去除，该技术可以去除电路板上96%以上的焊锡，并且对元件没有任何的损伤。德国的 FAPS 则采用与电路板装配方式相反的方法，先将电路板放入加热的液体中对电路板上焊接部位进行熔化，接下来再利用选择顺应性装配机器手臂（selective compliance assembly robot arm）根据元器件的结构形状对元器件进行分拣，分拣下来的电子元器件进行可靠性检测后重新使用。

二、国内自动化拆解技术

我国废弃电器电子产品的自动化拆解技术起步较晚，废弃电器电子产品的拆解仍主要靠人工拆解来实现，自动化拆解设备在实际生产中的应用较少。为提升电子废物拆解技术水平和效率，一些研究单位及电子废物处理处置单位在引进消化国外自动化拆解技术装备的同时，对一些常见的电子废物自动化拆解技术进行了研发，其中具有代表性的技术有 LCD 显示器自动化拆解技术、废弃计算机自动化拆解技术和废电路板自动化拆解技术。

1. LCD 显示器自动化拆解技术

LCD 显示器废弃物自动化拆解（图 5-19）可将一个完整的废弃液晶显示屏拆解成液晶屏、电路板、塑料外壳、金属罩等独立部分。该技术采用多工位流水协同工作，主要工位有：上料工位、切割工位、开孔工位、激光工位、分离工位和回收工位，工位之间采用传送带连接，实现流水线工作。

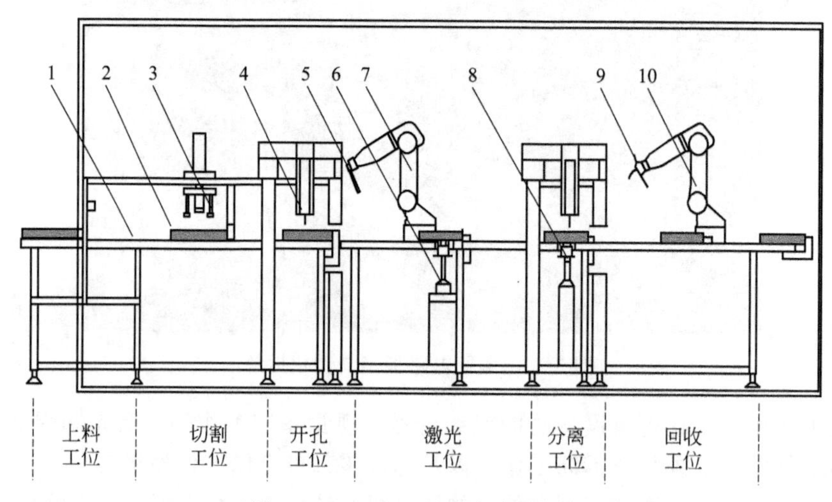

图 5-19　LCD 显示器自动化拆解

1—传送带；2—液晶显示器；3—转位吸盘；4—开孔装置；5—激光切割头；6—转位气缸；7—机器人；8—吸盘；9—机械处理（刀片、吹风机、铲刀）装置；10—机器人

各工位完成的主要工作为：上料工位在流水线首端，上料时由一名操作人员将废弃 LCD 显示器放置在流水线上（LCD 显示器屏幕朝下，接口端面向操作人员）；流水线的切割工位完成 LCD 显示器外罩的切割；开孔工位完成 LCD 显示器外罩背面固定螺丝的拆解和显示器塑料外罩的回收；激光工位完成废旧 LCD 显示器金属屏蔽罩与其内部电路板的分离；分离工位完成 LCD 显示器金属屏蔽罩的移除和液晶屏驱动电路板上面螺丝开孔；回收工位位于本流水线最末端，主要完成液晶显示驱动板电路器件与液晶屏的分离和回收。

2. 废弃计算机自动化拆解技术

废弃计算机自动化拆解设备（图 5-20）主要有主机拆解装置和电路板元器件拆解装置两部分。该设备的工作原理是：当废弃电器电子产品被固定在工作板上时，自动化拆解设备视觉传感器获取电子产品外壳固定螺钉位置信息，传动机构按照既定路线将拆解机构运送至指定位置，螺丝刀之上的直流电机受程序控制自动拆解废弃计算机的外壳、电池和主板；分离完成后，底部滑槽将主板传送至元器件拆解子装置，视觉传感器对主板上高价值元器件进行定位匹配，传动机构将加热机构和夹取机构运送至既定位置，对主板进行预热和加热，使元器件引脚上的焊锡充分熔化，再利用夹持装置，对目标元器件进行夹取，完成元器件拆解。

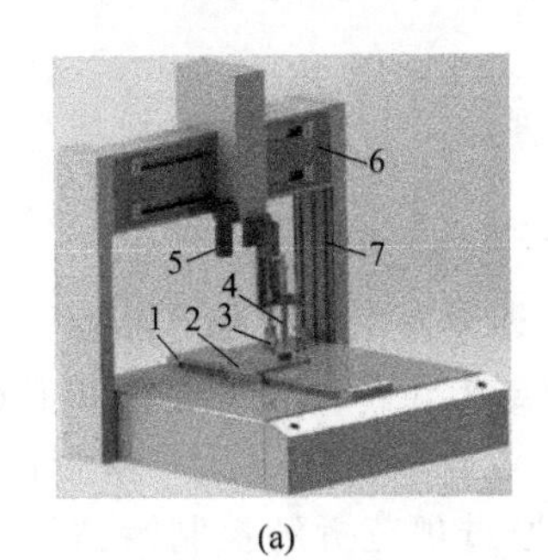

(a)
1—滑轨；2—电路板固定台；3—加热装置；4—拆除装置；5—机器视觉传感器；6，7—水平移动导轨

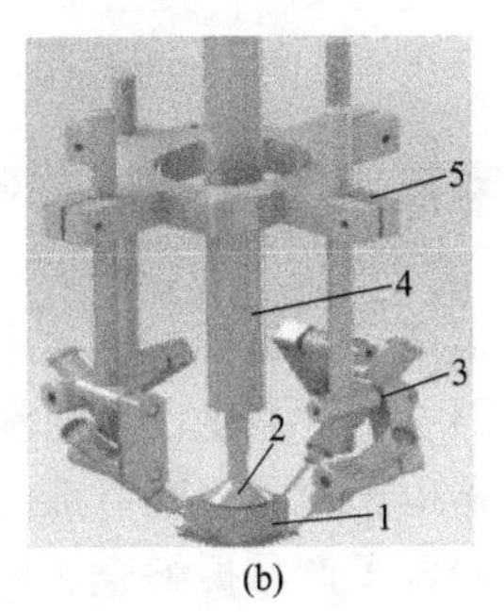

(b)
1—贴片式芯片；2—真空吸盘；3—加热装置；4—拆卸杆；5—加热夹持架

图 5-20　废弃计算机自动化拆解装置结构

3. 废电路板自动化拆解技术

湖南万容科技公司开发了一套以滚刀为主的拆解设备，该成套设备包括机架、安装在机架边的多台熔锡炉、电磁调速传送带、电磁调速滚刀装置、前后滚筒、分级接料装置、自控电热加温装置以及负压吸附装置等单元。其工作原理是将带元器件线路板正面朝上置于已熔化的熔锡炉中，线脚受热锡缓慢熔化，人工取走较大的元器件，此过程需使线路板受热充分，线脚锡熔化彻底。

长虹集团公司开发的电路板元器件拆除设备，采用熔融焊料作为加热介质，对电路板焊接面上的焊点进行加热；利用特殊喷嘴喷射高温高压气体，使焊料与电路板分离；最后对电路板翻转振动，使元器件与电路板分离。该技术的特点是：元器件在拆卸过程中受到的热冲击小，拆卸后的元器件完好率、重用率高，拆卸过程不会引入新的杂质，焊料分离完全，元器件拆除率高，能量消耗低等。

三、废弃电器电子产品自动化拆解问题分析

人类对电器电子产品的需求日益扩大，废弃电器电子产品自动化拆解无疑是处理电子废物，实现电子废物资源化的最佳方法。然而，工业化规模的废弃电器电子产品自动化拆解却很难实现，废弃电器电子产品自动化拆解技术的应用主要存在两方面的限制：

① 回收工厂收集的废弃电器电子产品种类多样，产品数据信息难以采集；

② 产品设计和生产者未考虑拆解问题，所设计生产的产品不易实现自动化拆解。

对所收集的废弃电器电子产品进行分类贮存需要一定的时间和空间，实验室规模的废弃电器电子产品自动拆解虽然在技术上是可行的，但很难进入到实际的商业运行中。自动化拆解技术的应用受电子废物回收处理工厂对于各类废弃电器电子产品数据采集的完整性制约，统一且规范的电器电子产品设计对实现废弃电器电子产品的自动化拆解至关重要。电器电子产品设计者应该在产品设计初期就将产品的自动拆解考虑进设计中，执行统一规范或标准，对产品的组合进行优化处理，并将产品设计信息录入数据库，与电子废物回收处理工厂共享

产品数据信息。

第三节　废弃电器电子产品拆解评估

一、废弃电器电子产品拆解收益评估

废弃电器电子产品拆解活动中存在着四个利益主体，即废弃电器电子产品拆解企业、政府部门、电器电子产品生产企业和消费者。拆解企业从电器电子产品生产企业和消费者手里回收废弃电器电子产品；政府部门向电器电子产品生产企业收取费用（生产者责任延伸制）补贴废弃电器电子产品拆解企业和消费者（以旧换新），通过规范拆解控制污染，获得社会效益；电器电子产品生产企业通过提高产品成本将污染治理费转嫁给消费者。

1. 企业收益评估

废弃电器电子产品拆解企业收益指废弃电器电子产品拆解收入扣除废弃电器电子产品回收和拆解成本后所获得的利润。拆解收入主要包括拆解产品的销售收入和政府补贴两部分，拆解产品销售收入受市场价格影响，政府补贴则通常不会变动。回收和拆解成本包括回收废弃电器电子产品费用、拆解直接成本以及围绕回收、拆解所付出的间接成本。

企业收益函数可表示为：

$$f_{\mathrm{C}}=p_{\mathrm{S}}y+SQ-p_{\mathrm{C}}Q-C_{\mathrm{a}}-C_{\mathrm{d}}Q \tag{5-1}$$

式中　Q——废弃电器电子产品回收处理数量，t；

p_{S}——废弃电器电子产品拆解回收物料市场价格，元/t；

y——废弃电器电子产品拆解回收物料数量，t；

S——拆解处理政府补贴，元/t；

p_{C}——废弃电器电子产品市场回收价格，元/t；

C_{a}——废弃电器电子产品拆解企业努力成本，元；

C_{d}——拆解处理成本，元/t。

2. 政府收益评估

政府收益主要指社会和环境等方面的综合收益，其关系表达式可写成：

$$f_{\mathrm{G}}=E\beta Q-dQ-(1+r)S \tag{5-2}$$

式中　E——废弃电器电子产品拆解环境效益，元/t；

d——废弃电器电子产品拆解环境治理成本，元/t；

r——废弃电器电子产品回收拆解社会成本系数（$r\geqslant 0$）；

β——电子废物再生利用系数，$\beta=F(d,t)$。

二、废弃电器电子产品拆解政府补贴计算方法

（一）基础资料收集及台账分析

1. 基础资料收集整理

资料收集涵盖处理企业废弃电器电子产品回收、拆解处理情况的基础记录、原始凭证以

及工作点位的视频录像。其中视频录像的工作点位包括：厂区进出口、货物装卸区、上料口、投料口、关键产物拆解处理工位、计量设备监控点位、包装区域、贮存区域及进出口、中控室、视频录像保存区，以及数据信息管理系统和信息采集工位。

处理企业将审核时段内反映各环节生产信息的全部台账、原始凭证等基础资料按类别、生成时间汇总：

① 废弃电器电子产品入厂、入库情况的全部基础记录及原始凭证（如入库基础记录表、交接记录单、购销合同、资金往来凭证、销售票据等）；明细汇总（包括时间、交接者名称、联系方式、回收种类、规格、数量、重量、价格等）。

② 废弃电器电子产品拆解处理情况的全部基础记录（如出库基础记录表、拆解处理生产线领料单、生产线或工位作业记录等）；明细汇总（包括时间、拆解处理车间、生产线或工位、种类、规格、数量、重量等）。

③ 拆解产物入库情况的全部基础记录（如入库基础记录表、库房交接记录、二次加工的出库及入库基础记录等）；明细汇总。

④ 拆解产物处理情况的全部基础记录及原始凭证（如出库、出厂基础记录表、库房交接记录、购销合同、销售发票、资金往来凭证、危险废物转移联单等）；明细汇总（包括时间、接收单位名称、联系方式、拆解产物种类、规格、数量、重量、价格等）。

⑤ 废弃电器电子产品和拆解产物的全部称重地磅单。

⑥ 工人考勤记录、工资清单或凭证。

⑦ 主要生产设备运行记录、污染防治设备运行记录、视频监控系统运行记录、电表运行记录等设备运行情况记录。

2. 信息流（台账）逻辑分析

对处理企业提供的台账进行逻辑分析，分析台账信息中时间、数量和重量以及不同数据间的逻辑关系。

时间逻辑关系，如废弃电器电子产品入厂与废弃电器电子产品入库、废弃电器电子产品入库与废弃电器电子产品出库、废弃电器电子产品出库与领料拆解、领料拆解与拆解产物入库、拆解产物入库与拆解产物出库、拆解产物出库与拆解产物出厂等环节的时间逻辑关系。

数量和重量逻辑关系（总量衡算），如废弃电器电子产品入厂与废弃电器电子产品入库、废弃电器电子产品入库与废弃电器电子产品出库、废弃电器电子产品出库与领料拆解、领料拆解与拆解产物入库、拆解产物入库与拆解产物出库、拆解产物出库与拆解产物出厂、拆解产物二次加工与二次加工产物入库等环节的数量和重量逻辑关系。

不同数据间逻辑关系，如危险废物转移联单上的数据信息与拆解产物出库出厂记录的逻辑关系，企业库房盘点数据、收购数据、拆解处理数据与财务核算数据的逻辑关系，处理企业实际拆解处理数量、自查扣减数量、申报补贴的拆解处理数量等数据的逻辑关系。

（二）废弃电器电子产品拆解处理数量核算

根据《废弃电器电子产品拆解处理情况审核工作指南（2019 年版）》，废弃电器电子产品拆解处理数量核算采用物料平衡系数法。

1. 物料核算

（1）废弃电器电子产品生产处理数量 A_1

核定处理企业记录的各种类、各规格废弃电器电子产品处理数量。

审核资料：废弃电器电子产品拆解处理日报表、拆解产物出入库日报表、拆解处理基础记录表、拆解产物出入库基础记录表及相关原始凭证等。

（2）物料平衡计算处理数量 A_2

采用物料平衡系数核算方法（例如表 5-13，单台平均质量和关键拆解产物物料系数见表 5-14），核算各种类、各规格废弃电器电子产品处理数量。对有多种关键拆解产物的，对每种关键拆解产物计算后取其最小值。计算公式如下：

$$A_2=\frac{\text{关键拆解产物产生量}}{\text{单台平均质量}\times\text{关键拆解产物物料系数}} \tag{5-3}$$

对只有单台平均质量，但没有关键拆解产物物料系数的废弃电器电子产品种类，计算公式如下：

$$A_2^0=\frac{\text{所有拆解产物总产生量}}{\text{单台平均质量}} \tag{5-4}$$

表 5-13　CRT 拆解物料衡算表

项目	单台平均质量/kg	物料系数(关键拆解产物占总重量比例)	CRT 玻璃产生质量/kg	物料平衡核算处理量 A_2/台
CRT 黑白电视机	10	CRT 玻璃:0.5	1500	1500÷(10×0.5)=300

表 5-14　关键拆解产物物料系数

种类	规格	单台平均质量/kg	物料系数:拆解产物占总重量比例	备注
CRT 电视机	14 寸黑白	9	CRT 玻璃:0.45 电路板:0.07	
	14 寸彩色	10	CRT 玻璃:0.56 电路板:0.09	
	17 寸黑白	12	CRT 玻璃:0.54 电路板:0.05	包括 18 寸
	17 寸彩色	14	CRT 玻璃:0.56 电路板:0.07	包括 18 寸
	21 寸彩色	20	CRT 玻璃:0.66 电路板:0.05	包括 20 寸和 22 寸
	25 寸彩色	30	CRT 玻璃:0.65 电路板:0.06	
	29 寸彩色	40	CRT 玻璃:0.71 电路板:0.05	
	32 寸及以上彩色	60	CRT 玻璃:0.67 电路板:0.04	
电冰箱	120L 以下	30	保温层材料:0.16 压缩机:0.19	不包括电冰柜
	120～220L	45		
	200L 以上	55		

续表

种类	规格	单台平均质量/kg	物料系数:拆解产物占总重量比例	备注
洗衣机	单缸	5.7	电机:0.38	
	双缸	22	电机:0.23	
	全自动	31	电机:0.13	
	滚筒	65	电机:0.08	
台式电脑	主机	6.6	电路板:0.08	CRT 显示器参考同尺寸电视机;本表中的主机指内部部件齐全的主机

注：1. 彩色电视机 CRT 的屏玻璃与锥玻璃的重量比为 2∶1。

2. 压缩机使用滤油后的重量进行测算。

3. 台式电脑主机电路板包括主板（应当拆除电线、散热片或散热器、风扇等可拆卸部件）、CPU、内存条、显卡、声卡、网卡，但不包括电源、硬盘、光驱、软驱中的电路板。电视机等其他废弃电器电子产品的电路板应当拆除电线、塑料边框散热器等可拆卸部件。

（3）A_1 与 A_2 取值

当 A_1 小于 A_2 时，处理数量取 A_1；当 A_1 大于 A_2 且差异率大于 25%，处理企业不能提供合理解释的，处理数量取 A_2。

以下原因不得作为差异率异常的合理解释：

① 拆解处理的废弃电器电子产品因破损、缺少和更换零部件导致其实际重量偏低；

② 关键拆解产物缺失或者去向不明；

③ 其他不规范拆解处理活动造成的差异率异常。

2. 物料系数的调整

（1）选取样品，记录拆解处理重量

对需要测算校正物料系数的废弃电器电子产品种类或者规格，应对该地区每家处理企业选取不少于 100 台进行抽样核算。样品应当是符合基金补贴范围且部件齐全的废弃电器电子产品。

（2）物料系数的测算

物料系数测算公式如下：

$$单台平均重量=\frac{样品总重量}{样品总数量} \tag{5-5}$$

$$关键拆解产物校正物料系数=\frac{样品拆解处理得到的关键拆解产物的总重量}{样品总重量} \tag{5-6}$$

3. 拆解处理数量合理性估算

对拆解处理数量大、处理能力利用率高的处理企业，当对其拆解处理数量的合理性或者规范性存在疑问时，可以分析企业主要拆解处理设备、污染防治设施、人员出勤等运行情况，结合现场操作、视频录像、能耗核算、其他拆解产物产生情况等，辅助估算处理企业审核阶段内总拆解处理数量的合理性。

（1）现场操作估算

通过主要设备的现场工人操作，估算拆解处理数量的合理性。如：通过对 CRT 屏锥分离、荧光粉收集等环节的熟练工人进行现场规范操作计时、计数，估算该环节的实际规范处理能力。

同一类废弃电器电子产品有多个处理环节的，重点抽查测算处理能力最小的环节。

（2）视频估算

选取接近平均拆解量的、正常生产状态的3～5个工作时段，查看关键点位视频录像，估算该环节的规范拆解处理能力。

（3）能耗估算

根据处理企业实际运行情况，计算废弃电器电子产品拆解处理过程中主要生产设备、污染控制设备等的能耗与拆解处理数量的关系，分析审核时段内拆解处理数量与能耗之间的关系是否合理。

（4）出勤情况核算

分析考勤记录与拆解处理数量之间的关系是否合理，分析工人工资与拆解处理数量之间的关系是否合理。

4. 无效物料

在废弃电器电子产品拆解补贴中，一些物料由于某些原因不计入物料核算范围内，这部分物料属于无效物料。包括：

① 工业生产过程中产生的残次品或报废品。

② 海关、市场监督管理等部门罚没，并委托处置的电器电子产品。

③ 处理企业接收和处理的废弃电器电子产品完整性不足，缺失《废弃电器电子产品规范拆解处理作业及生产管理指南（2015年版）》第4.6条（表5-15）所列的主要零部件或关键拆解产物的。

表5-15 主要零部件

产品名称	主要零部件	产品名称	主要零部件
CRT黑白电视机	CRT、机壳、电路板	CRT彩色电视机	CRT、机壳、电路板
平板电视机（液晶电视机、等离子电视机）	液晶屏（等离子屏）、机壳、电路板	电冰箱	箱体（含门）、压缩机
洗衣机	电机、机壳、桶槽	房间空调器	机壳、压缩机、冷凝器（室内机及室外机）、蒸发器（室内机及室外机）
台式电脑CRT黑白显示器	CRT、机壳、电路板	台式电脑CRT彩色显示器	CRT、机壳、电路板
台式电脑液晶显示器	液晶屏、机壳、电路板	电脑主机	机壳、主板、电源
一体机、笔记本电脑	机壳、电路板、液晶屏、光源		

④ 在运输、搬运、贮存等过程中严重破损，造成上线拆解处理时不具有主要零部件，或无法以整机形式进行拆解处理作业的。例如：采用屏锥分离工艺处理CRT电视机的，CRT在屏锥分离前破碎，无法按完整CRT正常进行屏锥分离作业。

⑤ 非法进口产品。

⑥ 电器电子产品模型以及采取假造仿制、拼装零部件等手段制作的不具备电器电子产品正常使用功能、未经正常使用即送交企业处理的仿制品（简称仿制废电器）。

⑦ 各类废弃电器电子产品年实际拆解处理总量超过其核准年处理能力的。

⑧ 未在生态环境主管部门核定的场所拆解处理的废弃电器电子产品。

⑨ 不能提供判断规范拆解处理种类和数量的基础生产台账、视频资料等证明材料的废弃电器电子产品包括因故遗失相关原始凭证、原始凭证损毁或者不能证明拆解处理情况的，如关键点位未设置视频监控、视频录像丢失、损坏、被覆盖、拆解处理情况被遮挡、模糊不清等。

参考文献

[1] 高艳红，陈德敏，谭志雄．废弃电器电子产品处理补贴政策优化、退出与税收规制．系统管理学报，2016，25（4）：725-732.

[2] 环境保护部．废弃电器电子产品规范拆解处理作业及生产管理指南（2015 年版）．2010 年第 83 号．

[3] 生态环境部．废弃电器电子产品拆解处理情况审核工作指南（2019 年版）．国环规固体〔2019〕1 号．

[4] 刘洋成．电子废弃物粗放拆解对重金属和溴系阻燃剂迁移特性的影响研究．杭州：浙江工业大学，2014.

[5] 李金惠，温雪峰．电子废物处理技术．北京：中国环境科学出版社，2006.

[6] Feldmann K，Scheller H. Disassembly of electronic products. Proceedings of the 1994 IEEE international symposiumon electronics and environment，IEEE，1994：81-86.

[7] 白庆中，王晖，韩洁，等．世界废弃印刷电路板的机械处理技术现状．环境工程学报，2001，2（1）：84-89.

[8] 刘勇，刘牡丹，周吉奎，等．废弃电路板拆解技术研究现状及展望．中国资源综合利用，2016，34（10）：47-50.

[9] 王素娟，秦琴，屠子美．工业机器人在 LCD 显示器废弃物自动化拆解流水线中的应用．现代电子技术，2019，42（4）：175-178.

[10] 何俊，陈咏琦，何家裕．废旧电子产品自动拆解回收装置的设计．科技与创新，2019（3）：126-127.

第六章 废弃电器电子产品的资源化

废弃电器电子产品含有多种金属和非金属材料，这些材料均有可观的回收利用价值。然而，废弃电器电子产品中的元器件（或零部件）间杂，各种材料所含元素成分复杂，不能直接被利用，需要采用拆解粗分、分离细选或化学提纯等方法将废弃电器电子产品中价值材料或有害元素分离出来，以便回收利用或者无害化处理。废弃电器电子产品的资源化即指将废弃电器电子产品处理后作为原料进行利用或者对废物进行再生利用的过程。

第一节 废弃电器电子产品资源化特性

一、废弃电器电子产品材料属性

（一）废弃电器电子产品材料

根据《电子电气产品材料声明》（GB/Z 26668—2011），一般废弃电器电子产品材料可分为无机材料和有机材料两部分，见表6-1。

表6-1 废弃电器电子产品材料

类别			材料组	涵盖范围
无机材料	金属合金	铁合金	不锈钢	一般含铬量不低于10%的耐蚀铁合金
			其他铁合金、非不锈钢	由铁组成，但不是不锈钢的合金
		非铁金属及合金	铝及其合金	铝及主要组分为铝的任何合金
			铜及其合金	铜及主要组分为铜的任何合金
			镁及其合金	主要组分为镁的任何合金
			镍及其合金	主要组分为镍的任何合金
			锌及其合金	主要组分为锌的任何合金
			贵金属	主要组分有钌、铑、钯、银、锇、铱、铂和金的任何金属和合金
			其他非铁金属及合金	不含铁且不属于上述金属的其他金属和合金
	非金属		陶瓷/玻璃	金属碳化物及其他碳化物和通过加热冷却成的一类无机、非金属固体。此类材料可能有晶格或部分晶格（如陶瓷），也可能无定形（如玻璃）
			其他无机材料	不属于上述材料的无机材料

续表

类别		材料组	涵盖范围
有机材料	塑料和橡胶	聚氯乙烯	由氯乙烯聚合体组成的一类热塑性材料
		热塑性材料	有重新熔融和重新铸模潜能的树脂或塑料化合物（不包括聚氯乙烯）
		其他塑料和橡胶	主体成分不是热塑性塑料的所有聚合物和橡胶
	其他有机物	其他有机材料	不属于上述有机材料的其他有机材料

废弃电器电子产品材料组成中最具典型性和代表性的部件是印刷线路板。印刷线路板，又称印刷电路板、电路板，简称印制板，英文简称 PCB（printed circuit board）或 PWB（printed wiring board），是以绝缘板为基材，切成一定尺寸，其上至少附有一个导电图形，并布有孔（如元件孔、紧固孔、金属化孔等），用来代替以往装置电子元器件的底盘，并实现电子元器件之间的相互连接。由于这种板是采用电子印刷术制作的，故被称为“印刷”电路板。相关结构组成及功用见表 6-2。

表 6-2　印刷线路板结构组成及功用

印刷线路板组成	功用
线路与图面	线路是作为原件之间导通的工具，在设计上会另外设计大铜面作为接地及电源层。线路与图面是同时做出的
介电层	用来保持线路及各层之间的绝缘性，俗称为基材
导通孔	导通孔可使两层次以上的线路彼此导通，较大的导通孔则作为零件插件用，另外有非导通孔（nPTH）通常用来作为表面贴装定位，组装时用来固定螺丝
防焊油墨	铜面不粘锡焊接零件的区域，会印一层隔绝铜面粘锡的物质（通常为环氧树脂），避免非粘锡的线路间短路。根据不同的工艺，分为绿油、红油、蓝油
丝印	在电路板上标注各零件的名称、位置框，方便组装后维修及辨识用

线路板由基板光蚀刻或化学铜沉淀加工而成，将玻璃纤维等强化材料通过上胶机和环氧树脂等黏结材料交联形成黏结片，然后再在层压机中将黏结片和铜箔按照设计要求层叠起来，黏结片受热受压先软化、熔融，高分子物变为黏流态，随着温度逐步升高和时间增加，固化剂和环氧树脂发生固化反应，此反应完成后，黏结片与铜箔层牢固黏结而成基板。印刷线路板的印制铜面在环境中很容易被氧化，导致无法上锡（焊锡性不良），因此会在要粘锡的铜面上进行保护，保护的方式有喷锡、化金、化银、化锡和有机保焊剂保护。环氧玻纤布覆铜板及铜板胶结构分别如图 6-1 和图 6-2 所示。

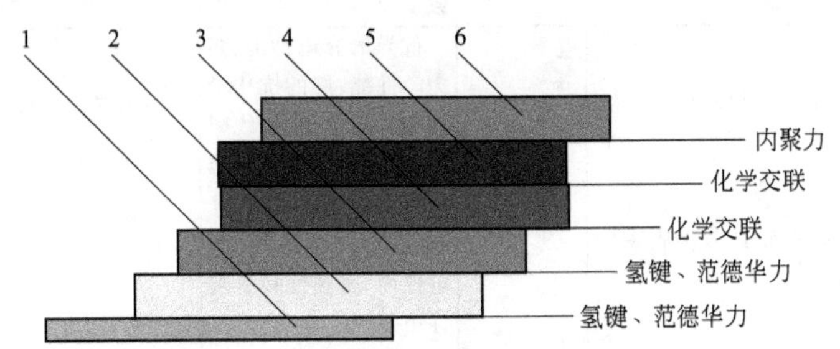

图 6-1　环氧玻纤布覆铜板结构示意图

1—阻焊层；2—玻璃纤维；3—硅烷；
4—树脂；5—黏结剂；6—铜箔

印刷线路板中含有大量可回收利用的金属和部分稀贵金属，同时亦含有汞、镉、铬、铅和卤素阻燃剂等有害物质，这是因印刷线路板制造光刻腐蚀和金属涂覆工艺中使用了大量的金属元素，如镍、铜、铅、铬、锡、金、银、钯、钌等，这些金属元素可分为两类，即基本金属（如铜、铝、铁、镍、锡和铅等）和稀贵金属（如金、银、钯、铂、钌、锗等）。线路板中铜含量很高（15%～30%），所印制的导电图形覆铜箔厚度大约在 0.8～5mm；其他金属，如氧化铝、氧化铁、氧化锌、氧化镉等，主要是以氧化物的形式存在于线路板基材的树脂黏合剂中；锡、铅、铋由于熔点低，主要作为合金焊料用于线路板元件焊接处；在元件焊接处、线路节点等接触性能要求高的地方则使用了一定量的金、银、钯、铂、钌等稀贵金属；在金属涂覆电镀工艺中使用了铬、镉、铅等重金属；同时，为使印刷线路板具有更好的抗高温性能，印刷线路板基材上还添加了溴化阻燃剂。

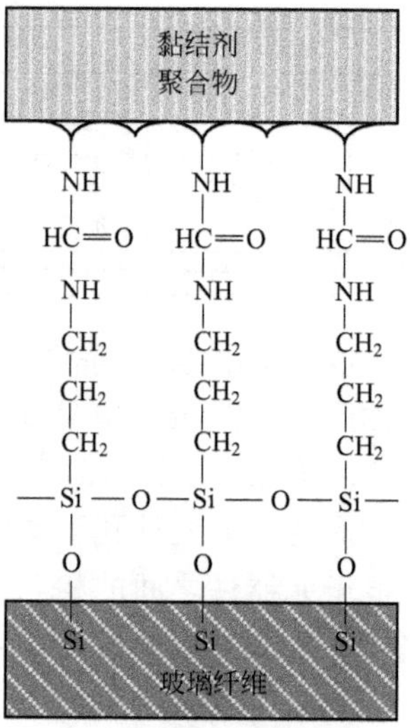

图 6-2 环氧玻纤布覆铜板胶结构示意图

（二）印刷线路板基板

印刷线路板基板是印刷线路板的主体部分，主要由高分子聚合物、玻璃纤维构成。高分子聚合物主要是作为黏结材料使用的树脂，含有聚合物、硬化剂和卤素阻燃剂等物质。其中阻燃型环氧树脂和阻燃型酚醛树脂在电路板中被广泛使用。

印刷线路板基板结构复杂、种类多样，按照绝缘材料可分为纸基板、玻璃布基板和合成纤维板；按基材可分为酚醛树脂、环氧树脂、聚氨酯树脂、聚四氟乙烯和特殊热固性树脂等；按用途可分为通用型和特殊型；按结构可分为单面印制板、双面印制板、多层印制板和挠性线路板等。印刷线路板基板分类及基板结构和用途分别见表 6-3 和表 6-4。

表 6-3　印刷线路板基板分类

分类	材质	名称	代码	特点	备注
刚性覆铜箔板	纸基板	酚醛树脂覆铜箔板	FR-1	经济性，阻燃	应用于音响、彩色电视、监视器
			FR-2	高电性，阻燃（冷冲）	
			XXXPC	高电性（冷冲）	应用于音响、收音机、黑白电视等家电
			XPC	经济性（冷冲）	应用于计算器、遥控器、电话机、钟表等
		环氧树脂覆铜箔板	FR-3	高电性，阻燃	
		聚酯树脂覆铜箔板		工作条件在 105℃以下	应用于挠性板
	玻璃布基板	玻璃布-环氧树脂覆铜箔板	FR-4	优异的介电性能、高力学性能、好的抗化学性和耐热性；紫外线阻断和自动光学检测兼容	应用于计算机、仪表
		耐热玻璃布-环氧树脂覆铜箔板	FR-5	机械加工性良好，且较 FR-4 力学性能、介电性能、耐热性和耐潮性更好	
		玻璃布-聚酰亚胺树脂覆铜箔板	GPY	耐高温达 400℃以上，无明显熔点，高绝缘性能，103Hz 下介电常数为 4.0，属 F～H 级绝缘材料	
		玻璃布-聚四氟乙烯树脂覆铜箔板		良好的电气性能和较高机械强度	高频电路用

续表

分类	材质	名称	代码	特点	备注
复合材料基板	环氧树脂类	纸(芯)-玻璃布(面)-环氧树脂覆铜箔板	CEM-1，CEM-2	CEM-1阻燃；CEM-2非阻燃	应用于电玩、计算机、彩色电视
		玻璃毡(芯)-玻璃布(面)-环氧树脂覆铜箔板	CEM-3	阻燃	应用于电玩、计算机、彩色电视
	聚酯树脂类	玻璃毡(芯)-玻璃布(面)-聚酯树脂覆铜箔板	GPY	强度高	
		玻璃纤维(芯)-玻璃布(面)-聚酯树脂覆铜箔板		性能介于环氧树脂覆铜箔板和聚酯树脂覆铜箔板之间	
特殊基板	金属类基板	金属芯型		Cu-invar-Cu(铜铟瓦)结构	
		包覆金属型		刚性好、轻度高、散热性好	
	陶瓷类基板	氧化铝基板 氮化铝基板 碳化硅基板 低温烧制基板	Al_2O_3 AlN SiC	机械应力强，强度高、热导率高、绝缘性优良；结合力强，防腐蚀；形状稳定性高	
	耐热热塑性基板	聚砜类树脂 聚醚醚酮树脂		加热后尺寸稳定性优异且耐热性能非常好	
	挠性覆铜箔板	聚酯树脂覆铜箔板 聚酰亚胺覆铜箔板		耐热性好、电性能高、可挠性好	

注：1. “FR”表示树脂中加有不易着火的物质使基板有难燃（flame retardent）或抗燃（flame resistance)。

2. “XXXPC”中第一个“X”表示机械性用途；第二个“X”表示可用电性用途；第三个“X”表示可用有无线电波及高湿度的场所；“P”表示需要加热才能冲板子（punchable)，否则材料会破裂；“C”表示可以冷冲加工（cold punchable)。

3. “GPY”表示玻璃布，不饱和聚酯树脂（glass，unsaturated polyester resin)。

4. “CEM”表示复合基覆铜板（composite epoxy material)。

表 6-4 印刷电路板基板结构和用途

PCB类别	覆铜板及多层板基材制出PCB的用途实例	覆铜箔形式	覆铜板及多层板基材的类别		UL/ANSI/NEMA型号
10层以上多层板	大型计算机、高速演算用计算机、军工用电子产品、航天用电子产品、测试仪器、电子交换器大型通信设备	—	高传输速度、高玻璃化温度(T_g)、低介电常数(ε_r)的高多层板用基材	高T_g、低ε_r的环氧、玻纤布基芯板、半固化片	FR-4
				各类特殊树脂基材	—
				积层法多层板用基材	—
6～8层多层板	中型计算机、半导体试验装置、EWS(电子商务作业平台)、电子交换机、自动化控制产品、笔记本电脑、PDA(掌上电脑)、移动电话、大型计算机CPU(中央处理器)、存储器装置、高速测量仪器、封装基板、军工及航天电子产品	—	一般用或高T_g的环氧、玻纤布基芯板		FR-4
			一般用或高T_g的环氧、玻纤布基半固化片		FR-4
			高频电路用各类高性能特殊树脂、玻纤布基芯板半固化片		—
			积层法多层板用基材或树脂(如RCC等)		—
3～4层多层板	计算机、游戏机、计算机外围电子产品、IC(集成电路)卡、通信产品、ATM(自动柜员机)交换机、FA(工厂自动化)产品、封装基板(PGA)、AV(视听)产品、半导体测试装置、移动电话基地站设备	—	一般用环氧、玻纤布基芯板		FR-4
			一般用环氧、玻纤布半固化片		FR-4
			高频电路用各类高性能特殊树脂、玻纤布基芯板半固化片		—

续表

PCB类别	覆铜板及多层板基材制出PCB的用途实例	覆铜箔形式	覆铜板及多层板基材的类别		UL/ANSI/NEMA型号
双面PCB（2层）	卫星通信产品、移动体通信产品、卫星放松产品、GPS(全球定位系统)、军工及航天用电子产品	双面覆铜箔	高频电路用基板材料	低ε_r环氧玻纤布基覆铜板	FR-4
				聚酰亚胺、玻纤布基覆铜板	GPY
			低ε_r、高T_g特殊性树脂(PPE、PPO、CE、BT、PTFE等)、玻纤布基覆铜板		—
	计算机、打印机、复印机、试验装置、AV机、自动化办公设备、电源装置、传感器、高级家用电器、游戏机	双面覆铜箔	表面安装用基材	高T_g环氧、玻纤布基覆铜板	FR-4
				各类高性能特殊树脂、玻纤布基覆铜板	—
			银浆贯孔用基材	复合基覆铜板	CEM-3
				酚醛纸基覆铜板	FR-1
	多功能电话、汽车用电子产品、检测仪器摄录一体VTR(盒装磁带录像机)、计算机周边电子产品VCD(影音光碟)机、自动化仪器仪表、CTV(彩色电视)	双面覆铜箔	一般金属化通孔用环氧、玻纤布基覆铜板		FR-4
			一般跨线通孔用酚醛纸基覆铜板(阻燃)		FR-1
			一般跨线通孔用酚醛纸基覆铜板(非阻燃)		XPC
单面PCB（1层）	调谐器、电源开关、超声波设计计算机电源、OA(自动化办公)机、洗衣机、空调机、电冰箱、防火报警器监控器、DVD(数字光盘)、商用设备	单面覆铜箔	环氧、玻纤布基覆铜板(一般型)		FR-4
			环氧、玻纤纸芯复合基覆铜板		CEM-3
			环氧、纸纤维芯复合基覆铜板		CEM-1
			环氧纸基覆铜板		FR-3
	电视机、收录机、VCD、随身听、立体音箱设备、半导体、收音机、电话机、遥控器、照明电器、键盘、鼠标、电子琴、电子测量仪器、计算器、自动售货机、显示器、电子玩具	单面覆铜箔	阻燃、酚醛纸基覆铜板		FR-1
			阻燃、酚醛纸基覆铜板		FR-2
			非阻燃、酚醛纸基覆铜板		XPC

二、废弃电器电子产品材料性质

废弃电器电子产品材料的性质各异，在废弃电器电子产品再使用（reuse）、再生产（reproduction）和再循环（recycling）等资源化过程中需要根据材料的性质采取不同的手段和措施对废弃电器电子产品进行识别和资源化利用。

（一）不锈钢

不锈钢（stainless steel）是不锈耐酸钢的简称，是耐空气、蒸汽、水等弱腐蚀介质和酸、碱、盐等化学浸蚀性介质腐蚀的具有不锈性的钢种。不锈钢有一百多种，所开发的每种不锈钢都在其特定的应用领域具有良好的性能，其耐蚀性取决于钢中所含的合金元素。

1. 不锈钢种类

不锈钢可按组织状态分为马氏体钢、铁素体钢、奥氏体钢、奥氏体-铁素体（双相）不锈钢及沉淀硬化不锈钢等（见表6-5）；按成分分为铬不锈钢、铬-镍不锈钢、铬-镍-钼不锈钢、超低碳不锈钢、高钼不锈钢、高纯不锈钢等；按性能特点及用途分为耐硝酸不锈钢、耐硫酸不锈钢、耐点蚀不锈钢、耐应力腐蚀不锈钢和高强度不锈钢等；按钢的功能特点分为低温不锈钢、无磁不锈钢、易切削不锈钢、超塑性不锈钢等。

表 6-5 不锈钢种类

名称	特性用途
铁素体不锈钢	铁素体不锈钢含铬15%～30%，其耐蚀性、韧性和可焊性随含铬量的增加而提高，属于这一类的有Cr17、Cr17Mo2Ti、Cr25，Cr25Mo3Ti、Cr28等。铁素体不锈钢因为含铬量高，耐腐蚀性能与抗氧化性能均比较好，耐氯化物应力腐蚀性能优于其他种类不锈钢，但力学性能与工艺性能较差，多用于受力不大的耐酸结构及作抗氧化钢使用。这类钢能抵抗大气、硝酸及盐水溶液的腐蚀，并具有高温抗氧化性能好、热膨胀系数小等特点，用于硝酸及食品工厂设备，也可制作在高温下工作的零件，如燃气轮机零件等
奥氏体不锈钢	奥氏体不锈钢含铬大于18%，并含有8%左右的镍及少量钼、钛、氮等元素，具有综合性能好，可耐多种介质腐蚀等特性。奥氏体不锈钢的常见牌号有1Cr18Ni9(302不锈钢)、0Cr19Ni9(304不锈钢)等，这类钢中含有大量的Ni和Cr，具有良好的塑性、韧性、焊接性、耐蚀性能和无磁或弱磁性，在氧化性和还原性介质中耐蚀性均较好，可用来制作耐酸设备，如耐蚀容器及设备衬里、输送管道、耐硝酸的设备零件等
奥氏体-铁素体双相不锈钢	奥氏体-铁素体双相不锈钢是奥氏体和铁素体组织各约占一半的不锈钢，含有Mo、Cu、Si、Nb、Ti、N等元素，具有超塑性。该类钢兼有奥氏体和铁素体不锈钢的特点，与铁素体相比，塑性、韧性更高，无室温脆性，耐晶间腐蚀性能和焊接性能均显著提高，同时还保持有铁素体不锈钢的475℃脆性以及高热导率。与奥氏体不锈钢相比，强度高且耐晶间腐蚀和耐氯化物应力腐蚀性能有明显提高。双相不锈钢具有优良的耐孔蚀性能，也是一种节镍不锈钢
马氏体不锈钢	马氏体不锈钢因含碳较高，具有较高的强度、硬度和耐磨性，但塑性、可焊性和耐蚀性差，常用牌号有1Cr13、3Cr13等。马氏体不锈钢常用于力学性能要求较高、耐蚀性能要求一般的一些零件上，如弹簧、汽轮机叶片、水压机阀等
沉淀硬化不锈钢	沉淀硬化不锈钢基体为奥氏体或马氏体组织，能通过沉淀硬化(又称时效硬化)处理提高硬(强)度，常用牌号有04Cr13Ni8Mo2Al等

2. 不锈钢的主要性质

不锈钢的化学成分及物理性能见表6-6。

表 6-6 不锈钢的化学成分及物理性能

分类	钢种	化学成分/%					物理性能		
	JIS	C	Cr	Ni	Mo	其他	比热容/[J/(g·℃)]	热膨胀系数(2～100℃)/10^{-6}℃$^{-1}$	热导率(100℃)/[W/(m·℃)]
奥氏体	304	≤0.08	18.0～20.0	8.0～10.5			0.5	17.3	16.3
	304L	≤0.03	18.0～20.0	9.0～13.0			0.5	17.3	16.3
	304J1	0.02～0.05	16.5～17.1	7.5～7.9		Cu1.9～2.2	0.5	17.3	16.3
	316	≤0.08	16.0～18.0	10.0～14.0	2.0～3.0		0.5	16.0	16.3
	316L	≤0.03	16.0～18.0	12.0～15.0			0.5	16.0	16.3
	321	≤0.08	17.0～19.0	9.0～13.0		Ti5，xC%	0.5	16.7	16.1
铁素体	409	≤0.03	17.0～19.0			Ti6 xC%①～0.75	0.46	11.7	24.9
	430	≤0.12	16.0～18.0				0.46	10.4	26.4
马氏体	410	≤0.15	11.5～13.5				0.46	9.9	24.9
	420	0.16～0.25	12.0～14.0				0.46	10.3	23.8
	420J2	0.26～0.40	12.0～14.0				0.46	10.3	23.8

① 含碳百分比。

(二) 铁及铁合金

铁是电子废物中的主要金属，纯铁是白色或者银白色的，有金属光泽。熔点1538℃、沸点2750℃，能溶于强酸和中强酸，不溶于水。铁有0价、+2价、+3价和+6价，其中+2价和+3价较常见。铁在生活中分布较广，占地壳含量的4.75%，仅次于氧、硅、铝，位居地壳含量第四，用于制发电机和电动机的铁芯，铁及其化合物还用于制磁铁、药物、墨水、颜料、磨料等，是工业上所说的“黑色金属”之一（另外两种是铬和锰）。

广义的铁合金是指炼钢时作为脱氧剂、元素添加剂等加入铁水中使钢具备某种特性或达到某种要求的一种产品。铁合金一般用作脱氧剂（脱除钢水中的氧、硫、氮等杂质）、合金添加剂（按钢种成分添加合金元素）和孕育剂（改善铸件结晶组织）。

1. 铁的物理性质

纯铁质地软，有良好的延展性和导电、导热性能，有很强的铁磁性，属于磁性材料。铁的晶体结构为面心立方和体心立方，比热容为460J/(kg·℃)，声音在铁中的传播速率为5120m/s。

2. 铁的化学性质

铁是比较活泼的金属，在金属活动性顺序表里排在氢的前面，化学性质比较活泼，是一种良好的还原剂。铁在空气中不能燃烧，在氧气中却可以剧烈燃烧。

常温时，铁在干燥的空气里不易与氧、硫、氯等非金属单质起反应，若有杂质，在潮湿的空气中易锈蚀；在有酸、碱或盐溶液存在的湿空气中生锈更快。在高温时，铁会剧烈反应，如铁在氧气中燃烧，生成 Fe_3O_4（磁铁的主要成分），炽热的铁和水蒸气起反应也会生成 Fe_3O_4。

铁易溶于稀的无机酸中，生成二价铁盐，并放出氢气。在常温下遇浓硫酸或浓硝酸时，表面生成一层氧化物保护膜，使铁“钝化”，故可用铁制品盛装冷的浓硫酸或冷的浓硝酸。

（三）铝及铝合金

铝及铝合金被广泛应用于电器电子产品中。是一种有延展性的银白色轻金属。铝易溶于稀硫酸、硝酸、盐酸、氢氧化钠和氢氧化钾溶液，难溶于水，在潮湿空气中能形成一层防止金属腐蚀的氧化膜。氧化铝为一种白色无定形粉末，它有 α-Al_2O_3、β-Al_2O_3 等多种变体，自然界存在的刚玉即属于 α-Al_2O_3，它的硬度仅次于金刚石，常用来制作轴承，制造磨料、耐火材料。

铝合金密度低，强度比较高，接近或超过优质钢，塑性好，可加工成各种型材，具有优良的导电性、导热性和抗腐蚀性，工业上广泛使用，使用量仅次于钢。铝合金有硬铝合金、超硬铝铝合金和锻铝合金。硬铝合金为Al-Cu-Mg系，一般含有少量的Mn，可热处理强化，硬度大，塑性较差；超硬铝为Al-Cu-Mg-Zn系，可热处理强化，是室温下强度最高的铝合金，但耐腐蚀性差，高温软化快；锻铝合金主要是Al-Zn-Mg-Si系合金，加入元素种类多，含量少，具有优良的热塑性，适宜锻造，故又称锻造铝合金。

（四）铜及铜合金

铜是电子电器中的主要金属。纯铜是柔软的金属，表面刚切开时为红橙色带金属光泽，单质呈紫红色。延展性好，导热性和导电性高，因此在电缆和电气、电子元件中是最常用的材料，也可用作建筑材料，可以组成多种合金。铜合金力学性能优异，电阻率很低，其中最重要的为青铜和黄铜。此外，铜也是耐用的金属，可以多次回收而无损其机械性能。

铜可用于制造多种合金，铜的重要合金种类见表6-7。

表 6-7　铜合金种类

名称	特性
黄铜	黄铜是铜与锌的合金，因色黄而得名。黄铜的力学性能和耐磨性能都很好，可用于制造精密仪器、船舶的零件、枪炮的弹壳等。黄铜敲起来声音好听，因此锣、钹、铃、号等乐器都是用黄铜制作
航海黄铜	铜与锌、锡的合金，抗海水侵蚀，可用来制作船的零件、平衡器
青铜	铜与锡的合金叫青铜，因色青而得名。在古代为常用合金（如中国的青铜时代）。青铜一般具有较好的耐腐蚀性、耐磨性、铸造性和优良的力学性能。用于制造精密轴承、高压轴承、船舶上抗海水腐蚀的机械零件以及各种板材、管材、棒材等。青铜还有一个反常的特性——"热缩冷胀"，用来铸造塑像，冷却后膨胀，可以使眉目更清楚
磷青铜	铜与锡、磷的合金，坚硬，可制弹簧
白铜	白铜是铜与镍的合金，其色泽和银一样，银光闪闪，不易生锈。常用于制造硬币、电器、仪表和装饰品

（五）镁及其合金

镁是电器电子产品中少量金属之一，是一种银白色、有延展性的二价轻质碱土金属，化学性质活泼，能与酸反应生成氢气，具有一定的延展性和热消散性。

镁合金是以镁为基础加入其他元素组成的合金。其特点是：密度小，强度高，弹性模量大，散热好，消震性好，承受冲击载荷能力比铝合金大，耐有机物和碱的腐蚀性能好。主要合金元素有铝、锌、锰、铈、钍以及少量锆或镉等。目前使用最广的是镁-铝合金，其次是镁-锰合金和镁-锌-锆合金。主要用于航空、航天、运输、化工、火箭等工业部门。在实用金属中是最轻的金属，镁的密度大约是铝的 2/3，是铁的 1/4。

（六）镍及其合金

镍是电器电子产品中少量金属之一，是近似银白色、硬而有延展性并具有铁磁性的金属元素，可塑性好，是一类致癌物。镍属于亲铁元素，能与铁共生于基性岩、超基性岩中，在地球中的含量仅次于硅、氧、铁、镁，居第 5 位，在地核中含镍最高，是天然的镍铁合金。

镍合金是以镍为基础加入其他元素组成的合金。镍添加适宜的元素可提高它的抗氧化性、耐蚀性、高温强度和改善某些物理性能。镍合金可作为电子管用材料、精密合金（磁性合金、精密电阻合金、电热合金等）、镍基高温合金以及镍基耐蚀合金和形状记忆合金等。在能源开发、化工、电子、航海、航空和航天等部门中，镍合金都有广泛用途。

（七）锌及其合金

锌及其合金通常用于电器电子产品的镀层及构件。锌是一种浅灰色的过渡金属，广泛应用于电子工业。锌也是人体必需的微量元素之一，在人体生长发育、生殖遗传、免疫、内分泌等重要生理过程中起着极其重要的作用。

锌合金是以锌为基础加入其他元素组成的合金。常加的合金元素有铝、铜、镁、镉、铅、钛等。锌合金熔点低，流动性好，易熔焊、钎焊和塑性加工，在大气中耐腐蚀，废料便于回收和重熔。但蠕变强度低，易发生自然时效引起的尺寸变化。

（八）贵金属

贵金属（precious metal）主要指金、银和铂族金属（钌、铑、钯、锇、铱、铂）8 种金属元素。这些金属的特点是密度大（10.4～22.4g/cm^3），熔点高（916～3000℃），具有较强的化学稳定性，难于被腐蚀，一般条件下不易与其他化学物质发生化学反应。这些金属大多数拥有美丽的色泽，常被用来制作珠宝和纪念品，而且还广泛应用于电气、电子、航天等工业。

1. 金

金的密度是19.32g/cm^3，熔点1064℃，沸点2807℃，是一种过渡金属，在溶解后可以形成三价及单价正离子。金与大部分化学物都不会发生化学反应，但可以被氯、氟、王水及氰化物侵蚀；金能够被水银溶解，形成汞齐，不能被硝酸溶解。以上两个性质成为黄金精炼技术的基础，分别称为“加银分金法”及“金银分离法”。

2. 银

银（argentum）是白色有光泽的金属，原子结构呈面心立方结构，为过渡金属的一种。银在自然界中有单质形态，但绝大部分是以化合态的形式存在于银矿石中。银的理化性质均较为稳定，熔点961.93℃，沸点2212℃，熔化热11.3kJ/mol，导热、导电性能很好，质软，富延展性，有许多重要用途。

（九）陶瓷/玻璃

陶瓷（ceramic或china）是以天然黏土以及各种天然矿物为主要原料经过粉碎混炼、成型和煅烧制得的制品。陶瓷的传统概念是指所有以黏土等无机非金属矿物为原料的人工工业产品，包括由黏土或含有黏土的混合物经混炼、成形、煅烧而制成的各种制品。陶瓷主要原料是自然界的硅酸盐矿物（如黏土、石英等），与玻璃、水泥、搪瓷、耐火材料等工业同属于“硅酸盐工业”的范畴。

玻璃是非晶无机非金属材料，一般是用多种无机矿物（如石英砂、硼砂、硼酸、重晶石、碳酸钡、石灰石、长石、纯碱等）为主要原料加入少量辅助原料制成。它的主要成分为二氧化硅和其他氧化物。普通玻璃的化学组成是Na_2SiO_3、$CaSiO_3$、SiO_2或$Na_2O \cdot CaO \cdot 6SiO_2$等，主要成分是硅酸盐复盐，是一种无规则结构的非晶态固体，广泛应用于建筑物。

（十）聚氯乙烯

聚氯乙烯（polyvinyl chloride，PVC）是氯乙烯单体（vinyl chloride monomer，VCM）由过氧化物、偶氮化合物等作引发剂或在光、热作用下按自由基聚合反应机理聚合而成的聚合物，属3类致癌物。

聚氯乙烯是由VCM单体以头-尾结构相连的含有少量结晶结构的无定形聚合物，其结构为$[—CH_2—CHCl—]_n$，碳原子均为sp^3杂化、锯齿形排列，所有原子均以σ键相连。聚氯乙烯大分子结构中存在着不稳定性结构，需要做辐射交联和化学交联处理，提高PVC产品的耐热性和耐老化性。

PVC为无定形结构的白色粉末，支化度较小，相对密度1.4左右，玻璃化温度77～90℃，170℃左右开始分解，对光和热的稳定性差，在100℃以上或经长时间阳光曝晒，会分解产生氯化氢，并进一步自动催化分解，引起变色、力学性能下降，实际生产中通常加入稳定剂以提高PVC产品对热和光的稳定性。

PVC是世界上产量最大的通用塑料，氯乙烯均聚物和氯乙烯共聚物统称为氯乙烯树脂，应用非常广泛，在建筑材料、工业制品、日用品、地板革、地板砖、人造革、管材、电线电缆、包装膜、瓶、发泡材料、密封材料、纤维等方面均有广泛应用。工业生产的PVC分子量一般在5万～11万范围内，具有较大的多分散性，分子量随聚合温度的降低而增加；无固定熔点，80～85℃开始软化，130℃变为黏弹态，160～180℃开始转变为黏流态；有较好的力学性能，抗张强度60MPa左右，冲击强度5～10kJ/m^2；有优异的介电性能。

（十一）热塑性塑料

热塑性塑料（thermoplastic material）是以热塑性树脂为主要成分，添加各种助剂配制而成的塑料，包括聚乙烯（PE）、聚丙烯（PP）、聚氯乙烯、聚苯乙烯（PS）、聚甲醛、聚碳酸酯、聚酰胺、丙烯酸类塑料、其他聚烯烃及其共聚物、聚砜、聚苯醚等。塑料在一定的温度条件下能软化或熔融成任意形状，冷却后形状不变，可多次反复使用。

热塑性材料根据性能特点、用途广泛性和成型技术通用性等可分为通用塑料、工程塑料、特殊塑料等。通用塑料用途广泛、加工方便、综合性能好，主要包括聚乙烯、聚氯乙烯、聚丙烯、聚苯乙烯和丙烯腈-丁二烯-苯乙烯（ABS）五类，即“五大通用塑料”。工程塑料和特殊塑料的某些结构和性能特别突出，往往应用于专业工程或特别领域、场合。工程塑料包括尼龙（nylon）、聚碳酸酯（PC）、聚氨酯（PU）、聚四氟乙烯（特富龙，PTFE）、聚对苯二甲酸乙二醇酯（PET）等。特殊塑料包括“医用高分子”类，主要用于“合成心脏瓣膜”“人工关节”等。

（十二）橡胶

橡胶（rubber）是指具有可逆形变的高弹性聚合物材料，在室温下富有弹性，在很小的外力作用下能产生较大形变，除去外力后能恢复原状。橡胶属于完全无定形聚合物，它的玻璃化转变温度（T_g）低，分子量往往很大，大于几十万。橡胶分为天然橡胶与合成橡胶两种。天然橡胶由橡胶树、橡胶草等植物中提取的胶乳加工制成；合成橡胶则由各种单体经聚合反应而得，包括丁苯橡胶、丁腈橡胶、硅橡胶、顺丁橡胶、异戊橡胶、乙丙橡胶和氯丁橡胶等。

第二节　废弃印刷线路板资源化方法

印刷线路板的资源化技术，就是根据印刷线路板各个组分的性质，利用物理或化学方法，将其中有用的组分分离提纯出来。根据分离原理，印刷线路板通常的回收方法有机械物理法、化学法、热处理法、冶金提取法以及生物处理法，其主要目标是回收其中的Au、Ag、Pb和Cu等有价金属材料。

一、机械物理法

机械物理法处理废弃印刷线路板是指采用破（粉）碎实现线路板各组分特别是金属与非金属组分的有效解离，利用金属与非金属之间物理性质的差异（密度、导电性、磁性、形状、粒度、颜色等）实现金属与非金属的分离。

（一）破碎

破碎是指利用外力（例如人力、机械力、电力、热核力等）克服固体物料分子间的内聚力，将固体物料粒度减小的操作。根据传统的观点，按处理物料粒度大小不同，可将破碎分为粉碎和粉磨两个阶段。将大块物料碎裂为小块的过程称为粉碎；将小块物料碎裂为细末的过程称为粉磨。破碎分类如图 6-3 所示。

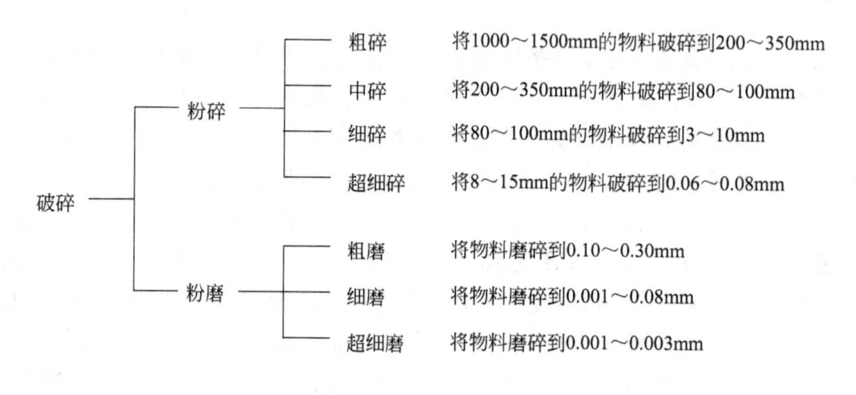

图 6-3　破碎分类

1. 破碎理论

破碎理论主要有三大粉碎功耗学说及在三大学说的基础上发展起来的相关学说。三大粉碎功耗学说分别为面积学说、体积学说和裂缝学说。

（1）面积学说

面积学说理论认为破碎功全都是用来克服新生物料表面原分子之间的内聚力，外力破碎物体所做的功将转化为新生表面积上的表面能，粉碎能耗与粉碎时新生表面积成正比，即粉碎单位质量物料的能耗与新生表面积成正比。

（2）体积学说

体积学说以弹性理论为基础，着重在于分析物料受外力作用而发生变形的程度。外力粉碎物料所做的功，完全用于使物料发生变形，当变形能储至极限，物料即被破坏，即为使几何相似的同种物料，粉碎成形状相同的产品，所需的功与它们的体积或质量成正比。

（3）裂缝学说

外力作用的功首先使物体发生变形，当局部变形超过临界点，即生成裂口，裂口形成后，储在物体内部的形变能使得裂口扩展并产生断面，即破碎物料所消耗的能量与物料的直径或边长的平方根成反比。

2. 破碎机

破碎机被广泛用于化工、环保、冶金、矿山、煤炭、水利、电力和建材等行业。破碎对于机械物理法处理废印刷线路板而言至关重要。这是因为线路板中的各种材料，特别是金属，尽可能充分的单体解离是高效率分选的前提，解离的程度和尺寸显著影响着分选过程和回收产品的质量；破碎程度的选择会影响到破碎设备的能源消耗。印刷线路板破碎设备的选择取决于印刷线路板本身的大小和材料的性质。印刷线路板作为复合材料，具有一定的韧性，由于种类繁多，表现出的力学性质也各不相同。从经济效益和节约能源的角度考虑，选择破碎设备是实现电子废弃物资源回收的第一步。

破碎机按照工作原理和结构特征可分为颚式破碎机、旋回式破碎机、圆锥破碎机、辊式破碎机和冲击式破碎机几大类。

(1) 颚式破碎机

颚式破碎机俗称颚破，又名老虎口，是由动颚和静颚两块颚板组成破碎腔，模拟动物的两颚运动而完成物料破碎作业的破碎机。颚式破碎机因结构简单、容易制造、工作可靠、使用维修方便等优点，在化工、煤炭、矿山、冶金、建材、筑路、电力等多种行业中得到广泛应用。颚式破碎机结构如图 6-4 所示。

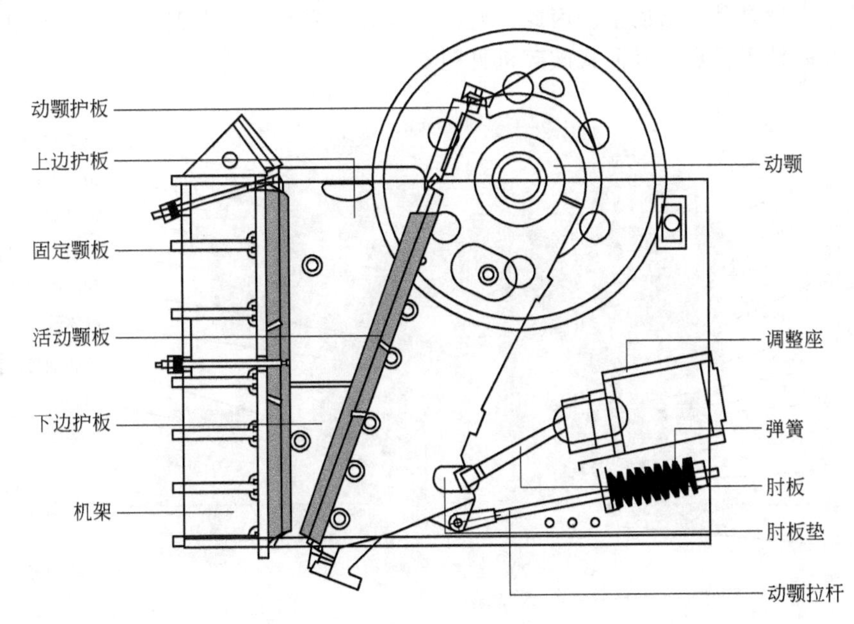

图 6-4　颚式破碎机

颚式破碎机主要由固定颚板、活动颚板、机架、上下护板、调整座、动颚拉杆等部件组成。当活动颚板围绕悬挂轴对固定颚板做周期性的往复运动，活动颚板靠近固定颚板时，处在两颚板之间的物料，受到压碎、劈裂和弯曲折断的联合作用而破碎；当活动颚板离开固定颚板时，已破碎的物料在重力作用下，经破碎机的排矿口排出。

颚式破碎机种类很多，主要有简摆双腔颚式破碎机、双动颚颚式破碎机和外动颚匀摆颚式破碎机等。尽管颚式破碎机结构类型有所不同，但是它们的工作原理基本上是相似的，只是动颚的运动轨迹有所差别。

① 简摆双腔颚式破碎机　一种曲柄双摇杆机构，之所以称为“简摆”并不是因为其结构简单，而是因为这种破碎机的动颚（即机构中的摇杆）绕悬挂点作简单摆动得名。简摆机的主要特点是：破碎力大（肘板推力大）；衬板磨损较轻，适合破碎磨蚀性很强的极坚硬物料；结构复杂又比较笨重；动颚运动轨迹不理想，其上部水平行程小而下部水平行程大，并且在压碎物料的过程中，有阻碍排料的作用，生产率较低。

② 双动颚颚式破碎机　在动颚式破碎机的基础上拆除了破碎机的前墙，由两个破碎机对置而成，并在偏心轴上设计了一对开式齿轮，保证了两动颚的同步运转，双动颚颚式破碎机具有可强制排料、生产能力较高和使用寿命较长等特点。

③ 外动颚匀摆颚式破碎机　将动颚与连杆分离，动颚为连杆上的延伸部分，连杆作为

破碎机的边板，把动力传递给动颚，改变机构参数即可调整动颚运动轨迹。该机具有处理能力大、给料高度及整体重心低、破碎比大等优点。

（2）旋回式破碎机

旋回式破碎机是圆锥破碎机的一种，是利用破碎锥在壳体内锥腔中的旋回运动，对物料产生挤压、劈裂和弯曲作用，粗碎各种硬度的矿石或岩石的大型破碎机械，主要用于矿石的粗碎。旋回式破碎机由上机架构成定锥体，动锥安装在主轴上，动锥和定锥均安装衬板，构成破碎腔，由电动机通过传动装置带动动锥运动，实现对矿石的连续破碎，矿石靠重力排出。

由于旋回式破碎机采用连续破碎的方式，因此其生产能力大，与颚式破碎机相比，旋回式破碎机的生产量是其两倍以上。因此，旋回式破碎机主要具有大破碎比、高产量、产品粒度细、节能和高效等优点。旋回式破碎机见图 6-5 。

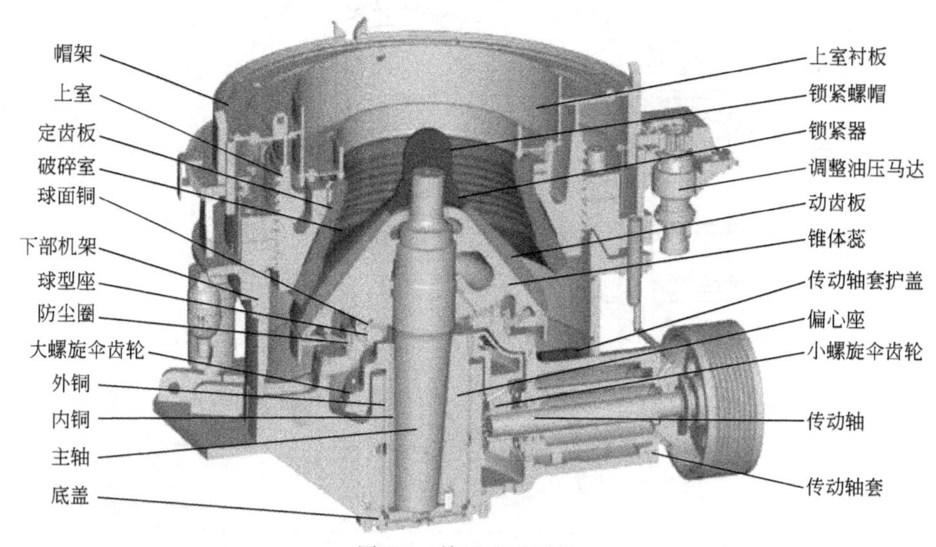

图 6-5　旋回式破碎机

（3）圆锥破碎机

圆锥破碎机可用于破碎细碎和中碎等不同硬度的物料，是一种连续作业，效率较高的破碎设备，在矿山企业中应用非常广泛。

弹簧式圆锥破碎机由内锥、外锥和动力部分组成，利用安装在主轴上的偏心套驱动动锥做旋摆运动，动锥衬板时而靠近时而离开固定锥衬板，使得物料在腔内不断被挤压和弯曲，从而被破碎。液压圆锥破碎机简化了破碎机的结构，利用液压装置调整排矿口，一般液压圆锥破碎机主要有底部单缸、上部单缸、周边单缸、高能液压圆锥破碎机等多种形式。圆锥破碎机见图 6-6。

（4）辊式破碎机

辊式破碎机利用转动的圆柱形辊子挤压和磨剪物料使其破碎，当物料达到粒度要求则从两辊之间排出。按辊子数目，辊式破碎机分为单辊、双辊、双段三辊、双段四辊四种；按照辊面形状，分为光面辊机和齿面辊机两种。辊式破碎机具有结构简单、紧凑、轻便、工作可靠、调整破碎比较方便、可对含水物料进行破碎等优点。辊式破碎机见图 6-7。

（5）冲击式破碎机

冲击式破碎机分为锤式和反击式两种，锤式破碎机利用高速旋转的锤子冲击和物料自身

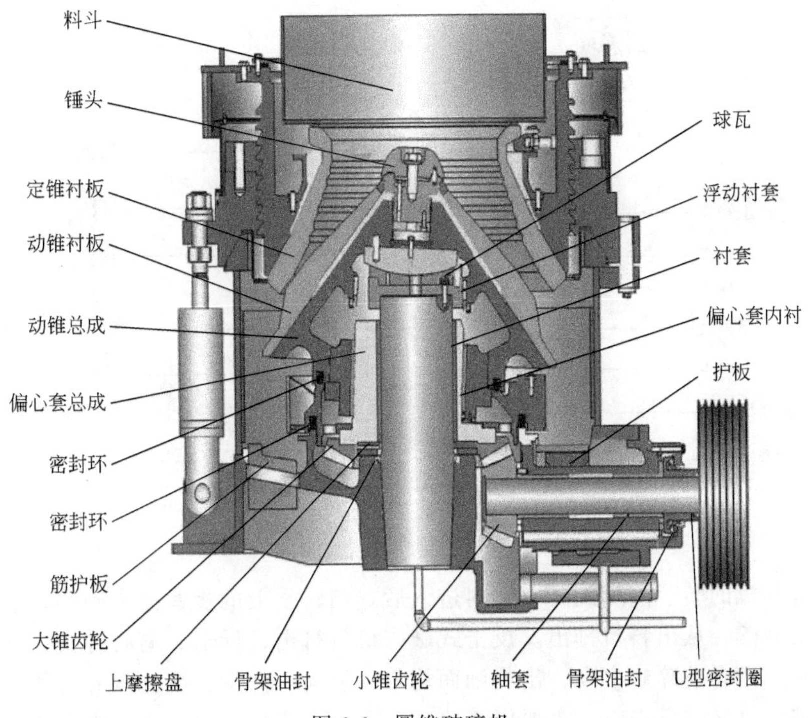

图 6-6　圆锥破碎机

图 6-7　辊式破碎机

撞击到衬板而破碎，当物料达到粒度要求后，从下部的筛条缝隙中排出，锤式破碎机适用于细碎中等硬度及脆性的物料，具有生产效率高、破碎比大、构造简单、尺寸紧凑、功耗较少、维护简单等优点。锤式破碎机是以冲击的形式破碎物料的一种设备，分单转子和双转子两种形式，是直接将最大粒度为 600～1800mm 的物料破碎至 25mm 及以下的破碎用设备。锤式破碎机适用于在水泥、化工、电力、冶金等工业行业破碎中等硬度的物料，如石灰石、炉渣、焦炭、煤等物料的中碎和细碎作业。

冲击式破碎机分单转子和双转子两种形式。单转子又分为可逆式和不可逆式两种，通常单转子锤式破碎机和环锤式破碎机获得广泛的应用。锤式破碎机见图 6-8。

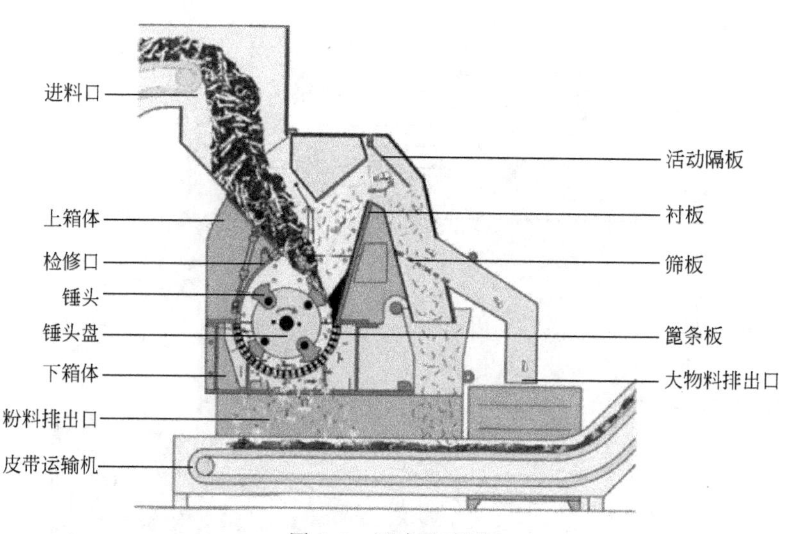

图 6-8　锤式破碎机

反击式破碎机的转子高度旋转，物料进入后，与转子上的板锤撞击破碎，然后又被反击到衬板上再次破碎，从出料口排出。反击式破碎机将打击、反击、离心冲击、剪切、研磨有机结合在一起，具有破碎效率高、出料细而均匀、易损零件少、维护保养方便、能耗低等特点。反击式破碎机又叫反击破，主要用于冶金、化工、建材、水电等经常需要搬迁作业的物料加工，特别是用于高速公路、铁路、水电工程等流动性石料的作业，可根据加工原料的种类、规模和成品物料要求的不同采用多种配置形式。反击式破碎机见图 6-9。

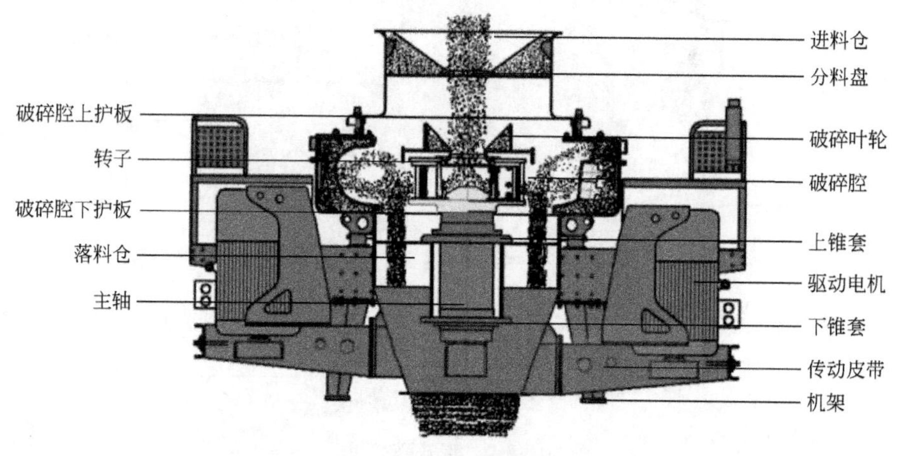

图 6-9　反击式破碎机

（二）磁选

磁选根据材料不同的磁化系数和磁特征而有效分离材料。在磁场中，材料可以分成顺磁性材料和反磁性材料两种，铁、镍等是强顺磁性，可独立划分为铁磁性材料。磁选机，尤其是低强度鼓形磁选机，广泛应用于从非铁金属和其他非磁性废物中回收铁磁性金属，如回收铁、镍。由于铜合金中含有铁，高强度磁选机能从废物中分离铜合金，通常合金的铁含量越高，其质量磁化系数就越大，就越容易被分离。

磁选常见于选矿业，矿石给入磁选设备的分选空间后，受到磁力和机械力（包括重力、离心力、水流动力等）的作用。在分选空间，磁性不同的矿粒受到不同的磁力作用，沿着不同的路径运动。由于矿粒运动的路径不同，所以分别接取时就可得到磁性产品和非磁性产品（或是磁性强的产品和磁性弱的产品）。进入磁性产品中的磁性矿粒的运动路径由作用在这些矿粒上的磁力和所有机械力的合力来决定。进入非磁性产品中的非磁性矿粒的运动路径由作用在它们上面的机械力的合力来决定。因此，为了保证把被分选的矿石中磁性强的矿粒和磁性弱的矿粒分开，必须满足以下条件：

$$f_{1磁}>f_{机合}>f_{2磁}$$

式中　$f_{1磁}$——作用在磁性强的矿粒上的磁力；

$f_{机合}$——与磁力方向相反的所有机械力的合力；

$f_{2磁}$——作用在磁性弱的矿粒上的磁力。

通常含有铁的金属或合金会显示轻微的顺磁性，易与铁磁性材料分离，但某些含铁合金也可能显示逆磁性。磁选能有效选取铁磁性金属，但磁选分离非铁磁性金属和非金属的效果是比较差的。在废印刷线路板粗碎后，通常采用带式磁选机回收一部分铁磁性物质，在后续的细碎过程也可采用湿式滚筒式电磁除铁器回收微细铁磁性物质，尽管整体而言铁磁性物质在印刷线路板中的比例不是很大，但应通过磁选的方法尽可能提前将其从回收工艺中分离出来，这对于后续的分离至关重要。磁选机结构见图 6-10。

图 6-10　磁选机

（三）静电分选

静电分选是指利用静电的吸附作用来对不同物质进行分选，是利用颗粒在电场中受力的不同而实现分离的方法。废线路板资源化回收工艺使用较多的电选设备是高压电选机。静电分选原理见图 6-11。

采用辊筒静电分选法处理线路板时，首先需要利用破碎机将线路板粉碎，粉碎后的线路板物料通过高压电场中的电晕电极荷电，当所有颗粒与接地辊筒接触后，导体物料所带的电荷很快会消失，而非导体物料则能长时间地保留所带电荷，辊筒静电分选就是利用这一原理实现金属与非金属的分离。通常线路板经过粗碎和细碎后，在一定的粒度范围内金属与非金属基本解离，金属是以铜和铝为主的富集体（所含的铁磁性物料已通过磁选分离出来），非金属则主要是玻璃纤维、树脂、热固性塑料（大部分属于绝缘材料）等物料。破碎后的线路

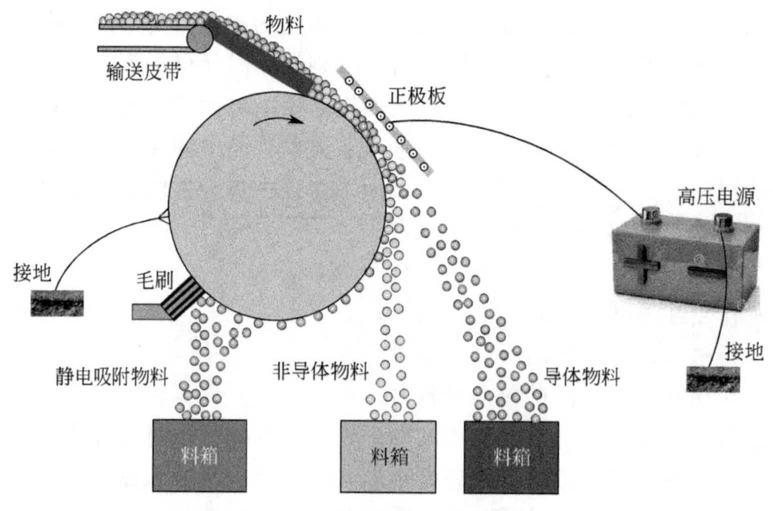

图 6-11　静电分选原理

板金属性材料与非金属性材料的导电性差别显著，适合静电分选法分离。

(四) 涡电流分选

涡电流分选机是利用涡电流力分离金属和非金属的方法。涡电流分选的物理基础是基于两个重要的物理现象：一个是随时间的变化而变化的交变磁场总是伴生一个交变电场；另一个是载流导体产生磁场。物料进入涡流分选机后，导体内产生与交变磁场磁通量相垂直的涡电流，同时这种涡电流引发与感应磁场相对的镜像磁场，对导体产生排斥力。不同颗粒尺寸和颗粒形状的材料在磁偏转力、重力和离心力的综合作用下被选择性地分离，落入不同的收集器中。涡电流分选原理见图 6-12，涡电流分选机见图 6-13。

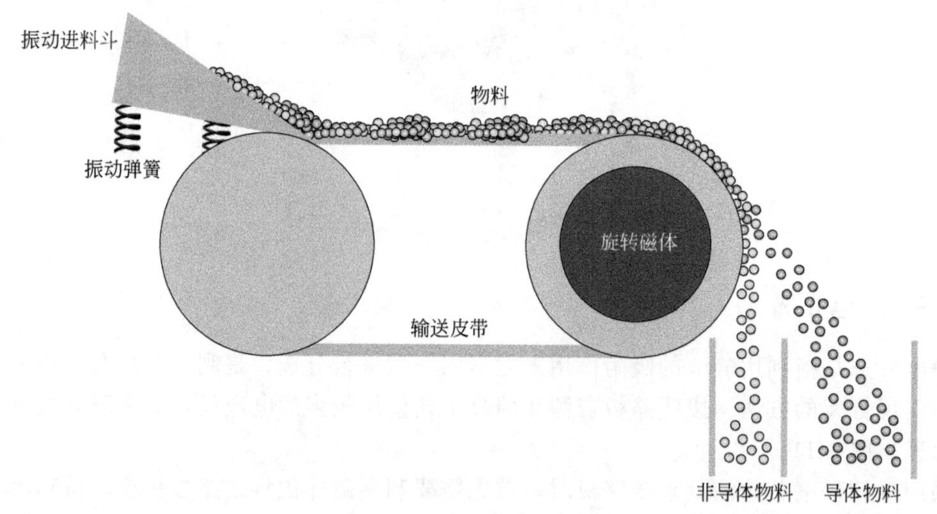

图 6-12　涡电流分选原理

涡电流分选效果受进料颗粒的形状、尺寸以及导电性与密度的影响，通常颗粒形状规则、平整（片状或圆柱状）时，涡电流分选效果较好。涡电流分选特别适用于片状轻质金属与密度相近的塑料（如铝和塑料）之间的分离。

图 6-13　涡电流分选机

（五）形状分选

形状分选主要是利用筛分动力学和颗粒滚动性与滑动性的差异进行分选的，不同形状的颗粒在分选机中存在不同的运动行为。线路板经过机械破碎后，由于物料力学特性的不同，金属（特别是铜）表现出韧性，受外力作用后容易打团呈近似球形，硬塑料也会呈颗粒状，而纤维和树脂呈针状和片状，未解离的基板则为片状。金属呈球形或近似球形是应用形状分选分离废线路板中金属的关键。

（六）重选

重选是指利用被分选物料颗粒间相对密度、粒度、形状的差异及其在介质（水、空气或其他相对密度较大的液体）中运动速率和方向的不同，使之彼此分离的选矿方法。常用的重选设备很多，有关分选废线路板物料的设备有气流分选、气力摇床分选、水力（矿泥）摇床分选、高强度离心分选机等。

1. 气流分选

气流分选是以空气为分选介质，在气流作用下使颗粒按密度或粒度进行分离的一种方法。气流分选的基本原理是较轻物料在气流的冲击作用下悬浮于气流中，随着气流运动；而较重物料则由于气流冲击作用不足以使其悬浮于气流中，从而使其从气流中沉降出来，达到重质物料与轻质物料分离的目的。气流分选机如图 6-14 所示。

2. 气力摇床分选

气力摇床是流化床、摇床及气力分级设备的综合体。颗粒进入振动筛面上时，受到振动筛下方向上吹的风力的作用，不同密度的颗粒混合物在气流的作用下在筛板上分层。在气流条件适宜的情况下，密度大的颗粒贴在筛网上，而轻颗粒浮在气层之上，中颗粒处于重质和轻质之间。

当筛板纵向振动，筛板上的重颗粒产生一个与振动方向相同的激振力，使颗粒投射出来，沿着抛物线的运动轨迹往下掉，颗粒重复振动不断向前移动。轻质颗粒由于浮在颗粒层的上方，没有机会与筛网接触，所以它受重力作用沿筛子的横向倾角下滑；中质颗粒处于重质与轻质之间，有一定的机会与筛网接触，但受振动筛的作用不及重质颗粒，所以向前的速度较慢，因此颗粒按由轻到重在整个筛面分布；密度较大的金属在最高端，密度较小的塑料与轻质金属的混合物在最低端，几种颗粒沿筛板的横向倾角向下滑动，分别进入对应的下料槽中，从而可达到分选的目的。气力摇床见图 6-15 所示。

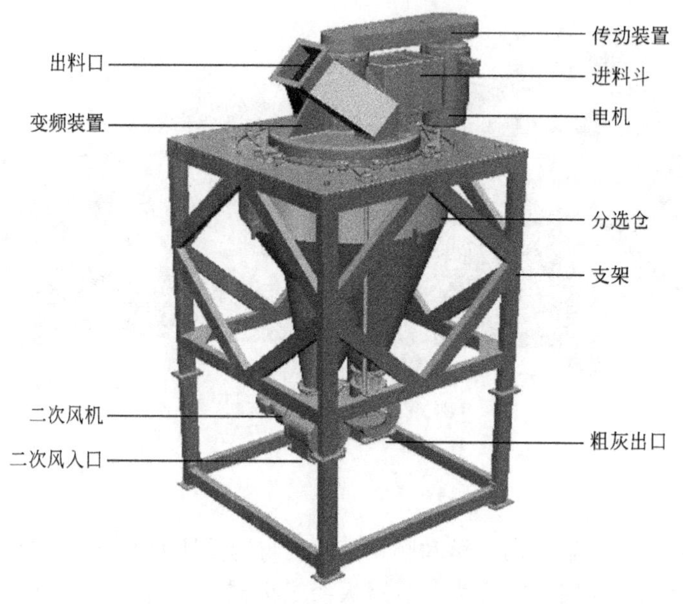

图 6-14　气流分选机

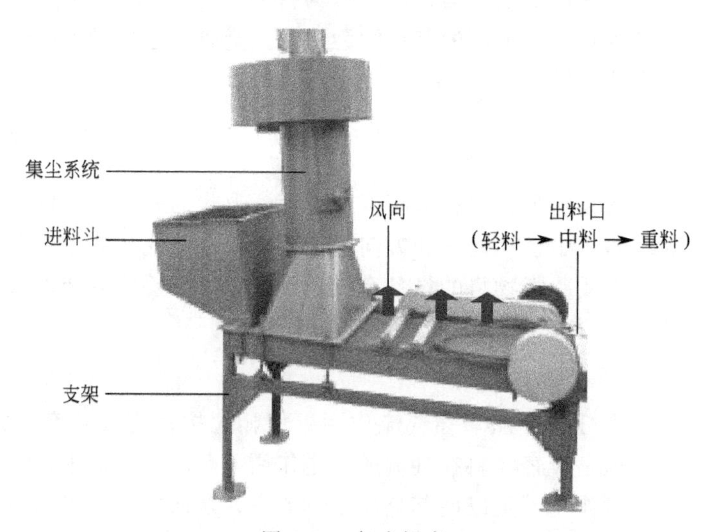

图 6-15　气力摇床

3. 水力摇床分选

水力摇床（图 6-16）(包含矿泥摇床）分选属于薄流膜分选过程，床层中的矿颗在流膜作用下，连续从上游运动到下游，床面做周期性不对称运动，使物料按照密度、粒度和形状沿床面作纵向分层移动。床面铺设的床条，使薄流膜底部产生紊动以支持物料在垂直方向分层，同时帮助沉积到底部的重物料向重产物端移动。水力摇床在废弃印刷线路板的分选中使用比较广泛，具有投资小，运行成本低等特点。

二、化学法

（一）酸洗法

酸洗工艺的酸洗液一般为多种酸的混合物，主要有硫酸、硝酸和氢氟酸等，这些混合酸

图 6-16　水力摇床

的腐蚀性很强，且具有很强的氧化性。

采用酸洗法处理线路板的方法通常有两种：一种是选择性浸出贵金属，即利用浓硝酸、硫酸或王水等强酸或强氧化剂将线路板中的金属溶解，得到含贵金属的剥离沉淀物或溶液，再分别将其处理得到金、银、钯等金属产品，含铜残渣（废板）或溶液则用于制取铜产品（如硫酸铜、电解铜等）；另一种则是将线路板中的金属全部浸出，用混合酸（浓硝酸和浓硫酸混合液）浸出线路板中的金属，对浸出液中金属进行分离提纯，浸出残渣则用碱溶液进一步浸出，分离金属物质。该工艺流程见图 6-17。

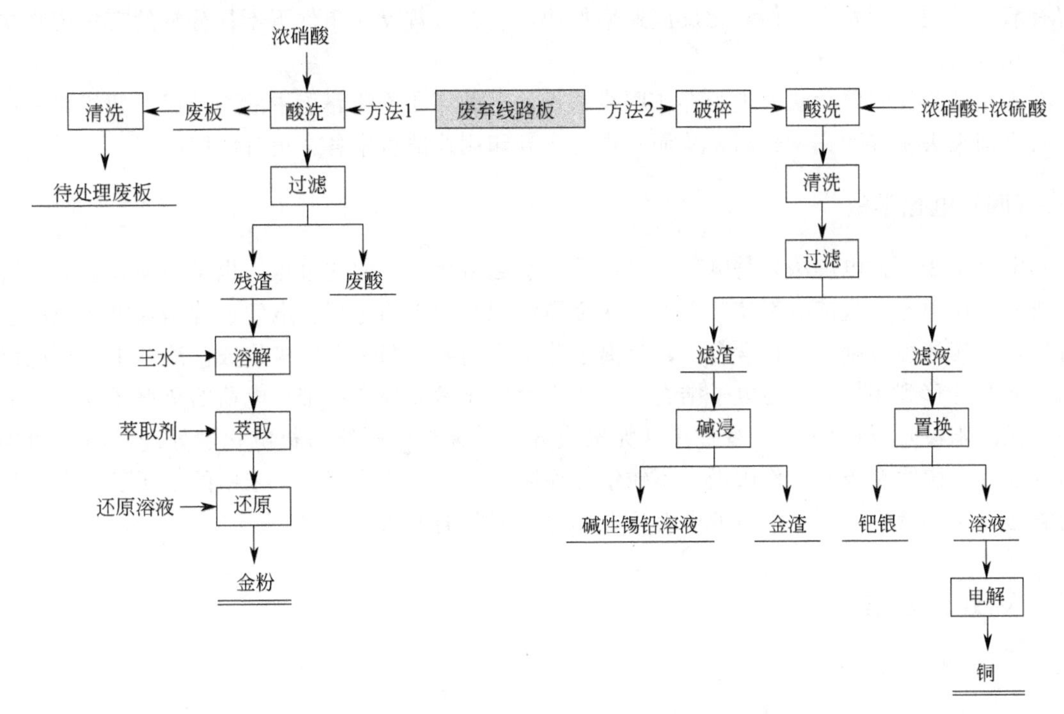

图 6-17　酸洗法处理废弃印刷线路板工艺流程图

（二）弱氧化剂浸出法

氧化剂一般是指在氧化还原反应中获得电子的物质，氧化剂的强弱通常以标准电极电势数值的高低来判别。标准电极电势数值越高，该氧化-还原电对中氧化态得电子能力越强，还原态失电子能力越弱；数值越低，该氧化-还原电对中氧化态得电子能力越弱，还原态失电子能力越强。在弱氧化剂浸出法处理线路板中，通常使用氯化铜作为弱氧化剂实现对线路板中金属的浸出，处理流程见图 6-18。

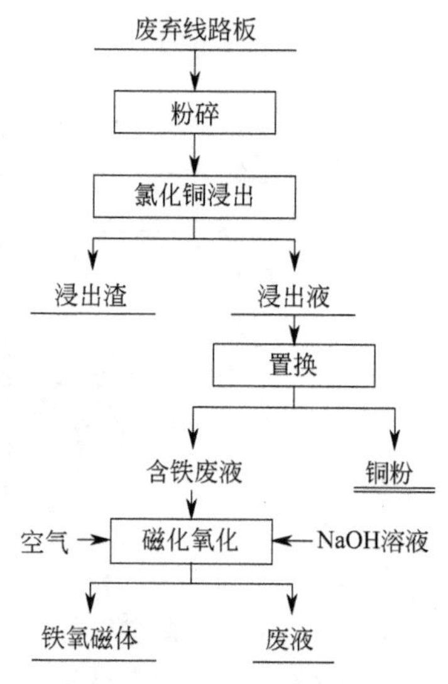

图 6-18 氯化铜浸出法处理废弃印刷线路板流程

(三) 超临界水氧化法

所谓超临界，是指流体物质的一种特殊状态。当把处于汽液平衡的流体升温升压时，热膨胀引起液体密度减小，而压力的升高又使汽液两相的相界面消失，成为均相体系。可以用于超临界技术的介质有很多，有单元和多元体系。环境领域常用的有超临界水氧化技术（super critical water oxidation，SCWO）和超临界 CO_2 萃取技术（super critical fluid extraction，SFE）。超临界水是指温度和压力分别超过临界状态温度 374℃和临界压力 22MPa 时的水，如果将水的温度、压力升高到临界点以上，即为超临界水。超临界水具有低的介电常数、高的扩散性和快的传输能力，能与非极性物质（如烃类）和其他有机物互溶，也可以和空气、氧气、氮气和二氧化碳等气体互溶，而无机物特别是盐类，在超临界水中的电离常数和溶解度却很低。溶解有氧气的超临界水，可使氧化反应速率加快，将在常规反应条件下不易分解的有机废物快速氧化分解。

采用超临界水氧化法处理废弃印刷线路板，可破坏印刷线路板中的黏结层，使线路板层与层之间失去粘连而完全分离，从而实现对废弃印刷线路板中各个组分的回收。

(四) 电化学法

电化学法又称电解法，是电流通过物质而引起电化学变化的过程，也是向金属盐的水溶液或悬浮液中通入直流电而使其中的某些金属沉积在阴极的过程。电解过程是在电解池中进行的，电解池由分别浸没在含有正、负离子溶液中的阴、阳两个电极构成。溶液中带正电荷的正离子迁移到阴极，并与电子结合，变成中性的元素或分子；带负电荷的负离子迁移到另一电极（阳极），给出电子，变成中性元素或分子。废弃印刷线路板电化学处理是将经粉碎后的废弃印刷线路板粉末作阳极，不锈钢片作阴极，通电使线路板粉末中的金属发生电化学溶解进入水溶液中，再将水溶液中有价金属分离回收的方法。

三、热处理方法

(一) 热解法

1. 废弃印刷线路板热解原理

物质受热发生分解的反应过程称为热解，热解按原料可分为无机热解和有机热解。有机物热解是利用有机物受热时的不稳定性，在无氧或缺氧条件下加热蒸馏，使有机物裂解生成气态、液态和固态物质，生成物经冷凝后形成新的气体、液体或固体。

废弃印刷线路板含有的树脂等有机物属于热敏聚合物，主要组分有 C—H—O 聚合物、含 N 或 S 的硬化剂和含卤素的阻燃剂，在 300～400℃温度范围内会发生剧烈裂化，并发生副反应，产物组成往往比较复杂。未经阻燃处理的环氧树脂，受到外界热源作用时会导致化学键断裂，生成许多分子量大小不等的物质，包括挥发性组分和非挥发性组分。当挥发性组分逸出时，就会使聚合物留下许多孔穴，空气中的氧气便渗入到孔穴内引起基材氧化。氧化放出的热量和外界的辐射热被基材上的孔穴所吸收，又会使基材的温度继续升高，使裂解深化。当温度在 600℃以下时，废弃印刷线路板树脂聚合物结构中的酚羟基、醇羟基、亚甲基以及含卤素阻燃剂等受热分解，生成含苯环、酚环、醇羟基、溴取代基等基团的低沸点物质；当温度高于 700℃时，则发生裂解反应。

废弃印刷线路板裂解后可得到气态、液态和固态产物，其中气态产物主要是 1～4 个碳原子的有机混合物，包括甲醛、乙烷、丙烯、二氧化碳以及溴化有机物；液态产物主要是含 8～15 个碳原子的有机混合物，主要由苯酚、含其他官能团芳香族化合物和含苯环的芳香族化合物的有机物组成；固态产物主要成分是玻璃纤维、金属和残留炭。

2. 废弃印刷线路板热解的一般方法

废弃印刷线路板热解方法一般有普通热解、真空热解、微波热解和等离子体热解，热解过程中颗粒内外部热量的传递方式不同，颗粒内部以热传导为主，颗粒外部以辐射和对流为主，空隙结构对内部传热传质起重要作用。

(1) 普通热解

普通热解法是在无氧或缺氧条件下对破碎、分离后的废弃印刷线路板颗粒进行加热裂解，使线路板中的有机聚合物在惰性气体保护下受热分解，生成液态、气态烃类化合物和固体残渣。生成的液态、气态烃类化合物经分离后回收燃料油和可燃气，用作燃料或化工原料；得到的金属富集体、陶瓷和玻璃纤维等固体残渣混合物，可做进一步分离回收。

(2) 真空热解

真空热解是反应压力（一般 10～20kPa）低于大气压的热化学反应，其目的在于通过真空，在较低温度下使印刷线路板中的有机聚合物分解为需要的挥发性组分，通过冷凝将这些挥发性组分回收生产燃料。

真空热解可以极大缩短热解产物在高温反应区的停留时间，减少了二次热解反应的发生，降低卤化氢发生二次反应生成卤代烃的概率，依靠真空机械的动力可避免引入惰性气体，提高气体产品的纯度。真空热解还有利于提高化工原料的产率，减少气体的产量。

(3) 微波热解

微波加热是一种较新的加热技术，其原理是在高频变化的电场中，高频电磁波引起有机物质内部的极性侧链以极高的频率震荡，介质中的偶极子做快速的摆动，并受周围分子的阻碍和干扰，产生类似于摩擦的作用，使作无规则热运动的分子获得能量，产生热量，物料被加热。

由于微波可直接加热物料，所有处理过程均可在一个单元装置中完成，而无需使用庞大的焚烧炉，这使得微波处理工艺更简单、更清洁，易于操作，而且能显著降低处理成本。另外，微波技术可使物料在高温下快速分解，有效避免二噁英的产生，大幅降低有机污染物的排放，减少对环境的危害。

(4) 等离子体热解

等离子体（plasma）是一种由自由电子和带电离子为主要组成的物质形态，广泛存在于宇宙中，常被视为是物质的第四态，被称为等离子态，或者“超气态”，也称“电浆体”，呈现出高度激发的不稳定态，其中包括离子（具有不同符号和电荷）、电子、原子和分子。普通气体温度升高时，气体粒子的热运动加剧，使粒子之间发生强烈碰撞，大量原子或分子中的电子被撞分离，当温度高达百万开到一亿开，所有气体原子全部电离。电离出的自由电子总的负电量与正离子总的正电量相等。这种高度电离的、宏观上呈中性的气体称为等离子体。等离子体在自然界存在于闪电中，当强电流通过氮气时，气体会电离形成等离子体，此时它的温度升高几千摄氏度。

等离子体和普通气体性质不同，普通气体由分子构成，分子之间相互作用力是短程力，仅当分子碰撞时，分子之间的相互作用力才有明显效果，理论上可用分子运动论描述。在等离子体中，带电粒子之间的库仑力是长程力，库仑力的作用效果远远超过带电粒子可能发生的局部短程碰撞效果，等离子体中的带电粒子运动时，能引起正电荷或负电荷局部集中，产生电场和磁场。电场和磁场能影响其他带电粒子的运动，并伴随着极强的热辐射和热传导。高温等离子体能量密度很高，中性粒子温度与电子温度相近，通常为10000～20000K，各种粒子的反应活性都很高。

① 等离子体炬　等离子热解/气化系统最基本的单元是等离子体发生器，也称为等离子体炬。等离子体炬通过电弧来产生高温气体，可在氧化、还原或惰性环境下工作，可以为气化、裂解、熔融和冶炼等各种功能的工业炉提供热源。用于废弃物处理领域且有工业应用价值的等离子体发生器主要有3种：通过直流/交流放电产生等离子体的电弧等离子体炬（直流电弧等离子体）、采用高频感应放电产生等离子体的高频感应等离子体炬（高频等离子体）、采用大气压下微波放电产生等离子体的微波等离子体炬（微波等离子体）。等离子体分类见表6-8。

表6-8　等离子体类别

类别		温度/K	物料对等离子体影响	电源效率/%
直流电弧等离子体		5000～10000	无	60～90
高频等离子体	大气压高频等离子体	3000～8000	有	40～70
	低压高频等离子体	1200～1700	有	40～70
微波等离子体		1200～2000	有	40～70

直流电弧等离子体中，等离子体射流核心的温度大于10000K，边缘温度梯度较大，平均操作温度可达5000K，热效率高（可高达80%左右），电弧稳定性好，便于操作，适合于大规模工业化生产。但电弧等离子体炬的流动速度高，等离子体射流范围窄，反应物在高温区的停留时间短（0.2～2ms），电极需要采用水冷却，一大部分能量会被消耗。在非氧化性条件下工作时，电极的平均寿命约为1000h，在氧化条件下，平均寿命一般在100～500h。

② 等离子热解/气化反应炉　系统大多采用固定床/移动床反应炉，其次是载流床反应炉，等离子喷动/流化床反应炉使用较少。

等离子热解/气化炉体内侧设有耐火材料炉衬及隔热保温层，炉体的炉膛底部侧面设有熔融体排出口，而炉壁上设有气体出口；炉盖中央设有伸入炉内的中空石墨电极，中空石墨电极内部有一个贯穿整个中空石墨电极的通道，炉体底部设有与中空石墨电极相对的第二电极及与第二电极相连的石墨引出电极，在中空石墨电极与第二电极之间形成电弧区域，产生热等离子体。粉碎后的固态及/或液态、气态废弃物可通过中空的石墨电极内部通道直接送入等离子体高温区域附近进行处置。等离子体固定/移动床反应炉一般包括熔渣池、无机物熔融液出口和气体出口。等离子体固定床反应炉处理的固体废弃物被预先放置在熔渣池中心，而等离子体移动床反应器的废物通过反应器顶部或侧面的入口由进料装置输入反应器内。等离子体固定床及等离子体移动床的结构见图 6-19 和图 6-20。

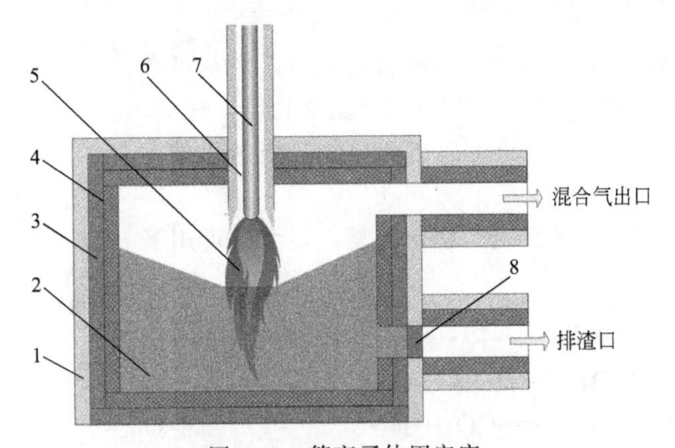

图 6-19　等离子体固定床

1—炉壳；2—固体废料；3—保温层；4—耐火层；5—等离子射流；6—等离子工作气体；7—等离子射体炬；8—堵渣胶泥

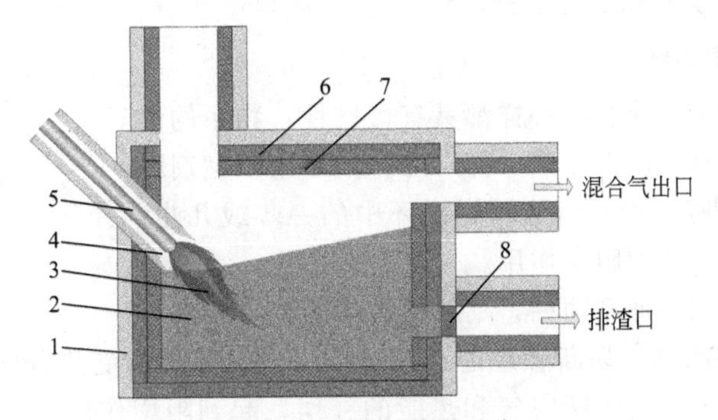

图 6-20　等离子体移动床

1—炉壳；2—固体废料；3—等离子射流；4—等离子工作气体；5—等离子射体炬；6—保温层；7—耐火层；8—堵渣胶泥

3. 废弃印刷线路板热解一般工艺流程

采用热解法处理废弃印刷线路板时，废弃印刷线路板经破碎回收铁磁性物质等简单预处理后，进入热解反应器。线路板中的聚合物通过热解裂变为低分子的碳氢化合物，以气体的形态从反应器中引出，经冷凝净化处理后再进行提纯利用。废弃印刷线路板热解后的剩余产物为金属富集体、陶瓷和玻璃纤维等固体残渣的混合物，可进一步进行综合利用。热解法处理废弃印刷线路板流程见图 6-21。

（二）焚烧法

1. 废弃印刷线路板焚烧

（1）焚烧原理

焚烧是一种发光发热的化学反应，焚烧过程中会产生大量的热能，可回收用于发电、加热水或产生蒸汽。焚烧通常包含热解和燃烧两个阶段，产物主要是二氧化碳和水。焚烧法主要用来回收印刷线路板中的金属和有机成分的化学能，它具有工艺简单，耗时短，能够实现线路板的减容减量等优点，并且对废弃印刷线路板组分中主要的金属铜及贵金属（金、银、钯等）具有较高的回收率。

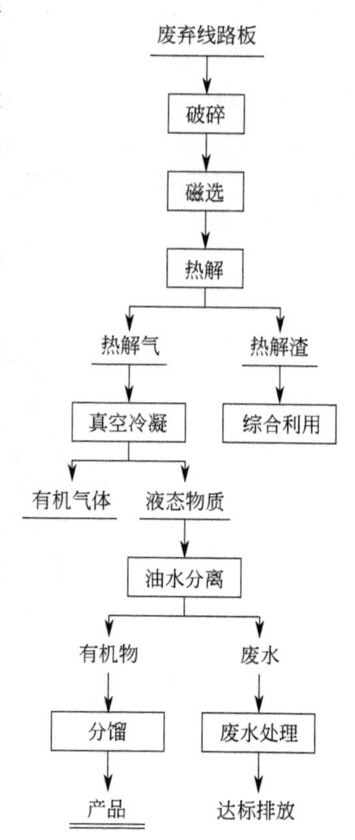

图 6-21 热解法处理废弃印刷线路板流程

在废弃印刷线路板焚烧过程中，其所含的卤素阻燃剂可产生 HBr、HCl、有害的多环芳烃（PAHs）及剧毒物质二噁英，线路板中的 Cd、Cr、Ni、Sb 等重金属也会伴随焚烧过程排放到环境中。

废弃印刷线路板燃烧时的反应历程比较复杂，大致可用下列关系式描述：

$$\text{RH(高聚物)} \xrightarrow{\triangle} \text{R}\cdot + \text{H}\cdot \tag{6-1}$$

$$\text{H}\cdot + O_2 \longrightarrow \text{HO}\cdot + \text{O}\cdot \tag{6-2}$$

$$\text{HO}\cdot + \text{CO} \longrightarrow CO_2 + \text{H}\cdot \tag{6-3}$$

线路板焚烧关系式表明，高聚物裂解生成的 R·、H·以及反应生成的中间体 HO·很容易与 O_2 或 CO 化合，生成更多的 H·，使燃烧连续剧烈进行下去。

（2）阻燃剂阻燃机理

环氧树脂和其他碳氢化合物一样都具有可燃性，物系的燃烧需热、氧、可燃性物质，三者缺一都不可。如果用阻燃剂除去上述三个条件中任何一个，消除燃烧循环中的一步或几步，即可使环氧树脂自熄，达到阻燃作用。

阻燃剂有反应型和添加型两种，其阻燃机理如下：

① 捕捉 HO·游离基，切断燃烧的连锁反应　含溴阻燃剂受热分解，放出 HBr，它的密度较大，沉于材料表面，遮断空气和热能的补偿，起到阻燃作用。并且产生的 HBr 又是 HO·游离基的捕获剂，它与活性最大的 HO·游离基首先发生反应，燃烧阶段中游离基的增殖反应终止，达到阻燃的目的。反应可用下列方程式描述：

$$\text{HBr} + \text{HO}\cdot \longrightarrow H_2O + \text{Br}\cdot \tag{6-4}$$

$$\text{Br}\cdot + \text{RH} \longrightarrow \text{HBr} + \text{R}\cdot \tag{6-5}$$

② 形成氧和热的隔离层　部分阻燃剂在燃烧时产生不燃性气体，如 Sb_2O_3 和含溴的阻燃剂反应生成 SbOBr、$SbBr_3$ 等密度较大的不燃性气体，它覆盖在材料表面，切断热源的补偿，冲淡氧的供应，起到气相隔离作用，达到阻燃效果。

2. 废弃印刷线路板焚烧方法

（1）常规焚烧法

常规焚烧法是指将废弃的线路板或边角料经机械破碎后，直接送入焚化炉中进行焚烧，产生的余热回收用于发电或供暖，产生的残渣进一步综合利用（如生产建材和回收金属）。常规焚烧法处理废弃印刷线路板流程见图 6-22。

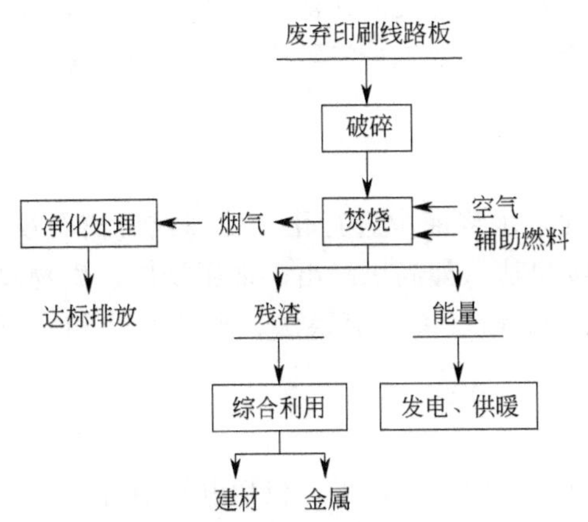

图 6-22 常规焚烧法处理废弃印刷线路板流程

(2) 防氧化焙烧法

防氧化焙烧是在缺氧气氛和低于焙烧物料熔点的温度下进行的化学反应。废弃印刷线路板防氧化焙烧是将废弃印刷线路板紧密地叠加起来，使线路板之间不留空隙，然后在高温下进行焙烧。控制焙烧的温度（大于 800℃）和时间，使得线路板中的树脂成分炭化，而线路板中的铜基本上未被氧化。然后进行筛分处理，获得金属富集体。

(3) 微波焚烧法

微波焚烧法是通过吸波介质利用微波能进行焚烧的一种方法。微波作为一种新兴技术，不同于传统加热方式，它是材料在电磁场中由介质损耗而引起的加热，其能量是通过空间或者媒质以电磁波形式传递的。与传统热源加热相比，微波具有加热均匀、高效快速、易于控制且对物料具有选择性的特点。

微波焚烧法处理废弃印刷线路板是指将废弃印刷线路板破碎后放入内壁衬有耐火材料的微波炉中加热。挥发出来的有机物经处理后作为燃料回收或直接回收能源。加热残渣在1400℃高温下熔化，形成玻璃化物质，将玻璃化物质冷却处理后分离回收金属，玻璃化物质则可作为建筑材料回收。

四、冶金提取法

(一) 废弃印刷线路板的冶金提取方法

冶金通常是指从矿物中提取金属或金属化合物，用各种加工方法将金属制成具有一定性能的金属材料的过程和工艺。冶金技术主要包括火法冶金、湿法冶金和电冶金。

1. 火法冶金

火法冶金又称高温冶金，是利用高温从矿石中提取金属或金属化合物的过程，是提取金属的主要方法。火法冶金过程没有水溶液参与，所以又称干法冶金。火法冶金主要用于钢铁冶炼、有色金属造锍熔炼和熔盐电解以及铁合金生产等，一般包含矿石准备、冶炼、精炼和烟气处理等环节，是最古老、现代应用规模最大的金属冶炼方法。

火法冶金主要有还原冶炼、氧化吹炼和造锍熔炼 3 种冶炼方式。

(1) 还原冶炼

还原冶炼是在还原气氛下的冶金炉内完成的。还原冶炼的入炉物料除富矿、烧结块或球团外，还有用于造渣的熔剂（石灰石、石英石等）以及还原剂和用于燃烧产生高温的焦炭。

(2) 氧化吹炼

氧化吹炼是在氧化气氛下的冶金炉内完成的。如生铁冶炼时向转炉内吹入氧气，以氧化除去铁水中的硅、锰、碳和磷，炼成合格的钢水，铸成钢锭。

(3) 造锍熔炼

造锍熔炼主要用于处理硫化矿，一般在反射炉、矿热电炉等冶金炉内进行。熔炼过程中加入的酸性石英石熔剂与氧化生成的氧化亚铁和脉石发生化学反应造渣，熔渣之下形成一层熔锍。在造锍熔炼中，硫和一部分铁被氧化，杂质金属通过熔炼造渣除去，熔锍中主金属的含量可有效提高，达到化学富集的目的。

2. 湿法冶金

湿法冶金是指金属矿物原料在介质（酸性或碱性）水溶液中进行化学处理或分离杂质、提取金属及其化合物的过程。湿法冶金方法主要有浸出法（如高压浸出、常压浸出、生物浸出等）、萃取法（如溶剂萃取、超临界萃取、液膜萃取等）、离子交换法、膜分离法和电解法等。

3. 电冶金

电冶金是指利用电能从原料中提取、回收和精炼金属的冶金过程。包括电炉冶炼、熔盐电解和水溶液电解等。电炉冶炼是利用电能获得冶金所要求的高温而进行的冶金生产；熔盐电解是利用电能加热并转化为化学能，将某些金属的盐类熔融并作为电解质进行电解，自熔盐中还原金属，以提取和提纯金属的冶金过程；水溶液电解是利用电能转化的化学能使溶液中的金属离子还原为金属析出，或使粗金属阳极经由溶液精炼沉积于阴极。

（二）废弃印刷线路板的火法冶金提取

1. 废弃印刷线路板的火法冶金提取原理

废弃印刷线路板火法冶金提取可分为火法熔炼和湿法电解两个过程。火法熔炼是通过冶金炉窑将废弃印刷线路板中的有机物作为燃料焚烧提供热量，线路板中的金属则在高温环境下熔融形成金属熔体后浇铸成合金，玻璃丝及陶瓷则生成冶金渣经水淬后作为建筑材料；湿法电解是将火法熔炼得到的合金板浇铸成阳极板进行电解精炼，得到纯的金属产品。

废弃印刷线路板火法冶金和粗铜火法精炼的原理相同，主要包括氧化反应过程和还原反应过程。废弃印刷线路板火法冶金需要向装有废弃印刷线路板的冶金炉窑内喷入点燃的燃料，并且鼓入空气或氧气，使其有机物分解并充分燃烧，维持冶金炉窑内的温度在1150～1250℃。鼓入的空气或氧气还可以使废弃印刷线路板铜熔体中的杂质发生氧化反应，以金属氧化物MO的形式和造渣熔剂反应生成冶金炉渣，然后用碳氢还原剂将熔解在铜中的氧除去。

氧化精炼时，由于铜液中大多数杂质对氧的亲和力都大于铜对氧的亲和力，且多数杂质氧化物在铜水中的溶解度很小，进入到铜熔体中的氧便优先将杂质氧化除去。但熔体中铜占绝大多数，而杂质占极少数，按质量作用定律，优先反应的是铜的氧化，所生成的Cu_2O溶解于铜熔体中，其溶解度随温度升高而增大。图6-23为Cu-Fe-O平衡相图。

当Cu_2O含量超过该温度下的溶解度时，则熔体分为两层：下层是饱和了Cu_2O的铜液相，上层是饱和了铜的Cu_2O液相。溶解在铜熔体中的Cu_2O，均匀地分布于铜熔体中，能较好地与铜熔体中的杂质接触，那些对氧亲和力大于铜的杂质（M），便被Cu_2O所氧化：

$$Cu_2O + M = 2Cu + MO$$

铜熔体中杂质氧化主要是以此种方式进行，也有少部分杂质直接被炉气或空气中的氧所氧化，但这种反应在氧化精炼中不占主导地位，其反应为：

$$2M + O_2 = 2MO \tag{6-6}$$

金属氧化物的活度α_{MO}是炉渣中相应金属溶解的驱动力。氧化反应的平衡常数K为：

$$K = \frac{\alpha_{Cu}^2 \alpha_{MO}}{\alpha_{Cu_2O} \alpha_M} \tag{6-7}$$

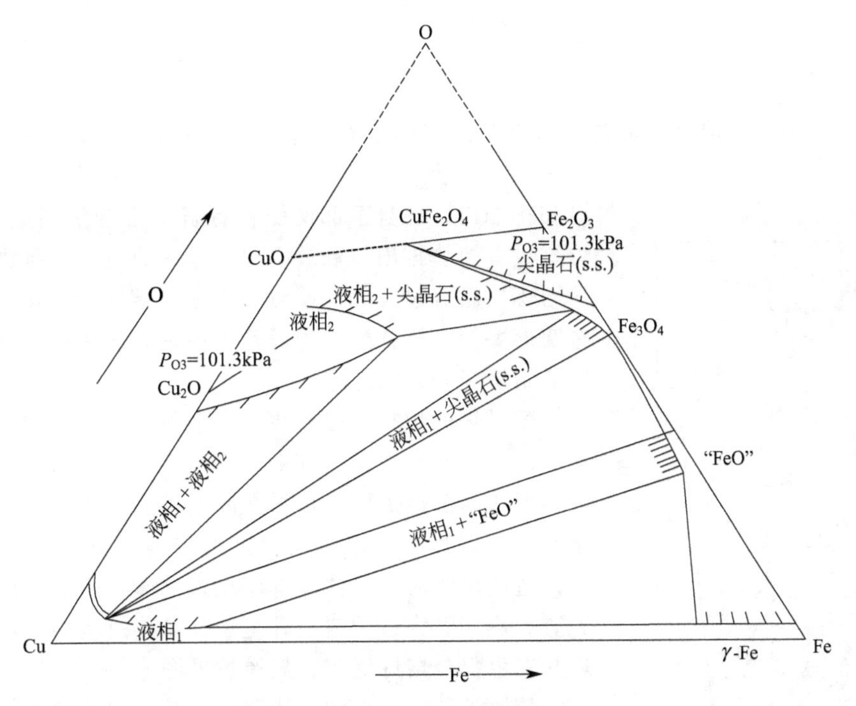

图 6-23　Cu-Fe-O 平衡相图

s. s. 为固溶体（solid solution）

式中，K 表示反应平衡常数，α_M 表示反应物质中 M 的活度。上式表明，反应平衡常数 K 值越大，熔铜中的该种杂质的活度就越小，越容易被除去。

活度系数是指活度与浓度的比例系数，一般用于反映有效浓度和实际浓度的差异。在铜熔体中活度系数间接与溶解度成正比，于是氧化反应的平衡常数 K 可以写为：

$$K=\frac{\alpha_{MO}}{\alpha_M}=\frac{\gamma_{MO}N_{MO}}{\gamma_M^0 N_M} \tag{6-8}$$

式中，γ_M^0 表示稀溶液中杂质 M 的活度系数；γ_{MO} 表示 MO 的活度系数；N_{MO} 表示 MO 的浓度；N_M 表示杂质 M 的极限浓度。由此，残留在铜中的杂质极限浓度 N_M 为：

$$N_M=\frac{\gamma_{MO}N_{MO}}{\gamma_M^0 K} \tag{6-9}$$

上式表明，要降低铜中杂质的含量，必须使 $\gamma_{MO}N_{MO}$ 乘积小，$\gamma_M^0 K$ 乘积大。为了降低前者之积，应尽量使被氧化的杂质 MO 能与其他组分形成不溶于铜的化合物。表 6-9 为 1200℃液态铜中几种杂质的热力学数据。

表 6-9　1200℃液态铜中几种杂质的热力学数据

元素	反应平衡常数 K	杂质 M 的活度系数 γ_M^0
Cu	—	1
Pb	3.8	5.7
Fe	4.5×10^3	15
Zn	4.7×10^4	0.11
Si	5.6×10^8	0.1

2. 废弃印刷线路板冶金炉窑

废弃印刷线路板冶炼设备可选用鼓风炉、反射炉、回转窑、卡尔多转炉、熔池熔炼炉和等离子电弧炉等。

（1）鼓风炉

鼓风炉由炉顶、炉身和炉缸或本床组成，是将含金属炉料在鼓入空气或富氧的情况下进行熔炼，以获得锍或粗金属的竖式炉。鼓风炉炉顶设有加料口和排烟口，炉身下部两侧各有若干个向炉内鼓风的风口，炉缸设有熔体排出口和放空口，本床只设一个排出口。鼓风炉熔炼按熔炼过程的性质可分为还原熔炼、氧化挥发熔炼及造锍熔炼等。炼铁鼓风炉通称为高炉，鼓风炉一般指有色金属的熔炼竖炉。

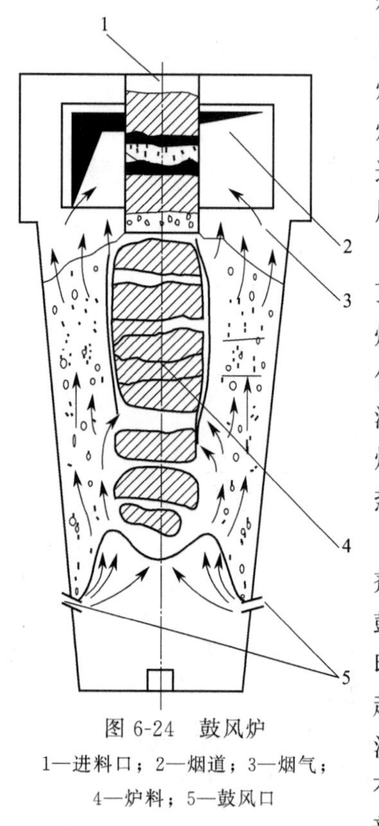

图 6-24　鼓风炉
1—进料口；2—烟道；3—烟气；4—炉料；5—鼓风口

鼓风炉的炉料一般为块状，燃料为焦炭。炉料分批从炉顶加入，形成料柱。空气由下部风口鼓入，焦炭在风口区燃烧，形成高温熔炼区，炉料在高温熔炼区剧烈反应，不断熔化。还原熔炼时，熔体在炉缸内澄清，分别放出金属和炉渣；造锍熔炼时，熔体经本床流入前床，澄清分离出冰铜和炉渣。热烟气穿过炉料上升至炉顶排出过程中，可使炉料预热并发生部分熔炼反应。鼓风炉见图 6-24。

鼓风炉焚烧废弃印刷线路板，首先要从炉顶加入各种熔剂、拆解后的废弃印刷线路板和焦炭，再从炉体底部不停地鼓入空气，使有机物充分燃烧放热产生高温，熔化入炉废弃印刷线路板中的金属。陶瓷、玻璃纤维等与炉内各种溶剂一起生成低熔点硅酸盐炉渣，炉内炉渣和熔融金属一起在炉底流动并自然沉降分离。在还原气氛中，废弃印刷线路板中含有的铅、锡合金及其氧化物会挥发进入烟气；未挥发的锡大部分溶解在铜熔体中，最终得到粗铜合金锭，而大部分铅则会进入到炉缸和炉渣中。

（2）反射炉

反射炉熔炼是传统的火法炼铜方法之一，适于处理细粒浮选精矿，对原料适应性强，对燃料种类无严格要求，渣中铜含量低，炉床面积大，适合大规模生产。

反射炉本体由炉基、炉底、炉墙、炉顶及加固支架等组成，有转炉渣注入口、金属锍放出口、放渣口、排烟道等。反射炉熔炼的主要热源是碳质燃料，在由炉顶、炉墙、料坡和熔池表面围成的炉子空间中燃烧。燃料燃烧产生的大量高温气体，作为主要的载热体把热传给炉顶、炉墙、料坡和熔池表面，高温气体不断从炉子的加热端流向炉子的尾部，在流动过程中，与炉料、炉墙、炉顶和熔池之间发生热交换。炉料和熔池表面既可从高温气流获得热量，也可从高温炉顶和上部炉墙的辐射获得热量。由于炉料的导热性小，向料层深处传热慢，故料层表面被迅速加热到熔点，熔化后的表层炉料沿料坡流入熔池，露出下面的料层，也从气流、炉顶和上部炉墙获得热，熔化后再流入熔池中。因此，反射炉内炉料的熔化过程是在相当薄的料坡表层中进行的，薄层物料不断地依次熔化流入熔池中。反射炉见图 6-25。

（3）回转窑

回转窑是指旋转煅烧窑（俗称旋窑），属于建材设备类。回转窑按处理物料不同可分为水泥窑、冶金化工窑和石灰窑，其中冶金化工窑则主要用于冶金化工行业的物料焙烧。回转

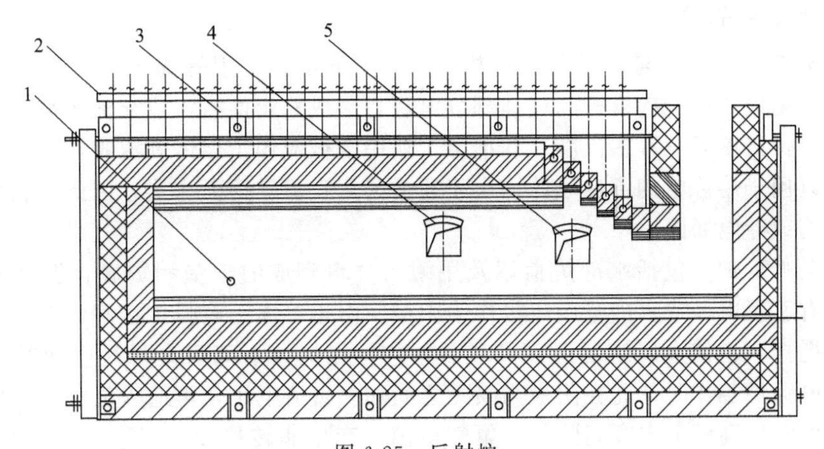

图 6-25 反射炉

1—浇铸口；2—鼓风口；3—扒渣口；4—吊顶梁；5—吊链

窑主要由窑头、窑体和窑尾三部分构成，窑头是回转窑出料部分，直径大于回转窑直径，通过不锈钢鱼鳞片和窑体实现密封，主要组成部分有检修口、喷煤嘴、小车、观察孔等；窑体是回转窑的主体，圆筒形，内衬耐火砖，中间有滚圈，支撑窑体重量；窑尾是回转窑的重要组成部分，在进料端形状类似一个回转窑的盖子，主要承担进料和密封作用。

物料颗粒从回转窑的尾部进入，完成燃烧再被排出，在这个过程中颗粒会随着窑体的转动而运动，根据窑体转速的不同，可将窑内物料颗粒的床态划分为六种情形，即滑移、塌落、滚落、泻落、抛落以及离心运动。在工业生产中，由于实际需要的不同，回转窑的工作转速大多处于较低状态，物料在回转窑内大多维持在滑移、塌落以及滚落三种情形。当窑内的颗粒处于滚落床态时，物料床表面处于连续的剪切运动，物料混合比较均匀。

回转窑加热方法有外加热与内加热两种。外加热主要采用外壁处电加热的方式实现对窑内温度的提升；而内加热主要依靠窑头处的燃烧器燃烧燃料，在物料生产过程中产生可燃物，可燃物燃烧后生成高温气体，以辐射和对流传热的方式加热物料。回转窑见图 6-26。

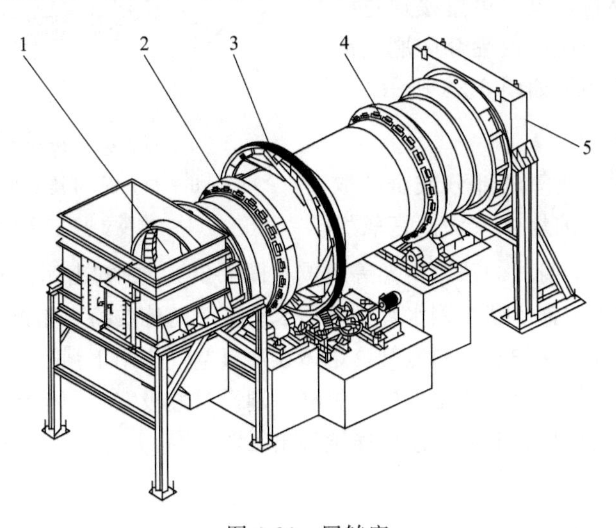

图 6-26 回转窑

1—出料口；2，4—滚圈；3—齿轮圈；5—进料口

(4) 等离子电弧炉

等离子电弧炉的外形与普通电弧炉相似，所不同的是，用等离子体发生器（即等离子枪）代替石墨电极，在炉内电极间气体部分电离，形成稳定的直流或交流等离子电弧，弧心温度高达几千摄氏度至一万摄氏度，在冶金工业中常被应用于熔炼高温难熔金属或非金属氧化物，也可以用于熔炼电的不良导体。由于通常采用直流转移弧方式，因此，在炉底装有导电的阳极以构成导电回路。

等离子电弧炉炉体包括水冷炉盖以及用耐火材料砌成的炉壁和炉底，设有炉门和出锍槽，炉底埋有石墨电极或水冷金属电极作为阳极。由于等离子电弧炉在惰性气氛下熔炼没有氧化期脱碳搅拌，为使金属熔池温度和成分均匀，在炉体下部耐火材衬中埋有电磁搅拌线圈。等离子电弧炉工作时，先在阴极与喷嘴之间加上直流电压，再通入氩气，然后用并联的高频引弧器引弧，高频电击穿间隙，将氩气电离，产生非转移弧，亦称“小弧”；而后，在阴极与炉底阳极之间加上直流电压，并降低喷枪，使非转移弧逐渐接近炉料，阴极与金属料之间会起弧，此弧称为转移弧，亦称“大弧”；一旦转移弧形成，喷嘴与阴极间电路便切断，非转移弧熄灭。等离子电弧炉见图 6-27。

(5) 卡尔多转炉

卡尔多转炉是一个衬有耐火砖的钢制容器，属氧气斜吹转炉的一种，传统氧气斜吹转炉由炉身、弹性元件、滚圈、回转轮、倾动托轮、底座及传动系统等零部件构成。卡尔多转炉回转驱动系统由四台电动机通过万向轴带动四个回转轮，通过摩擦副将扭矩传递到炉体上，从而完成炉体的回转运动。卡尔多转炉广泛应用于有色金属冶金，适用于各种有色金属及稀贵金属的冶炼。卡尔多转炉以油或天然气为燃料，氧气可直接通过喷枪喷入卡尔多转炉内，使炉内废弃印刷线路板完全焚烧。卡尔多转炉如图 6-28 所示。

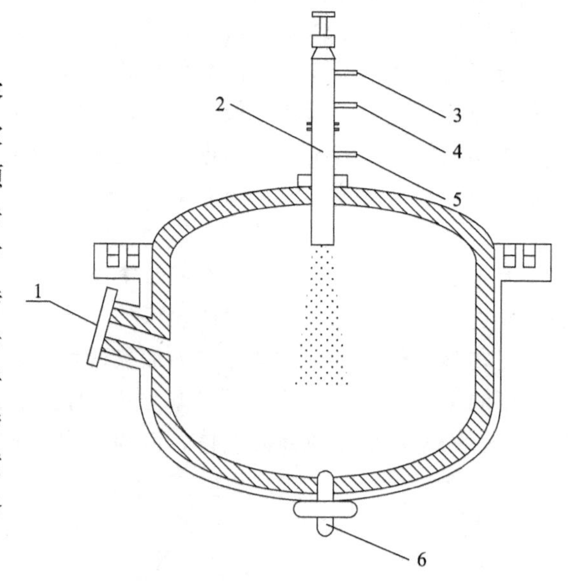

图 6-27 等离子电弧炉

1—出料口；2—等离子枪；3—工作气体；4—进水；5—出水；6—底电极

(6) 熔池熔炼炉

富氧熔炼是利用工业氧气部分或全部取代空气以强化冶金过程的熔炼方法。富氧熔池熔炼炉主要由炉缸、炉身、炉顶、钢架等组成（图 6-29）。炉缸由耐火材料砌筑而成，炉缸以上部分为炉身，炉身由铜水套与钢水套拼接而成。富氧熔炼的特点是同时由多个喷枪向熔体渣层鼓入氧气、天然气及保护氧枪的氮气，熔体在富氧空气作用下强烈搅动，快速反应。炉顶设有固态加料口、液态加料口以及排烟口，炉缸一端设有虹吸室，用于锍与熔炼渣进一步澄清分离，锍通过虹吸连续放出，渣从放渣口连续排出。

(7) 真空冶金炉

真空冶金能防止金属氧化，分离沸点不同的物质，除去金属中的气体或杂质，增强金属中碳的脱氧能力，提高金属和合金的质量。真空冶金一般用于金属的熔炼、精炼、浇铸和热处理等工艺。

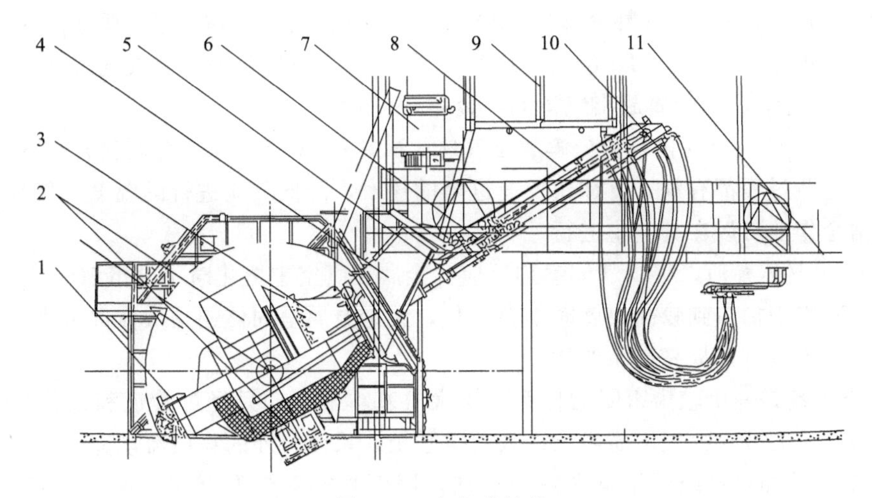

图 6-28　卡尔多转炉

1—旋转电机；2—旋转轴套；3—炉体；4—斜烟道；5—氧枪；6—燃料喷枪；
7—竖直烟道；8—枪架；9—固定支架；10—供气软管；11—操作平台

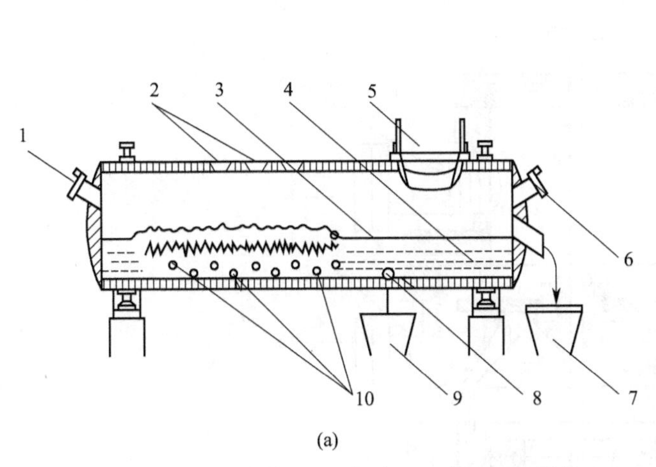

(a)

1—主烧嘴；2—进料口；3—炉渣；4—高锍；5—烟道；
6—辅助烧嘴；7—渣包；8—放锍口；9—高锍包；10—氧枪

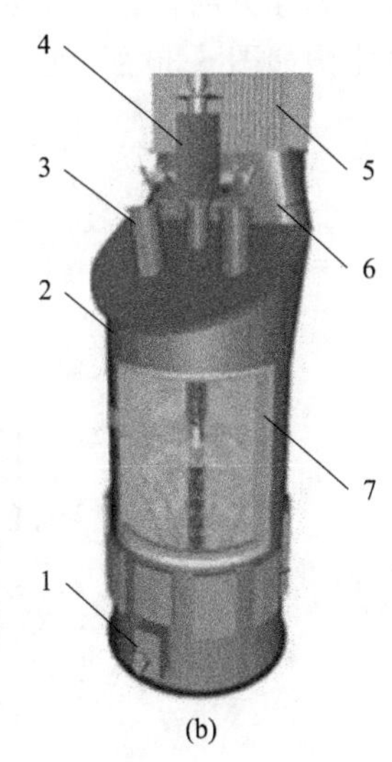

(b)

1—放出堰口；2—炉壳；
3—加料口；4—喷枪；5—余热锅炉；
6—烟道；7—耐火里衬

图 6-29　氧气底吹炉（a）和氧气顶吹炉（b）

真空冶金是在压力小于大气压下作业，当真空度低于几千帕时的金属冶金便可称为真空冶金，包括真空蒸馏、真空还原、真空熔炼、真空热处理等。此时大自然的空气对冶金过程的影响十分微弱，而且在真空中的物理和化学过程和在常压大气下不一样。真空冶金具有以下特点：

① 真空下气体压力低，对一切增容反应（增加容积的物理过程或化学过程）都有有利的影响。这类过程很多，举例如下。

a. 物质的气化：M(凝聚态)$\longrightarrow$M(气态)，金属的气化、蒸发，在真空中物质的沸点降低。

b. 氧化物 MO 被还原剂还原：

R＋MO(凝聚态)⟶M(凝聚态)＋RO(气态)↑，金属氧化物还原成固态或液态金属。

c. R＋MO(凝聚态)⟶M(气态)＋RO(气态)↑，金属氧化物还原成气态金属。

d. 溶解了气体G的金属放出气体G：金属⟶G↑。

e. 金属与气体生成的化合物分解放出气体：MG⟶G↑＋M，金属化合物热分解。

真空对这些过程都有利，可加快反应进行的速率，降低反应进行的温度，使在常压下无法实现的冶金作业可以在真空中进行。

② 真空中气体稀薄，很少气体参加反应。金属在真空中熔化时不会溶解气体。

金属在真空中加热到较高温度时不会氧化，无论金属呈固体还是液体都极少在真空中氧化，因此真空冶金可以提高产品的质量。

③ 真空系统是一个较为密闭的体系，与大气基本隔开，只经过管道和泵将真空系统中的残余气体送入大气，大气不能经泵进入真空系统，系统内外的物质流动完全在控制之下。

④ 真空炉的加热系统要用电在炉内加热，因而真空系统没有燃料燃烧所带来的问题。真空反应过程对环境影响小，基本不产生"三废"(废水、废气、废渣)。真空冶金分离是根据物料的具体特性，采用真空蒸馏、真空升华、真空还原、真空热解等手段，来实现物料中各组分的相互分离，在固体废弃物处理以及资源回收领域得到推广应用。

真空炉如图6-30所示。

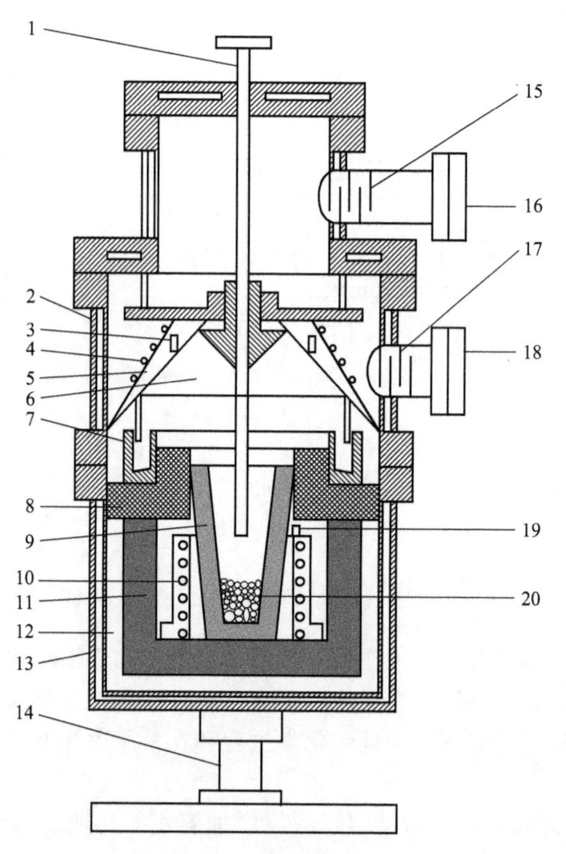

图6-30 真空炉

1，3，19—热电偶；2，13—真空炉体外壁；4—加热电阻管；5—冷凝器；6—冷凝区；7—接液槽；8—石墨托；9—石墨坩埚；10—主加热器；11—耐火纤维毡；12—绝热层；14—炉基；15，17—过滤器；16，18—连接真空泵；20—物料

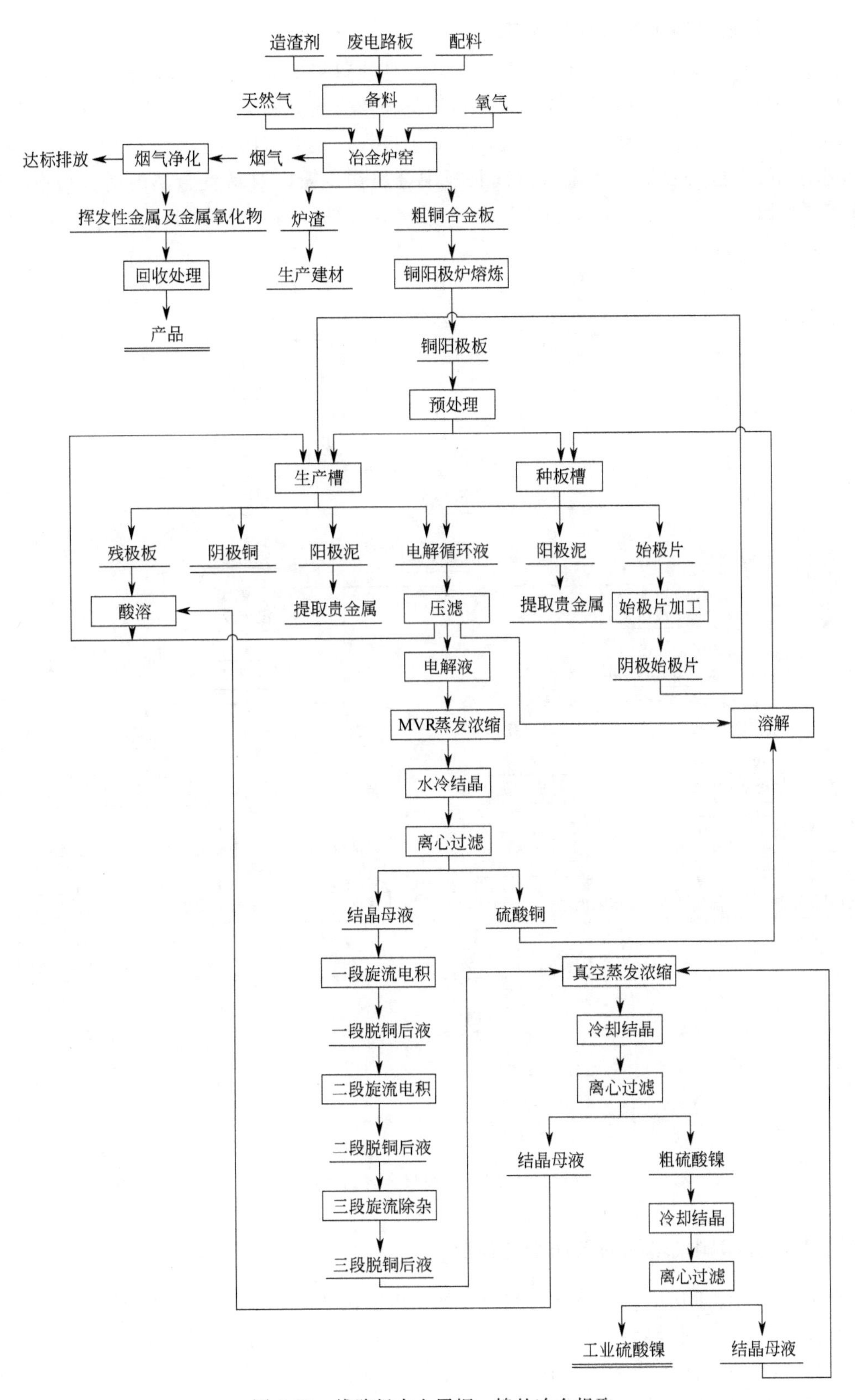

图 6-31 线路板中金属铜、镍的冶金提取

3. 废弃印刷线路板的火法冶金工艺

火法冶金处理废弃印刷线路板的基本工艺：使线路板中的有机材料在冶金炉的高温环境中燃烧而转化为气体，玻璃纤维等无机材料转化为浮渣而分离去除；金属熔融于熔炼物料或熔盐中，呈合金态流出。富集后的金属浇铸成阳极板，在电解槽内通过水溶液电解提纯。电解得到的阳极泥进一步提炼贵金属。线路板中金属铜、镍以及稀贵金属的冶金提取分别见图 6-31 和图 6-32。

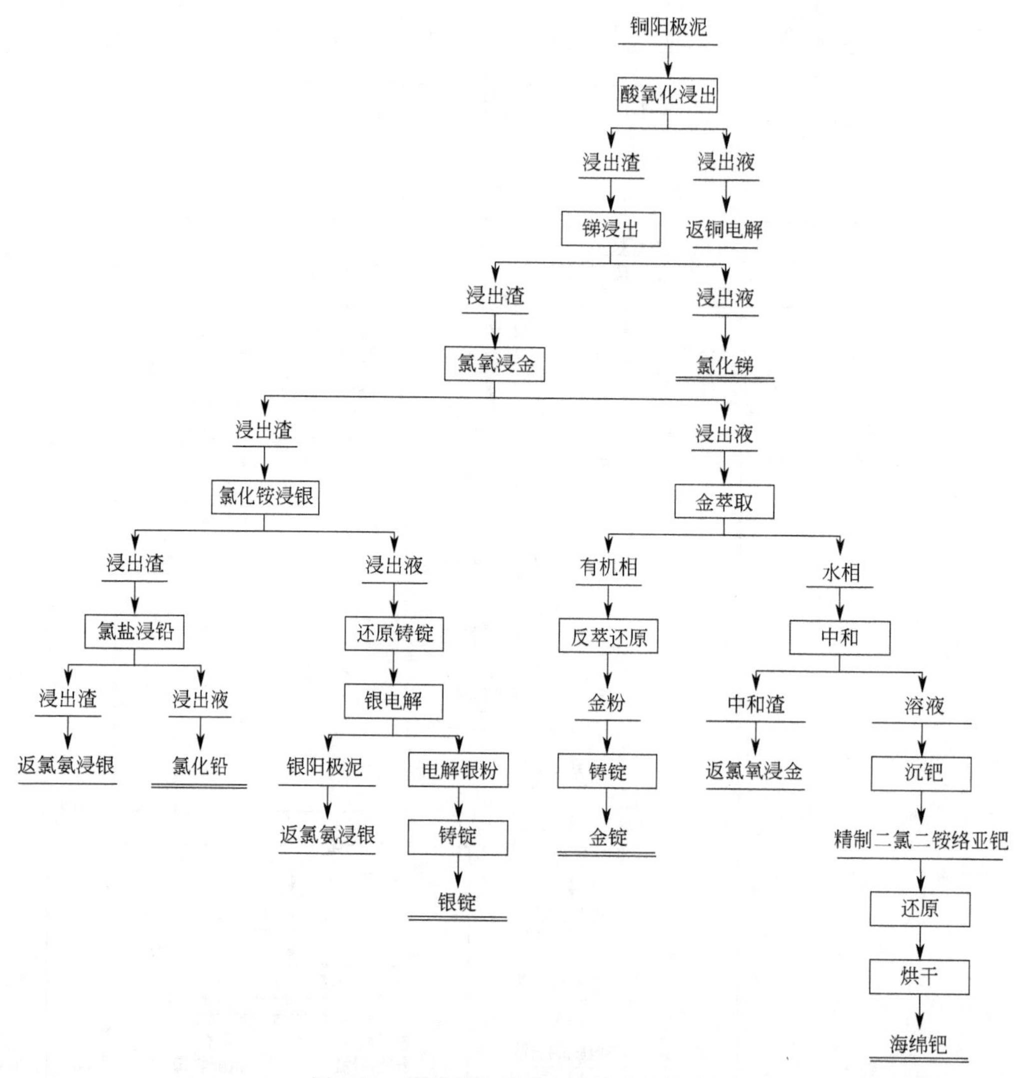

图 6-32 线路板中稀贵金属的冶金提取

（三）废弃印刷线路板的湿法冶金提取

湿法冶金又称水法冶金，是利用某种溶剂，借助化学反应（包括氧化、还原、中和、水解及络合等反应），对原料中的金属进行提取和分离的冶金过程。湿法冶金通常包括浸取（用溶剂将原料中有用成分转入溶液）、浸取溶液与残渣分离（采用过滤的方法）、浸取溶液的净化和富集（常用离子交换、溶剂萃取和化学沉淀等方法）和从净化液中提取金属或化合物四个主要步骤。

废弃印刷线路板的湿法冶金提取是利用硝酸等强氧化性介质浸取线路板颗粒中的金属，使绝大多数金属进入液相而与其他成分分离，然后通过对浸出液进行萃取、沉淀、置换、离子交换、过滤及蒸馏等过程，从浸出液中回收金属。

湿法冶金工艺处理废弃印刷线路板包括预处理、浸出、金属浸出液的净化富集和金属提纯等步骤。通常操作为：首先将印刷线路板用破碎机破碎至一定粒度，预处理加热除去有机物。将经过预处理的部件浸泡在硝酸溶液中并加热，贵金属银、贱金属和金属氧化物溶解在热硝酸溶液中，过滤，得到含银及其他有色金属的硝酸溶液，用电解或化学方法回收金属。废弃印刷线路板的湿法冶金工艺如图 6-33 所示。

五、生物处理法

（一）处理废弃印刷线路板的微生物种类

废弃印刷线路板生物处理法是一种利用微生物的吸附、积累和浸出作用将废弃印刷线路板中有价金属以离子的形式溶解到浸出液中并加以回收的方法。生物浸出技术早期用于铜矿石的浸出提铜，其基本方法是利用微生物或其新陈代谢产物对某些矿物和元素所具有的氧化、还原、溶解、吸附等特性，从矿石、含金属固体物质中溶浸金属或从水溶液中回收（脱除）有价（有害）金属。该技术多用于处理传统方法无法利用的低品位矿、废石、多金属共生矿等。

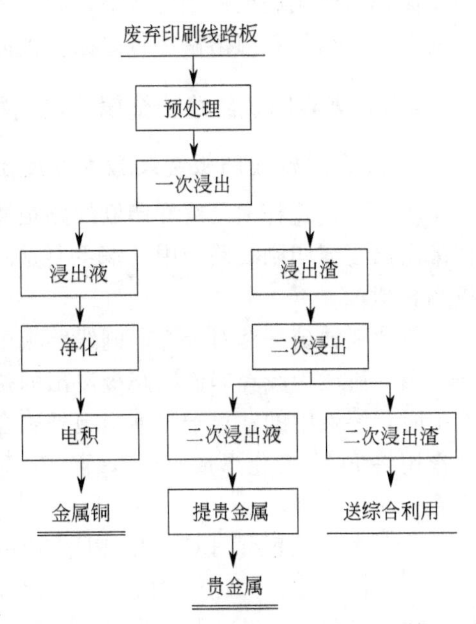

图 6-33　废弃印刷线路板的湿法冶金工艺

微生物浸出废弃印刷线路板中金属的方式有直接浸出和间接浸出两种。直接浸出时，微生物吸附到破碎后的废弃印刷线路板颗粒表面进行生长代谢，利用自身的氧化或还原性发生电化学反应，与其中的金属相互作用使其溶出（主要是通过微生物的代谢产物——有机酸），这个过程中微生物生长与金属浸出同时发生，易于执行，但是溶解的金属离子会对微生物的生长及代谢产生抑制，限制生物浸出效率。间接浸出分两步来完成：第一步，微生物在适宜的环境中生长，产生对浸出过程有活性的代谢产物；第二步，微生物通过有机酸等代谢产物作为浸出剂与金属反应，将线路板中铁氧化成 Fe^{2+}，并进一步氧化成 Fe^{3+}，Fe^{3+} 可与线路板粉末中的金属反应使其溶出。

用于废旧印刷线路板生物法冶金的微生物种类较多，主要以嗜酸无机化能自养型细菌为主，按对温度的适应性可分为中温微生物、中等嗜热微生物和极度嗜热微生物。

1. 中温微生物

处理废弃印刷线路板的典型中温冶金微生物主要有氧化亚铁硫杆菌、氧化硫硫杆菌以及氧化亚铁钩端螺旋菌 3 种。这 3 种中温冶金微生物为革兰氏阴性好氧菌，生长的最适 pH 值为 1.5～2.0，属嗜酸性微生物，能够通过无机化能作用自养，适宜在 25～35℃的环境中生长。其中，氧化亚铁硫杆菌广泛分布于自然界，在无机矿床环境下繁衍旺盛，可氧化铁、还原态硫（S、S_2O_3）、铀（U^{4+}）及硫化矿。

2. 中等嗜热微生物

中等嗜热微生物以硫化芽孢杆菌属和喜温硫杆菌为代表，其最佳生长温度为45～55℃，属于无机化能兼性自养菌。中等嗜热微生物对有价金属离子有较强的耐受性，浸出反应放热可使浸出体系的温度维持在45～55℃。

3. 极度嗜热微生物

极度嗜热微生物主要为嗜酸古细菌，其中硫化叶菌属、氨基酸变性菌、金属球菌和硫化小球菌4个种属能氧化硫化物。高温嗜热菌可显著地提高浸出反应速率、缩短浸出周期，但由于高温嗜热菌脆弱的细胞壁对矿浆浓度、金属离子浓度、温度和pH值的变化敏感，再加上高温下浸出体系氧溶解率低等条件的限制，其应用范围不及中等嗜热微生物。

（二）废弃印刷线路板金属的微生物浸出

1. 废弃印刷线路板金属微生物浸出原理

氧化亚铁硫杆菌是废弃印刷线路板微生物处理工艺中所普遍使用的微生物，氧化亚铁硫杆菌浸出废弃印刷线路板中的铜主要是间接浸出，浸出的溶解机制与其对金属硫化矿的溶解机制相似。

氧化亚铁硫杆菌对废弃印刷线路板中铜的间接浸出可分为两个阶段：

第一阶段为废弃印刷线路板浸出的初始阶段，当氧化亚铁硫杆菌置身于含有铁离子的溶液中时，溶液中的铁离子与细胞胞外聚合层中葡萄糖酸的氢离子发生离子交换，经微生物呼吸作用将Fe^{2+}氧化形成Fe^{3+}，而Fe^{3+}与线路板粉末中的Cu反应使其氧化成Cu^{2+}进入溶液。

$$2Fe^{3+}+Cu(Zn、Pb、Ni)\longrightarrow 2Fe^{2+}+Cu^{2+}(Zn^{2+}、Pb^{2+}、Ni^{2+}) \quad (6\text{-}10)$$

$$2Fe^{2+}+1/2O_2+2H^+\longrightarrow 2Fe^{3+}+H_2O \quad (6\text{-}11)$$

第二阶段，随着Fe^{2+}不断被氧化，溶液中H^+逐渐减少、氧化还原电位下降、pH值上升，Fe^{3+}开始水解，细菌代谢产物—NH_3、—NH_2、—NH等基团产生的NH_4^+参与反应。

$$Fe^{3+}+3H_2O\longrightarrow Fe(OH)_3+3H^+ \quad (6\text{-}12)$$

$$Fe(OH)_3+2SO_4^{2-}+2Fe^{3+}+3H_2O+NH_4^+\longrightarrow (NH_4)Fe_3(SO_4)_2(OH)_6+3H^+ \quad (6\text{-}13)$$

2. 废弃印刷线路板金属微生物浸出工艺

废弃印刷线路板金属微生物浸出工艺中通常使用带搅拌的常压浸出槽来实现微生物对废弃印刷线路板的浸出。微生物浸出线路板前需要将破碎好的废弃印刷线路板颗粒与稀硫酸配成一定浓度的浆液（一般为20%～30%），通过硫酸和石灰调节pH值至微生物最佳生长pH范围（1.5～2.0），随后接种入驯化好的冶金微生物，通过实时监测细胞浓度和有价金属离子浓度的变化，调节操作参数和浸出时间。微生物浸出后期，将含金属离子的微生物浸出液过滤，收集清液用于有价金属的回收。

收集到的含金属微生物浸出液可采用中和沉淀、萃取、电积等方法对其中的有价金属进行分离、富集和提取。采用微生物浸出法处理废弃印刷线路板，获得的浸出液含有多种金属离子，含量较高的有Cu^{2+}、Al^{3+}、Zn^{2+}、Fe^{3+}、Mg^{2+}和Pb^{2+}等。与微生物湿法冶金处理低品位硫化矿获得的浸出液相比，废弃印刷线路板中所含金属离子的种类、含量、浸出液

pH 值等均存在较大差异，这为废旧印刷线路板浸出液的综合回收处理提出了更高的要求与挑战。废弃印刷线路板金属微生物浸出工艺如图 6-34 所示。

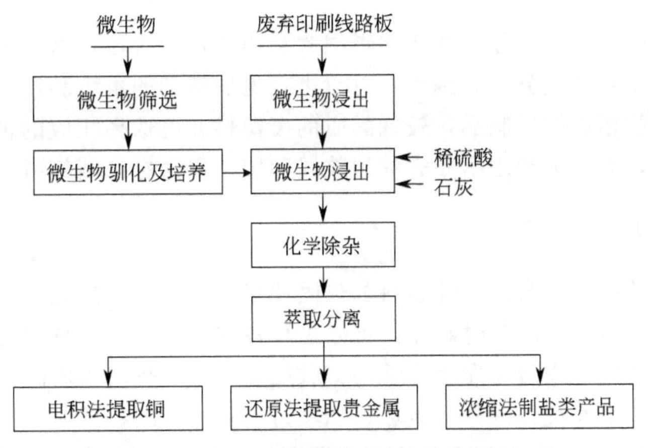

图 6-34　废弃印刷线路板金属微生物浸出工艺

第三节　废塑料资源化方法

废塑料是指被废弃的各种废塑料制品，包括塑料及塑料制品生产加工过程中产生的下脚料、边角料和残次品。废塑料存在于其生命周期的各个环节，每个环节都有废塑料的产生。

塑料由于具有耐腐蚀、抗冲击、耐磨、加工成本低廉等特点，常被应用于各种家电和电子通信设备中，是电子弃物的重要组成部分，主要应用于底座、缆线皮、壳体等部件上。典型家电类电子废物的塑料种类见表 6-10。

表 6-10　典型家电类电子废物的塑料种类

电子废物名称	塑料种类	主要塑料	应用部件
电视机	ABS、PS、PP、PE、AS、PA、PMMA 等	ABS	包框、外壳、旋钮、装饰轮
		PS	外壳、顶盖(较少用)、限位板、仪表盒
		PP	装饰框
电冰箱	ABS、PS、PP、PE、AS、PA、PMMA、PVC、PC、PPS 等	ABS	箱内胆、门胆、冷冻柜、顶盖、把手、电器盒、温控器盒、除臭器座
		PS	塑料层架、搁架、果菜箱、风道部件
		PP	内胆、冰箱顶盖、压缩机罩、排水管
		PE	排水管、搁架
空调	ABS、PS、PP、PE、PA、PVC、PPS 等	ABS	操作板、外壳、压板
		PS	外壳、支架、接水盘、装饰圈
		PP	排水管、过滤网、风管
		PE	保温管、托码
		PVC	管材
洗衣机	ABS、PS、PP、PE、PA、PMMA、PPS 等	ABS	甩干桶、旋钮、装饰轮、盖板、操作面板、外壳
		PS	甩干桶、限位板
		PP	甩干桶、排水管

一、废塑料的分类鉴别

废塑料的分类处理暂时还停留在废塑料回收利用的初始阶段，对废塑料更深层次的利用有着较大影响。废塑料经过分类处理后，可以进行更加精细的再生利用。高品质的废塑料可生产与原生塑料性能相近的新制品，较低品质的废塑料亦可选择相应的再生利用方式。经过分类处理的废塑料，其再生利用由原先的粗放式利用转变为更加精细科学的利用。

（一）废塑料分类

按加工性能，塑料可分为热塑性塑料和热固性塑料两大类。热塑性塑料的加工过程基本是物理变化，受热时熔融，冷却时硬化，可以进行各种成型加工，具有可多次重复加工的特性；热固性塑料受热熔化成型时发生化学的交联反应，再受热时不熔融，且在溶剂中也不溶解，当温度超过分解温度时将被分解破坏，不具备重复加工的特性。

按使用范围和用途，塑料也可分为通用塑料、通用工程塑料、特种工程塑料和塑料合金四大类。通用塑料的使用温度一般在100℃以下，产量大，用途广，主要用于非结构材料和生活用品，占塑料用量的80%以上，常见的通用塑料有聚乙烯、聚丙烯、聚氯乙烯、聚苯乙烯、ABS等；通用工程塑料有较好的力学性能，使用温度在100～150℃，可以作为结构材料，常见的通用工程塑料主要有聚酰胺、聚碳酸酯、聚甲醛（POM）、聚苯醚（PPO）、热塑性聚酯等；特种工程塑料使用温度在150℃以上，力学性能更好，可用于航空、航天等特殊应用领域。常见的有聚酰亚胺、聚芳酯、聚苯酯、聚砜、聚苯硫醚等；塑料合金是运用共聚、填充、增强、合金化等方法得到的工程化、功能化塑料，常见的塑料合金（共混物）有PPO/PS、PC/ABS、PC/PBT、PC/PET、PA/PP等。废塑料的分类见表6-11。

表6-11 废塑料的分类

大类	中类	小类
废通用塑料	废聚乙烯	废低密度聚乙烯
		废高密度聚乙烯
		废中密度聚乙烯
		废超高分子量聚乙烯
		废茂金属聚乙烯
		废交联聚乙烯
		废氯化聚乙烯
		废聚乙烯泡沫
		其他废聚乙烯
	废聚丙烯	废无规聚丙烯
		废等规聚丙烯
		废间规聚丙烯
		废茂金属聚丙烯
		废共混改性聚丙烯
		废接枝改性聚丙烯
		废阻燃聚丙烯
		废导电聚丙烯
		废双向拉伸聚丙烯薄膜
		废玻璃纤维增强聚丙烯
		其他废聚丙烯

续表

大类	中类	小类
废通用塑料	废聚氯乙烯	废本体法聚氯乙烯
		废悬浮法聚氯乙烯
		废乳液法聚氯乙烯
		废溶液法聚氯乙烯
		废高分子量聚氯乙烯
		废共聚改性聚氯乙烯
		废交联聚氯乙烯
		废氯化聚氯乙烯
		废聚偏二氯乙烯
		废共混改性聚氯乙烯
		废玻璃纤维增强聚氯乙烯
		废导电聚氯乙烯
		废聚氯乙烯热塑性弹性体
		废聚氯乙烯泡沫塑料
		其他废聚氯乙烯
	废苯乙烯	废通用聚苯乙烯
		废等规聚苯乙烯
		废间规聚苯乙烯
		废高抗冲聚苯乙烯
		废共聚改性聚苯乙烯
		废阻燃聚苯乙烯
		废增强聚苯乙烯
		废聚苯乙烯泡沫塑料
		其他废苯乙烯
	废 ABS 塑料	废普通 ABS
		废耐热、高耐热级 ABS
		废抗冲击 ABS
		废增强 ABS
		废阻燃 ABS
		废耐候级 ABS
		废透明 ABS
		废共混改性 ABS
		废 ABS 泡沫塑料
		其他废 ABS 塑料
	其他废通用塑料	—
废通用工程塑料	废聚酰胺	废脂肪族聚酰胺
		废共聚聚酰胺
		废芳香族聚酰胺
		废增强改性聚酰胺
		其他废聚酰胺
	废聚碳酸酯	废改性聚碳酸酯
		其他废聚碳酸酯
	废聚对苯二甲酸丁二醇酯	—
	废聚对苯二甲酸乙二醇酯	—
	废聚甲基丙烯酸甲酯	—
	废聚萘二甲酸乙二酯	—
	废聚甲醛	—
	废聚苯醚	—
	其他通用工程塑料	—

续表

大类	中类	小类
废特种工程塑料	废聚砜类树脂	废双酚A型聚砜
		废聚芳砜
		废聚醚砜
		废改性聚砜类树脂
		其他废聚砜类树脂
	废聚酰亚胺	废均苯型聚酰亚胺
		废可熔性聚酰亚胺
		废聚酰胺酰亚胺
		废聚醚酰亚胺
		废聚酯酰亚胺
		废联苯型聚酰亚胺
		其他废聚酰亚胺
	废聚苯硫醚	废改性聚苯硫醚
		其他废聚苯硫醚
	废聚苯酯	—
	废聚芳醚酮	废聚醚醚酮
		废聚醚酮
		废聚醚酮酮
		废聚醚醚酮酮
		废聚醚酮醚酮酮
		废萘联苯聚醚酮
		其他废聚芳醚酮
	废聚芳酯	—
	废液晶聚合物	废芳纶树脂
		废共聚芳酯
		废共聚芳酯(含萘化合物)
		其他废液晶聚合物
	废氟塑料	废聚四氟乙烯
		废四氟乙烯-全氟烷基乙烯基醚共聚物
		废四氟乙烯-六氟丙烯共聚物
		废乙烯-四氟乙烯共聚物
		废聚三氟氯乙烯
		废乙烯-三氟氯乙烯共聚物
		废聚偏氟乙烯
		废三氟氯乙烯-偏氟乙烯共聚物
		其他废氟塑料
	其他特种工程塑料	—
废塑料合金(共混物)	废PPO/PS合金	—
	废PC/ABS合金	—
	废PC/PBT合金	—
	废PC/PET合金	—
	废PA/PP合金	—
	其他废塑料合金	—

(二) 废塑料的鉴别

鉴别塑料种类的方法很多，通常有外观鉴别法、实验鉴别法和仪器鉴别法。外观鉴别法可以通过视觉、触觉、嗅觉等感官，直接完成对废塑料种类的鉴别；实验鉴别法是通过实验对废塑料进行理化性质研究，需要在一定实验条件下进行；仪器鉴别法是通过仪器采用红外光谱法、核磁共振法、X射线法等，对废塑料进行鉴别，鉴别的准确性高，但由于需要精密仪器，设备投资大，一般条件下不易做到。

1. 外观鉴别法

外观鉴别法主要通过视觉、触觉、嗅觉来评定塑料制品的外观特征，如形状、透明性、颜色、光泽、硬度等。外观鉴别法可将塑料制品分成热塑性塑料、热固性塑料和弹性体三类进行鉴别。

（1）热塑性塑料

热塑性废塑料有无定形和部分结晶两类，部分结晶塑料外观呈半透明，乳浊状或不透明（薄膜除外）；无定形塑料外观为无色、透明状（在无添加剂时）。

（2）热固性塑料

热固性废塑料外观较硬，通常因含有填料而不透明，而无填料时则是透明的。

（3）弹性体

弹性体具有橡胶弹性，有一定的拉伸率。

不同塑料品种的外观性状见表6-12。

表 6-12　不同塑料品种的外观性状

塑料品种	外观性状
PE	手感较滑腻，未着色时呈半透明状、柔而韧，LDPE手感更软，HDPE则稍硬
PP	比PE更硬，透明度较好，未着色时呈白色透明状
PS	性脆、易断裂、未着色时呈无色透明状，敲打时有金属性的清脆声
PVC	本色为微黄色，透明性较PE、PP好，软制品柔而韧，硬制品的硬度高于LDPE而低于PP

对废塑料的鉴别也可根据不同塑料的常见用途，以经验确定不同废塑料的品种。如颗粒状泡沫包装箱一般为聚苯乙烯；食品包装袋一般为聚乙烯；饮料瓶多使用聚对苯二甲酸乙二醇酯（PET）；打包袋多使用聚丙烯；塑料建材多为聚氯乙烯等。

2. 实验鉴别法

（1）热解鉴别法

将少量样品装入裂解管中，在管口放上一片润湿的pH试纸，根据逸出气体对pH试纸颜色变化的影响进行判断。塑料裂解气的pH试验见表6-13。

表 6-13　塑料裂解气的pH试验

pH值	塑料类别
0.5～4.0	含卤素聚合物，聚乙烯酯类，纤维素酯类，聚对苯二甲酸乙二醇酯，线形酚醛树脂，聚氨酯弹性体，不饱和聚酯树脂，含氟聚合物
5.0～5.5	聚烯烃，聚乙烯醇及其缩醛，聚乙烯醚，苯乙烯聚合物，聚甲基丙烯酸酯类，聚甲醛，聚碳酸酯，线形聚氨酯，酚醛树脂，硅塑料，环氧树脂，交联聚氨酯
8.0～9.5	聚酰胺，ABS，聚丙烯腈(PAN)，酚醛树脂，甲酚甲醛树脂，氨基树脂

（2）熔融鉴别法

塑料具有不同软化或熔融温度范围，部分结晶聚合物可用熔点显微镜对其熔点进行测定。无定形聚合物的玻璃化温度是链段开始运动的温度，其玻璃化温度的测定较困难，熔点显微镜只能对其进行软化点的粗略表征，并且软化点常会受加热速率与添加剂的影响。生产中可将混合废塑料依次通过不同温度范围的多段输送带（各断的温度依次升高），被输送的混合废塑料将在不同的温度段上分别熔融而滞留下来，从而达到鉴别分离的目的。主要热塑性塑料的软化或熔融温度范围见表 6-14。

表 6-14　主要热塑性塑料的软化或熔融温度范围

名称	PVA	PS	PVC	PE	PVDC	PMMA	CA	PAN	PP
温度/℃	38～85	70～115	75～90	约 110	115～140	120～160	125～175	130～150	160～170
名称	POM	PA12	PA11	PTFE	PA6	PC	PMP	PA66	PET
温度/℃	165～185	170～180	180～190	200～220	215～225	220～230	240	250～260	250～260

（3）溶解性鉴别法

最广泛使用的废塑料溶剂是苯、二甲苯、四氢呋喃、二甲基甲酰胺、乙醚、丙酮和甲酸等。热塑性废塑料在溶剂中会发生溶胀，有些则会发生溶解（如聚乙烯溶于二甲苯），但一般不溶于冷溶剂；热固性废塑料在溶剂中不溶，一般不发生溶胀或仅轻微溶胀；弹性体不溶于溶剂，但通常会发生溶胀。

（4）密度鉴别法

不同塑料密度有所区别，通常可使用甲醇（密度为 0.79g/cm^3）、水（密度为 1g/cm^3）、饱和氯化镁溶液（密度为 1.34g/cm^3）和饱和氯化锌溶液（密度为 2.01g/cm^3）作为浮选介质予以鉴别，鉴别方法就是将废塑料置于这些液体中，通过观察样品浮、沉或悬浮判定样品的密度范围（见表 6-15）。

表 6-15　常用塑料的密度鉴别

溶液种类	密度(25℃)/(g/cm^3)	溶液配制法	塑料制品种类	
			浮于溶液	沉于溶液
酒精溶液(58.4%)	0.91	水 100mL、95%酒精 140mL	PP	其他
水	1.00	蒸馏水(或普通水)	PE、PP	其他
饱和食盐溶液	1.19	水 74mL，食盐 25g	PE、PP、PS、PA、PPO	其他
氯化钙水溶液	1.27	氯化钙 100g、水 150mL	PE、PP、PS、PA、PMMA、PVAC、纤维素丙酸酯、PC、交联 PU	PVF、纤维素硝酸酯、PET、PVC、POM、CPVC、PVDF、PVDC、PCTFE、PTFE

（5）显色反应鉴别法

① 对二甲基氨基苯甲醛显色反应　在试管中加热 0.1～0.2g 样品，将裂解产物沾在棉签上，把棉花放入 14%对二甲基氨基苯甲醛的甲醇溶液，加 1 滴浓盐酸。若有聚碳酸酯存在，则产生深蓝色；若聚酰胺存在，则出现枣红色。

② Liebermann-Storch-Morawski 反应　在 2mL 热乙酸酐中溶解或悬浮几毫克的样品，冷却后加入 3 滴 50%（体积分数）的硫酸，观察试样颜色，再在水浴中将样品加热至 100℃，观察试样颜色。几种塑料的显色反应见表 6-16。

表 6-16　几种塑料的 Liebermann-Storch-Morawski 显色反应

材料	立即显色	10min 后颜色	加热到 100℃后颜色
酚醛树脂	浅红紫～粉红色	棕色	棕色～红色
聚乙烯醇	无色～浅黄色	无色～浅黄色	棕色～黑色
聚乙酸乙烯酯	无色～浅黄色	蓝灰色	棕色～黑色
环氧树脂	无色～黄色	无色～黄色	无色～黄色
聚氨酯	柠檬黄	柠檬黄	棕色，绿荧光

③ Gibbs靛酚蓝反应　在裂解管中加热少量的样品，用事先浸过2，6-二溴醌-4-氯亚胺的饱和乙醚溶液的风干滤纸盖住管口，不超过1min取下滤纸，滴上1滴稀氨水，有蓝色出现表明有酚（包括甲酚、二甲酚）存在。Gibbs靛酚蓝试验对于鉴别在加热时能释放酚或酚的衍生物的塑料效果较好，这类塑料有酚醛树脂、环氧树脂等。

（6）静电分选鉴别法

根据塑料经摩擦产生静电极性不同的性质，可利用静电场的作用对某些塑料进行鉴别。例如，将PVC和PE的混合物破碎成粉末状，使其在两块带有高电压的极板间缓慢下落，此时两种塑料的下落方向就会因所带静电的极性不同而向不同方向偏转，从而将其分别收集在两个容器中使之得以分开。

（7）燃烧鉴别法

所谓塑料燃烧鉴别法，即用小火燃烧塑料试样，观察塑料在火焰中和离开火焰时的燃烧特性，特别注意火焰熄灭后，塑料熔融滴落时的形态及气味，以此来估测塑料种类。表6-17为塑料燃烧特性，废塑料燃烧法鉴别流程见图6-35。

在采用燃烧法估测塑料时，应注意如下几点：

① 嗅气体时应小心，不能将鼻子直对着燃烧时产生的气体，应该用手煽动使少量气体至鼻附近，防止有害气体对身体造成伤害。

② 在进行燃烧时，可将热塑性塑料和热固性塑料区分开来。热塑性塑料在火焰中出现熔化、熔体滴落和气泡等现象，而热固性塑料出现烧焦，爆裂和褪色等现象。

③ 要防止金属夹具与塑料同时燃烧。如果金属和塑料一起燃烧，则自熄性、火焰颜色等可能与正常状态下不一样。

④ 鉴别含有氯元素的塑料时，铜质夹具要先放在火焰中加热至焰色稳定，然后用已加热的铜质夹具夹住待鉴别的塑料并将其放在火焰中，如果火焰为鲜绿色则可判断为含氯塑料。

表6-17　塑料燃烧特性

塑料成分	可燃性	自熄性	火焰颜色	燃烧生成气化物的气味	燃烧后塑料形态	溶解性	备注
聚乙烯	易	无	上端黄色，下端蓝色	有石蜡燃烧的气味	熔融、滴落	在高温下溶于二甲苯	浮在水上
聚丙烯	易	无	上端黄色，下端蓝色；少量黑烟	有石油味	熔融、滴落	不溶于普通溶剂	浮在水上
聚苯乙烯	易	无	黄色，浓黑烟，烟灰大	压抑的花香味	熔化、起泡	溶于苯、四氟化碳，丙酮	密度为1g/cm³
聚氯乙烯	难	离火自熄	黄色，下端绿色，白烟	刺激性酸味	软化且变黑	溶于四氢呋喃、环乙酮	沉入水中
有机玻璃	易	无	浅蓝色，顶端白色	果味、烂菜味	熔化、起泡	溶于乙烯二氯化物	沉入水中
ABS	易	无	黄色、黑烟	特殊气味	软化烧焦	不溶于普通溶剂	密度1.06g/cm³
氯乙烯-醋酸乙烯共聚物	难	离火自熄	暗黄色	特殊气味	软化	不溶于普通溶剂	沉入水中
聚偏二氯乙烯	很难	离火自熄	黄色、端部绿色	特殊气味	软化	不溶于通常溶剂	沉入水中

续表

塑料成分	可燃性	自熄性	火焰颜色	燃烧生成气化物的气味	燃烧后塑料形态	溶解性	备注
丙烯腈-苯乙烯共聚物	易	无	黄色、浓黑烟	微弱苯味	软化、起泡、变黑	不溶于普通溶剂	沉入水中
尼龙	慢慢燃烧	慢慢熄灭	蓝色，上端黄色	烧焦羊毛味	熔融，滴落	不溶于普通溶剂	沉入水中
聚甲醛	易	无	上端黄、下端蓝色	鱼腥臭味	熔融、滴落	不溶于普通溶剂	沉入水中
聚酯	易	无	黄色带黑烟	强烈的苯乙烯味	微膨胀	不溶于普通溶剂	沉入水中
聚碳酸酯	难	慢慢熄灭	黄色、黑烟、炭束	特殊花果臭味	熔融起泡	溶于甲苯三氯化物	密度大于 $1g/cm^3$
氯化聚醚	难	离火自熄	上端黄色，下端蓝色，浓黑烟	防腐剂味	熔化且变黑	不溶于普通溶剂	
聚苯醚	难	离火自熄	浓黑烟	花果臭味	熔融	不溶于普通溶剂	
聚砜	难	离火自熄	黄褐色烟	略有橡胶燃烧味	熔融	不溶于普通溶剂	
聚四氟乙烯	不燃		无火焰		变透明呈胶状物		
聚三氟氯乙烯	不燃		无火焰		熔化		
聚氨酯	难	离火自熄	蓝色带烟		熔化滴落	不溶于普通溶剂	
醋酸纤维素	易	继续燃烧	暗黄色，少量黑烟	醋酸味	熔融、滴落	溶于丙酮	
丁酸纤维素	易	继续燃烧	暗黄色，少量黑烟	丁酸味	熔融、滴落	溶于丙酮	
硝化纤维素	易	继续燃烧	黄色	樟脑味	剧烈燃烧	溶于丙酮	
聚醋酸乙烯	易	继续燃烧	暗黄色黑烟	醋酸味	软化	不溶于普通溶剂	
硅树脂	难	自熄	无焰、白烟	强刺激性	变黑	不溶于普通溶剂	
醇酸树脂	中	无			褐色、烧焦爆裂	不溶于普通溶剂	
三聚氰胺	难	自熄	黄色	刺激甲醛味	开裂、色加深	不溶于普通溶剂	
脲醛树脂	难	自熄	黄色带蓝边	鱼腥味	膨胀、爆裂、褐色	不溶于普通溶剂	
酚醛树脂	难	自熄	黄色火焰	浓甲醛味	开裂、色加深	不溶于普通溶剂	
环氧树脂	难	自熄	黄色	有苯酚味	膨胀、爆裂、褐色	不溶于普通溶剂	
不饱和聚酯	难	自熄	闪亮有黑烟	有刺激味	膨胀、爆裂、褐色	不溶于普通溶剂	

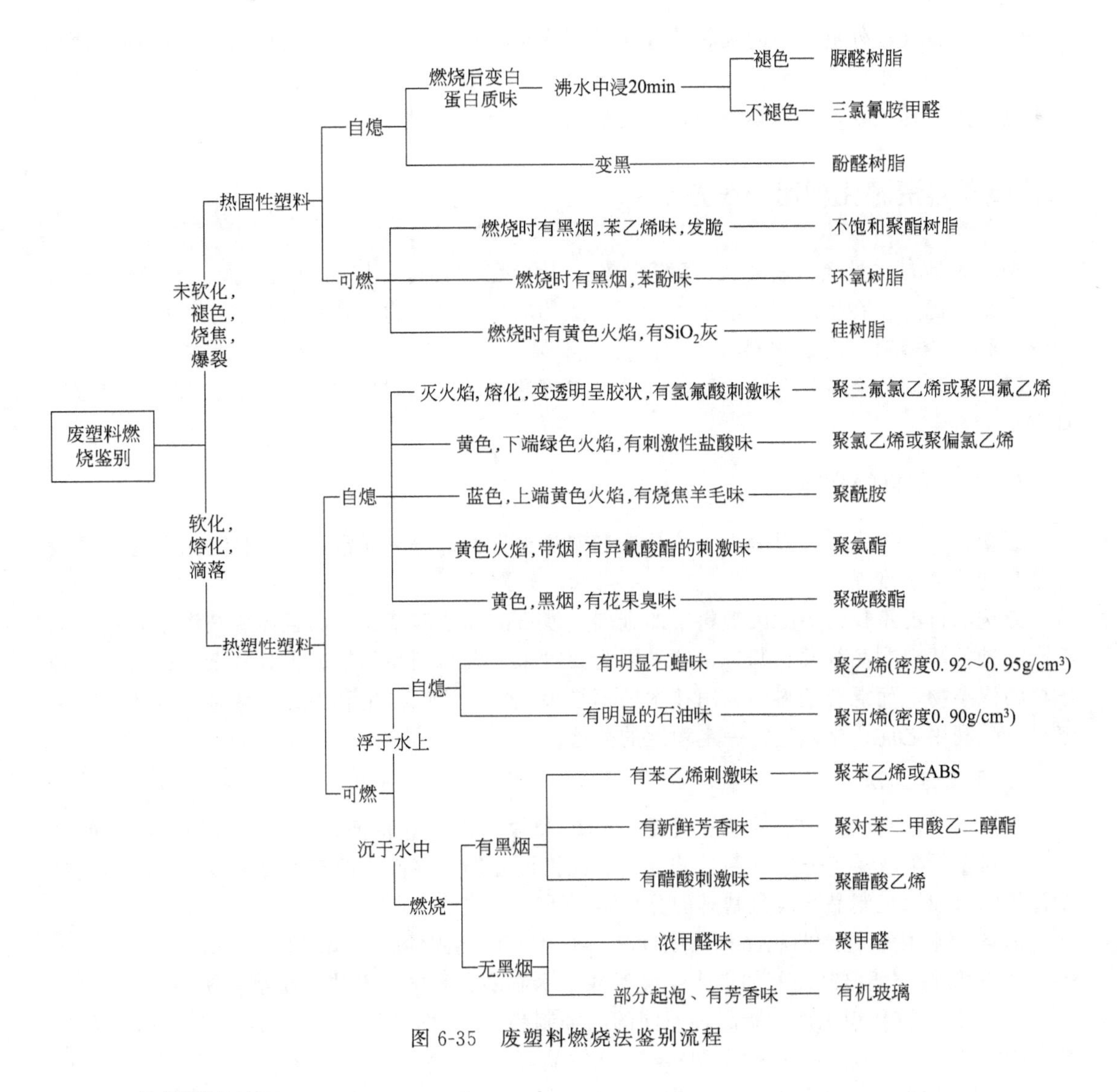

图 6-35　废塑料燃烧法鉴别流程

3. 仪器鉴别法

(1) X 射线照射鉴别法

利用 X 射线对氯原子的特殊反应，可快速检测出带有 C—Cl 官能团的 PVC 树脂，但局限性较大，只限于鉴别 PVC 树脂。

(2) 红外光谱鉴别法

红外光谱定性分析是通过未知样品的红外光谱解析与已知化合物进行比较而得出结论。基于各官能团、原子团具有特定波数范围的吸收，对比测定的吸收光谱与给定吸收光谱的重合情况，推测测定物中是否有给定光谱官能团、原子团的存在。

(3) 近红外光谱鉴别法

随着计算机信息科学和化学计量学的发展，近红外（NIR）分析得到了快速发展。近红外谱区为波长 780～2500nm，该区除了有不同级别的倍频谱带外还包含许多不同形式组合的合频吸收，因而谱带复杂、信息丰富。近红外光谱利用物质中 C—H、O—H、N—H、

C=O 等键在近红外范围内的吸收特性，采用聚类分析技术对塑料进行快速分析鉴别。常见的一些废塑料（如 PE、PP、PVC、PS、ABS、PET、PC 等），其 NIR 光谱均不同，可以使用近红外光谱鉴别法加以识别，但对于黑色、深色的塑料一般不适合。

二、废塑料资源化利用一般方法

塑料因具有质量轻、强度高、耐磨性好，化学稳定性好、抗药剂能力强、绝缘性能好、经济实惠等优点，在生产、生活中得到了广泛的应用，已成为人类社会生活中不可或缺的生产资料和生活资料。由于塑料具有耐腐蚀、不易分解的特性，废塑料对环境造成的潜在危害，已成为我国社会各界关注的环境问题。对废塑料的回收利用在节约资源和保护环境方面具有重大意义。

（一）废塑料的分选

废塑料的分选大致可以分为干法分选和湿法分选两部分，通常认为，湿法比干法更易获得较高的分选精度。

分选的目的不仅是清除废塑料中的金属、沙石、织物等杂物，而且需要把混杂在一起的不同品种的塑料制品分开、归类。这是因为回收来的塑料制品的组成十分复杂，往往是几种塑料的混杂物，而混合塑料的利用技术还不是很成熟，所以再生利用比较困难。因此在对废塑料再生利用之前，必须进行一定程度的分选。

1. 手工分选法

根据不同塑料的标记、密度、外形、颜色和常见用途等特征，根据生活和生产中的经验，可对塑料采取手工分选。手工分选虽然比机械分选效率低，但有些分选效果是机械法难以替代的，如深色制品和浅色制品的分选等。手工分选的优点有：

① 容易将热塑性废旧制品和热固性塑料制品（如热固性的玻璃钢制品）分开。

② 较易将非塑料制品（如纸张、金属件、木制品、绳索、石块等杂物）挑出。

③ 可分开较易识别而树脂品种不同的同类制品，如 PS 泡沫塑料制品与 PU 泡沫塑料制品，PVC 膜与 PE 膜，PVC 硬质塑料与 PP 制品等。

④ 可根据制品上的材料标记及生活和生产经验，将废塑料按品种归类。

2. 风力分选法

风力分选是利用塑料颗粒的粒径、形状和密度等的差异，通过吹风的方式使不同塑料在空气流中实现分离的方法。风力摇床是常用的风力分选设备，在风力摇床中，上升空气流（流速为 1.0m/s）从有孔的振动床下部吹出，密度大或粒径大的颗粒分布在下层，而密度小或粒径小的颗粒分布在上层。在振动加速度和床底面的摩擦力作用下，下层的重颗粒向倾斜的振动床的上侧运动。相反地，上层的轻颗粒与下层的重颗粒之间的摩擦力小，运动到振动床低的一侧，从而使两者得到分离。风力摇床的分选不仅应用了颗粒密度的差异，而且应用了颗粒的形状或摩擦系数的差异。

3. 低温分选法

低温分选法是利用各种塑料具有不同的脆化温度来进行分选的方法。该方法可描述为：将废旧塑料置于设定温度（一般为−50℃）的冷却器中冷却并粉碎，脆化温度在设定温度以上的塑料因脆化被粉碎，经筛分后与未脆化塑料分离。如 PVC 的脆化温度为−40℃左右，

PE脆化温度为－100℃以下，利用液化氮将PVC和PE混合物冷却到－50℃左右后送入粉碎机，PVC脆化被粉碎，而PE未脆化未被粉碎，将粉碎塑料和未粉碎塑料分离，便可使PVC与PE分开。

4. 电选法

不同种类的塑料颗粒在电晕和摩擦条件下将拥有不同的电性和电量，可利用这个差别来区分废混合塑料。当两种塑料相互接触时，表面有效功函数较大的塑料会带上正电，而表面有效功函数较小的塑料会带负电。摩擦带电序列可以预测两种塑料摩擦之后各自所带的电性，并且也能预测出两种塑料摩擦后的荷电效果高低，序列中相距越远的两种塑料越易于摩擦带电，且荷电效果越好。废塑料摩擦静电分选方法可描述为：将废塑料破碎筛分达到合适的粒径后，采用工程方法使塑料颗粒摩擦荷电，再通过高压静电场对带电颗粒进行分选收集。

5. 光电分选法

不同种类的塑料在光谱性能上表现出差异性，利用此差异性分选混合塑料的方法叫光电分选法。废塑料光电分选过程中，经破碎的废塑料首先由进料斗通过电磁振动给料器配送到各个分选通道中，然后滑过溜槽落到设定位置，进入光学系统进行动态扫描，扫描信号经过放大判别后给出剔除信号，该信号产生的延时时间正好等于异物从检测口下落到喷射气枪之间的时间差，当检测到异品到达喷射器位置时，气枪喷嘴就会立即将异品吹出，使其落入异品槽，而合格品继续下落到合格品槽，从而完成物料分选。

6. 熔融分选法

利用不同塑料熔融温度的差异分离的方法称为熔融分选法，可以用于分选热固性塑料和热塑性塑料。其方法是将混合废塑料置于传送带上，分别通过不同温度且有一定间隔的加热室，低熔点塑料受热熔融并附着在传送带上，用机械收集，未熔融的塑料继续运行，通过下一级更高温度的加热室，以同样方法分离出塑料。如此继续，最后剩下未被熔融的塑料，在传送带终端收集起来。

7. 跳汰分选法

废塑料的跳汰分选是在跳汰机中进行的，混合废塑料在恒定运动的筛面上进行跳汰，在外力的作用下，不同密度的塑料分层聚集，从而实现分离。各类跳汰机的基本结构都是相似的，其分选过程在跳汰室中完成。跳汰室中层有筛板，从筛板下部周期性地注入垂直交变流质，废塑料给到筛板之上，形成一个密集的物料层，称作床层，流质穿过筛板和床层。在流质上升期间，床层被抬起松散开来，密度小的塑料随流质上升较快，密度大的塑料则上升较慢；而当流质下降时，密度小的塑料下落较慢，密度大的塑料则下落较快。密度大的塑料趋向底层，密度小的塑料则位于上层。随着流质继续下降，床层松散度减小，粗颗粒的运动受到阻碍，床层越来越紧密，只有细小的颗粒可以穿过间隙向下运动，称作“钻隙运动”。下降流质停止，分层作用亦停止，完成一个周期。然后流质又开始上升，开始第二周期。如此循环，最后密度大的废塑料集中到了底层，密度小的废塑料位于上层，完成了按密度分层的分选过程。用专用的排料装置分别排出后，即可得到不同密度的废塑料。

8. 浮沉分选法

浮沉分选法基本原理是通过调节介质溶液（一般为水溶液）的密度使不同密度的塑料表现出上浮或下沉的状态，进而实现分离的效果，常用的密度调节试剂包括甲醇及无机盐等，如利用钙盐（$CaCl_2$）多级串联单元法分离粉碎后的电缆废料，依次分离 PE、橡胶、PVC 及金属，其优点是连续性好、分选纯度相对较高，缺点则是不适用于密度差异小的塑料，且同种塑料如果密度变化范围较大也会导致分离单元运行不稳定。

9. 浮选法

浮选是一种利用细颗粒物料可浮性差异来实现分离的技术手段，最早应用于选矿行业，常常通过向矿浆中添加起泡剂、捕收剂和调整剂等一系列药剂来修饰待分离组分的亲、疏水性，使其附着于气泡表面上浮从而达到分离的目的，是矿物加工过程中获取高纯度精矿的最有效手段。塑料的主要成分是树脂，在自然条件下，绝大多数种类的塑料是疏水的，都具有一定的可浮性。在分选液中鼓入气泡，利用塑料颗粒对微气泡的选择性附着，可以增大混合塑料组分之间的可浮性差异，即可实现混合塑料的分离。

塑料可浮性调控方法主要有物理法和化学法。其中物理法是指在混合塑料浮选分离前，利用物理手段（如等离子体技术）处理塑料，改变塑料表面的亲疏水性质，从而达到混合塑料分选目的。塑料浮选的化学调控有两种方法，一是用化学方法（如水解反应）预处理混合塑料，改变其中某类塑料的表面亲疏水性质，从而实现塑料的浮选分离；二是利用表面活性剂或者增塑剂，通过试剂在塑料表面的选择性吸附，使塑料变得更亲水或疏水，实现混合塑料的有效分离。

10. 水力旋流器分选

混合塑料水力旋流器分选是利用介质溶液与塑料之间密度的差异，在旋流器离心力作用下完成重质与轻质塑料的分离，从而达到塑料分选的目的。水力旋流器有压力式和重力式两种，负载混合塑料的流体以较高的速度由进料管沿切线方向进入水力旋流器，由于受到外筒壁的限制，迫使液体做自上而下的旋转运动，这种运动称为外旋流或下降旋流运动。外旋流中的塑料颗粒受到离心力作用，密度大于四周液体密度的塑料颗粒受到较大的离心力，一旦这个力大于因运动所产生的液体阻力，密度较大的塑料颗粒就会克服这一阻力而向器壁方向移动，与塑料混合流体分离，到达器壁附近的较大密度塑料颗粒受到连续的液体推动，沿器壁向下运动，到达底流口附近聚集成浓液，从底流口排出。分离后的含有较小密度塑料颗粒的流体旋转向下继续运动，进入圆锥段后，因旋流分离器的内径逐渐缩小，流体旋转速度加快。由于流体产生涡流运动时沿径向方向的压力分布不均，越接近轴线处越小而至轴线时趋近于零，成为低压区甚至真空区，导致流体趋向于轴线方向移动。同时，由于旋流分离器底流口大大缩小，流体无法迅速从底流口排出，因而由旋流腔顶盖中央的溢流口排出。

（二）废塑料的回收利用

废塑料的回收利用主要有再生利用和能量回收两种方式，由于塑料再生不但环境污染小，而且可以获得宝贵的资源，因此被普遍采用。

1. 废塑料的再生利用

塑料回收利用是指通过预处理、熔融造粒、改性等物理或化学的方法加工处理后重新得到塑料原料的方法。

（1）物理再生法

物理（或机械）再生法指利用机械再加工的方法，对废塑料进行再造粒或重新加工成新的塑料制品。物理再生法的优点是回收工艺相对简单，投资成本小，废塑料回收利用率高；缺点是对加工造粒所用的废塑料品质要求较高，循环利用的塑料性能不断下降，改性再生材料应用范围有限。作为一种传统的回收方法，物理再生法适用于污染程度不高的废塑料及工业生产中产生的边角废料，不能直接有效地缓解塑料垃圾环境污染问题。

物理再生按加工途径可分为简单再生和改性再生。简单再生法指不经改性，将废塑料经过分离、清洗、破碎、熔融、造粒后，直接用于成型加工的回收方法。改性再生技术是指将废旧塑料利用多种技术进行改性后再成型加工，也可改性后生产原料。该技术适用于所有PVC、PE、PET以及聚氨酯（PU）、酚醛树脂（PE）、环氧树脂和不饱和树脂等的再生利用。

① 简单再生法　简单再生技术作为比较成熟的回收工艺，早已实现工业化生产。20世纪中期，欧美等国已开发出了回收造粒设备，用于塑料的简单回收。20世纪70年代，我国江浙一带采用简单再生技术回收废旧塑料，如将废软聚氨酯泡沫塑料按一定的尺寸要求破碎后，用作包装容器的缓冲填料和地毯衬里料；或将废旧的PVC制品经过破碎及直接挤出后用于建筑物中的电线护管。

② 改性再生法　改性技术作为塑料工业的重要领域，在塑料回收中也得到广泛应用。经过改性的再生塑料其性能可以得到显著的改善，特别是塑料的力学性能会有较大提高，如将回收塑料制造仿木材料、土木建筑材料、塑料枕木等。

（2）化学分解法

相对于物理回收方法，化学分解方法对废塑料的品质要求不高，可以适用于大部分塑料的回收利用。化学分解回收是指利用某种技术破坏聚合物的分子链，将塑料废弃物中的有机成分转化成石油化工原料，从而生产新的石油化学制品或塑料。根据分解方法和条件不同，化学分解可分为热解法、水解法、醇解法、胺解法、醇胺法、磷酸酯法、碱解法、氨解法等。

① 热解法　热解技术是指在高温环境下，破坏聚合物分子链，使废弃塑料中的有机成分转化成高价值的精炼产品，如汽油、原油、燃气等。在氢气氛围下进行热解称为氢化（或氢化裂解），在定量氧存在的状态下进行的热解称为气化，使用催化剂进行的热解称催化裂解。

废塑料催化裂解气化技术是指在热能和催化剂作用下，将废弃塑料制品中的大分子量的有机物转化成小分子量的液状物（油、油脂等）、燃料气和焦炭等物质的热转化过程。从资源回收利用角度考虑，废塑料催化裂解气化技术可得到包括汽油、石蜡等各种烃类产品；从环境效益角度考虑，废塑料催化裂解气化工艺在贫氧或缺氧气氛下进行，因而减少了二噁英的产生量，同时大部分的重金属在热解气化过程中溶入灰渣，减少了重金属排放量。

② 水/醇解法　热解需要耗费许多能量，并且设备成本较高。对大多废旧塑料，也可用某种介质与塑料发生化学分解，例如，聚氨酯与过热蒸汽混合15min以上，可以转化为一种密度大于水的液体。根据水溶液pH值的不同，水解可分为碱性水解、酸性水解和中性水解。

醇解也是一种使用比较广泛的分解方法，常见的有甲醇分解、乙二醇分解、异辛醇分解等。

（3）超临界法

许多聚合物能在超（近）临界流体中发生解聚或分解反应，生成低分子物质，甚至是单体。超临界流体作为反应媒介，能在短时间内高效率地分解多种废旧塑料，分解反应程度高，可以直接地获得原单体化合物，而且几乎不用催化剂，反应速率较快，并且易于反应后产物的分离操作。

2. 废塑料的能量回收

在丢弃的废旧塑料中，储许多能量，塑料废弃物的热值与燃煤相当，甚至更高。将塑料废弃物通过燃烧回收其能量，是一种有效实际的回收方法。比如利用废旧塑料燃烧给锅炉供热；在热能发电厂中，也可以利用废旧塑料单独燃烧，或者与其他燃料混合在一起燃烧，给电厂提供热能发电。

采用焚烧方法回收能量，可以有效地处理废旧塑料，焚烧后的废弃物质的量可减少90%；且焚烧方法可以破坏废弃物中的许多有毒物质，从某种程度上也减少了土地污染，特别是对于一些有复杂结构的聚合物产品、老化降解的塑料制品及含有有害残留物的包装材料等难以处理的废弃塑料，能量回收方法有其更优越的方面。然而，塑料焚烧本身也带来严重的环境污染，特别是许多废旧塑料燃烧会产生有毒气体和灰尘，且塑料焚烧产生的能量利用效率有限。在设计塑料回收方法时，焚烧法不是优先考虑的方法。

常见废塑料再生利用一般技术见表6-18。

表6-18 常见废塑料再生利用一般技术

塑料种类	回收方法
PE	熔融造粒、再生；催化裂解生产燃料油；加工成类似木材的复合材料
PVC	熔融、挤压、造粒；裂解回收氯乙烯
PP	挤出塑化、再生；催化裂解生产燃料油；加热分解制取苯、甲苯、二甲苯
PS	破碎、切粒、再生；改性生产胶黏剂、快干漆、防水涂料；热解制备苯乙烯单体
PET	造粒、再生；采用乙二醇/甲醇分解生产对苯二甲酸二甲酯
PMMA	加热解聚制取单体
PA	造粒、再生；在催化剂作用下解聚回收ε-己内酰胺
PF	热解后生产活性炭
PU	用胶黏剂回收，压塑再利用

（三）废塑料的应用途径

1. 废塑料在建材行业中的应用

（1）作隔热保温、隔音材料

随着化学工业的不断发展，将聚苯乙烯泡沫应用到建筑保温材料上具有更加广阔的市场前景。如废弃的聚苯乙烯泡沫塑料经消泡处理后，加入一定量的发泡剂、催化剂、稳定剂等改性剂，经过加热可使聚苯乙烯珠粒预发泡，然后在模具中加热制得具有微细、密闭气孔的硬质聚苯乙烯泡沫塑料板。这种板既可以单独使用，也可以成型后再用薄铝板包覆做成铝塑板，其保温性能良好。采用该技术所生产的聚苯乙烯泡沫塑料保温板，具有广泛的用途和良好的发展前景。废聚苯乙烯泡沫与聚丙烯腈废丝复合，可制作出弹性地板、路面装饰板、天花板和管道绝热保温材料。其方法是将废聚苯乙烯泡沫粉碎成直径为5～10mm的颗粒，加入黏合剂和水，搅拌混合成浆状后，模压成型，干燥成构件，可制成绝热隔音材料。

（2）制造高强度材料

在环境污染和能源压力日益紧迫的时代，相比填埋、焚烧等废塑料的回收处理方法，利用废旧塑料制备木塑复合材料是一种相对环保和经济的途径。木塑（wood-plastic composites，WPC）是一种利用塑料（如聚乙烯、聚丙烯和聚氯乙烯等）代替树脂胶黏剂，与一定比例的木粉、稻壳、秸秆等废植物纤维混合，经挤压、模压、注塑成型等塑料加工工艺生产出的复合材料。木塑复合材料具有木材、塑料和金属等材料的单质特性，优于其中任何一种，具有良好的加工性能，强度较高，并且使用寿命较长，耐水、耐腐蚀、防虫蛀，而且在处理植物纤维与塑料的结合性能时，可以加入一些试剂，让塑料发生发泡、改性、聚合等改变，既能提高复合材料的韧性，又能降低密度。

（3）利用废塑料制造涂料、色漆、胶黏剂等

① 生产涂料　在废泡沫塑料的水分散液中，用合适的增稠剂、防冻剂、消泡剂、耐寒增塑剂及颜料等改性剂对废泡沫塑料进行改性，可制造出常温速干、耐水时间长的水乳性防水涂料。该法工艺简单，用水调节黏度，施工也很方便。该防水涂料既有防水作用，又有隔热效果，是一种较为理想的防水隔热材料。将废泡沫塑料与改性树脂溶解在溶剂中，再加入增塑剂、防老剂及防腐、防锈填料等，经高速分散和砂磨而制成的涂料，可以用于钢铁等金属件和建筑物的防腐、防锈。此外，利用废弃塑料还可以生产出地板涂料等。

② 生产色漆　废塑料先进行分选杂物、清水洗净，再晾干、晒干或烘干后用粉碎机粉碎成所要求的粒度后，加入装有混合溶剂（二甲苯 70%、乙酸乙酯 20%、丁醇 10%）的容器中，在一定温度下使 PS、PE、PP 塑料全部催化溶解，制成塑料胶浆。在另一容器中加入配制好的改性树脂，与塑料胶浆按比例混合［废塑料：改性用树脂=（1～5）：1］制成清漆。在清漆中添加颜料、填料、助剂高速搅拌分散均匀，研磨到所需细度，用 200＃溶剂汽油调节色漆黏度，过滤即得合格色漆产品。表 6-19 给出了废塑料生产色漆的配方。

表 6-19　废塑料生产色漆的配方

单位：%

组成	废塑料	混合溶剂	汽油	颜料、填料、助剂	增塑剂、增韧剂
含量	15～30	50～60	适量	0～45	0.5～5

③ 生产胶黏剂　用自来水洗涤废旧聚苯乙烯泡沫塑料（若带油污可先用碱洗），洗后晾干，然后粉碎，并将其投入乙酸乙酯、乙酸异戊酯、三氯甲烷、丙酮的混合溶剂中溶解，待完全溶解后过滤，将所得滤液加入防老剂和酚醛树脂对其进行改性，而后加入填料氧化锌搅拌均匀，过滤后即得成品胶黏剂（图 6-36）。

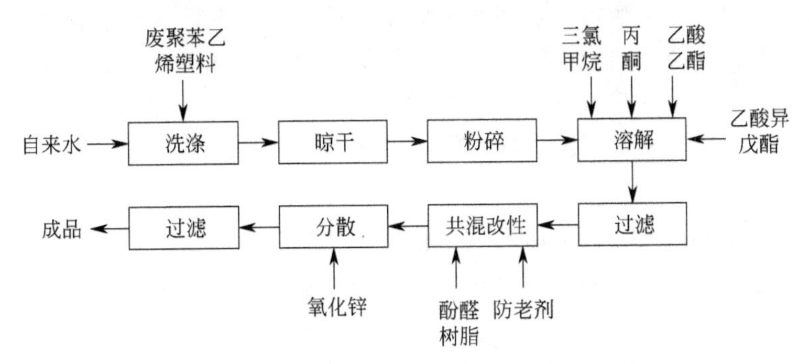

图 6-36　废聚苯乙烯泡沫塑料制胶黏剂工艺流程

2. 废塑料在石油、化工等领域的再利用

(1) 生产热解油

通过加入一定的催化剂并加热，大分子的塑料聚合物发生分子链断裂，生成分子量较小的混合烃，经蒸馏分离成石油类产品（柴油、汽油、燃料气和地蜡等）。废塑料的热解油化技术不仅对环境无污染，又能将原先用石油制成的塑料还原成石油制品，能最有效地回收能源。但聚氯乙烯在较低温度下会释放出 HCl 气体对反应设备具有严重的腐蚀性，而且影响催化剂的使用寿命和柴油、汽油的质量。因此，裂解原料中一般要求不含聚氯乙烯废塑料。

(2) 生产固体燃料

将难以再生利用的废塑料粉碎，与生石灰为主的混合剂混合、干燥加压，固化成直径为 20～50mm 的颗粒状的固体燃料，其发热量相当于重油，发热效率高。

(3) 生产化工原料

废泡沫塑料经硝化、氧化可生产用于制造强力纤维、农药、染料、树脂、金属表面防锈剂、防晒剂、彩色胶卷成色剂和滤光剂等多种产品的对硝基苯甲酸，或裂解生产苯乙烯等化工原料。其工艺大致为：将废塑料在沸腾炉上方的料仓中储存起来，然后使其自然下落进入常压和加压交替变化的沸腾炉内。气化温度为 600℃，废塑料完全气化。由于炉内是还原气氛（氧气浓度为 10^{-6} 等级），混入废塑料中的金属作为不燃物以洁净的状态从下方取出，产生的气体作为化工原料收集。

三、难处理废塑料的资源化利用

（一）热固性塑料的资源化利用

1. 热固性塑料种类

热固性塑料种类繁多，结构复杂，回收困难。常见的热固性塑料有聚氨酯、酚醛塑料、不饱和聚酯和环氧树脂等。

(1) 聚氨酯（polyurethane，PU）

聚氨酯由多种异氰酸酯与多羟基化合物在催化剂的作用下加聚而成，主链上含有重复的氨基甲酸酯基团（—NHCOO—）的高分子化合物。聚氨酯化学反应复杂，种类繁多，主要有软质泡沫塑料、硬质泡沫塑料、热固性弹性体、黏合剂、涂料、纤维和薄膜等。聚氨酯硬质泡沫塑料是一种三维网状结构性能优良的绝热材料和结构材料，属于高度交联的热固性塑料，主要特点是质量轻，绝热效果好，不能在溶剂中溶解，也不能加热熔化。使用了发泡剂、催化剂等助剂的聚氨酯具有发泡性、弹性、耐磨性、耐低温性、耐溶剂性、耐老化性等优良性能。

(2) 酚醛塑料（phenolic plastics）

酚醛树脂是苯酚和甲醛在催化剂作用下的缩聚产物，酚醛塑料是以酚醛树脂（PF）为基体的塑料的总称，是最早人工合成和工业化生产的塑料品种之一，俗称胶木或电木，外观呈黄褐色或黑色。酚醛树脂具有成本低、机械强度高、坚韧耐磨、耐高温、耐腐蚀、电绝缘

性能好等优良特性，加热固化后，无法再次塑性成型，是产量仅次于聚氨酯、大量使用的热固性塑料。酚醛树脂广泛用于机械、电子电气、建筑、采矿等各工业领域中，如电阻器、变压器、继电器等多采用耐高温的酚醛树脂制造和密封，中高压（6kV 以上）电气设备大部分采用酚醛树脂或环氧树脂等作为绝缘材料。通用热固性酚醛树脂主要用于制造层压塑料、浸渍成型材料、涂料、各种黏结剂等。

（3）不饱和聚酯（unsaturated polyester，UP）

不饱和聚酯由二元酸（或酸酐）与二元醇经过缩聚反应而制得，固化前是从低黏度到高黏度的液体，加入添加剂并加热固化后，成为刚性或弹性的热固性塑料。不饱和聚酯的主要用途是通过加入玻璃纤维增强材料制造玻璃钢，玻璃钢具有强度高、耐腐蚀、电绝缘、隔热等优良性能，应用广泛，可用于制造飞机零部件、小型船艇外壳、卫生盥洗器皿以及化工设备和管道等。

（4）环氧树脂（epoxy resin，EP）

环氧树脂泛指分子中含有两个或两个以上环氧基团的有机高分子化合物，分子链中含有活泼的环氧基团，位于分子链的末端、中间或成环状结构，可与多种类型的固化剂发生交联反应而形成三维网状结构的热固性塑料。环氧树脂具有优异的粘接、防腐蚀、成型能力和热稳定性能，可以作为涂料、黏结剂和成型材料，在电子、电气、机械、建筑等领域应用十分广泛。

（5）脲醛树脂（urea-formaldehyde resin，UF）

尿素与甲醛在催化剂（碱性或酸性催化剂）作用下，缩聚成初期脲醛树脂，然后再在固化剂或助剂作用下，形成不溶、不熔的脲醛热固性树脂。固化后的脲醛树脂颜色比酚醛树脂浅，呈半透明状，耐弱酸、弱碱，绝缘性能好，耐磨性极佳，是胶黏剂中用量最大的品种。脲醛树脂遇强酸、强碱易分解，耐候性较差，初黏差、收缩大、脆性大、不耐水、易老化，用脲醛树脂生产的人造板在制造和使用过程中存在着甲醛释放的问题。

（6）三聚氰胺-甲醛树脂（melamine-formaldehyde resin，MF）

三聚氰胺-甲醛树脂是三聚氰胺与甲醛反应所得到的聚合物，又称蜜胺甲醛树脂或蜜胺树脂。加工成型时发生交联反应，制品为不熔的热固性树脂，习惯上常把它与脲醛树脂统称为氨基树脂。固化后的三聚氰胺甲醛树脂无色透明，在沸水中稳定，具有自熄性、抗电弧性和良好的力学性能。

（7）有机硅树脂（silicone resin，SI）

有机硅树脂是高度交联的网状结构的聚有机硅氧烷，通常是用甲基三氯硅烷、二甲基二氯硅烷、苯基三氯硅烷、二苯基二氯硅烷或甲基苯基二氯硅烷的混合物在有机溶剂（如甲苯）中在较低温度下加水分解得到环状、线型和交联聚合物的含有相当多羟基的酸性混合物，混合物经水洗除去酸后，再经热氧化或在催化剂作用下进一步缩聚，最后形成高度交联立体网络结构的树脂。

2. 废热固性塑料处理处置方法

废热固性塑料的处理处置方法通常有物理法回收、化学法回收、能量回收和填埋法等，各种方法介绍见表 6-20。

表 6-20　热固性塑料的回收方法

方法类型	回收技术	技术特点	物料要求	再生产品特点
物理法	粉碎，作为填料与黏合剂共混再生	物理性质及形态变化，工艺简单，通用性好	要求分类和清洗，粉碎粒径有要求	低价值产品，如建筑材料
化学法	化工原料回收，如水解、热解、醇解等化学回收制取燃料	化学反应，具有规模效益，限制多，工艺复杂，成本高昂	要求分类和清洗，保证原料纯度，要求有充足原料	获取高价值化工原料，如聚氨酯水解获取多元醇
能量回收法	用作燃料直接燃烧	技术简单，产生二次污染	不需要分类清理	用作能源或用于发电
填埋法	机械挤压减小体积，直接填埋，自然降解	技术简单，成本低，但占用土地资源，长期污染环境，产生二次污染	不需要分类清理	—
微生物降解法	利用微生物使材料发生分解	对环境负面影响小，但是技术复杂，降解周期长		

(1) 物理法回收

物理法回收是在不破坏热固性塑料的化学结构，不改变其组成的情况下，采用机械粉碎或粘接方法直接回收利用。该方法属于开环回收，将回收物用于对材料性能要求较低的领域，如用作制备新材料的原料，或者用来填充热塑性或热固性塑料制备复合材料。

机械物理再生过程既有物理变化又有化学变化，通过机械力及热的综合作用下破坏热固性塑料网状交联的分子结构，生成活性基团，获得高反应活性的再生料，使再生料在一定程度上恢复反应活性，即恢复再次加工性能，实现热固性塑料有效再生和循环利用。

① 热固性塑料机械物理法资源化工艺　热固性塑料机械物理法资源化工艺流程主要有粉碎、再生、混合和成型四个主要阶段，见表 6-21。

表 6-21　热固性塑料机械物理法资源化工艺流程

工艺名称	工艺过程
粉碎	废热固性塑料经过分离清洗，再经破碎机械设备粉碎后，得到粒径减小，比表面积增加的热固性塑料粉体，其网状交联的分子结构和化学性质没有改变
再生	粉碎后的热固性塑料粉体继续粉碎，粒径继续减小，在机械力及热的综合作用下，热固性塑料粉体发生分子链断裂，交联密度减小，网状交联结构逐步被破坏，产生机械力化学效应，活性基团大量产生，分子结构及化学性质发生改变。该过程属于化学变化，得到反应活性增加、成型能力增强、可加工性能改善的低度交联粉体
混合	向热固性塑料再生获得的活性再生料中添加热塑性树脂和化学助剂，在机械物理作用下混合均匀，得到化学反应充分完全、综合性能较好的混合物
成型	通过热压成型或挤出模压成型方法，利用再生粉体或其混合物制造出新的再生塑料制品，实现热固性塑料的循环再利用

从机械力活化作用角度分析，废热固性塑料在强烈持久的机械力复合作用下，宏观上使材料的物理性质和形态发生变化，生成了新表面，并且颗粒粒度减小，比表面积增大。随着颗粒的细化，热固性塑料从脆性破坏转变成塑性变形，网状交联分子链中应力集中，薄弱位置在强且持久的机械应力作用下发生断裂，原来高度交联的分子结构在机械力作用下被破坏，或者表现为松散的分子链片段，每个活性粉体颗粒都相当于一个网状大分子结构。

从能量转化角度分析，废热固性塑料在机械力复合作用下，机械能转变为热能，促使分子结构中键能较弱的化学键发生断裂，产生新的官能团，活性基团增多，再生料的反应活性增强。热能破坏了热固性塑料大分子的交联结构，交联密度降低，产生了低度交联的高聚物，活性再生料的黏度和流动性增加，重新具备了再次成型的能力，从而实现废旧热固性塑料的循环利用。热固性塑料机械力活化的再生效果除受自身结构组成和材料性质等内部因素影响外，还受到机械力作用形式及大小、粉碎工艺参数（转速、时间、温度、粒度和进料量等）、实验设备的机械结构等外部因素的影响。

② 废热固性塑料回收利用率的控制　在机械物理作用下，可从工艺、设备、化学方法等多种途径增强再生料的活性和可加工性能，提高再生塑料的力学性能，实现废热固性塑料的高效回收和再利用。可以采取表 6-22 所列方法。

表 6-22　提高再生塑料利用价值的方法

优化方法	优化内容
优化设备机械结构参数	优化入料粒度、粉碎速度(设备转速)、温度、时间等工艺参数,优化实验装置的机械结构参数,优化刀具结构和刀具角度参数,使热固性塑料在再生过程中获得足够大的机械应力,切断聚合物的分子链;在密闭的再生环境条件下,机械能转变热能,温度升高,分子结构中键能较弱的化学键发生断裂,产生新的活性基团,获得具有一定反应活性的再生料
添加助剂	热固性塑料再生料具有一定的反应活性,再生粉体或其混合物的再次成型具备了可行性。按比例添加热塑性聚合物、偶联剂、化学助剂等可以明显增强再生效果,提高再生塑料的材料性能及其可加工性能
优化过程控制参数	以活性再生料为主要成分的混合物在机械物理作用下形成固态(面团状或粉末状)的混合物。优化成型过程中的压力、时间、温度等工艺参数,可以提高再生塑料的力学性能或其他性能

（2）化学法回收

化学法回收是在不同的介质中对废旧热固性塑料进行加热，或者通过化学反应，将热固性树脂基体分解成原料单体或低分子聚合物，从而达到与增强材料分离、实现回收再利用的目的。化学法回收的结果是将热固性塑料废弃物转化为化工原料或其他物质，回收技术有醇解、水解、碱解、氨解、热解、加氢裂解等多种方法，但是化学法回收的缺陷是工艺复杂，适用性差，生产成本高昂。

（3）填埋处置法

填埋处置是废热固性塑料普遍采用的处理方法之一，虽然填埋法简单易行，但是占用了宝贵的土地资源。热固性塑料具有耐腐蚀的特点，长期难以分解，会破坏土壤透气性能和蓄水能力，导致土地指标劣化；热固性塑料中的一些有毒有害物质会影响地下水质，对环境造成长期污染。热固性塑料的生产原料来源于不可再生的石油，在能源日益紧缺的条件下，填埋法是对能源的浪费。

（4）能量回收法

燃烧回收能量是处理废热固性塑料的另一种方法。虽然产生的热量可以作为再利用的能源，但是这种方法严重危害环境，造成污染。在高温有氧条件下，热固性塑料聚合物发生热裂解，同时释放出大量有害气体；燃烧过程中塑料填充染色使用的有害物质如铅（Pb）、砷（As）等物质会挥发到大气中；燃烧残渣中含有镉（Ge）、铅（Pb）等重金属，处理不当会对环境造成二次污染。

3. 废热固性塑料再生工艺

（1）废热固性塑料再生难点

热塑性塑料加热熔融后可再次塑性成型，常用方法有挤出、注射、压延、吹塑和热成型等。热固性塑料由于固化反应是非可逆的，加热不能熔融，也不能在溶剂中溶解，不能反复加工成型，因此物理法回收存在着一些困难。

① 物理法通过粉碎改变材料物理形态和物理性质，因此不能克服热固性塑料无法加热熔融且不能在溶剂中溶解的特性，回收产物更多作为低价值填料使用，应用价值不高。

② 热固性塑料具有硬度高、强度大、抗腐蚀、耐高温等优良性能，在生产热固性塑料时，为了提高强度和韧性，不少种类的热固性塑料（如酚醛塑料等）含有多种增强材料，因此对废热固性塑料进行粉碎处理比较困难，并且处理效率低。

③ 热固性塑料回收料的利用率低，例如酚醛塑料在粘接加压成型再制造工艺中，废料的回收利用率只有 5%～20%，否则影响再生制品的力学性能。

（2）常用废热固性塑料再生工艺方法

常用的热固性塑料再生工艺方法的机械物理法有直接粉碎法、粘接加压成型法、热压模塑成型法和结构反应注塑成型法。

① 直接粉碎法　直接粉碎法是将热固性塑料的废料或边角料直接切割或者粉碎，筛分后得到合适粒度的粉末状材料，再用作生产热固性塑料制品的增强材料。

工艺Ⅰ（聚氨酯塑料再利用）：聚氨酯硬泡塑料的废料和边角料先加压处理，然后粉碎筛分后得到合适粒度的粉末，将回收粉末和水泥、砂、水混合用作建筑物的绝热层，该绝热层质量轻、绝热性能优良，还可以用作吸能和隔音的泡沫功能材料。

工艺Ⅱ（酚醛塑料再利用）：将废旧酚醛塑料粉碎成粒径 76～200μm 的微细颗粒，并以 4%～12%的质量比例重新加入原料中生产酚醛塑料制品。

工艺Ⅲ（不饱和聚酯再利用）：热固性不饱和聚酯模塑料 SMC/BMC 粉磨后，得到粒径 1～2mm 的较大尺寸粉末颗粒，适合于生产建筑材料如轻质水泥板；更小粒径的粉末颗粒（200 目或更小）可以作为制造 SMC/BMC 模塑料制品的填料。

② 粘接加压成型法　将废旧热固性塑料粉碎成碎料或粉末状，放入带有搅拌装置的容器，喷洒黏合剂且混合均匀，黏合剂熔融或溶解后，粘接热固性塑料粉末，再加热加压固化成型。

工艺Ⅰ（聚氨酯塑料再利用）：将冰箱等制冷设备的硬质聚氨酯泡沫保温材料废料和边角料粉碎成粒径 1～10mm 的碎片或颗粒，在混合装置中喷涂黏结剂，约为总质量的 5%～10%，然后送入模具加热加压，将材料压缩至所需要密度，使其固化成型，用于生产具有一定机械力学性能的塑料板材（温度 50～80℃，时间 1～2h，压力 3～20MPa，常态下的泡沫颗粒体积与制成板材体积比为 3.5∶1）。粘接技术的关键是合理选择黏结剂，如异氰酸酯（MDI）、脲醛或环氧树脂等。

工艺Ⅱ（酚醛塑料再利用）：热固性酚醛废料或边角料作为原材料，首先粉碎成粉末状，再与反应性树脂、醛类化合物、碱性催化剂按重量比例（酚醛边角、废料 30%～80%；反应性树脂 10%～50%；醛类化合物 5%～20%；碱性催化剂 1%～10%）混合制备酚醛复合料，加入黏合剂，在加热加压条件下固化成型。

③ 热压模塑成型法　热压模塑成型法是先将废热固性塑料粉碎成粉末，将粉末单独或与其他物料混合放入模具中，加热到一定温度，在一定压力条件下模压成型。

工艺Ⅰ（聚氨酯塑料再利用）：将热固性聚氨酯废料粉碎到粒径 1mm 以下，加入纯聚丙烯、偶联剂及助剂均匀混合制成混合料（聚氨酯废料 33%～50%、聚丙烯 35%～48%、偶联剂 10%～12%、助剂 4%～7%）。混合料经过加热保温后（预热温度 185～195℃），送入模具中模压（模具压力 30MPa 以上），冷却脱模后得到成品。

工艺Ⅱ（酚醛塑料再利用）：废热固性酚醛塑料经过粉碎后，加入聚丙烯、偶联剂及助剂，按重量比例均匀混合制成混合料（酚醛树脂复合废料 28%～45%、偶联剂 10%～12%、助剂 5%～8%、玻璃纤维 5%～6%），加热保温（加热温度 185～195℃），在模具中放入玻璃纤维，进行模压（模具压力 1.4～1.6MPa），冷却脱模后得到塑料制品。

④ 结构反应注塑成型法　结构反应注塑成型法是将粗的塑料颗粒夹于两层玻璃纤维加强层之间，形成夹心结构，然后放入模具，再注入热固性树脂，再加压成型。

工艺（聚氨酯塑料再利用）：将双组分聚氨酯树脂充满粗颗粒回收料和玻璃纤维加强层的空隙，成为连续相结构，再加压成型制备再生塑料制品。回收料颗粒尺寸不能过小，避免从玻璃纤维加强层中溢出，同时又不能过大，以适应模具的厚度要求。

（二）含卤废塑料的资源化利用

1. 含卤废塑料脱卤处理技术

电子废物中塑料一般占电子废物总重量的 25%左右，其中大约 30%的塑料为阻燃塑料，卤素主要是溴化阻燃剂中的溴和聚氯乙烯中的氯。含卤废塑料处理过程中，卤素很容易形成有毒有害含卤化合物，如卤化氢、卤代酚、二噁英和呋喃类等，因此在含卤废塑料资源化利用过程中对卤素的脱除是必要的。

含卤废塑料脱卤有破坏性脱卤和非破坏性脱卤两种方式。破坏性脱卤一般要借助塑料本身的分解来实现，即在塑料和含卤化合物降解成小分子的过程中实现脱卤目的，也称热分解脱卤。非破坏性脱卤则是在不改变塑料大分子主链结构的前提下进行的，常见非破坏性脱卤技术有溶剂萃取脱卤、超临界水解脱卤和化学还原脱卤等。

（1）含卤废塑料热分解脱卤

热分解技术是利用高温破坏聚合物的分子链，使卤素以卤化氢或小分子含卤碳氢化合物的形式从有机物中分离脱除出来。由于废塑料中氯与溴的存在方式不同，因此其热解行为也有所差异。氯来源于聚氯乙烯，热解过程中存在较低温度下脱氯化氢和较高温度下碳链裂解两个过程，所以可以通过控制热解温度达到脱除氯化氢的目的；溴来源于溴化阻燃剂，溴化阻燃剂的溴原子主要与芳碳原子相连，由于芳碳上的 C—Br 键的键能比链烃上的 C—Br 键和 C—Cl 键更稳定，C—Br 键开始断裂的温度很接近聚合物主链的分解温度，其产物中除了 HBr 外，还有相当多的含溴碳氢化合物，如各种溴代烷烃、溴代芳烃等。

① 热解吸附脱卤　在电子塑料热解操作中添加碱性物质吸附热解过程中产生的卤化氢是最常使用的脱卤方法，常用吸附剂有碱金属和碱土金属氧化物、氢氧化物及其碳酸盐，吸附剂可以直接加到塑料中，也可以将吸附剂装在固定床中与气相接触进行脱卤。

碱性添加剂不但能与卤化氢反应，还能够与聚合物上的卤素发生反应，碱性越强脱卤效果越好，强碱（如 NaOH、KOH）能脱去芳烃上的溴，而较弱的碱［如 $Mg(OH)_2$、$Ca(OH)_2$］只能脱去链烷烃的溴。钙镁的碳酸盐和氧化物由于具有较大的比表面积，因此对气相吸附卤化氢非常有效。碱性添加剂主要作用是吸附卤化氢并形成卤化物，单独使用脱卤效果较差，一般只用作辅助脱卤。

② 热解催化脱卤　热解催化脱卤是在将塑料大分子裂解成小分子的同时，利用催化剂将含卤碳氢化合物中的卤原子转变成卤化氢而加以去除。催化加氢脱卤一般要在较高的反应温度和压力以及氢气和催化剂的存在下才能进行。一些供氢物质也可以作为氢源代替氢气用于加氢脱卤反应，常用的供氢物质有四氢化萘、十氢化萘、1-甲基萘等。

在不需提供氢气的情况下，铁的氧化物如 Fe_2O_3、Fe_3O_4、FeOOH 等也具有将卤代碳氢化合物的卤原子转化为卤化氢的作用，铁氧化物实际上同时起到催化脱氯和吸附氯化氢两种作用。

③ 热解氢化脱卤　热解氢化脱卤指塑料废弃物在氢气氛围中进行热解，而卤素最终以卤化氢的形式脱除。在这种方法中，塑料废弃物中存在的多卤化合物也会被还原性气体转化为相对无害的碳氢化合物，而卤化氢气体最后用氧化物进行中和，并回收利用。最直接的热解氢化脱卤方法是在裂解装置中直接通入氢气，在高压条件下进行反应脱卤。塑料废弃物发生熔融和解聚后，以卤化氢的形式释放，释放的卤化氢气体可采用水洗方法进行回收，或通过碱性物质进行中和回收利用。

④ 真空热解脱卤　真空热解脱卤是在反应压力低于大气压下进行的热化学反应。由于塑料的热解是一个从液相或固相转变成气相的过程，因此，真空有利于反应的进行。真空条件缩短了热解产物在高温反应区的停留时间，减少了二次热解反应的发生，尤其降低了卤化氢发生二次反应生成卤代烃的概率。

（2）含卤废塑料湿法脱卤

由于限制含卤阻燃塑料制品的生产和销售成了新的环保政策，因此脱卤对含卤阻燃塑料的资源化再生利用势在必行。所以未来脱卤技术的研究除了开发更有效的脱卤方法之外，在脱卤的同时尽可能保留材料的力学性能也非常重要。从这个意义来讲，水解脱卤、溶剂萃取以及化学还原等非破坏性脱卤技术虽然目前还有很多不足，但代表未来废旧塑料脱卤的发展方向。另一方面是在脱卤的同时要考虑卤素的回收，阻燃塑料中溴的含量比海水、卤水高几百倍，是宝贵的资源，选择合适的溴回收途径可以大大降低塑料脱卤的经济成本。

① 溶剂萃取脱卤　对于添加型阻燃塑料，可以选择适当的溶剂通过萃取的方法把阻燃剂从塑料中溶解并分离出来，达到脱卤的目的。超临界 H_2O 和 CO_2 具有极好的溶解性和渗透性，用超临界法萃取分离塑料中的阻燃剂，不仅对 PS、PU、PET、ABS 等热塑性树脂有效，也可用于阻燃热固性塑料的脱溴。超临界水解脱卤可以以较快的速度获得比较完全的脱卤效果，但也会存在一些问题，如脱卤时会或多或少产生包含卤化物在内的一些小分子有机化合物，需要对产生的废水进行处理；超临界水中有氧化剂存在时，虽然塑料中的有机卤可以转化成无机卤获得很好的分离，但大部分塑料将被氧化成水和二氧化碳失去利用价值。

② 化学还原脱卤　碱金属和碱土金属能溶于液氨形成蓝色的溶剂化电子溶液，这种电子具有很强的还原性，已被成功地用于多氯联苯、农药以及制冷剂氟利昂等的脱卤处理。化学还原脱卤可以在不破坏材料结构的同时置换出其中的卤素，脱除效果好，反应速度快，尤其对反应型阻燃塑料脱溴具有独特的效果，对氯和溴没有明显的选择性，不足之处是反应体系对 H_2O、CO_2、NH_4^+ 等杂质比较敏感，所选用的碱金属和碱土金属的价格较贵，使用过程存在一定风险。

2. 含卤废塑料回收再利用

含卤废塑料中比较典型的是聚氯乙烯，是氯乙烯单体（vinyl chloride monomer）在过氧化物、偶氮化合物等引发剂，或在光、热作用下按自由基聚合反应机理聚合而成的聚合物。根据应用范围的不同，PVC 可分为通用型 PVC 树脂、高聚合度 PVC 树脂和交联 PVC 树脂，聚氯乙烯回收再利用产品主要应用于建材。

（1）制作塑料油膏

以煤焦油为基料，加入废 PVC 对煤焦油进行改性塑化。加热时，PVC 分子键作为骨架，煤油分子进入骨架中，既可改善煤焦油的流动性，又可提高 PVC 分子链的柔韧性。制作塑料油膏时加入增塑剂，可提高产品的低温柔韧性和塑性，加入稳定剂，可阻止 PVC 高温分解放出氯化氢气体。具体步骤为：向反应釜中加入适量已脱水的煤焦油，再加入定量清洗过的 PVC 塑料、增塑剂、稳定剂、稀释剂和填充剂等。加料时搅拌，加温至 140℃恒温，待塑化合格后出料，冷却、切块包装，即成 PVC 油膏制品。该制品适用于各种混凝土屋面嵌缝防水和天沟、落水管、桥梁、填坝等混凝土构配件接缝防水以及旧屋面的补漏工程。

（2）生产板材

利用废 PVC 塑料可生产软质拼装地板、木质塑料板材、人造板材、混合包装板材等。

① 生产地板　聚氯乙烯塑料地板是一种新型地面铺设材料，以废旧 PVC 塑料为主要原料，经过粉碎、清洗后，加入适量的增塑剂、稳定剂、润滑剂、颜料及其他外加剂，经切料、混合、注塑成型、冲压工艺制成，具有耐磨、耐腐蚀、隔凉、防潮、不易燃等特点，色泽美观、铺设方法简单，可拼成各种图案，装饰效果好，已被广泛应用。

配方Ⅰ：废旧 PVC 塑料 100 份，邻苯二甲酸二辛酯 5 份，石油脂 5 份，三碱式硫酸铅 3 份，二碱式亚硫酸铅 2 份，硬脂酸钡 1 份，硬脂酯 1 份，碳酸钙 15 份，阻燃剂、抗静电剂、颜料、香料适量。

配方Ⅱ：废旧聚氯乙烯农膜 100 份，碳酸钙 120～150 份，润滑剂 1.5 份，稳定剂 4 份，色浆剂适量。

② 生产木质塑料板材　木质塑料板材是用木粉和废旧聚氯乙烯塑料热塑成型的复合材料，用途广泛，既适用于建筑材料、交通运输、包装容器，也适用于家具制作。因其保留了热塑性塑料的特点，所以具有不霉、不腐、不折裂、隔音、隔热、减振、不易老化等优点。

③ 生产塑料砖　将废旧 PVC 塑料掺和在黏土中烧制，烧制过程中塑料化为灰烬，砖体内遗留出孔状空隙，砖体质量变小，保温性能提高。

第四节　废弃电器电子产品资源化回收

回收是废弃电器电子产品资源化利用的重要环节，通常废弃电器电子产品的回收模式有“以走街串巷的个体经营者回收为主的废弃电器电子产品传统收集模式”、“以零售商和制造商为主的家电‘以旧换新＋政策补贴’回收模式”和“以个体回收与新型多渠道（如‘互联网＋’）回收相结合”的 3 种模式。为使废弃电器电子产品回收更加效，研究者提出了废弃电器电子产品的逆向物流回收模式。

一、废弃电器电子产品逆向物流回收含义及特性

1. 废弃电器电子产品逆向物流回收含义

电子废物逆向物流回收是电子废物有序回收较为合理的模式。电子废物逆向物流的实施，有利于循环经济的顺利进行。从价值链的角度出发，实施电子废物逆向物流是企业利润增值的过程，会产生较大经济效益；从产品生命周期的角度出发，实施电子废弃物逆向物流，可以使有价值的电子废物重新进入产品生命周期的循环系统；从生产责任延伸制的角度出发，相关责任主体都有义务推动电子废弃物逆向物流的实施。

根据国家标准《物流术语》（GB/T 18354—2006）定义：废弃物物流（waste material logistics）指将经济活动或人民生活中失去原有使用价值的物品，根据实际需要进行收集、分类、加工、包装、搬运、储存等，并分送到专门处理场所的物流活动；回收物流（return logistics）指退货、返修物品和周转使用的包装容器等从需方返回供方或专门处理企业所引发的物流活动；反向物流（reverse logistics）指物品从供应链下游向上游的运动所引发的物流活动，也称逆向物流。

结合《物流术语》对废弃物物流、回收物流和反向物流（逆向物流）的定义，电子废物逆向物流可解释为退货、返修的电器电子产品以及电子废物从需方返回供方或专门处理企业，在供应链下游向上游转移的过程中需要进行收集、分类、加工、包装、搬运、储存等行为的物流活动。图 6-37 为电器电子产品物流示意图。

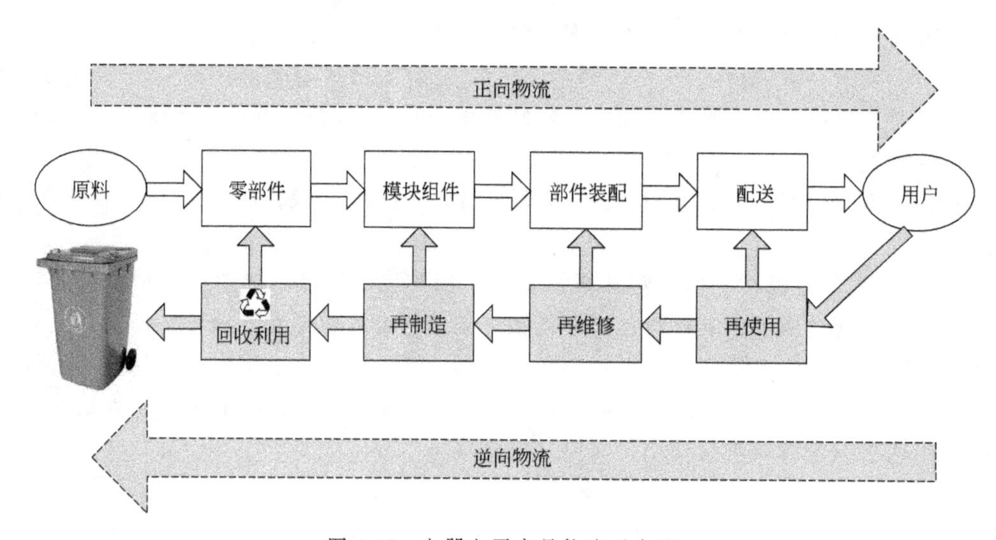

图 6-37　电器电子产品物流示意图

2. 废弃电器电子产品逆向物流回收特性

① 逆向物流参与主体具有多重性　逆向物流的主要成本为社会成本，主体包括处理企业、回收商和拆解商。

② 逆向物流决策与实施具有复杂性　逆向物流的决策包括回收、分类、检测、运输、储存、库存控制、再销售以及废物的处置等诸多活动。

③ 逆向物流组织形式具有多样性　逆向物流组织形式有开环、闭环、混合和线性四种。

二、电子废物逆向物流模式

1. 自营模式

自营模式是以电子产品制造商为电子产品逆向物流的实施主体回收电子废物，主要有“制造商直接回收”和“经销商回收——制造商处理”两种形式。回收分为主动回收和被动回收，被动回收的对象主要是循环利用价值不高的电子产品。

电子废物逆向物流自营模式的优势在于电子废物由电子产品生产企业自己回收再利用，生产企业可以通过降低原材料成本来获取较高利润；劣势是前期投资大、管理成本高、回收期长。

2. 联盟模式

联盟模式是指生产相同或相似的电器电子产品的企业通过合作来组建联盟组织或企业来对公司的电子废弃物进行回收处理的一种方式。按照行业和产业链，联盟可划分为同行业之间的联盟和上下游产业之间的联盟。

电子废物逆向物流联盟模式的优势是前期投入较小，投入产出比较高；劣势是人员管理和相互沟通要求高，信息管理标准高。

3. 第三方模式

第三方模式是指电器电子产品生产企业通过协议形式将其电子废物中的部分或者全部业务，交由专门从事逆向物流服务的企业。

电子废物逆向物流第三方模式的优势在于投资少，风险低，专业化分工明确；劣势是对逆向物流活动的实施控制能力弱，存在产品品牌知识产权方面的风险。

参考文献

[1] 唐德文，邹树梁，刘衣昌，等．废弃线路板回收技术与方法研究进展．南华大学学报（自然科学版），2014，28（2）：46-51.

[2] 王波，洪丽．废弃印刷线路板处置技术的研究进展．安全与环境学报，2013，13（1）：80-84.

[3] 李超，孙志兴，沈志刚．废旧电路板非金属材料粉的能量利用实验与分析．中国粉体技术，2011，17（2）：12-15.

[4] 陈平，费敏明，吴秉灵．FR-4层压板用胶黏剂配方的研究．哈尔滨电工学院学报，1989，12（4）：319-326.

[5] 魏莉莉．FR-4型废弃印刷线路板中温热解处理的实验研究．天津：天津大学环境科学与工程学院，2008.

[6] 湛志华．废弃电路板环氧树脂真空热裂解实验及机理研究．长沙：中南大学，2011.

[7] 唐兰，黄海涛，郝海青，等．固体废弃物等离子体热解/气化系统研究进展．科技导报，2015，33（5）：109-114.

[8] 王松涛．电子废弃物热处理过程产物分析．西安：西南交通大学，2009.

[9] 田震，关杰，陈钦．超临界流体及其在环保领域中的应用．2011，28（4）：265-273.

[10] 艾元方，何世科，孙彦文，等．短回转窑一立窑型废线路板高温焚烧冶炼炉．矿冶，2014，23（5）：86-91.

[11] 何世科．废线路板焚烧冶炼炉操作参数仿真优化．长沙：中南大学，2014.

[12] 张兵．再生铜火法精炼除铁工艺及热力学研究．南昌：江西理工大学，2015.

[13] 田彦文，翟秀静，刘奎仁．冶金物理化学简明教程．北京：化学工业出版社，2011.

[14] 赵晗雪，陆文杰．回转窑内物料运动与传热特性分析．水泥生产，2016：1007-6344.

[15] 詹路．破碎-分选废弃印刷电路板混合金属颗粒中Pb，Zn，Cd等重金属的真空分离与回收．上海：上海交通大学，2011.

[16] 杨懿．家电回收处理中异性塑料自动分拣原理及实验研究．上海：上海交通大学，2011.

[17] 付中阳．《废塑料分类分级及代码》国家标准编制研究．天津：天津理工大学，2018.

[18] 王丹红，朱曙梅，吴文，等．废旧塑料种类鉴别方法的探讨．技术咨询，2005（5）：46-47.

[19] 童晓梅．废旧塑料种类鉴别方法探讨．塑料科技，2007（03）：76-79.

[20] 奚东．塑料种类快速估测．塑料科技，2000（5）：48-50.

[21] 郭进．城市矿产中废塑料浮选分离技术研究．成都：西南交通大学，2016.

[22] 王晖，顾帼华，邱冠周．废旧塑料分选技术．现代化工，2002，22（7）：48-51.

[23] 大井英节．废塑料的干式分选．国外金属矿选矿，2001（6）：2-5.

[24] 杨英，梁平．废弃塑料再利用的研究进展．辽宁化工，2005，34（7）：297-300.

[25] 陈荔峰．废塑料的资源化技术——回收再利用．中国环境保护优秀论文集，2005，1662-1667.

[26] 李二平，胡晴，邱亚群，等．废塑料再利用技术研究进展．中国环境科学学会学术年会论文集，2016，3450-3456.

[27] 熊秋亮，黄兴元，陈丹．废旧塑料回收利用技术及研究进展．工程塑料应用，2013，41（11）：111-115.

[28] 吴仲伟．热固性塑料机械物理法再生及再资源化研究．合肥：合肥工业大学，2013.

[29] 贾有青．含卤废 PVC 塑料热解脱卤技术的研究．上海塑料，2009 (1)：15-17.
[30] 谢明权．电视机外壳塑料再生脱卤研究．广州：华南理工大学，2010.
[31] 翟秀静．重金属冶金学．北京：冶金工业出版社，2011.
[32] 大矢仁史．形状分选技术在废料再生利用中的应用．国外金属矿选矿，2001，38 (8)：11-16.
[33] 柳群义，王安建，张艳飞，陈其慎．中国铜需求趋势与消费结构分析．中国矿业，2014，23 (9)：5-8.
[34] 刘文闯．电路板中回收铜技术的研究现状．热加工工艺，2017，46 (20)：14-15.
[35] 王永乐．电子废弃物中复杂体系贵金属的分析方法研究．上海：东华大学，2013.
[36] 梁昌金．电子垃圾中金的生物浸取技术研究进展．韩山师范学院学报，2015，36 (3)：96-102.
[37] 王徐苗．电子危险废物越境转移法律制度研究．上海：上海社会科学院，2007.
[38] 赵龙．废电路板的热解及脱溴实验研究．大连：大连理工大学，2014.
[39] 项赟．废旧线路板有价金属生物回收技术研究．广州：华南理工大学，2011.
[40] 苏涛．废旧印刷线路板细菌浸出液中铜的电沉积回收研究．绵阳：西南科技大学，2012.
[41] 张文治，谢武明，刘敬勇，等．废弃电子线路板资源化方法评述．再生资源与循环经济，2014，7 (6)：33-37.
[42] 郭晓娟，吴春锋．废弃印刷线路板热解产物金属回收实验研究．广东化工，2016，43 (12)：40.
[43] 薛俊芳，王娇，张宁．废弃印刷线路板再资源化回收方法的综述．现代制造工程，2015 (12)：134-139.
[44] 王莉莉，孙秀云，李桥，等．废弃印刷线路板中铜的两步浸出工艺优化．环境工程学报，2018，12 (1)：250-258.
[45] 周磊，殷进．废弃印刷线路板资源化处理现状．广州化工，2013，41 (17)：3-5.
[46] 邓志文，杜龙，孔新红，等．废线路板回收利用工艺及其污染防治探讨．有色冶金设计与研究，2018，39 (04)：94-97.
[47] 李桂春，苑仁财．废印刷电路板机械回收及湿法冶金技术研究现状．湿法冶金，2011，30 (04)：272-275.
[48] 谌书，杨远坤，廖广丹，等．基于生物湿法冶金的废旧印刷线路板金属资源化研究进展．地球与环境，2013，41 (4)：364-370.
[49] 曾伟民，朱海珍，叶子婕，等．生物湿法冶金技术回收废弃线路板中有价金属的研究进展．有色金属科学与工程，2013，4 (1)：26-30.
[50] 杨远坤．氧化亚铁硫杆菌浸提废旧印刷线路板铜的研究．绵阳：西南科技大学，2011.
[51] 张松滨，李万海，王红．废塑料生产胶粘剂的研究．环境保护科学，1999，25 (5)：40-41.
[52] 郭志红．塑料容器气化作化工原料．国外科技动态．2000 (11)：13-14.
[53] 徐采栋，林蓉，汪大成．锌冶金物理化学．上海：上海科学技术出版社，1979.

第七章 废弃电器电子产品中危险废物的管理与处理处置

第一节 电子类危险废物管理

一、危险废物管理

（一）危险废物基本概念

1. 危险废物定义

根据《中华人民共和国固体废物污染环境防治法》的规定，危险废物是指列入国家危险废物名录或者根据国家规定的危险废物鉴别标准和鉴别方法认定的具有危险特性的固体废物。废弃电器电子产品中的废弃印刷线路板中普遍含有重金属镉、铬、汞、铅和元素砷等有毒物质，因此废弃电器电子产品中的部分物质和元器件被列入了《国家危险废物名录》。

2. 危险废物的特征

危险废物的特征是指它所表现出来的对人、动植物可能造成致病性或致命性的，或对环境造成危害的性质。通常表现为：易燃性、腐蚀性、反应性、毒害性、传染性、生物毒性、生物蓄积性、三致性等。

（二）危险废物管理规范性文件

1. 危险废物管理相关文件

危险废物管理规范性文件包含国家和地方各级行政部门针对危险废物问题制定的法规、政策以及实施这些法规的政策等。表 7-1 给出了部分危险废物管理规范性文件。

2. 国家危险废物名录

为防止危险废物对环境的污染，加强对危险废物的管理，保护环境和保障人民身体健康，1998 年 1 月 4 日，原国家环保局、原国家经贸委、原外经贸部、公安部根据《中华人民共和国固体废物污染环境防治法》，颁布了《国家危险废物名录（1998 年版）》（环发

〔1998〕089号）并于1998年7月1日实施。

表7-1　部分危险废物管理文件

类别	名　称	生效时间
国际公约	《控制危险废物越境转移及其处置巴塞尔公约》，简称《巴塞尔公约》[《Basel Convention on the Control of Transboundary Movements of Hazardous Wastes and Their Disposal》(Basel Convention)]	1992年5月
	《关于在国际贸易中对某些危险化学品和农药采用事先知情同意程序的鹿特丹公约》，简称《鹿特丹公约》或《PIC公约》[《Convention on International Prior Informed Consent Procedure for Certain Trade Hazardous Chemicals and Pesticides in International Trade Rotterdam》(The Rotterdam Convention)]	2004年2月24日
	《关于就某些持久性有机污染物采取国际行动的斯德哥尔摩公约》，简称《斯德哥尔摩公约》[《Stockholm Convention on Persistent Organic Pollutants》(Stockholm Convention)]	2004年5月17日
相关法律	《中华人民共和国固体废物污染环境防治法》	2020年4月29日第十三届全国人民代表大会常务委员会第十七次会议第二次修订，自2020年9月1日起施行
	《中华人民共和国刑法》	2020年12月26日，第十三届全国人民代表大会常务委员会第二十四次会议通过《中华人民共和国刑法修正案(十一)》，自2021年3月1日起施行
标准	《危险废物鉴别标准 毒性物质含量鉴别》(GB 5085.6—2007)	2007年10月1日
	《危险废物鉴别标准 反应性鉴别》(GB 5085.5—2007)	2007年10月1日
	《危险废物鉴别标准 易燃性鉴别》(GB 5085.4—2007)	2007年10月1日
	《危险废物鉴别标准 浸出毒性鉴别》(GB 5085.3—2007)	2007年10月1日
	《危险废物鉴别标准 急性毒性初筛》(GB 5085.2—2007)	2007年10月1日
	《危险废物鉴别标准 腐蚀性鉴别》(GB 5085.1—2007)	2007年10月1日
	《危险废物贮存污染控制标准》(GB 18597—2001)	2002年7月1日实施，2013年修订
	《危险废物鉴别标准 通则》(GB 5085.7—2019)	2020年1月1日
	《危险废物鉴别技术规范》(HJ 298—2019)	2020年1月1日
	《危险废物填埋污染控制标准》(GB 18598—2019)	2020年6月1日
	《危险废物焚烧污染控制标准》(GB 18484—2020)	2021年7月1日
规范性文件	《危险废物转移联单管理办法》(国家环保总局第5号)	1999年10月1日
	《危险废物污染防治技术政策》(环发〔2001〕199号)	2001年12月17日
	《关于实行危险废物处置收费制度促进危险废物处置产业化的通知》(发改价格〔2003〕1874号)	2003年11月18日
	《全国危险废物和医疗废物处置设施建设规划》(环发〔2004〕16号)	2004年1月19日
	《危险废物安全填埋处置工程建设技术要求》(环发〔2004〕75号)	2004年4月30日
	《危险废物经营许可证管理办法》(国务院令〔2004〕408号)	2004年7月1日
	《危险废物集中焚烧处置工程建设技术规范》(HJ/T 176—2005)	2005年5月24日
	《废弃危险化学品污染环境防治办法》(国家环保总局第27号)	2005年10月1日
	《危险化学品安全管理条例》	2002年1月26日中华人民共和国国务院令第344号公布；2011年2月16日国务院第144次常务会议修订通过，2011年12月1日施行；根据2013年12月7日《国务院关于修改部分行政法规的决定》修订
	《危险废物经营许可证管理办法》	2004年5月30日中华人民共和国国务院令第408号公布，2004年7月1日施行；根据2013年12月7日《国务院关于修改部分行政法规的决定》第一次修订；根据2016年2月6日《国务院关于修改部分行政法规的决定》第二次修订
	《国家危险废物名录(2021年版)》	2021年1月1日

《国家危险废物名录（1998年版）》（环发〔1998〕089号）基本上参照《控制危险废物越境转移及其处置巴塞尔公约》进行编制，与我国实际情况有差距，可操作性不强，并且未确定以何种标准或原则制定《名录》。同时，《国家危险废物名录（1998年版）》（环发〔1998〕089号）规定的“凡《名录》中所列废物类别高于鉴别标准的属危险废物，列入国家危险废物管理范围；低于鉴别标准的，不列入国家危险废物管理”，与《中华人民共和国固体废物污染环境防治法》（2004年修订）中的规定“危险废物是指列入国家危险废物名录或者根据国家规定的危险废物鉴别标准和鉴别方法认定的具有危险特性的固体废物”相抵触。因此，2008年6月6日原环境保护部、国家发展和改革委员会联合发布中华人民共和国环境保护部、中华人民共和国国家发展和改革委员会令第1号对《国家危险废物名录（1998年版）》（环发〔1998〕089号）进行了修订。

《国家危险废物名录（2008年版）》自2008年修订实施以来，对加强我国危险废物管理起到了重要的基础支撑作用，但随着我国对危险废物管理的深入，以及中华人民共和国最高人民法院和最高人民检察院《关于办理环境污染刑事案件适用法律若干问题的解释》的实施，《国家危险废物名录（2008年版）》已不能满足我国危险废物管理的需要，亟待修订完善。

2016年6月14日，生态环境部（原环境保护部）联合国家发展和改革委员会、公安部联合发布了《国家危险废物名录（2016年版）》，对原《国家危险废物名录（2008年版）》进行了修订。该次修订将危险废物调整为46大类别479种（其中362种来自原《名录》，新增117种）。将原《名录》中HW06有机溶剂废物、HW41废卤化有机溶剂和HW42废有机溶剂合并成HW06废有机溶剂与含有机溶剂废物，将原名录表述有歧义且需要鉴别的HW43含多氯苯并呋喃类废物和HW44含多氯苯并二噁英废物删除，增加了HW50废催化剂。新增的117种危险废物，源于科研成果和危险废物鉴别工作积累以及征求意见结果，主要是对HW11精蒸馏残渣和HW50废催化剂类废物进行了细化。

为提高危险废物管理效率，该修订中增加了《危险废物豁免管理清单》。列入《危险废物豁免管理清单》中的危险废物，在所列的豁免环节，且满足相应的豁免条件时，可以按照豁免内容的规定实行豁免管理。共有16种危险废物列入《危险废物豁免管理清单》，其中7种危险废物的某个特定环节的管理已经在相关标准中进行了豁免，如生活垃圾焚烧飞灰满足入场标准后可进入生活垃圾填埋场填埋（填埋场不需要危险废物经营许可证）；另外9种是基于现有的研究基础可以确定某个环节豁免后其环境风险可以接受，如废弃电路板在运输工具满足防雨、防渗漏、防遗撒要求时可以不按危险废物进行运输。

然而，我国目前危险废物类别繁多、性质复杂，不断出现新类别，由于对部分危险废物产生源和危险物质采用了较为宽泛的定义，《国家危险废物名录（2016年版）》实施以来存在危险废物归类不清的问题，并且将部分不具有危险特性的固体废物也纳入进了危险废物管理名录，造成部分行业（如表面处理行业等）固体废物属性争议较大。为确保危险废物管理的科学性、合理性，《国家危险废物名录（2021年版）》对部分危险废物类别进行了增减、合并以及表述的修改，增加了“第七条 本名录根据实际情况实行动态调整”的内容，删除了《国家危险废物名录（2016年版）》中第三条和第四条规定。《国家危险废物名录（2021年版）》共计列入467种危险废物，比《国家危险废物名录（2016年版）》减少了12种，并且进一步加强了危险废物管理的灵活性，在《国家危险废物名录（2016年版）》附录《危险废物豁免管理清单》利用豁免的16种危险废物基础上，又新增了16种危险废物的利用豁免管理，特别提出“在环境风险可控的前提下，根据省级生态环境部门确定的方案，实行危险废物‘点对点’定向利用”。

二、电子类危险废物

电子类危险废物，是指列入《国家危险废物名录》或者根据国家规定的危险废物鉴别标准和鉴别方法认定的具有危险特性的电子废物。根据《国家危险废物名录（2021 年版）》（生态环境部令第 15 号），电子类危险废物包括：废弃的镉镍电池、荧光粉和阴极射线管（HW49，900-044-49）；废电路板（包括已拆除或未拆除元器件的废弃电路板），以及废电路板拆解过程产生的废弃 CPU、显卡、声卡、内存、含电解液的电容器、含金等贵金属的连接件（HW49，900-045-49）；废铅蓄电池及废铅蓄电池拆解过程中产生的废铅板、废铅膏和酸液（HW31，900-052-31）；生产、销售及使用过程中产生的废含汞荧光灯管及其他废含汞电光源及废弃含汞电光源处理处置过程中产生的废荧光粉、废活性炭和废水处理污泥（HW29，900-023-29）；生产、销售及使用过程中产生的废含汞温度计、废含汞血压计、废含汞真空表、废含汞压力计、废氧化汞电池和废汞开关（HW29，900-024-29）；含有多氯联苯（PCBs）、多氯三联苯（PCTs）和多溴联苯（PBBs）的废弃电容器、变压器（HW10，900-008-10）；含有 PCBs、PCTs 和 PBBs 的电力设备中废弃的介质油、绝缘油、冷却油及导热油（HW10，900-010-10）；含有或沾染 PCBs、PCTs 和 PBBs 的废弃包装物及容器（HW10，900-011-10）。

第二节　废弃电器电子产品中典型危险废物及其处理处置方法

一、阴极射线管

（一）阴极射线管结构组成

阴极射线管（cathode-ray tube，CRT）显示器具有技术成熟、图像色彩丰富、还原性好、全彩色、高清晰度、较低成本和丰富的几何失真调整能力等优点，主要应用于电视、计算机显示器、工业监视器、投影仪等终端显示设备。CRT 显示器主要由五部分组成：电子枪（electron gun）、偏转线圈（deflection coils）、荫罩（shadow mask）、荧光粉层（phosphor layer）及玻璃外壳。

CRT 玻壳有彩色和黑白两种，两者的玻壳结构略有不同。彩色 CRT 玻壳可以分为四个主要部分，即荧光屏玻璃（$BaO-SrO-ZrO_2-R_2O-RO$ 系玻璃）、锥形玻璃（$SiO_2-Al_2O_3-PbO-R_2O-RO$ 系玻璃）、颈部玻璃（$SiO_2-Al_2O_3-PbO-R_2O-RO$ 系玻璃）和熔结玻璃（$B_2O_3-PbO-ZnO$ 系玻璃）。各玻璃组分的质量比例如图 7-1。

黑白 CRT 玻壳的外形虽然与彩色 CRT 相似，但是它的荧光屏和锥形玻璃是一体的，只分为颈部玻璃（PbO 含量约是 30%的高铅玻璃）和主体玻壳（主要是钡锂玻璃，含 BaO 约 12%和含 Li_2O 小于 1%）两部分。

（二）阴极射线管的浸出毒性

废 CRT 玻壳中的铅在酸性和碱性条件均会被浸出，但酸性浸取液比碱性浸取液更利于

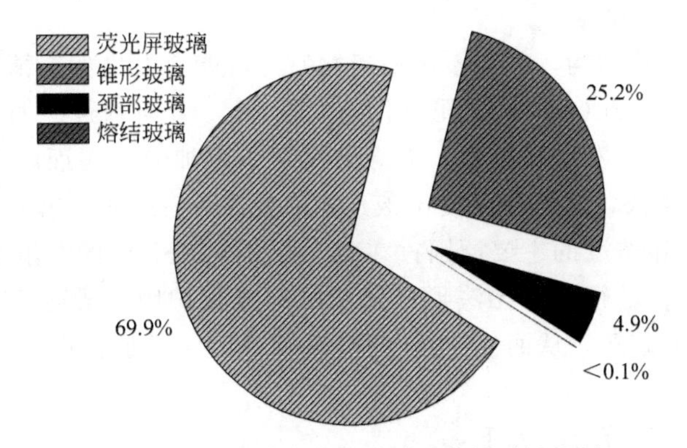

图 7-1　CRT 玻壳中各玻璃组分的质量比例

铅的浸出，pH 值在 1～5 之间铅的浸出量最大。

一般认为水溶液侵蚀玻璃的反应过程，首先由水溶液在玻璃体表面的物理吸附开始，然后发生扩散与离子交换反应，水溶液中的 H_2O、H^+、OH^- 会同时与玻璃的网络反应，发生网络溶解，网络溶解会导致玻璃结构的破坏，在表面形成胶体层，最后在表面生成沉积物。

普通硅酸盐玻璃，如钠玻璃，与水溶液会发生如下反应。

① 在酸性或者中性条件下，发生反应

$$-\overset{|}{\underset{|}{Si}}-O-Na + H^+ \longrightarrow -\overset{|}{\underset{|}{Si}}OH + Na^+ \tag{7-1}$$

反应中生成了不溶性的硅氧保护膜，影响了侵蚀的继续进行，即：

$$-\overset{|}{\underset{|}{Si}}-OH + OH-\overset{|}{\underset{|}{Si}}- \longrightarrow -\overset{|}{\underset{|}{Si}}-O-Si\equiv + H_2O \tag{7-2}$$

但是当可溶性氧化物如 PbO 等含量较高时，二氧化硅的含量不够，而形成多孔的硅氧保护膜，玻璃还将受到侵蚀。

② 在碱性或者中性条件下，发生反应

$$-\overset{|}{\underset{|}{Si}}-O-\overset{|}{\underset{|}{Si}}- + OH^- \longrightarrow -\overset{|}{\underset{|}{Si}}OH + -\overset{|}{\underset{|}{Si}}O^- \tag{7-3}$$

反应后，硅氧键断裂，结构被破坏，SiO_2 溶出，而导致普通硅酸盐玻璃受碱侵蚀很大。

锥形玻璃所属的 SiO_2-Al_2O_3-PbO-R_2O-RO 系玻璃中主要的有毒有害成分是铅，该玻璃中的铅成分一般认为有两种价态：Pb^{2+} 和 Pb^{4+}。以玻璃的无规则网络学说来解释，它的二维结构示意见图 7-2。铅离子不仅出现在网孔内部，如 Pb^{2+}，而且可能出现在网络上，如 Pb^{4+}，变为链的一部分，因此即使加入大量的 PbO，仍然能保持玻璃结构，有些高铅玻璃

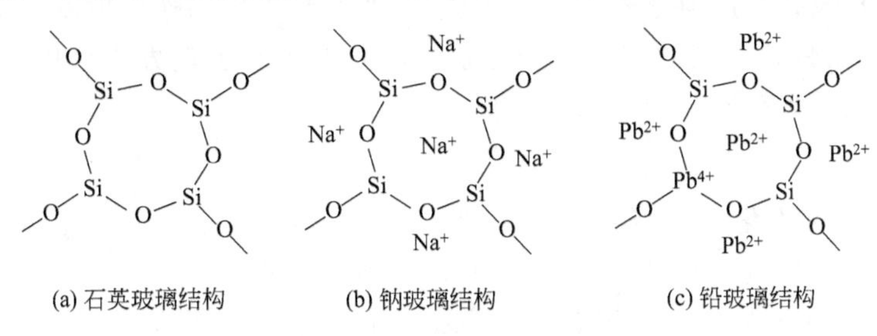

图 7-2　无规则网络学说中简化的铅玻璃二维结构

的 PbO 含量可在 70%～80%。

由于锥形玻璃的独特结构，它与浸出液接触时，可能会发生如下情况：在酸性或者中性条件下，PbO 以 Pb^{2+} 和 $Pb(OH)^{+}$ 的形式溶解，即 Pb^{2+} 会与 Na^{+} 一样，和 H^{+} 发生离子交换，而 Pb^{4+} 也可能与 H^{+} 发生互扩散，而导致网络溶解加快，因而随着浸出液中 H^{+} 浓度的增高，PbO 的溶解越快，这可能是浸出液 pH 值处在 1～3 时浸出液铅浓度大大超出 pH 处在 5～7 时的浸出液铅浓度的主要原因；在碱性条件下，SiO_2 的溶解是主要的，在 pH>9 的情况下，由于 PbO 含量很高，无法形成致密的硅氧保护膜，导致 SiO_2 的溶出量迅速增加，导致了玻璃网络的破坏，从而使 PbO 的溶出量也大大增加，但是其溶出量始终没有强酸性条件下的溶出量大。

含铅玻璃中铅浸出计算方法如下：

$$i=\frac{V_1 C}{m_1 C_{PbO} W}\times 100\% \tag{7-4}$$

式中 i——不同条件下锥形玻璃的浸出液中铅含量占样品中铅总量的百分比，%；

m_1——样品质量，g；

C_{PbO}——样品中氧化铅的平均含量，取 26%；

W——氧化铅中铅的摩尔分数，为 92.83%；

V_1——浸取液的体积，mL；

C——浸出液中的铅浓度，g/mL。

（三）废阴极射线管处理处置方法

废阴极射线管处理处置方法一般有回收利用、火法熔炼和作为危险废物填埋三种，其中回收利用是普遍采用的方法。由于废阴极射线管玻壳中锥形玻璃和荧光屏玻璃的成分不同，两者的回收利用方式也不同，一般情况下需要将两种玻璃分开进行资源化处理，实现无铅和有铅玻璃的分离。

废阴极射线管无铅和有铅玻璃的分离通常可以通过物理拆解、化学拆解和破碎分选等方法来实现。

1. 物理拆解法

物理拆解法主要有热冲击法、熔融法、加热丝法、激光处理法、带有研磨剂的高压水枪法以及其他分割方法，如硬金属分割、金刚石切割、金刚石轮切割等。

(1) *热冲击法*

热冲击法主要通过加热荧光屏/锥形玻壳之间的连接点，即熔结玻璃部位，经冷却或加压等处理后，使玻璃裂开达到分离效果。该方法简便快捷但容易造成玻璃的碎裂，无法得到完整的 CRT 玻璃组件，得到的玻璃成分复杂。热冲击法的实现方式可以通过冷热媒介如水、空气等，温差是实现该方法的关键因素。

(2) *熔融法*

利用熔结玻璃的软化温度低于锥形玻璃和荧光屏玻璃的特性可进行分离。一般地，熔结玻璃微晶化前的软化温度为 350～450℃，微晶化后变为 530～550℃，而锥形玻璃和荧光屏玻璃的软化温度则在 670～700℃。因此，可以将整个管加热到熔结玻璃的软化温度，而此时锥形玻璃和荧光屏玻璃（二者可合称为锥屏玻璃）还没有软化，如将 CRT 管保持一定的倾斜角度，则锥形玻璃与荧光屏玻璃将自然分离。该方法的操作周期约6～8h。美国的Techneglas公司对这种方法有一定研究，但因该方法的操作时间太长而不做推荐。

(3) 加热丝法

加热丝法所使用的电热丝一般是镍铬合金线或带，包住荧光屏/锥形玻璃之间的熔结玻璃，通电加热30s左右，由于锥屏玻璃厚度的不同而达到不同的热效果，然后用冷水降温，形成热冲击，达到锥屏分离的目的。该方法的缺点是无法使锥屏玻璃完全分离，熔结玻璃无法去除完全，仍需要后续处理去除多余成分，且需要事先用玻璃切割装置划出细缝来安放并固定加热丝，操作危险性较高。

(4) 激光处理法

激光处理法的原理与热冲击法类似。主要使用激光加热玻璃的内部，然后用冷水冷却玻璃表面，引起热冲击而造成锥屏分离。该方法对较厚的玻璃效果不明显，并且相比其他方法而言，需要更多的动力。

(5) 表面切割法

切割分离法主要有高压水枪研磨切割法和金刚石切割法。高压水枪研磨切割法是指采用带有研磨剂的高压水枪直接喷射到玻璃表面进行切割而将显示器进行分离的拆解方法；金刚石切割法是采用工业用金刚石带或金刚石轮等机械方法切割玻璃而使锥屏玻璃分离的方法，当CRT通过装有金刚钻的传送带时，锥屏玻璃的结合处被切割。

2. 化学拆解法

化学拆解法主要是指酸法，即采用硝酸、有机酸等，通过浸泡或冲洗的方式溶解熔结玻璃达到分离目的，主要实现方式有热酸喷射、热酸浴、热酸浴加振荡等，并通常辅以热冲击法实现分离。

(1) 热酸喷射法

热酸喷射法是将加热到一定温度的热酸喷射到CRT管上，腐蚀掉表面的熔结玻璃。然后将冷水和热水轮换喷射到CRT管上，使熔结玻璃发生热胀冷缩，达到分离目的。

(2) 热酸浴法

热酸浴法是将整个CRT管浸泡在酸液中，让酸淹过荧光屏和熔结玻璃，使表面的熔结玻璃溶解，然后辅以热冲击法实现锥屏玻璃的分离。

3. 破碎分选技术

(1) 人工分选

该方法主要是靠人工识别拣选完成。破碎的CRT玻璃洗净后分散在传送带上，工人们将其中的荧光屏玻璃捡出放到另一个传送带上，同时用紫外线判断是否含有铅。该方法的问题是工人始终暴露在具有危险性的破碎玻璃粉尘环境中。

(2) 自动X射线荧光分选

自动X射线荧光分选是基于不同物质通过X射线照射后，表现的独特性状来识别含铅的锥玻璃和不含铅的屏玻璃的方法。该方法需要较少的人力，主要缺点是使操作者暴露于X射线源之下，并且玻璃和玻璃上涂层带来的尘土容易将X射线荧光镜头遮盖，而且投入较高。

(3) 自动可见或者紫外光分选

该方法是自动X射线荧光分选的技术改进。紫外线可以鉴别含铅和不含铅的玻璃，照射含铅玻璃显蓝绿色。它降低了由X射线荧光分选方法带来的潜在危害，也减少了人工投入。光分选系统具有极佳的潜力，但是资金和设施投入高。

(4) 密度分选

荧光屏玻璃的密度约为 $2.7g/cm^3$，锥形玻璃的密度为 $3.0g/cm^3$，根据两者的差异，选用密度介于两种玻璃密度之间的液体作为分选介质，利用重力实现分选。由于分离的是混合碎玻璃，如果碎荧光屏玻璃上涂有含铅的釉料，使得这部分荧光屏玻璃的密度介于锥屏玻璃之间，导致锥屏分离达不到应用效果。

二、制冷剂

制冷剂，又称制冷工质，是一种在制冷系统中不断循环并通过做功发生可逆相变而完成能量转化的媒介物质。制冷剂在低温下吸取被冷却物体的热量，然后通过外力做功发生相变，将一部分内能释放给冷却水或空气。制冷剂的主要技术指标有饱和蒸气压强、比热容、黏度、热导率、表面张力等。

(一) 制冷剂的种类

制冷剂按物质组成可分为有机化合物和无机化合物两种，主要有卤代烃、环状有机化合物、非共沸和共沸混合物、其他有机化合物和无机化合物等。制冷系统中常用的制冷剂主要有无机化合物、甲烷和乙烷的卤素衍生物、碳氢化合物和混合制冷剂四种。

在蒸气压缩式制冷机中，常使用的制冷剂有氟利昂（饱和碳氢化合物的氟、氯、溴衍生物）、共沸混合工质（由两种氟利昂按一定比例混合而成的共沸溶液）、碳氢化合物（丙烷、乙烯等）以及氨等；在气体压缩式制冷机中，使用的气体制冷剂有空气、氢气、氦气等，这些气体在制冷循环中始终为气态；在吸收式制冷机中，使用的制冷剂有氨和水、溴化锂（分子式：LiBr。白色立方晶系结晶或粒状粉末，极易溶于水）和水等由吸收剂和制冷剂组成的二元溶液工质；蒸汽喷射式制冷机用水作为制冷剂。

1. 无机化合物制冷剂

氨和水是常用的无机化合物制冷剂，代号用R7XX表示，其中R是英文“Refrigerant（制冷剂）”字头，7表示无机化合物，其余两个数字表示组成该物质的分子量的整数。当有两种或两种以上的制冷剂的分子量整数部分相同时，在其余的制冷剂编号后边加上一个（a，b，c…）字母加以区别。

(1) 氨（R717）

氨是大型制冷设备中使用最为广泛的一种中压中温制冷剂。氨的凝固温度为－77.7℃，标准蒸发温度为－33.35℃，在常温下冷凝压力一般为1.1～1.3MPa。氨的单位标准容积制冷量大约为 $520kal/m^3$（$1kcal/m^3=4.184kJ/m^3$），蒸发压力和冷凝器压力适中。制冷剂氨有如下特性：

① 氨的吸水性　氨与水有很好的结合性，低温下水不会从氨液中析出而冻结，制冷系统内不会发生“冰塞”现象。

② 氨的腐蚀性　含有水分的氨液中对铜及铜合金有腐蚀作用，氨制冷装置中不能使用铜及铜合金材料，氨中含水量不应超过0.2%。

③ 氨的毒性　氨是一种具有一定毒性的制冷工质（联合国UN号为1005），当空气中氨的含量达到0.5%～0.6%时，人在其中停留30min即可中毒。

④ 氨的可燃性　当空气中氨的容积含量达到11%～13%时即可点燃，达到16%～25%时遇明火会爆炸。

（2）水（R718）

水作为制冷剂常用于蒸汽喷射式制冷机或溴化锂吸收式制冷机中。水蒸气分子量低、比热容大，是一种经济而又安全的制冷剂。水制冷剂具有以下优点：

① 绿色环保，对环境无污染。水作为制冷剂对臭氧层无破坏，对全球气候变暖影响小。

② 原料易得，成本低廉。水在自然界中大量存在，最易获得，使用成本最低，是最经济的制冷剂。

③ 性质稳定，安全性好。水不具有毒性、易燃性、易爆性等危险属性，作为制冷剂无论是在液态或气态下发生泄漏时均不会造成任何安全问题，是最安全的制冷剂。

④ 稳定性好，经久耐用。水的化学性质十分稳定，不存在制冷剂长期使用，出现的分解问题。

⑤ 汽化潜热大，制冷效率高。虽然与氨和二氧化碳相比水制冷剂的单位容积制冷量非常小，仅为氨的1/300左右，为二氧化碳的1/1860，但是水的汽化潜热大，单位质量的制冷量相对也大。

2. 氟利昂类制冷剂

氟利昂属饱和碳氢类化合物，主要指甲烷、乙烷和丙烷的卤代物（卤素衍生物）等。氟利昂（Freon）的称谓来自美国杜邦公司注册的制冷剂商标，该公司最早大量地生产R11、R12、R22、R113、R114、R115、R502、R503等制冷剂。

甲烷和乙烷的分子式是C_mH_{2m+2}，当H_{2m+2}被氟、氯或溴等部分或全部取代后，所得的衍生物就是$C_mH_nF_xCl_yBr_z$，其中$n+x+y+z=2m+2$。对于甲烷系，因为$m=1$，所以$n+x+y+z=4$；对于乙烷系，因为$m=2$，所以$n+x+y+z=6$。氟利昂作为制冷剂时，同样也用“R”和后面的数字表示。氟利昂简写符号在“R”后的数字依次为$(m-1)$，$(n+1)$，x，若化合物中含有溴原子时再在后面加“B”和溴原子个数。

（1）卤素衍生物及碳氢化合物制冷剂编号

甲烷、乙烷、丙烷和环丁烷系的卤代烃以及碳氢化合物用“R”加上2个或3个数字进行编号，代表其化学组成。环状衍生物制冷剂在编号前加字母“C”，如RC123。烷基制冷剂编号见图7-3。

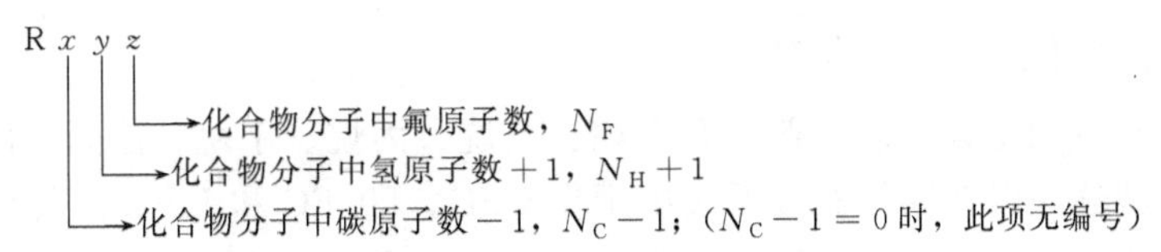

图7-3　烷基制冷剂编号

当乙烷系列有异构体时，随着异构体不对称性增大，将附加1个连续的小写字母a、b或c，如R123a；丙烷系列则用2个附加的小写字母区分。

丙烷系列异构体的第1个附加字母表示中间碳原子（C2）的取代基（环丙烷卤素衍生物附着原子量总数最大的碳原子为中间碳原子），如：—CCl_2—为a，—CClF—为b，—CF_2—为c，—CClH—为d，—CFH—为e，—CH_2—为f；第2个字母表示两端碳原子（C1和C3）取代基的相对对称度，对称的异构体用2个附加的字母“a”表示，随着异构体不对称性增加，则指定连续的字母，当不可能有异构体时，附加字母省略，只用编号明确表示分子结构。

（2）常用氟利昂制冷剂

常用的氟利昂有以下几种：

① 氟利昂11（F11） 氟利昂11（一氟三氯甲烷，CCl_3F）简称F11，是空调制冷剂和聚氨酯泡沫塑料的发泡剂，亦可用作气雾喷射剂、清洗剂、有机溶剂等。F11的分子量大，冷凝压力低，化学性质稳定，在标准大气压力（1atm＝101325Pa，余同）下的蒸发温度为23.7℃，在制冷循环中蒸发压力常小于大气压力，作为制冷时主要用于空调用离心式制冷压缩机中。F11是全卤化甲烷衍生物，在大气中寿命约47～80年，属首批限用制冷剂。

② 氟利昂12（R12） 氟利昂12（二氟二氯甲烷，CCl_2F_2）简称R12，代号CFC-12，是中小型空调和冰箱中使用较普遍的制冷剂，其蒸气（或液体）无色透明，常温常压下密度约为空气的4.18倍，蒸发温度－29.8℃，凝固温度－158℃。

R12能与空气混合，易溶于润滑油，能溶解有机塑料和天然橡胶，能使制冷系统的密封填料因损坏而引起泄漏，与压缩机内的冷冻润滑油进行融合时会导致润滑油黏度降低；R12微溶于水，若R12中含有少量水分，则水会呈游离状态随制冷剂流动，遇冷结冰引发“冰堵”现象，因此通常要求R12的含水量不大于0.0025%；R12对金属基本没有腐蚀作用，但与水和金属（镁）共存时会慢慢发生水解，生成氯化氢和氟化氢，对金属产生腐蚀作用，因此使用氟利昂制冷剂的制冷系统的零部件不能采用镁及含镁超过2%的铝合金制造；R12在大气中寿命长，约有95～150年，对臭氧层有破坏作用，属首批限用制冷剂，发展中国家在2010年已全面禁用。

③ 氟利昂22（R22） 氟利昂22（一氯二氟甲烷，$CHClF_2$）简称R22，熔点－146℃，沸点－40.8℃，相对密度1.18（水＝1），无色，有轻微的发甜气味，在空调用制冷装置和低温冰箱中被广泛采用，也用作气溶杀虫药发射剂。R22在大气中的寿命约20年，对臭氧层有一定的破坏作用，且有很大的温室效应，发展中国家在2030年全面禁用。

④ 氟利昂134a（R134a） 氟利昂134a（四氟乙烷，$C_2H_2F_4$）简称R134a，代号HFC-134a，标准大气压下沸点为－26.5℃，凝固点－101℃，标准汽化温度汽化潜热219.8kJ/kg，安全性较好、无色、无味、不燃烧、不爆炸、化学性质稳定，对电绝缘材料的腐蚀程度比R12稳定，毒性级别与R12相同。R134a难溶于油，使用R134a的制冷系统需配备新型的润滑油。R134a在大气中的寿命约8～11年，已逐渐取代R12作为汽车空调中的制冷剂。

3. 碳氢化合物（烃类）制冷剂

碳氢化合物制冷剂是天然制冷剂，有甲烷、乙烷、丙烷、丁烷、乙烯、丙烯等，主要用于家用冰箱和小型热泵以及间接制冷系统中用作CFC、HCFC和HFC的替代物。饱和碳氢化合物命名规则基本上和氟利昂相同，这类制冷剂中主要有甲烷、乙烷、丙烷、丁烷和环状有机化合物等，同分异构体在代号后面加字母a以示不同，如异丁烷代号为R600a。环状饱和碳氢化合物制冷剂的命名是在R后面先写上一个“C”，然后按氟利昂的命名方法书写后面的数字，如八氟环丁烷（C_4F_8）代号为RC318，丙烷（C_3H_8）代号为R290。非饱和碳氢化合物与它们的卤族元素衍生物的符号命名是先在R后面写上一个“1”，然后再按氟利昂编号规则书写“1”后面的数字，如乙烯（C_2H_4）代号为R1150，丙烯（C_3H_6）代号为R1270。

（1）饱和碳氢化合物制冷剂

R290（丙烷）在常温下是无色无味的气体，标准大气压下的沸点为－42.12℃，凝固点为－187.1℃，临界温度为96.8℃。R290与R22在标准沸点、凝固点、临界温度、临界压力等几种重要物理性能上非常接近。丙烷最大的缺点是具有可燃性，空气中丙烷的浓度达到2.9%～9.5%（体积分数）或43～175g/m^3时会引起燃烧和爆炸。

（2）非饱和碳氢化合物制冷剂

R1270（丙烯）在常温下为无色、有烃类气味的气体，标准大气压力下的沸点为－47.72℃，凝固点为－101℃，临界温度为91.4℃。R1270主要用于替代R502、R143a制冷剂，与原制冷系统以及润滑油兼容。

一些碳氢化合物的性质列于表7-2中。

表7-2 一些碳氢化合物的性质

制冷剂	代号	分子量	标准沸点/℃	临界温度/℃	临界压力/MPa
乙烷	R170	30.1	－88.6	32.2	4.9
丁烷	R600	58.1	－0.5	152.0	3.8
异丁烷	R600a	58.1	－11.7	134.7	3.6
丙烷	R290	44.1	－42.1	96.7	4.2

4. 混合制冷剂

混合制冷剂有共沸制冷剂和非共沸制冷剂两种，是由两种或两种以上的制冷剂组成的混合物，其热力性质与组成它的原单一制冷剂的热力性质不同，可改善和提高制冷机的工作特性。

（1）共沸制冷剂

共沸制冷剂是由两种或两种以上互溶的单一制冷剂在常温下按一定比例混合而成，在恒定的压力下具有恒定的蒸发温度，且蒸气成分与溶液成分的组分相同。

共沸制冷剂的编号以500序号开始，在R后边的第一个数字为“5”，其后边的两位数字按混合工质命名的先后次序编写。表7-3所示为共沸制冷剂的组成及其代号。

表7-3 共沸制冷剂的组成及其代号

代号	组成	质量分数	分子量	沸点/℃
R500	R12/R152a	73.8/26.2	99.3	－33.3
R501	R22/R12	75.0/25.0	93.1	－43.0
R502	R22/R115	48.8/51.2	111.6	－45.6
R503	R23/R13	40.1/59.9	87.2	－88.7
R504	R32/R115	48.2/51.8	79.2	－57.2
R505	R12/R31	78.0/22.0	—	－32
R506	R31/R114	55.1/44.9	—	－12.5

共沸制冷剂中具有代表性的制冷剂是R502，由质量分数为48.8%的R22和51.2%的R115组成。R502与R115、R22相比具有更好的热力学性能，更适用于低温。R502的标准

蒸发温度为−45.6℃，正常工作压力与R22相近。R502主要用于全封闭、半封闭或某些中、小制冷装置，其蒸发温度低达−55℃。R502在冷藏柜中使用较多。

（2）非共沸制冷剂

非共沸制冷剂是由两种或两种以上的单纯制冷剂组成的混合物，在固定的压力下蒸发时，低沸点的组分蒸发的比例大，高沸点的组分蒸发的比例小，气相和液相的组成不同，整个蒸发过程中，温度是变化的。

非共沸制冷剂的编号以400序号开始，依非共沸混合制冷剂增补先后顺序进行编号。混合制冷剂如果组分相同，比例不同，其编号数字后接大写A、B、C等字母加以区别。例如非共沸混合制冷剂R407C，R407C是由R32、R125和R134a三种工质按23%、25%和52%的质量分数混合而成。

R407C标准压力下沸点温度为−43.8℃，热力性质与R22最为相似，两者的工作压力范围、制冷量都十分相近。R407C制冷机的制冷量和能效比比R22制冷机稍有下降。

（二）制冷剂的毒性分析

1. 制冷剂的直接毒性

（1）氟利昂制冷剂

尽管氯氟烃（CFCs）和氢氯氟烃（HCFCs）制冷剂的毒性相对较低，但在特定情况或是故意滥用时仍会导致伤害或死亡。制冷剂气体密度高于空气，因此在没有足够通风的情况下，制冷剂气体会不断积聚、排挤氧气。集中或浓缩的制冷剂气体会使人有睡意，暴露于高浓度制冷剂气体中会导致致命的心律不齐。

氢氟烃（HFCs）和HCFCs制冷剂所造成的短期健康影响与暴露于CFCs制冷剂相近，液体制冷剂或浓缩制冷剂的泄漏，如果直接接触到皮肤或眼睛，则会造成冻伤。如果处于高温，则CFCs和HCFCs制冷剂将产生盐酸和氢氟酸，若存在氧气和水，就会产生出有毒碳酰氯。低浓度的碳酰氯对鼻子有强刺激性，吸入高浓度碳酰氯会造成严重伤害或死亡。

（2）二氧化硫制冷剂

吸入浓缩的二氧化硫气体会导致严重的伤害或死亡。二氧化硫与水混合会产生硫酸，硫酸具有强腐蚀性，会烧伤皮肤或溶化金属和其他材料。

（3）氨制冷剂

氨具有易燃性，当与空气比例合适时，会引起爆炸；吸入氨会造成严重的伤害或死亡；氨气会灼伤眼睛，还会使人丧失知觉。

2. 制冷剂的间接环境影响

制冷剂CFCs类物质排放后会扩散进入大气臭氧层，受紫外线催化会分解出Cl自由基，进而破坏成千上万个臭氧分子，属消耗臭氧层物质（ozone depleting substances，ODS）。随着排放到大气中的消耗臭氧层物质不断增多，大气层中臭氧数量急剧减少，进而形成巨大的“臭氧空洞”。而臭氧层是地球大气层的重要组成部分，它能吸收大部分来自太阳的紫外线，使地球生物免受过多紫外线的危害。

由臭氧空洞造成的生态破坏和环境危害体现在多个方面。

① 人类健康：引起白内障疾病，诱发皮肤癌等。

② 农业生产：豆类、瓜果类作物大量减产。

③ 海洋生物：浅海中浮游生物数量减少，导致鱼类贝类死亡。

④ 社会经济：加速人工合成材料的老化，增加经济成本。

⑤ 空气污染：导致大气化学反应更为活跃，产生有害气体。

国际社会于1985年达成并签订了《关于保护臭氧层的维也纳公约》，这标志着保护臭氧层国际统一行动的开始。为了进一步加强对消耗臭氧层物质的控制，国际社会于1987年在加拿大进一步签署了关于消耗臭氧层物质的《蒙特利尔议定书》，并建立起多边基金作为议定书实施的财务机制，推动大气臭氧层保护由科学研究转向全球范围的具体行动。

在人类社会的共同行动和努力下，到2010年1月1日，在全球范围内已实现了对氯氟烃的全面淘汰。《蒙特利尔议定书》的实施也为减缓气候变化带来了重大的协同效益，每年全球通过削减消耗臭氧层物质带来的温室气体减排量超过100亿吨CO_2当量。

1992年国际社会达成了《联合国气候变化框架公约》。在该框架下于1997年进一步签署了《联合国气候变化框架公约的京都议定书》，规定包括二氧化碳（CO_2）、甲烷（CH_4）、氧化亚氮（N_2O）、氢氟碳化物、全氟化碳（PFCs）、六氟化硫（SF_6）在内的6大类物质均属于可导致全球变暖的温室气体。

按照《蒙特利尔议定书》“基加利修正案”的规定，目前普遍采用消耗臭氧层潜值（ODP）为零的多种HFCs替代制冷剂，具有较高全球变暖潜值（global warming potential，GWP）的制冷制均被纳入了控制使用目录清单，很快将面临逐步削减甚至淘汰。

2011年，国际空调制冷和供热制造商协会联合会（ICARHMA）正式发布了“制冷剂负责任使用声明”，从全球制造业同行的角度出发，明确提出在选择未来的替代制冷剂时，除满足零ODP值、尽可能低的GWP值外，还应综合考虑制冷剂的整个寿命周期气候性能（life cycle climate performance，LCCP），选择对全球气候变化影响更低的替代物，实现环境效益的最大化。

（三）制冷剂处理处置方法

制冷剂的处理处置方法主要有分离回用法和混合焚烧法。分离回用法是针对制冷剂的种类分别采用专用回收设备对制冷剂进行回收，混合焚烧法则是将不同种类的制冷剂用一种专用回收设备进行混合回收后再进行热解或焚烧处理。

1. 蒸馏回用法

回收后的制冷剂经过检测后，如除一些油、水分、不凝气体等杂质外没有混入其他种类制冷剂，则为单组分制冷剂，可以通过蒸馏再生提纯制冷剂。为确保废旧制冷剂气体能被有资质的回收工厂接收，必须最小化不同类制冷剂的交叉污染（通常低于1%或2%）。

2. 液态喷注焚烧法

液态喷注焚烧法是将制冷剂喷射入液态喷注式焚化炉进行焚烧处理的方法。液态喷注式焚化炉通常为单燃烧室单元加上一个或多个废弃物燃烧器，燃烧室有耐火内衬。此类型焚化炉通用于低灰分含量的废弃物，并且可用于任何可燃性液体及蒸汽或可泵抽的污泥。

3. 反应炉裂解法

反应炉裂解法从1983年起就用来处理生产CFCs时所产生的废气，废气中包括CFCs、

HCFCs、HFCs，这些气体可裂解成 HF、水、HCl、CO_2 及氯气。吸收器将裂解物冷却至 HF 可流出的温度，流出的气流在一个纯化管柱中进一步处理得到纯度 50%～55%的 HF，之后气流再注入气体洗涤器中而得到纯度 30%的 HCl，剩余气体再进一步以洗涤法除去残余的氯气，最后气体中仅含有 CO_2、O_2、水。

反应炉裂解法的反应压力一般为 110kPa，反应室内的温度在 2000℃以上，氯破坏率可达 99.99%以上。

4. 气体氧化法

气体氧化法是使用天然气和燃料油等辅助燃料将燃烧室加热至 650～1100℃而使制冷剂得以热破坏的一种方法。大部分的 ODS 需要近 1100℃的高温来燃烧，燃烧气体炉内滞留时间应为 1～2s。若处理含卤化物的制冷剂，须使用酸性气体洗涤器对尾气进行处理。

常用的气体氧化焚化炉有直接火焰式（direct flame）、同流换热式（recuperative）、交流换热式（regenerative）三种炉型。直接火焰式炉型为烟气焚化炉中最简单的一种，和二阶旋转窑的第二阶段后燃烧器类似，也和许多液态喷注式焚化炉类似，仅由燃烧器及燃烧室组成。同流换热式气体焚化炉可使用热交换器对入炉制冷剂或助燃空气进行余热预热，回收焚烧尾气中 70%的热量，可降低燃烧消耗。

5. 水泥窑共处置法

由于水泥窑温度通常在 1450℃以上，因此包含 CFCs 在内的大部分有机废弃物都可在此高温下进行分解，产生的酸性气体在窑中可和碱性物质反应，HCl 的去除效率达 90%以上。氟化物可降低水泥生成反应的温度，因此可降低水泥窑的燃料用量，对水泥制造有利，但若氟化物浓度太高，对水泥的品质会有不良影响。通常氟化物最大含量控制在入窑原料重量的 0.25%以内。氯在水泥制造过程中通常被认为是不受欢迎的物质，对水泥的品质也有负面影响，通常水泥窑入窑物料中氯的最大进料量控制在 1.5%以内。

6. 旋转窑式焚化炉焚烧法

旋转窑式焚化炉系统很早就用来处理各种形态的废弃物，其炉体为一水平略微倾斜的钢制圆柱形炉体，可利用旋转使废弃物混合并促使废弃物暴露于空气中使得燃烧更完全。

旋转窑式焚化炉有两个以上燃烧室，即旋转窑及后燃烧器。后燃烧器紧接于旋转窑段之后，用以确保尾气在进入气体洗涤段之前能完全燃烧，后燃烧器亦须燃烧辅助燃料以维持高温。CFCs 等 ODS 液态物质可加入旋转窑段或后燃烧器中进行焚化处理。

7. 电浆法

电浆技术广泛应用于各种领域，电浆中的反应是许多不同组分间的作用（heterogeneous interactions），其中包括中性粒子、活化粒子、电子及离子的反应，尤其是包含了具有能量的粒子，它们能引发许多特殊的化学与物理的反应。1000℃以上的电浆可使 CFCs 分解破坏率达到 99.99%，产生 HF、HCl、CO_2 等气体。

8. 催化剂法

利用催化剂法配合燃烧法或电浆法，可降低 CFCs 等 ODS 处理温度或缩短处理时间，常用的催化剂有 TiO_2-ZrO_2、TiO_2-WO_3 等，其中氧化反应用 PO_2-ZrO_2 催化剂、催化剂燃烧用 WO_3-Al_2O_3 催化剂。

三、压缩机油

压缩机油是压缩机使用的润滑油，它主要用于压缩机的活塞和气缸的摩擦部位以及进排气阀和主轴承、连杆轴承等传动件的润滑，同时还起到冷却运动机件的摩擦表面以及密封气体压缩工作容积的作用。制冷压缩机油和含氯制冷剂在系统运转过程中，压缩机油以气体和液体的形式和制冷剂接触。在低温时，系统中约三分之一的制冷剂会与压缩机油混合，导致压缩机油含氯量高于千分之四，需要作为危险废物处理。

(一) 压缩机油的分类、合成及性能

1. 压缩机油的分类

压缩机常用的润滑油主要有矿物油型压缩机油及合成型压缩机油，通常可分成两类：一类是活塞、旋转式压缩机油，另一类是制冷压缩机油。制冷压缩机油是以合成油为基础油，并加有极压、抗氧化、抗腐蚀等多种添加剂精制而成的制冷系统用润滑油。根据 GB/T 7631.9—2014《润滑剂、工业用油和有关产品（L 类）的分类　第 9 部分：D 组（压缩机）》规定，制冷压缩机润滑剂的分类见表 7-4。

表 7-4　制冷压缩机润滑剂的分类

组别符号	应用范围	制冷剂	润滑剂类别	部分润滑剂类型（典型-非包含）	产品代号（ISO-L）	典型应用	备注
D	制冷压缩机	氨(NH_3)	不互溶	深度精制的矿物油(环烷基或石蜡基),烷基苯,聚 α-烯烃	DRA	工业用和商业用制冷	开启式或半封闭式压缩机的满液式蒸发器
			互溶	聚(亚烷基)二醇	DRB	工业用和商业用制冷	直接膨胀式蒸发器；聚(亚烷基)二醇用于开启式压缩机或工厂组装装置
		氢氟烃(HFC)	不互溶	深度精制的矿物油(环烷基或石蜡基),烷基苯,聚 α-烯烃	DRC	家用制冷,民用和商用空调、热泵,公交空调系统	适用于小型封闭式循环系统
			互溶	多元醇酯,聚乙烯醚,聚(亚烷基)二醇	DRD	车用空调,家用制冷,民用和商用空调、热泵,商用制冷包括运输制冷	—
		氯氟烃(CFC) 氢氯氟烃(HCFC)	互溶	深度精制的矿物油(环烷基或石蜡基),烷基苯,多元醇酯,聚乙烯醚	DRE	车用空调,家用制冷,民用商用空调、热泵,商用制冷包括运输制冷	制冷剂中含氯有利于润滑
		二氧化碳(CO_2)	互溶	深度精制的矿物油(环烷基或石蜡基),烷基苯,聚(亚烷基)二醇,多元醇酯,聚乙烯醚	DRF	车用空调,家用制冷,民用和商用空调、热泵	聚(亚烷基)二醇用于开启式车用空调压缩机
		烃类(HC)	互溶	深度精制的矿物油(环烷基或石蜡基),烷基苯,聚 α-烯烃,聚(亚烷基)二醇,多元醇酯,聚乙烯醚	DRG	工业制冷,家用制冷,民用和商用空调、热泵	典型应用是工厂组装低负载装置

润滑油基础油分为植物油、矿物油和合成油。其中矿物基础油用量高达 95% 以上。实

际应用中，某些特定的场合对于润滑油有特殊的需求，需要将植物基础油与合成基础油进行调和，来满足这些特殊的要求。

2. 润滑油基础油的生产合成

润滑油基础油主要由胶质、芳香烃、环烷烃以及链烷烃和某些极性化合物组成，包括硫、氮、氧等少量化合物。对于不同的加工工艺，所生产的基础油结构组成存在较大的差别。例如，加氢工艺生产出来的基础油中，饱和烃含量高达99%以上，而轻芳烃含量则<1%；传统生产工艺得到的基础油中，芳烃含量>10%，而饱和烃含量<90%，硫、氮含量也比较高。经过加氢工艺生产的基础油，硫、氮含量通常比较低。

润滑油基础油的生产主要通过溶剂法和加氢法来实现。矿物基础油是从原油中提炼而来。矿物基础油是由沸点高、分子量大的烃类和非烃类组成。烃类主要含烷烃、环烷烃、芳烃、环烷基芳烃等。非烃类主要包含氧化物、氮化物以及硫化物，还有胶质、沥青质等。

通过化学合成的方法得到的合成基础油，主要包括合成烃、合成脂、聚醚、硅油、含氟油、磷酸酯等。合成油具有热分解温度高、氧化安定性好、低温性能高等优势。缺点是对设备要求比较苛刻，对场合要求比较严格，并且成本造价相对比较高，因此使用量不是很大。

3. 润滑油基础油性能

润滑油基础油的结构组成与其物理、化学性能之间有着密切的关系。不同的芳烃、环烷烃、烷烃含量，对其氧化安定性、低温流动性、黏温性能、光安定性、黏度指数等有着显著的影响。同一组分对基础油的影响也是多种多样的，因此，为了得到性能优异的润滑油而了解不同结构组成对润滑油基础油的影响是十分必要的。

（1）氧化安定性

润滑油基础油氧化安定性较低，其氧化主要为烃类液相氧化，按照自由基的反应机理进行。其氧化过程分为以下三步。

① 形成R·自由基　RH烃分子容易从外界环境获得能量，在R—H处断键，从而形成未结合价键的R·自由基：

$$\mathrm{R{-}H} \xrightarrow{\text{能量}} \mathrm{R\cdot} + \mathrm{H\cdot} \tag{7-5}$$

② R·自由基链式反应　自由基R·具有一个未成键电子，化学性质也很活泼，当吸收能量时，能与氧分子反应生成过氧化物自由基：

$$\mathrm{R\cdot} + \mathrm{O_2} \xrightarrow{\text{能量}} \mathrm{ROO\cdot} \tag{7-6}$$

生成的过氧化物自由基不稳定，容易与其他烃分子作用，生成烃基过氧化物ROOH和新自由基R′·：

$$\mathrm{ROO\cdot} + \mathrm{R'H} \longrightarrow \mathrm{ROOH} + \mathrm{R'\cdot} \tag{7-7}$$

③ 烃基过氧化物循环反应　新自由基R′·性质极不稳定，既可以被氧化得到烃基过氧化氢，还可以与别的烃分子反应生成其他的自由基R″，从而发生支链连锁反应，自由基增加快，反应迅速，更多的烃分子被氧化：

$$\mathrm{ROOH} \longrightarrow \mathrm{RO\cdot} + \mathrm{\cdot OH} \tag{7-8}$$

$$\mathrm{RO\cdot} + \mathrm{R''H} \longrightarrow \mathrm{ROH} + \mathrm{R''\cdot} \tag{7-9}$$

$$\mathrm{\cdot OH} + \mathrm{R''H} \longrightarrow \mathrm{R''\cdot} + \mathrm{H_2O} \tag{7-10}$$

当自由基相互结合成稳定化合物时，氧化反应才会停下来，其中有一定数量的烃基过氧化物分解为醛、酮、酸等二次氧化产物。

根据上述反应机理可知，链烷烃的氧化安定性比较好。但是如果链烷烃所含的侧链分支比较多时，其氧化安定性就会变差，即链烷烃氧化安定性随着其支链化程度的增加而变弱。环烷烃也具有比较稳定的氧化安定性，少环长侧链烷烃氧化安定性较强，随着支链化程度增加，氧化安定性也逐渐变弱；多环芳烃是基础油中极其不稳定的因素；芳烃中苯是最稳定的，带有侧链的烷基苯很容易被自由基氧化；具有长侧链的环烷烃和异构烷烃是基础油最理想的成分。除此以外，硫、氮的含量也会影响基础油氧化安定性。

(2) 光安定性

光安定性是指在一定的光照条件下基础油出现浑浊、沉淀的轻度氧化过程。光氧化安定性主要是发生在光照射的情况下，芳烃组分发生结构变化，从而生成新的化合物。不同加工工艺生产出来的基础油对光的安定性也有所差异。传统工艺生产出来的基础油，饱和烃含量$<90\%$，芳烃含量$>10\%$，而且大部分是轻芳烃，同时也含有少量的中、重芳烃，硫、氮含量也相对较高，油品质量相对较差，导致其较低的光稳定性。而采用加氢技术生产的基础油中，饱和烃含量高达99%，芳烃含量$<1\%$。所以具有较好的光安定性。

(3) 黏温性能

润滑油基础油的黏温性能与其结构组成之间有密切的关系，黏温性能随其结构组成的变化而变化，是结构组成的函数，通常用黏度指数来表示，黏度指数的高低说明其黏温性能的好坏。对于润滑油基础油，它的黏度与温度呈负相关（即温度升高，黏度减小，温度降低，黏度增大）。

黏温性能对润滑油基础油的使用起指导意义，如若基础油的黏温性能不好，当温度过高时，基础油的黏度就会变得很小，很难形成油膜，难以达到隔离、润滑的作用，容易造成机械部件磨损；当温度变低时，黏度又会急剧增加，黏度过大，使发动机启动困难。

烷烃的黏温性能随着支链的增多而变差，正构和异构烷烃黏温性能较好。环烷烃与芳香烃的黏温性能随其环数增多而变差，如果环烷环上含有较长的烷基侧链，则其黏温性能随着增加。

(4) 低温性能

润滑油基础油的低温性能包含低温泵送性、凝点高低以及冷启动性，Ⅱ、Ⅲ、Ⅳ类高品质润滑油基础油不仅黏度指数相对较高，而且也具有不错的低温性能。根据加工工艺的不同，生产出的基础油中轻芳烃、中芳烃、重芳烃、烷烃、环烷烃所含的比例也有所差异，因此其低温性能也有所不同。加氢异构反应的主要目的就是将基础油中的正构烷烃通过加氢，改变结构，转变成异构烷烃。

(5) 闪点

发生闪燃的最低温度称为闪点。闪燃是液体表面产生足够的蒸气与空气混合形成可燃性气体时，遇火源产生短暂的火光，发生一闪即灭的现象。

润滑油基础油的闪点也是其重要的物理性质，是润滑油贮存、运输和使用的一个安全指标，同时也是可燃性液体的挥发性指标。润滑油基础油闪点的高低是衡量其蒸发损失、储藏安全性以及运输使用的一项重要的考虑因素，闪点低的可燃性液体，挥发性高，容易着火，安全性较差。闪点的高低，取决于可燃性液体的密度，液面的气压，以及混入的轻质组分的含量。

（二）废压缩机油的收集与处理处置

1. 废压缩机油的收集

废压缩机油应收集、储存在贴有“废旧压缩机油专用”标签的专用收集容器内。容器应完好、坚固、防渗漏，且在填充前一直是密闭的。如果容器内的油要被送去进行危险废物处置，则该容器上应贴条注明产生单位名称、地址、生产编号和开始收集油的日期，并在该容器上还应贴条注明容器内是易燃物。由于压缩机油内的制冷剂会释放出来，则应提前预防以使容器内的压力危险性降到最小。容器不应完全装满并尽可能保持容器低温。

2. 废压缩机油的处理处置

废压缩机油的处理处置方式通常有两种，一是回收利用生产油类产品，二是进行焚烧回收能量。

（1）废压缩机油的回收利用

废压缩机油回收后应置于底部为圆锥形的储油罐内，储油罐应设置阀门，便于排除废压缩机油中的沉降物。废压缩机油储存温度以20～30℃为宜，远离火源，避免阳光直射，防止油品氧化。

① 废压缩机油的沉降处理　废压缩机油通常含有杂质，为去除其中的水分及金属物质，通常需要对废压缩机油进行加温预处理。加温预处理的温度控制在80～90℃，预处理温度过低，油的黏度、密度越大，沉降困难，不利于废压缩机油与杂质的分离。然而温度过高，废压缩机油中的水容易沸腾，不易去除。通常，废压缩机油在80～90℃条件下沉降一个沉降周期后，温度便降低至30～40℃，水分和杂质可由沉降罐底部排出。为加速极小的铁微粒沉降，应在罐底加设永久磁铁或者电磁铁。排出的水分和杂质因含有重金属等有害物质，必须放入专用的收集装置中收集。

② 离心分离　离心分离是利用各组分的密度差别进行分离的一种方法，与重力沉降的区别在于离心分离是利用高速旋转时产生的强离心力作用将废压缩机油中的水分和杂质去除，分离过程的温度仍旧控制在80～90℃。

③ 蒸馏再生　废压缩机油经离心分离后进入连续蒸馏设备，经加热器和反应釜循环加热蒸馏，产出油蒸气经过三级冷却降温还原为液体，分别收集在水、柴油、轻润滑油和重润滑油等收集器内。底部的沥青送至储存罐作沥青增充剂销售。排出的水分因含有重金属等有害物质，必须放入专用的收集装置中收集处理。

④ 白土精制及过滤　经蒸馏处理后的油品，质量已基本上达到要求，但一般总会含少量未分离掉的溶剂、水分以及回收溶剂时加热产生的某些大分子缩合物、胶质和不稳定化合物，还可能从工艺设备中脱落出一些铁屑之类的机械杂质。为了将这些杂质去掉，进一步改善提高油品安定性，降低残炭，还需要再次补充精制。

常用的补充精制方法是白土处理。白土精制是利用活性白土的吸附能力，使各类杂质吸附在活性白土上，然后滤去白土除去所有杂质。方法是在油品中加入少量预先烘干的活性白土，边搅拌边加热，使油品与白土充分混合，杂质即完全吸附在白土上，然后用细滤布过滤，除去白土和机械杂质，即可得到精制后的基础油。过滤的杂质，必须放入专用的收集装置中收集，杂质依托有相关危废处理资质的单位处理。

（2）废压缩机油的焚烧

由于废旧压缩机油中含有多达4%的悬浮状态的氯（卤素），未能去除氯的压缩机油需要进行燃烧处理。

废压缩机油的焚烧处理通常采用喷雾法，有效的雾化是实现完全燃烧的关键。油的黏度是影响雾化质量的一个重要因素，黏度越高，雾化质量越差。对于高黏度油品的喷雾燃烧，普遍采用提高油温以降低黏度的方法。对于物性已知的单一油品而言，是一种简便易行的方法；而对于含有低闪点燃料油的混合废油，采用升温降黏则可能接近甚至超过废油的闪点，存在着火或爆炸的危险。

废压缩机油焚烧炉通常由耐火衬里、保温层及外壳体组成。油喷嘴一般装于燃烧炉顶部，炉顶斜上方装有液化气烧嘴和高频点火器。废油焚烧时首先用高频点火器点燃液化气，待火炬稳定后，启动供油泵，利用液化气火炬点燃废油，废油燃烧基本稳定后，关闭液化气即可使其自行燃烧。燃烧初期，应控制较小的供油量，以防升温过快损坏燃烧炉耐火衬里。随着炉温的升高，可逐渐增大供油量直至正常范围，油喷嘴前油压控制在 0.3MPa。在炉温高于 900℃时，火焰稳定透明。

参考文献

[1] 王秀文，陈文艺，邹恺．润滑油基础油结构组成与性能关系研究进展．应用化工．2014，43（3）：539-542.

[2] 王徐苗．电子危险废物越境转移法律制度研究．上海：上海社会科学院，2007.

[3] 佚名．我国危废治理体系的发展历程．资源再生，2018（3）：42-44.

[4] 李霞，门玉琢．制冷剂的种类及代号．科技信息，2008（26）：239-240.

[5] 王培义等．放射性废油焚烧处理的可行性研究．辐射防护，2001，21（4）：246-254.

[6] 陈银合．危险废物管理存在的问题及对策探讨．化工管理，2018，31（4）：64-65.

[7] 林其辉．危险废物管理及规范化处置对策探讨．广东化工，2018，45（8）：199-200.

[8] 佚名．我国危废治理体系的发展历程．资源再生，2018：42-44.

[9] 高记．我国危险废物管理法律制度研究．西安：西安建筑科技大学，2011.

[10] 严建华，崔素萍，王志宏，等．硅酸盐玻璃无规则网络理论的辩证法思考及教学方法浅析．玻璃与搪瓷．2013，41（5）：42-45.

[11] 吴霆，李金惠，李永红．废旧计算机 CRT 监视器的管理和资源化技术．环境工程学报，2003，4（11）：86-91.

[12] E·布拉夏克．固定氮工艺学合成氨．下册．北京：中国工业出版社，1963.

[13] 曹德胜，史琳．制冷剂使用手册．北京：冶金工业出版社，2003.

[14] 中华人民共和国国家质量监督检验检疫总局，中国国家标准化管理委员会．GB/T 7778—2017 制冷剂编号方法和安全性分类．北京：中国标准出版社．2017.

[15] 徐敬东．有关制冷剂命名和分类的几个问题．四川制冷，1998（3）：14-17.

[16] 耿呈祥．谈谈制冷剂 R134a. 家用电器，1996（11）：3.

[17] 鲍雨梅，沈希，黄跃进．碳氢化合物制冷剂的特性分析．流体机械，2004，32（6）：67-69.

第八章 生态设计的概念和方法

第一节 生态设计的相关概念

一、生态与生态学

Ecology 中文翻译为生态或生态学，来自德文 kologie，源于古希腊文“oikos”，原意是指人们居住的房屋，意思是家（house）或者我们的环境，现在通常是指生物的生活状态，指生物在一定的自然环境下生存和发展的状态，也指生物的生理特性和生活习性。生态的产生最早也是从研究生命有机体及其居所开始的，包括动物、植物、微生物等生存、生活、生长的最基本的环境，生态学则是研究生命有机体与其居所之间，即与“生物环境”“生命环境”“生存环境”“生长环境”之间关系的一门学问。人类关于生物和其生活环境的知识可以追溯到东西方文明的最古典籍，而现代生态研究中，“生态”一词涉及的范畴越来越广，人们常常用“生态”来定义许多美好的事物，如健康的、美的、和谐的等事物均冠以“生态”修饰。1866 年德国动物形态学家 E. Haekel 初次给生态学创立定义：生态学是研究生物与其环境相互关系的学科；1895 年德国另一学者 H. Reiter 独立地对生态学下了同样的定义，然而两者都未详细阐明生态学的内容。1895 年哥本哈根大学 E. Warming 教授编撰的《植物分布学》和 1898 年 A. F. W. Schimper 教授编撰的《植物地理学》详细论述全球植物群落的地理分布以及其与环境因素的关系，奠定了生态学的基础。

生态学的发展史大致可概括为三个阶段：生态学建立前期、生态学成长期和现代生态学发展期。生态学发展史证明它是密切结合人类实践，是在实践活动基础上发展起来的。

1. 生态学建立前期

公元前 2 世纪到公元 16 世纪的欧洲文艺复兴，是生态学思想的萌芽时期。人类在生产实践中不断获得动植物生活习性方面的知识，这些知识是生态学知识的一个重要来源。

2. 生态学成长期

公元 16 世纪到 20 世纪 50 年代是生态学的成长期，该时期基础理论和方法逐渐形成。现代化学家波义耳（Boyle）在 1670 年发表了低气压对动物的效应的研究，标志着动物生理生态学的开端。1735 年法国昆虫学家勒内·雷奥米尔（Rene Reaumur）在其昆虫学著作中，记述了许多昆虫生态学资料。1855 年，瑞士植物学家阿尔逢斯·德·康多（Alphonse de Candolle）出版了《植物地理学》，将积温引入植物生态学，为现代积温理论打下了基础。1807 年德国植物学家洪堡德（弗里德里希·威廉·海因里希·亚历山大·冯·洪堡德，Friedrich Wilhelm Heinrich Alexander von Humboldt）在《植物地理学知识》一书中，提出植物群落、群落外貌等概念，并结合气候和地理因子描述了物种的分布规律。1859 年著名法国博物学家圣-蒂莱尔（艾奇恩那·若弗鲁瓦·圣-蒂莱尔，Étienne Geoffroy Saint-Hilaire）首创 Ethology 一词，以表示有机体及其环境之间的关系的科学，但后来一般将此词作为动物行为学的名词。直到 1869 年，海克尔（恩斯特·海因里希·菲利普·奥古斯特·海克尔，Ernst Heinrich Philipp August Haeckel）首次提出生态学的定义。

3. 现代生态学发展期

20 世纪 60 年代至今，是生态学蓬勃发展的年代。第二次世界大战以后，人类的经济和科学技术获得史无前例的飞速发展，既给人类社会带来了进步和幸福，也带来了环境、人口、资源和全球性变化等关系到人类自身生存的重大问题。这些是促进生态学大发展的时代背景和实践基础，生态学从认识自然规律走向管理自然资源，从纯自然科学走向关心人类未来；而近代的数学、物理、化学和工程技术向生态学的渗透，尤其是电子计算机，高精度的分析测定技术、高分辨率的遥感仪器和地理信息系统等高精技术为生态学发展准备了条件。

现代生态学发展的主要趋势：

（1）生态系统研究成为生态学发展的主流

1964 年由 97 个国家参与的国际生物学计划（International Biological Programme，IBP；1964～1974）开展了包括陆地生产力、淡水生产力、海洋生产力、资源利用和管理等 7 个生物科学领域在内的空前浩大的生物学研究计划，其中心工作内容是对全球主要生态系统的结构、功能和生物生产力进行研究，该计划后来被更具有实践意义的人与生物圈计划所替代。人与生物圈计划（Man and the Biosphere Programme，MAB）是联合国教科文组织科学部门于 1971 年发起的一项政府间跨学科的大型综合性的研究计划。生物圈保护区是 MAB 的核心部分，具有保护、可持续发展、提供科研教学、培训、监测基地等多种功能。其宗旨是通过自然科学和社会科学的结合，基础理论和应用技术的结合，科学技术人员、生产管理人员、政治决策者和广大人民的结合，对生物圈不同区域的结构和功能进行系统研究，并预测人类活动引起的生物圈及其资源的变化，及这种变化对人类本身的影响。

（2）生态学与系统分析结合发展

现代生态学已超出了纯生物学的范围，在一定程度上可以说是一种认识论和方法论。生态学的基本观点是它的整体性观点或系统性观点，即在生态学中对任何一种与生命现象有关的现象和过程的认识，都可以放在生命现象与其他因素组成相互联系的整体系统中去研究，从而使生态学本身具有哲学性质。

生态学是系统论和控制论方法并列，研究自然和社会各种现象的一种普遍的科学方法，结构上分有生物亚系统和非生物亚系统。非生物亚系统是生态系统存在的基本条件，生物亚系统则是生态系统的核心部分，任何一种自然和社会问题都可以放在由中心部分与外围部分组成的系统中进行分析。因此，系统生态学的发展是生态学与系统分析的结合，它进一步丰富了生态学科的方法论。

(3) 生态学与生态科学群联合发展

生态危机的发生暴露了传统科学的某种不足，自然科学、社会科学与生态学的有机结合形成了诸如数学生态学、物理生态学、化学生态学、地理生态学、进化生态学、分子生态学、信息生态学、医学生态学、农业生态学、城市生态学、民族生态学、生态伦理、生态美学、社会生态学、人类生态学等的生态学分支学科。

现代生态学的发展不仅实现了科学的生态化，也呈现了技术的生态化趋势。自然界衍生了生态圈，而人类又创造了技术圈，赋予生态技术学的主要任务就是研究生态圈和技术圈的平衡问题，研究技术开发中的生态问题和生态上对技术的要求，生态科学群的发展恰是解决生态与技术问题的需要。

(4) 现代生态学向宏观和微观两极发展

① 宏观生态学　宏观生态学研究对象为多尺度复杂系统，重视对空间异质性的研究和人类的生态作用，注意运用等级结构理论，研究对象为生物个体→种群→群落→生态系统→景观→区域→生物圈，研究内容和方法均不同于传统生态学，研究结果常常是非实验性和非稳定性的。

宏观生态学涉及地学、化学、经济学、社会学、人类学等很多相近学科，并产生了一些如景观生态学、人类生态学等的新兴交叉学科。景观分析和景观模型是宏观生态研究的重要方法。

② 微观生态学　微观生态学是以现代科学技术为基础，研究微生物群与其宿主这一生命环境系统的发生、演化、组成、结构和功能等关系的一门科学，重点研究微生物群与其宿主的相互关系，是细胞水平和分子水平的生态学，是生命科学的一个重要分支。

现代生态学的发展主流是宏观的，但生理生态学、行为生态学、化学生态学和进化生态学等微观生态学也得到了较快发展。

(5) 现代生态学向应用生态学发展

应用生态学的迅速发展是20世纪70年代以来生态学发展的另一重要趋势，其特点是发展方向多，涉及领域和部门广，与其他自然科学和社会科学结合点多。例如，生态学与环境问题研究的结合不但促进了污染生态学的发展，也还促进了保护生态学、生态毒理学、生物监察、生态系统的恢复和重建、生物多样性保护等方向的发展。而生态学与经济学相结合，产生了经济生态学，其研究的主要内容是各类生态系统、种群、群落、生物圈的过程与经济过程相互作用方式、调节机制及其经济价值的体现。此外，农业生态学、城市生态学、渔业生态学、放射生态学等都是生态学应用的重要领域。现代生态学向应用生态学发展的重要表现就是生态工程的发展，生态工程是根据生态系统中物种共生、物质循环再生等原理设计的分层多级利用的生产工艺，Mitsch (1989) 等的《生态工程》是世界上第一本生态工程专著。

二、生态设计

1. 生态设计的定义

生态设计 (ecological design)，也称绿色设计 (green design)、环境设计 (design for environment)、环境友好设计 (environment-friendly design)、环境意识设计 (environmentally conscious design)、生命周期设计 (life cycle design)，是指按照全生命周期的理念，将

环境因素纳入设计之中，在产品设计开发阶段系统考虑原材料选用、生产制造、运输和销售、使用和维护、生命末期回收处理等各个生命周期阶段对资源环境造成的影响，力求产品在全生命周期中最大限度降低资源消耗，尽可能少用或不用含有有毒有害物质的原材料，减少污染物的产生和排放，从而帮助确定设计的决策方向，以进行环境保护的活动。

我国《生态设计产品评价通则》(GB/T 32161—2015) 对生态设计的定义是指按照全生命周期的理念，在产品设计开发阶段系统考虑原材料选用、生产、销售、使用、回收、处理等各个环节对资源环境造成的影响，力求产品在全生命周期中最大限度降低资源消耗，尽可能少用或不用含有有毒、有害物质的原材料，减少污染物产生和排放，从而实现环境保护的目的。

生态设计活动主要包含两方面的含义：一是从保护环境角度考虑，减少资源消耗、实现可持续发展战略；二是从商业角度考虑，降低成本、减少潜在的责任风险，以提高竞争能力。狭义层面的生态设计是以生态学的原理和方法进行的设计，注重的是各元素间的相互关系；广义层面的生态设计是指运用包括生物生态学、系统生态学、人类生态学和景观生态学等在内的生态学原理、方法和知识进行的规划和设计。

从工业设计的角度考虑，生态设计的核心内容是“3R”原则，即 Reduce (减量化)、Reuse (再利用)、Recycle (可循环)。这就要求在设计活动中不仅要充分考虑如何降低资源的消耗和有害物质的排放，还要考虑如何使设计主体及其局部能够有效地被回收并循环利用。具体来说，生态设计又可以细分为：生态材料的选择、生态加工制造、可回收性设计、可拆卸设计、生态包装、绿色能源的使用等。

生态设计是 20 世纪 80 年代末出现的一股国际设计潮流，它反映了人们对于现代科技文化所引起的环境及生态破坏的反思，同时也体现了设计师道德和社会责任心的回归。生态设计是一个环境管理领域的新概念，它融合了生态、环境、经济、管理等多学科理论。生态设计在设计初期就考虑了产品生命周期全过程的环境影响，通过改进设计把产品对环境的影响降低到最低程度，环境因素与一般的传统因素 (如利润、美观、功能、效率和企业形象等) 有着同样甚至更重要的地位。

2. 生态设计的特点

(1) 在设计中融入环境因素

设计阶段是产品环境问题产生的源头，产品在其整个生命周期内是否会对环境产生负面影响，以及对环境影响的程度都是由设计阶段决定的。生态设计将环境因素融入产品的设计理念中，不仅考虑市场的需求，还考虑了产品对资源的消耗以及对环境的影响。生态设计在设计阶段就充分考虑到产品在生产、使用、废弃以及回收等各个阶段对环境可能造成的影响，采用可再生和可循环的原材料，改进生产工艺和技术，降低产品能耗等措施，延长产品的使用寿命，使产品易于回收和再利用。生态设计是将经济、社会、环境融合到一起的过程，生态设计并不是完全地改变每个行业所特有的设计模式、设计方法、设计经验，而是结合各个行业的自身特点注入了生态的理念和思想。

(2) 与环境科学结合

环境科学是一门涵盖地理、物理、化学和生物四部分学科内容，研究人类社会发展活动与环境演化规律之间相互作用关系，寻求人类社会与环境协同演化、持续发展途径与方法的科学。由于大多数环境问题涉及人类活动，因此经济、法律和社会科学知识往往也可用于环境科学研究。随着科学技术的发展，不但环境理念已贯穿到生态设计的各个环节，生态设计也已在环境科学领域得到广泛应用，如污染物处理技术的应用推广、污染物处理装备设施的建立等，都属于基础的生态设计。

(3) 发展现代科学思想

20 世纪中叶以来，世界人口、资源和环境问题日益尖锐，系统科学不断发展，生态设计理念逐步扩展到人类生活和社会活动的各个方面。在人与环境的关系及其相互作用规律的研究过程中，人类这一生物物种被列入到了生态系统中，这种现代科学的研究思想充分体现了自然、人、社会的和谐统一，这也是生态设计层次的提升。

(4) 提升哲学思想

在生态设计过程中，设计师应在哲学层面上把世界看作一个复合系统，充分考虑人、社会和自然的相互作用，在哲学的理念上，在尊重所有生命和自然界的基础上进行设计，这是生态设计的一个更高层次。建设生态文明社会，是生态设计的最高层次，设计师要在生态自然观的指导下，以实现人与自然和谐的发展为设计宗旨，设计过程中强调人与自然环境共同发展，在维持自然界再生产的基础上进行有益于各种生态要素的设计与再设计。

3. 生态设计与传统设计的区别

一直以来，传统工业设计的实质是为了制造而设计，没有将环境因素作为产品设计和生产阶段的一个重要指标，较少考虑到产品使用、废弃和回收后的再利用问题，因此造成了很严重的资源浪费和环境污染问题。而生态设计是按生态学原理进行的人工生态系统的结构、功能、代谢过程和产品及其工艺流程的系统设计，生态设计遵从本地化、节约化、自然化、进化式、人人参与和天人合一等原则，强调减量化、再利用和再循环。表 8-1 中，详细比较了传统设计和生态设计在各方面的区别。

表 8-1 传统设计和生态设计的比较

项目	比较内容	传统设计	生态设计
1	能源使用	化石燃料、核能，消耗自然界储能物质	太阳能、风能、水能或生物质能等，利用自然界流动能量，能量直接或间接来源于太阳
2	物质利用	原料高损耗，物料利用率低，物质环境流失严重，大量进入土壤、水和空气	物质可进行一次或多次回收利用，一种生产活动产生的废弃物可成为下一生产活动的原料
3	污染特性	多样化、复杂化，具有区域特性，不可控	环境友好，可控
4	有毒物使用和排放	忽略，不受限	极少地使用、节制使用，受限
5	生态规律与经济的关系	短期对立	长期和谐
6	设计准则	基于纯粹经济学理论，满足技术上的习惯和方便	基于生态经济原理，维护生态系统健康
7	生态背景	设计模式简单，很少考虑文化或地方特征	按生态区划做出响应，设计考虑区域内生态环境等综合因素
8	文化背景	趋向于建设一种均一的全球文化	尊重和培育地方传统，优先使用地方的材料和技术
9	生物、文化和经济协调性	采用标准化的设计，不支持生物、文化和经济的多样性	保持生物多样性，适应文化融合，支持经济自由发展
10	知识基础	聚焦于狭窄的学科	多种学科和领域的综合
11	空间尺度(规模)	趋向于一定时间、在一定尺度上工作	穿越多个尺度的集成设计，反映较大尺度(规模)与小尺度(规模)的互相影响
12	系统性	沿着既定边界来划分子系统，未反映系统基础的自然过程	全系统开展工作，产出具有实际意义的完整性和一贯性的服务

续表

项目	比较内容	传统设计	生态设计
13	自然职能	强制自然提供满足或预测满足人类需求的物质	将自然当作伙伴，进行自然的自我设计，减少对物质和能源的过度依赖
14	社会参与	依赖于专业习惯，不愿意与公众对话，缺少社区参与	欢迎公开讨论和争议，每个人都有权参与讨论
15	设计依据	产品性能、质量和成本要求	环境效益和产品性能、质量、成本要求
16	设计人员	传统设计人员	传统设计人员、生态学家和环境学家
17	设计思想	很少或者根本不考虑节省能源、资源再生利用和对生态环境的影响	在产品构思和设计阶段，要考虑降低能耗、资源再生利用和保护生态环境
18	设计工艺	产品在制造和使用过程中不考虑回收，用完就扔掉	在产品制造和使用过程中，尽量不产生毒副产品。利用产品的可拆卸性和可回收性，保证产生最少的废弃物
19	设计目的	为制造而设计	为环境而设计
20	所得产品	传统产品	绿色产品或绿色标志产品

第二节　生态设计常用方法

一、生命周期法

（一）生命周期的内涵

生命周期（life cycle）的概念应用很广泛，特别是在政治、经济、环境、技术、社会等诸多领域经常出现，其基本含义可以通俗地理解为“从摇篮到坟墓”（cradle-to-grave）的整个过程。对于某个产品而言，就是从自然中来回到自然中去的全过程，也就是既包括制造产品所需要的原材料的采集、加工等生产过程，也包括产品贮存、运输等流通过程，还包括产品的使用过程以及产品报废或处置等废弃回到自然的过程，这个过程构成了一个完整的产品的生命周期。

（二）生命周期评价特点、步骤及方法

生命周期评价（life cycle assessment，LCA）是评价产品在其整个生命周期中（从原材料的获取，产品的生产、使用直至产品使用后的处置过程）对环境产生影响的一种技术和方法，即从原材料采集、加工到产品的生产、运输、销售、使用以及产品废弃处置全过程对产品进行物质流和能量流的追踪分析以及对其环境影响进行评估的活动。1989 年国际环境毒理学和化学学会（The Society of Environmental Toxicology and Chemistry，SETAC）建立了第一个统一的研究 LCA 的国际化平台，并规范了一系列相关科学术语，认为 LCA 是对一个产品“从摇篮到坟墓”与生命周期相关环境后果的考察。1997 年国际标准化组织（The International Organisation for Standardisation，ISO）发布了 ISO 14040 的技术指南，将生命周期的评价体系做了规范，认为 LCA 是对一个产品系统在生命周期各个环节输入、输出

和潜在环境影响的综合分析。

LCA 突出强调产品的"生命周期（life cycle）"，有时也被称为"生命周期分析"、"资源和环境效益分析"或"从摇篮到坟墓的研究"（cradle-to-grave study）等。产品的生命周期评价是现今国际上普遍使用的一种产品生态设计方法，是按照生命周期评价理论进行的产品设计是符合产品 LCA 标准的评价业务活动。

1. LCA 特点

（1）生命周期的观点

LCA 考虑产品的整个生命周期，即从原材料的获取、能源和材料的生产、产品制造和使用到产品生命末期的处理以及最终处置。通过这种系统的观点，就可以识别并可能避免整个生命周期各阶段或各环节的潜在环境负荷的转移。

（2）以环境为焦点

LCA 关注产品系统中的环境因素和环境影响，通常不考虑经济和社会因素及其影响。

（3）相对的方法和功能单位

LCA 是围绕功能单位构建的一个相对的方法。功能单位定义了研究的对象。所有的后续分析以及 LCI（生命周期清单，life cycle inventory）中的输入输出和 LCIA（生命周期清单分析，life cycle inventory analysis）结果都与功能单位相对应。

（4）反复的方法

LCA 是一种反复的技术。LCA 的每个阶段都使用其他阶段的结果。

（5）具有透明性

由于 LCA 固有的复杂性，透明性是实施 LCA 中的一个重要指导原则，以确保对结果做出恰当的解释。

（6）具有全面性

LCA 考虑了自然环境、人类健康和资源的所有属性或因素。通过对一项研究中所有属性和因素进行全视角的考虑，就能识别并评价需要进行权衡的问题。

（7）具有科学方法的优先性

LCA 以自然科学方法为基础，也可应用社会科学和经济科学等其他科学方法，或者是参考国际惯例。如果既没有科学基础存在，也没有基于其他科学方法的理由，同时也没有国际惯例可以遵循，那么所做的决策可以以价值选择为基础。

2. LCA 步骤

LCA 已经纳入 ISO 14000 环境管理系列标准而成为国际上环境管理和产品设计的一个重要支持工具，包括 ISO 14040：1997《环境管理：生活周期评价——原则与基本要求》、ISO 14041：1998《环境管理：生活周期评价——目标与范围确定及生活周期调查》、ISO 14042：1999《环境管理：生活周期评价——作用估测》和 ISO 14043：2000《环境管理：生活周期评价——利用》四个国际标准。根据 ISO 14040：1999 的定义，LCA 是指"对一个产品系统的生命周期输入、输出及其潜在环境影响的汇编和评价"，包括范围确定、清单分析、影响评价和结果解释四个互相联系的阶段。图 8-1 为 LCA 四个阶段。

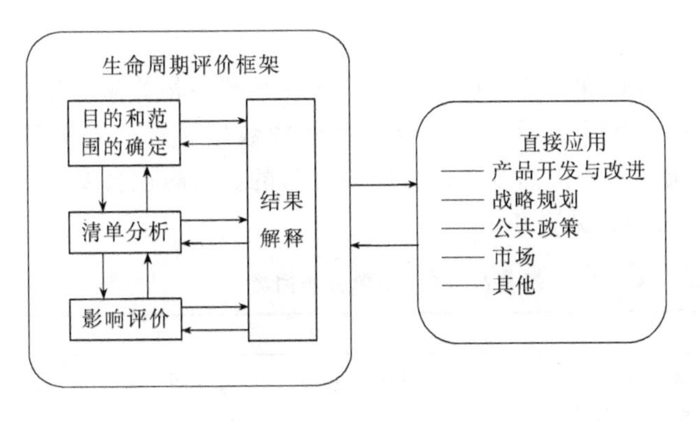

图 8-1 LCA 四个阶段

(1) 确定评价范围

LCA 范围界定主要描述所研究产品系统的功能单位、系统边界、数据分配程序、数据要求及原始数据质量要求等，确定分配规则，明确需要考虑的环境影响种类以及一些可行的生命周期清单参数。该阶段是对 LCA 研究的目的和范围进行清楚地界定并符合潜在应用的要求，是 LCA 研究中的第一步，也是最关键的部分。LCA 范围应确保满足评价广度、深度和详细程度的要求，并能充分满足评价目的要求。当评价过程中收集到更多的资料时，可根据情况对研究的范围进行适当调整。

① 确定评价系统　功能单位用于评定产品系统环境绩效，在 LCA 研究范围中，应清晰地确定所研究系统的功能。一个系统可能同时具备若干种功能，而研究中选择哪一种（或几种）功能主要取决于 LCA 的目的和范围，相关的功能单位应明确定义且可测量。确定功能单位的最初目的是为确定输入、输出之间的关系提供参考，这种参考对确保 LCA 研究结果具有可比性是必需的。功能单位量化了所选定的产品功能（绩效特征），为相关的输入和输出提供了参考。当对不同的系统进行评价时，LCA 结果的可比性十分关键，它能确保这种比较建立在一个共同的基础之上。为实现预定的功能，在每一个产品系统中需要确定基准流。

② 确定评价边界　LCA 通过模拟产品系统来开展，所建立的产品系统模型表达了物理系统中的关键要素。确定系统边界也就是确定要纳入系统的单元过程，影响系统边界确定的因素通常包括潜在应用目的、使用的假设、分割的准则、数据条件、经费的限制以及潜在的听众等，输入输出、数据集合程度、系统模型等因素的选择都应与研究目的一致。系统模型边界处的输入和输出须用要素流的形式表达，建立系统边界所使用的准则应明确和公正。理想情况下，建立产品系统的模型时，宜使其边界上的输入和输出均为基本流。

(2) 清单分析

清单分析是 LCA 的一个阶段，是对所研究系统中输入和输出数据建立清单的过程，主要包括所设定产品系统的确定及数据的收集和计算，对产品系统中相关输入和输出进行量化。生命周期清单研究应包括目的和范围的确定、清单分析和结果的释义。清单分析根据目的与范围阶段所确定的研究范围建立生命周期模型，做好数据收集准备，然后进行单元过程数据收集，并根据数据收集进行计算汇总得到产品生命周期的清单结果。数据搜集是实施 LCA 中最关键的任务，所搜集数据的可靠性和有效性很大程度上决定了 LCA 评价的最终结果是否具有意义。LCA 数据主要来源于电子数据库、文献数据、未公开发表的数据以及实地测量计算数据。

清单分析包括数据的收集和计算，以此来量化产品系统中相关输入和输出。当取得了一批数据，并对系统有进一步的认识后，可能会出现新的数据要求，或发现原有数据的局限性，因而要求对数据收集程序作出修改，以适应研究目的。有时也会要求对研究目的和范围加以修改。LCA清单分析内容见表8-2。

表8-2　LCA清单分析内容

项　目	内　容
数据收集	能量输入、原材料输入、辅助性输入、其他实物输入；产品、共生产品和废物；向空气、水体和土壤中的排放物；其他环境因素
数据计算	对所收集数据的审定；数据与单元过程的关联；数据与功能单位的基准流的关联

(3) 影响评价

影响评价的目的是根据清单分析阶段的结果对产品生命周期的环境影响进行评价，这一过程将清单数据定性和定量地转化为具体的影响类型和指标参数，为生命周期结果解释阶段提供必要的信息，以便全面认识产品生命周期的环境影响。

影响评价过程包括分类、特征化、规范化和加权四个连续的子步骤，其中分类步骤中的清单信息根据各自的物理化学特性被分配到不同的环境影响类别，特征化步骤中不同资源能源消耗和排放对环境潜在的影响被转化成相同单位进行比较和计算，规范化步骤通过一个公用的参考平台将潜在的不同种类环境影响用一个公用的比例单位联系起来，加权步骤则是给不同种类的环境影响分配不同的权重因子去反映它们之间相对的重要程度。前两步是强制要求的，而后两步则是可选择的。

(4) 结果解释

结果解释是根据LCA设定的目标，通过清单分析和影响评价的结果对产品生命周期中的重大问题进行识别，并对结果进行评估（包括完整性、敏感性和一致性检查），进而给出结论、局限和建议的活动。

结果解释是综合考虑清单分析和影响评价发现的一个阶段，具有如下特点：

① 解释阶段的结果应与所规定的目的和范围保持一致，并得出相应的结论，对局限性作出解释以及提出建议。

② 解释应该反映出LCIA的结果是基于一个相对方法得出的事实，该结果表明的是潜在的环境影响，它并不对类型终点、超出阈值、安全极限或风险等实际影响进行预测。

③ 解释阶段可包含一个根据研究目的对LCA的范围以及所收集数据的性质和质量进行评审与修订的反复过程。

3. LCA一般方法

根据产品及产业关联所关注视角及思路的差异，LCA法可以分为三类，即生产流程分析法（process analysis，PA）、环境扩展投入产出法（environmentally extended input-output analysis，EEIOA）及混合分析法（hybrid analysis，HA）。

(1) 生产流程分析法

PA法从生产过程中最基础技术单元的直接生态环境影响（如资源投入及污染物排放）

出发，考虑产品多级生产流程中的所有的生态环境影响，是标准的自底向上LCA方法。以ISO 14040方法学框架为代表的PA方法框架下的LCA对边界和流程的定义清晰，数据需求明确且简单可观，有较为成熟的技术框架和应用实例。

PA法针对不同研究对象的人为定义边界会造成比较显著的截断误差，并且无法考察所定义的边界之外的行业及部门之间的依赖关系，将PA法运用到整个能源行业去追寻每一条生产链之间的循环关联也是一项近乎不可能完成的烦冗工作。

(2) 环境扩展投入产出法

环境扩展投入产出法（environmentally extended input-output analysis，EEIOA）是基于投入产出经济模型（input-output analysis，IOA）的分析方法，是一种宏观的自上而下的分析方法。EEIOA方法是IOA的扩展，在原有经济模型中加入了所研究的环境指标，通过产业经济体依赖关系探究社会需求变化对生产活动产生的影响和进而引发的生态环境影响变化。该方法利用对社会经济复杂关联拉动生态环境影响的线性代数模型模拟，减少了描述区域经济体内产业关联所需要的工作量。

(3) 混合分析方法

传统IOA模型难以识别因部门内部的结构性差异对部门活动造成的生态环境差异化影响。PA法的具体流程和技术细致描述与IOA法的全部门完整描述相结合的投入产出——生命周期混合分析方法充分利用了两类模型的优势，扩展了微观层面的模型边界，提高了宏观层面的模型分辨率。

混合分析法按照具体方法的不同分为分层混合方法（tiered hybrid analysis)、基于投入产出的混合方法（IO-based hybrid analysis）和整合混合方法（integrated hybrid analysis)。其中分层混合法是将基于PA的LCA方法对生产工序流程的描述结果直接代入IOA模型中，PA和IOA在这个框架下是相互独立的，PA里所关注的商品流动会包含在IOA中，可能造成重复计算；基于投入产出混合方法是将已有的IOA模型按照需要进行拆分，相对较为复杂，并且对IOA的理解和使用具有较高要求；整合混合方法是将基于PA的LCA以生产矩阵形式嵌入到原有投入产出表中对生产工序物理量进行的描述，虽具有较高的分辨率，但需要大量技术工艺流程参数支持，时间和人力成本高，存在为解决数据缺失问题而进行的国家间数据借用和替代处理的行为。

二、生态足迹法

（一）生态足迹概念

生态足迹（ecological footprint，EF）就是能够持续地提供资源或消纳废物的具有生态生产力的地域空间（biologically productive areas)，其含义就是要维持一个人、地区、国家的生存所需要消耗的资源和能源，以及能够容纳其所排放废物的具有生态生产力的地域面积(包括土地面积和水域面积)。1996年加拿大人Wack-emagel在其著作《我们的生态脚印：减轻人类对地球的冲击》中提到：任何已知人口（某个人、某个城市或某个国家）的生态足迹是生产这些人口所消费的所有资源和吸纳这些人口所产生的所有废弃物所需要的生物生产土地的总面积和水资源量。生态足迹能将一个地区或国家的资源、能源消费和所拥有的生态能力进行比较，判断一个国家或地区的发展是否处于生态承载力的范围内，是否具有安全性。通过生态足迹的计算和分析，也能在全球和区域范围内比较自然资产的产出和人类的消费情况。

生态足迹模型主要包括生态足迹、生态承载力（ecological capacity，EC）和生态赤字/盈余（ecological deficit/surplus）等概念和指标。生态承载力是指一定区域所能提供给人类的生态生产性土地的面积总和（即区域的生态容量）。生态足迹从需求方反映了人类对自然生态系统的消费能力，而生态承载力则从供给方反映了自然生态系统的供养能力。将二者进行对比，如果在一个地区生态承载力大于生态足迹，则表现为生态盈余，说明人类对自然生态系统的压力处于本地区所提供的生态承载力范围之内，可以认为人类社会的经济发展处于一种可持续范围内。反之，如果生态承载力小于生态足迹，则表示该地区出现生态赤字，处于一种不可持续状态。地区的生态赤字或生态盈余，反映了区域人口对自然资源的利用状况、生态系统的安全以及地区的可持续发展状况。

（二）生态足迹研究方法

生态足迹理论源于 20 世纪 70 年代生态经济学领域的“影子面积”、净初级生产力和绿色净国家产品等诸多研究，是建立在能值分析、生命周期评估、全球资源动态模型、世界生态系统的净初级生产力计算等理论基础上，归属于生态承载有限论范畴的研究。

从本质上讲，生态足迹理论遵循如下的理念思路：人类要维持生存必须消费各种产品、资源和服务，其每一项最终消费的量都可以追溯到提供生产该消费所需的原始物质与能量的生态生产性土地的面积。所以，人类系统的所有消费在理论上都可以折算成相应的生态生产性土地的面积。生态足迹是用环境空间来度量的，自然界提供的各种生态服务总是可以与一定地球表面相关，因此可以将地球表面的生物生产性土地划分为耕地、草地、林地、化石能源用地、建设用地和水域 6 大类进行研究：

① 耕地是 6 类土地中生产力最高的土地类型，人类赖以生存的食品绝大多数来自耕地。其生态生产力用单位面积产量表示。

② 草地对人类的贡献主要是提供放牧。其生态生产力可通过单位面积承载的牛羊数及相应的奶、肉类产量计算得到。

③ 林地包括人工林和天然林，其主要作用有生产木材、净化空气、涵养水源、保护物种多样性等。森林的生态生产力主要指其提供木材及其相关林副产品的量。

④ 化石能源用地指吸收化石能源燃烧过程中排放出的 CO_2 所需的林地面积（此处并未包括化石燃料及其产品排放出的其他有毒气体，也未包括海洋所吸收的相对应部分 CO_2）。

⑤ 建设用地指各种人居设施和道路占用的土地，是人类生存必需的场所，绝大部分建设用地都是占用可用于生产的耕地。

⑥ 水域为人类提供鱼类等水产品。水域的生态生产力主要指鱼类等水产品的单位面积产量。

生态足迹对地球表面生物生产性土地的 6 种分类强调人类维持生存必须消耗自然界提供的各种资源（各种自然产品和服务），人类消费的绝大多数资源、能源及其所产生的废弃物的数量是可确定的，且各种土地的作用（提供资源、消纳废物）是单一的、空间上相互排斥的，这使得各类生物生产性土地面积可以进行加总比较。

生态足迹分析方法以土地面积为计量单位，将人类活动的各种物质、能源消费按比例折算成相应的生物生产性土地面积，从生物生产性土地面积占用的角度测度人类的消费活动对自然环境的影响和冲击，揭示了所研究区域的环境压力状态及所面临的危机。生态足迹分析紧扣可持续发展理论，将人类与其赖以支持的生态系统紧密结合在了一起。而生态足迹分析的简单思维模式使生态足迹模型具有很好的操作性，资料易获取且计算方法简单，评估结果具有较强的全球可比性。

(三) 生态足迹模型计算

1. 生态足迹计算

生态足迹的计算是基于两个重要条件：大部分消费的资源和所排放的废物，都可以找到其生产区和消纳区类别；大多数资源流量和废物流量可以被转化为提供或消纳这些流量的、具有生态生产力的陆地或水域面积。

生态足迹的计算方式可明确地指出某个国家或地区使用了多少自然资源。然而，这些足迹并不是一片连续的土地，人类使用的土地与水域面积分散在全球各个角落，需要进行大量研究来探明其确定的位置和面积。生态足迹方法计算流程如图 8-2。

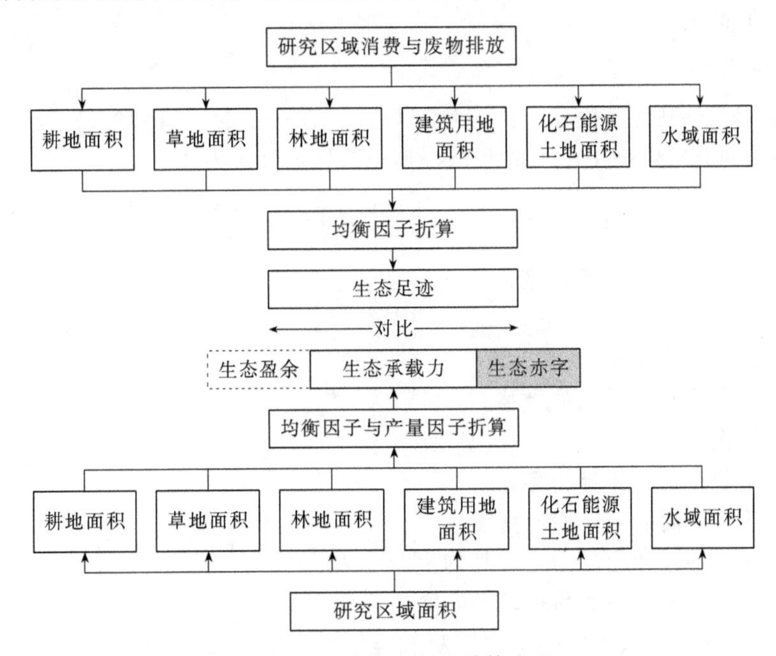

图 8-2　生态足迹方法计算流程

(1) 生物生产面积类型及其均衡化处理

在生态足迹计算中，资源和能源消费项目可被折算为耕地、草场、林地、建筑用地、化石能源土地和海洋（水域）6 种生物生产面积类型。耕地是最有生产能力的土地类型，提供了人类所利用的大部分生物量；草场的生产能力比耕地要低得多；由于人类对森林资源的过度开发，全世界除了一些不能接近的热带丛林外，现有林地的生产能力大多较低；化石能源土地是人类应该留出用于吸收 CO_2 的土地，但事实上人类并未对这类土地的规划予以重视，在生态足迹的计算中，需要考虑 CO_2 吸收所需要的化石能源土地面积；由于人类定居在最肥沃的土壤上，因此建筑用地面积的增加意味着生物生产量的损失。

由于6类生物生产面积的生态生产力不同，要将这些具有不同生态生产力的生物生产面积转化为具有相同生态生产力的面积，以汇总生态足迹和生态承载力，需要对计算得到的各类生物生产面积乘以一个均衡因子，即：

$$r_k=\frac{d_k}{D}\ (k=1,2,3,\cdots,6) \tag{8-1}$$

式中，r_k 为均衡因子；d_k 为全球第 k 类生物生产面积类型的平均生态生产力；D 为全球所有各类生物生产面积类型的平均生态生产力。

（2）人均生态足迹分量

$$A_i=\frac{P_i+I_i-E_i}{Y_iN}(i=1,2,3,\cdots,m) \tag{8-2}$$

式中，A_i 为第 i 种消费项目折算的人均生态足迹分量，hm^2/人；Y_i 为生物生产土地生产第 i 种消费项目的年（世界）平均产量，kg/hm^2，P_i 为第 i 种消费项目的年生产量；I_i 为第 i 种消费项目年进口量；E_i 为第 i 种消费项目的年出口量；N 为人口数。

在计算煤、焦炭、燃料油、原油、汽油、柴油、热力和电力等能源消费项目的生态足迹时，将这些能源消费转化为化石能源土地面积，也就是以化石能源的消费速率来估计自然资产所需要的土地面积。

（3）生态足迹计算模型

① 生物生产性足迹计算模型　生态足迹计量了在一定的人口和经济规模条件下，维持人类生存所必需的真实生物生产土地面积，其一般计算公式为：

$$E_F=Ne_f=Nr_j\sum_{i=1}^{n}\frac{c_i}{p_i}=Nr_j\sum_{i=1}^{n}a_i \tag{8-3}$$

式中　E_F——生物生产性生态足迹；

N——人口数；

e_f——人均生态足迹；

i——消费商品和投入的类型；

r_j——均衡因子；

j——生物生产性土地类型；

c_i——第 i 种商品的人均消费量；

p_i——第 i 种消费商品的全球平均生产能力；

a_i——人均 i 种交易商品折算的生物生产面积。

由式(8-3)可知，区域人口的不同资源和能源消费被相应地转化为所需的耕地、草地、林地、建筑用地、能源用地和水域等生态生产性土地面积，并用当量因子再调整为全球平均生态生产性土地面积。

② 能源足迹计算模型

$$W_P=\frac{(M_{CO_2}-m_{CO_2})}{\sum_{n=1}^{N}\left[\frac{m_{n(CO_2)}}{k_n}S_n\right]} \tag{8-4}$$

式中　W_P——能源足迹；

S_n——植物面积；

$m_{n(CO_2)}$——某种植物二氧化碳吸收量；

M_{CO_2}——二氧化碳排放量；

m_{CO_2}——二氧化碳水域（海洋）吸收量；

k_n——植物均衡因子；

n——植物类型。

能源足迹通常可从维持自然资本的角度和废物消纳的角度予以考虑，计算能源足迹时，需要考虑以下几个问题：

a. 森林吸收二氧化碳受空间（能够留作森林的土地面积）和时间（树木只能在生命中的一段时间内吸收二氧化碳）的限制；

b. 土地的面积和森林再生的能力因国家、区域的异同会造成较大误差；

c. 关注二氧化碳吸收，而不是化石燃料资源的匮乏和可持续利用，不包括清洁能源和新能源的利用。

能源承载力与生物生产性土地承载力相加得到完整的生态承载力，考虑生物多样性保护，在完整的生态承载力计算时应扣除12%的生物多样性保护面积。

(4) 生态承载力

在生态承载力的计算中，由于不同国家或地区的资源禀赋不同，不仅单位面积耕地、草地、林地、建筑用地、海洋（水域）等间的生态生产能力差异很大，而且单位面积同类生物生产面积类型的生态生产力也差异很大。因此，不同国家和地区同类生物生产面积类型的实际面积是不能进行直接对比的，需要对不同类型的面积进行标准化。不同国家或地区的某类生物生产面积类型所代表的局地产量与世界平均产量的差异可用“产量因子”表示。某个国家或地区某类土地的产量因子是其平均生产力与世界同类土地的平均生产力的比率。同时出于谨慎性考虑，在生态承载力计算时应扣除12%的生物多样性保护面积。

$$EC=N\times ec=N\times\sum a_j r_j y_j\,(j=1,2,3,\cdots,6) \tag{8-5}$$

式中，EC 为总的生态承载力；ec 为人均生态承载力，hm^2/人；N 为人口数；a_j 为各类生物生产性土地的人均现有面积；r_j 为均衡因子；y_j 为产量因子。

(5) 生态赤字与生态盈余

区域生态足迹如果超过了区域所能提供的生态承载力，就出现生态赤字；如果小于区域的生态承载力，则表现为生态盈余。区域的生态赤字或生态盈余，反映了区域人口对自然资源的利用状况。

$$ED=EC-EF\,(\text{当 } ED<0 \text{ 时}, ED=E_d;\text{当 } ED>0 \text{ 时}, ED=E_s) \tag{8-6}$$

式中，EC 为总的生态承载力；EF 为总的生态足迹；ED 为生态承载力与总的生态足迹间的差值；E_d 为生态赤字；E_s 为生态盈余。

2. 生态足迹模型核算方法

目前生态足迹模型的核算方法分为综合法、成分法和投入产出分析法三种：综合法是自上而下地利用国家级消费数据进行核算；成分法是自下而上地利用地区、行业、公司、家庭及个人等消费数据，在识别出所有的消费和废物产生的组分基础上，再用生命周期的数据评价每种组分的生态足迹；投入产出分析法的突出优点是它能利用投入产出表提供的信息，计算经济变化对环境产生的直接和间接影响，分析不同部门、不同地区、不同企业内部的经济联系，以及不同产品和服务的供给与需求间的相互联系。

综合法、成分法和投入产出分析法各有特点。在综合法核算中，消费和产出的相关数据主要来源于统计年鉴，虽容易获取，但计算相对粗略；成分法和投入产出法虽所需数据获取较难，但计算更为精细、更接近实际，有利于研究的深入开展。考虑到数据收集的困难，大多数研究均采用综合法计算。

三、碳足迹法

（一）碳足迹内涵

（1）碳足迹的概念

碳足迹（carbon footprint）源于生态足迹，是指某一产品或活动在生命周期内直接及间接引起的温室气体排放量的集合，以二氧化碳当量为单位。碳足迹中的“碳”指石油、煤炭、木材等由碳元素构成的自然资源。碳足迹标示特定区域某一段时间内生物体的“碳耗用量”，“碳”耗用得越多，温室气体“二氧化碳”也制造得越多，“碳足迹”就越大；反之，“碳足迹”就越小。碳足迹可用消纳生物体所释放的 CO_2 的碳汇面积来定量表示。

英国《PAS 2050：2008　商品和服务在生命周期内的温室气体排放评价规范》（PAS 2050：2008 specification for assessment of greenhouse gas emissions from goods and services in the life cycle，PAS 2050）指出：“碳足迹是一个用于描述某个特定活动或实体产生温室气体（GHG）排放量的术语，因而它是供各组织和个体评价温室气体排放对气候变化影响的一种方式。”

（2）碳足迹的分类

碳足迹可以按计算边界和范围及研究对象进行分类：

① 按计算边界和范围不同碳足迹可分为第一碳足迹和第二碳足迹。第一碳足迹亦称直接碳足迹，主要指生产和生活中直接使用化石能源所造成的碳足迹。第二碳足迹也称间接碳足迹，是指消费者使用各类商品或某项服务时在该商品和服务的整个生命周期内所产生的碳足迹。

② 按研究对象不同碳足迹可分为个人碳足迹、产品碳足迹、企业碳足迹。个人碳足迹是针对每个人日常生活中的衣、食、住、行所产生的碳足迹加以叠加估算的过程。产品碳足迹是指产品或服务从摇篮到坟墓的整个生命周期中所产生的碳足迹。企业碳足迹相较于产品碳足迹，还包括非生产性活动（如相关投资的碳足迹），是指企业所界定的范围内产生的直接或间接碳足迹。

（二）碳足迹评价

1. 碳足迹评价标准

2006 年 3 月，国际标准化组织 ISO 发布了 ISO 14064 标准。作为一项国际标准，具有全球广泛的共识性，可以指导政府和企业测量和控制温室气体的排放，并用于碳交易。ISO 14064 包括三个部分：ISO 14064-1《温室气体-第一部分：在组织层面温室气体排放和削减的量化和报告指南性规范》，其中详细规定了设计、开发、管理和报告组织或公司 GHG 清单的原则和要求；ISO 14064-2《温室气体-第二部分：在项目层面温室气体排放和削减的量化、监测和报告规范》，着重讨论旨在减少 GHG 排放量或加快 GHG 清除的项目（如风力发电项目）；ISO 14064-3《温室气体-第三部分：温室气体声明验证和确认指导规范》阐述了实际验证过程。可用于组织或独立的第三方机构进行 GHG 报告验证。

2018 年 12 月 ISO/TC 207（国际标准化组织环境管理标准化技术委员会）第一次对 ISO 14064 标准进行了修订（ISO 14064-1：2018)。温室气体议定书由《温室气体议定书企业核算与报告准则》和《温室气体议定书项目量化准则》两项独立但相互联系的准则组成。《温室气体议定书企业核算与报告准则》为企业和其他组织提供了温室气体排放盘查的标准和指导，它涵盖了京都议定书限制的六种温室气体，这是全球针对企业温室气体排放的第一项标准，ISO 14064-1 也是在其基础上制定的。

2008 年 10 月，英国标准协会出版了 PAS 2050 执行规范及其指导文件，旨在对产品和服务生命周期内温室气体排放的评价要求做出明确的规定，帮助企业评价某种具体商品和服务的碳足迹。该规范在帮助企业管理自身产品和服务的碳排放外，还希望协助企业在产品设计、生产、使用、运输等各个阶段寻找降低碳排放的机会，以达到最终生产出低碳产品的目的。这是第一部通过统一的方法评价产品生命周期内温室气体排放的规范性文件。国际上多家公司尝试执行 PAS 2050。

2009 年 3 月，日本出台的《碳足迹产品分类规则》可以用于所有商品和服务项目，同年 4 月发布了日本国家标准 TSQ 0010《产品碳足迹量化和沟通基本准则》。TSQ 0010 与 PAS 2050 在内容和执行步骤上基本一致，TSQ 0010 比较强调依据 ISO 14025 产品分类规则对产品进行分类，并对分类规则加以完善。

国际碳足迹评价相关标准见表 8-3。

表 8-3　国际碳足迹评价相关标准

地区/机构	标准、指引或规范名称	适用范围
世界持续发展工商理事会(WBCSD)/世界资源研究所(WRI)	GHG Protocol The Greenhouse Gas Protocol 温室气体议定书	企业(组织)、产品
ISO/TC 207	ISO 14064 温室气体盘查验证系列标准	
	ISO 14067 草案	
英国	PAS 2050:2008 Specification for the assessment of the life cycle greenhouse gas emissions of goods and services 商品和服务在生命周期内的温室气体排放评价规范	产品
日本	JIS TS Q 0010:2009 General Principles for the Assessment and Labeling of Carbon Footprint of Products 产品碳足迹评估与标示之一般原则	产品

2. 碳足迹计算公式

生态足迹中以承载环境污染的土地被分为 6 种，其中具有吸附温室气体能力的为碳吸收地（carbon uptake land)。“碳吸收地”指用于吸收和承载人类排放的二氧化碳的土地，属于林地的一种。其特殊之处在于该指标在生态足迹中被单独列出用以跟踪一类环境排放物——温室气体，碳足迹即为温室气体排放对相应的碳吸收土地承载力需求的表征。因此，碳足迹可以用二氧化碳当量来表示，也可根据需要转化为人均或以土地面积等作为表征的评价指标。碳足迹指标的不同，会导致计算方法和评价方法的差异。碳足迹评价需要注意：

① 对产品和服务的描述要清晰，才能有针对性地建立评价方法和模型；

② 选择合适的碳足迹评价指标。对于选用生态足迹指标还是二氧化碳当量进行评价要

进行思考和说明。

“碳足迹”可计量一个区域的经济、社会、环境体系在一段时间内温室气体的排放总量，“碳足迹”的计量方法通常有两种，一种是将 6 种温室气体（CO_2、CH_4、N_2O、PFCs、HFCs、SF_6）的排放量都转换为 CO_2 的量；另一种是比较同一时间内、不同国家地区的人均“碳足迹”。

碳足迹同生态足迹的作用相似，即用来衡量人类活动对于自然生态系统的影响和占用程度，揭示其发展趋势和主要矛盾，并侧重于人类的能源活动对气候变化和大气环境的影响。碳足迹与生态足迹的区别是碳足迹表征的是对化石能源的消费，是衡量人类对能源（尤其是传统能源）的利用量。

碳足迹的计算基于以下基本假定：一是研究区内 CO_2 不与外界发生交换；二是各种资源、能源及动物排放的 CO_2 是能够被估算的；三是各种生物碳载体规定为生物满足自身生长需求后所盈余的载碳能力。碳足迹 E_{Fc} 的计算公式如下：

$$E_{Fc}=\frac{E_{QF}P_{C}(1-S_{Ocean})}{Y_{C}} \tag{8-7}$$

式中 E_{Fc}——碳足迹；

P_C——年度排放的二氧化碳量；

S_{Ocean}——某年中海洋吸收的二氧化碳量；

Y_C——全球平均林地每公顷的二氧化碳年吸收率；

E_{QF}——折算为林地的等价因子。

3. 碳足迹账户

生态系统内产生与排放 CO_2 的主体较为复杂，按照生态系统内不同 CO_2 来源，可将“碳足迹”账户分为能源消耗账户、土壤呼吸账户及生物账户 3 个部分。自然生态系统中的“碳载体”主要包括林地、农作物、土壤以及湿地 4 种类型，在相对较小的行政区内，森林为主要的“碳载体”，可通过引入均衡因子，将按照不同类型的“碳载体”对 CO_2 的吸收力转换为等价的森林面积，从而可对吸收消纳该区域排放 CO_2 的森林面积表示的“碳足迹”进行计算。

（1）能源消耗账户

能源消耗主要包括原煤、原油、天然气、水电的消耗量。根据我国能源折算系数，将能源的具体消耗量折算为统一的能量单位，再以该化石能源的能源碳足迹为标准，核算出区域内能源消耗所产生的碳足迹。

（2）土壤呼吸账户

土壤二氧化碳排放主要来自土壤的呼吸作用，包括土壤微生物呼吸、土壤无脊椎动物呼吸、植物根系呼吸和土壤含碳物质的化学氧化过程，由于土壤无脊椎动物的呼吸量和化学氧化量都非常微小，往往忽略不计。

（3）生物账户

生物账户包括植物账户和动物账户。

① 植物账户　植物在陆地生态系统的碳循环过程中一方面作为碳载体存在，通过光合作用吸收 CO_2；另一方面作为碳主体存在，通过呼吸作用向大气中释放 CO_2，因此植物账

户分别按地上和地下两部分考虑。植物地上部分的光合作用远大于呼吸作用，将呼吸作用抵消后，绿色植物的地上部分可以视为单一的碳载体，地上部分的呼吸账户为零；而植物地下部分的呼吸划归为土壤账户。

② 动物账户　动物排放二氧化碳主要通过呼吸和排泄两种途径，计算动物排放二氧化碳量时通常按反刍动物和非反刍动物分别计算。反刍动物（如牛、羊、骆驼）具有特殊的生理结构，释放甲烷的量大；非反刍动物（如猪、马、骡）由于数量众多，总的甲烷排放量也较大。动物呼吸造成的环境 CO_2 量改变很小，而动物排泄所产生的 CO_2 量对环境影响却相对较大。

人类排放的二氧化碳量，需要根据人类摄入的食物量进行核算，用区域内人类年消耗食物总量乘以活动系数，可估算出人类排放的 CO_2 量。

4. 碳足迹评价

(1) 产品碳足迹评价

① 建立进程图　确认包括物质流、能源流和废料流在内的对所选产品生命周期有影响的材料、活动及过程，判别产品对象生命周期阶段，根据生命周期涵盖阶段的不同建立不同的进程图。

生命周期 B2C：评价内容从原材料、过程制造、分销和零售，到消费者使用，以及最终处理和再生利用的全生命周期温室气体排放评价，即“从摇篮到坟墓”。

生命周期 B2B：评价内容包括原材料通过生产直到产品到达一个新的组织，包括分销和运输到客户所在地，即所谓的“从摇篮到大门”。

② 确定边界和优先事项　根据标准原则界定系统边界。

③ 数据收集　收集生命周期各个阶段中活动数据和排放因子。

④ 计算碳足迹　计算主要依据碳足迹计算方程，注意质量守恒，确保所有输入、输出及废弃物均已计入，没有遗漏。

⑤ 检验不确定性　不确定性检验可由组织自行决定是否进行评价，不是必要的事项。但执行不确定性检验可以提高计算结果的准确度，了解收集数据的质量。

产品碳足迹评价流程如图 8-3 所示。

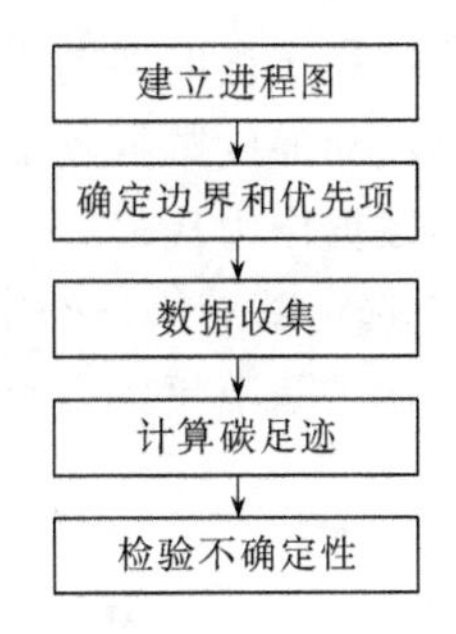

图 8-3　产品碳足迹评价流程

(2) 企业（组织）碳足迹评价

企业的碳足迹评价通常又被称为碳盘查，是指在定义的空间和时间边界内进行碳足迹量化的过程，碳盘查的结果可以是只关注于温室气体排放源和信息的碳排放清单，也可以是一份完整的碳盘查报告用以公开碳排放。使用比较广泛的企业（组织）碳盘查标准包括温室气体议定书（GHG Protocol）的系列标准和 ISO 14064 系列标准。

企业碳足迹评价（图 8-4）基本步骤如下：

① 定义报告企业的组织边界　组织边界主要是从企业集团的角度着眼，涵盖旗下子公司、转投资公司、合资企业等各项拥有公司权益的独立法人或非法人机构，并确定企业拥有哪些生产设施、办公设施和场所等。

② 定义直接和间接的能源消耗来源　温室气体议定书企业标准中根据排放源不同将排放分成三个范围：

a. 范围 1——直接温室气体排放

直接温室气体排放出现在公司持有或控制的排放源，例如公司持有或控制的锅炉、熔炉、车辆等产生的燃烧排放；持有或控制的工艺设备生产化学品所产生的排放。

b. 范围 2——电力直接温室气体排放

公司消耗的采购电力产生的温室气体排放，包括通过采购或其他方式进入公司组织边界的电力，其排放实际上出现在电力生产设施。

c. 范围 3——其他间接温室气体排放

其他间接温室气体排放属于企业活动的结果，但不是由企业持有或控制的排放源。例如提炼和生产采购的原料、运输采购的燃料以及使用出售的产品和服务。

③ 量化直接和间接的能源消耗　碳足迹计算的是一定时间内二氧化碳排放的总和，其他温室气体碳足迹计算需要换算为二氧化碳当量，用 kgCO_2e 表示。二氧化碳当量是由某种温室气体的量乘以其全球变暖潜能（global warming potential，GWP）得到的。政府间气候变化专门委员会（Intergovernmental Panel on Climate Change，IPCC）制定了 100 年周期的 GWP。

定义来源 → 选择计算方法 → 收集数据和选择排放因子 → 应用计算工具 → 将数据应用到企业层面

图 8-4　碳足迹计算程序

通常温室气体排放量计算办法是采用公布的排放因子，而不是通过检测密度和流速直接测量温室气体排放量，这些因子是经过计算得出的排放源温室气体排放量与代表性活动量度之间的比率。温室气体排放因子通常用二氧化碳当量和相对单位活性来表示（kgCO_2e /每单位输入物）。

通常，可以根据具体设施或工艺的物质平衡或化学当量计算排放量：

$$Q=NF \tag{8-8}$$

式中　Q——某个特定活动的碳足迹，kgCO_2e；

N——活动数据（特定活动时间段内使用的所有材料、消耗的能源和产生的废物）；

F——排放因子。

收集高质量的活动数据和选择合适的排放因子往往是碳足迹量化的最大限制因素。在温室气体活动强度数据收集过程中，应尽量查询是否有可重复核对的数据以作为对比，选取较正确的数据作为代表。

④ 选定基准年　确定基准年，将盘查的某年的排放量与之相比较。如果企业内部结构发生变化，基准年数据必须重新计算。

参考文献

[1] 《温室气体——产品的碳排放量——量化和通信的要求和指南》ISO/TS 14067—2013.

[2] 韩召迎. 基于生态足迹模型的区域可持续发展评价研究——以江苏省为案例. 南京：南京农业大学，2012.

[3] 樊华. 基于生态足迹理论的陕北生态环境可持续发展研究. 北京：北京林业大学，2010.

[4] 夏明. 碳足迹评价标准及其在服装领域的应用研究. 北京：北京服装学院，2012.

[5] 蒋婷. 碳足迹评价标准概述. 信息技术与标准化，2010 (11)：15-18.

[6] 陈实. 中国能源碳足迹的驱动因素及其控制研究. 无锡：江南大学，2014.

[7] 田彬彬，徐向阳，付鸿娟，等. 基于生命周期的产品碳足迹评价与核算分析. 中国环境管理. 2012 (1)：21-26.

[8] 杨新兴. “生态环境”说法不妥. 术语标准化与信息技术，2007 (1)：17-23.
[9] 阳含熙. 生态学的过去，现在和未来. 自然资源学报，1989，4 (4)：355-361.
[10] 方萍，曹凑贵. “生态学”定义新解. 江西农业大学学报：社会科学版，2008，7 (1)：107-110.
[11] 吴兆录. 生态学的发展阶段及其特点. 生态学杂志，1994，13 (5)：67-72.
[12] 何方. 生态学发展阶段划分. 经济林研究，2001，19 (3)：51-52.
[13] 昝贵龙. 现代生态学发展的几个特点. 生物学通报，1991 (1)：13-14.
[14] 肖笃宁. 宏观生态学研究的特点与方法. 应用生态学报，1994，5 (1)：95-102.
[15] 彭小燕. ISO 14040 环境管理——生命周期评估：原则与框架. 世界标准化与质量管理，1998 (4)：4-9.
[16] 惠婧璇，万里扬. 生命周期评价方法及应用于我国可再生能源领域研究进展. 中国能源，2020，42 (3)：42-47.
[17] 邹炜，李兴绪. 两个可持续发展指标的简介和评价——浅析绿色 GDP 和生态足迹. 湖北经济学院学报（人文社会科学版），2006，3 (7)：11-12.
[18] 徐中民，程国栋，张志强. 生态足迹方法的理论解析. 中国人口·资源与环境，2006，16 (6)：69-78.
[19] 刘九夫，王国庆，张建云，等.《联合国气候变化框架公约》及《京都议定书》简介. 中国水利. 2008：65-68.
[20] 于曼，彭万贵，葛大兵. “碳足迹”计算方法初探. 安徽农业科学，2011，39 (19)：11708-11710.
[21] 蒋婷. 碳足迹评价标准概述. 信息技术与标准化. 2010，(11)：15-18.
[22] 甘甜，韩项，周晓艳. 区域人均生态足迹的时序变化——以武汉市为例. 湖南师范大学自然科学学报，2014，37 (6)：1-6.
[23] GB/T 2589—2008. 综合能耗计算通则. 北京：中国计划出版社，2008.
[24] GB/T 32150-2015. 工业企业温室气体排放核算和报告通则 . 北京：中国标准出版社，2015.

第九章
电器电子产品生态设计

第一节　电器电子产品生态设计概念

随着生产力的发展，设计在创造全新生活方式的同时，也加快着自然资源的消耗速度，进而改变了地球原始的生态平衡状态。人类文明的进步推进了电器电子产品的迅猛发展，电器电子产品充斥到了生活的各个领域。电器电子产品高的更新换代速度，使得越来越多的电子废物无法处理，不但严重污染了环境，也造成了严重的资源损失和能源消耗。面对日益严重的环境污染和自然资源、能源的枯竭，设计者开始反思其社会责任，相应的电器电子产品生态化设计研究也成了电器电子产品绿色设计的新方向。

关于电器电子产品的生态设计及相关术语的定义，欧盟和我国都有相应文件予以明确。

一、欧盟电器电子产品生态设计相关概念

为避免因各成员国实施的与用能产品生态设计相关的法律或行政措施不一致而在共同体内部产生贸易壁垒，扭曲共同体内的竞争，或对内部市场的建立及其作用产生直接影响，欧盟2005年颁布了2005/32/EC号指令，指令中对有关生态设计的一些概念做了说明。

①“材料”意指在一件能耗产品（energy-using products，EuP）生命周期中所使用的全部材料。

②“产品设计”意指将一件EuP需满足的法律、技术、安全性、功能、市场及其他要求转化成用于该EuP的技术规格的一套步骤。

③“环境因素”意指在一件EuP的生命周期中，其元件或功能会与环境发生相互作用。

④“环境影响”意指在一件EuP的生命周期中，完全或部分地导致环境的任何变化。

⑤“生命周期”意指一件EuP从原料使用到最终处置中连续的和相互连接的各个阶段。

⑥“复用”意指任何这样一种操作，通过它一件已经到达其首次使用终点的EuP可用于其设计出来的相同目的，包括已返回到回收点、分销商、再生商或制造商手中的EuP的延续使用，以及一件经过翻新的EuP的重复使用。

⑦“循环利用”意指在生产过程中对废料进行再加工以用于初始目的或其他目的，能量

回收不包括在内。

⑧“能量回收”意指使用可燃废物通过直接焚化作为产生能量的手段，焚化可与其他废物一起、也可以不与其他废物一起，但都伴随热量回收。

⑨“生态学档案”意指根据适用于一件 EuP 的实施措施对与贯穿该 EuP 整个生命周期相关联的输入和输出（诸如材料、发射和废物）的记述，从 EuP 环境影响的观点看这种记述是非常重要的，并且以可计量的物理量进行表示。

⑩ 一件 EuP 的“环境性能”意指制造商对 EuP 的环境因素进行管理的结果，如在其技术性文档文件中所反映的。

⑪“环境性能的改善”意指连续多代增强一件 EuP 环境性能的过程，尽管就产品的所有环境因素而言无需是同时的。

⑫“生态设计”意指将环境因素融入产品的设计中，以实现在贯穿产品的整个生命周期中改善 EuP 的环境性能的目的。

⑬“生态设计要求”意指与一件 EuP 或一件 EuP 的设计相关的、旨在改善其环境性能的任何要求，或提供关于一件 EuP 环境因素信息的任何要求。

⑭“通用生态设计要求”意指以一件 EuP 的生态学档案为整体的任何生态设计要求，而对特定的生态学方面没有设定限量。

⑮“特殊生态设计要求”意指与一件 EuP 特定环境因素相关的定量化的和可计量的生态设计要求，例如使用中的能耗，按给定单位计算输出性能。

2005/32/EC 号指令提出“产品的生态设计是共同体一体化产品政策战略的一个至关重要的因素。作为一种预防性的措施，它在保持产品功能质量的同时，通过设计使产品环境性能最大化，为制造商、消费者和社会整体提供了真正的全新的机会。”

二、我国电器电子产品生态设计相关概念

家用电器是电器电子产品中的一类。我国已成为世界家用电器生产、销售大国，主要家用电器的产销量均已占世界首位。因此，实施家用电器的生态设计更有其现实性和必要性。

（1）“生态设计（eco-design）”指在充分考虑各种环境影响、生态要求的情况下，对家用和类似用途电器设计和开发的全过程。这一过程应以产品的全生命周期作为考虑依据，包括产品的设计、各种原料、材料等自然资源的选取、配置，生产、销售、使用、维护，以及产品生命周期终结后的再循环利用和处置。

（2）环境（environment）指与家用及类似用途电器或产品相关的所有自然环境，包括空气、水、陆地、自然资源、植物、动物、人类自身和他们之间的相互影响。

（3）环境因素（environment aspect）指与家用和类似用途电器设计、生产、销售、使用、维护等相关联和相互作用的各项环境因素。包括大气、水、土壤、各种自然资源（物质资源和能源）以及动植物与人之间的相互关系。环境因素也称之为环境系统。

（4）环境影响（environmental impact）是指由于家用和类似用途电器产品及相关的服务而产生的对环境的所有影响。

（5）环境影响参数（environmental parameter）是指在家用和类似用途电器设计过程中可以量化的环境影响及特征参数，并可通过分析和排序，描绘出产品整个生命周期的重大环境因素。

（6）生命周期（life cycle）是指家用和类似用途电器及产品（从生产、使用、失效报废

到循环利用）的各个连续的阶段——即从最初的原材料获取、产品的生产、产品正常使用到最终处置的全过程。

（7）生命周期思想（life cycle thinking）是指家用和类似用途电器及产品（特指的概念为一个具体的产品）整个生命周期内对所有涉及环境因素的考虑。

（8）生命周期阶段（life cycle stage）是指家用和类似用途电器及产品（特指的概念为一个具体的产品）在整个生命周期内的各个连续的阶段。

（9）生命周期评价（life cycle assessment）是指家用和类似用途电器及产品（特指的概念为一个具体的产品）在整个生命周期（含生命周期的各个阶段）所有资源、能源、材料的使用和消耗，以及由此产生的所有对环境的影响。

（10）生态设计工具（ECD tool）是指在家用和类似用途电器及产品进行生态设计和开发时的必要或辅助工具。"生态设计工具"是一个广义的概念，包括用来分析、比较和导出解决方案的工具或手段。

家用电器生态设计的目标是从保护环境，节约能源和自然资源角度出发，减少产品在其整个生命周期内对环境的负面影响；同时，产品的环境因素也必须与其他诸如用途、性能、安全、健康、成本、可销售性、质量、法律法规等因素取得平衡，提高产品的市场竞争力；并在实现这一目标的过程中，使产品的生产商、供应商、销售商以及消费者都会从中受益。

第二节　电器电子产品生态设计进展

在工业产品生态设计研究领域，电工电子产品的生态设计研究较早，且取得产业化成果较多。这一方面是因为电工电子产品在社会生产和生活的各个领域广泛使用，在其全生命周期内消耗大量的资源和能源，废弃产品及含有的有毒有害物质可能严重污染环境，需要采取各种措施减少其环境影响；另一方面电工电子产品更新升级周期短，行业内部竞争激烈，企业为适应政府和市场对于生态产品的要求不断改进产品设计，发掘其减少环境影响的巨大潜力。

产品对环境的影响与产品设计有关，产品开发阶段若能考虑其对环境可能造成的影响，便能改善该产品的环境绩效。如何全方位监控产品在每一个环节对环境的影响，将影响降到最低，成为人们关注的焦点。为此，世界各国纷纷制定产品环境绩效改善目标和标准，而这种趋势正是国内外对电工电子产品开展生态设计工作的背景和基础。

一、国内外生态设计相关的法律与政策

1. 欧盟生态设计相关指令

2005年欧盟理事会发布了《用能产品生态设计指令》（EuP指令，2005/32/EC），在此基础上，欧盟陆续对电视机、冰箱等13种产品提出具体的生态设计规定。2009年欧盟理事会发布了《建立能源相关产品的生态设计要求框架指令》（ErP指令，2009/125/EC），从而将产品范围由耗能产品扩大至所有耗能相关产品。结合已发布实施的涉及产品原材料获取阶段和制造阶段的《在电子电气设备中限制使用某些有害物质指令》（RoHS指令），以及涉及产品生命末期回收处理阶段的《废弃电子电气设备指令》（WEEE指令），欧盟一系列推进

电子电气产品有害物质限制和生态设计的举措，基本形成了较为完整的相关法制化和标准化的体系框架。

在ErP指令框架下，欧盟进一步制定了针对一种或一类用能产品生态设计要求的法规，称作“实施措施”。根据指令要求，欧盟优先考虑销售或贸易数量巨大、对环境有重大影响、有高成本效益改善潜力的产品，主要是电工电子产品（包括消费类产品和工业用产品），如电子电气设备待机关机、简单机顶盒、非定向家用灯、荧光灯及镇流器、外部电源、电动机、循环器、电视机、家用制冷器具、家用洗碗机、家用洗衣机、125～500kW通风机（非住宅用）、空调及电扇、计算机及服务器、定向灯及发光二极管灯、家用烘干机、独立无轴封循环器及产品内置无轴封循环器、水泵等。

2. 美国和日本生态立法

美国联邦政府于2009年提出了《H. R. 2420：电气设备环保设计法案》（EDEE法案），用以修订1976年制定的《有毒物质控制法》（TSCA），目的是确保在美国各州间和对外贸易中，对电气设备使用的某些有害物质实施联邦统一的管控法规。美国已在州层面上实施了类似于RoHS和WEEE的法规，如加利福尼亚州颁布的《电子废弃物回收再利用》法案，规定从2004年7月1日起消费者在购买新的电脑或电视机时，每件要缴纳6～10美元的电子垃圾回收处理费，而新泽西州和宾夕法尼亚州立法确定通过征收填埋和焚烧税来促进有关家电企业回收利用废弃物。

日本在环境保护的法律框架之下，形成了旨在节约能源的《节能法》、旨在合理处理废弃物的《废弃物处理法》和旨在推进再循环的《资源有效利用促进法》。在这三个法律之下，制定了一系列更加具体的操作法，比如《容器包装再循环法》《家电再生利用法》《绿色采购法》等。其中2001年正式实施的《家电再生利用法》规定由家用电器制造商、进口商负责对电视机、电冰箱、洗衣机、房间空调器四种废旧家电的回收和处置，并进行再商品化。2003年10月，日本又规定对家用电脑实施强制回收，在销售环节缴纳回收处理费。

3. 中国政策法规

我国针对电工电子产品的环保立法工作正式开始于2006年。2007年开始实施的原国家信息产业部等七部委联合制定的《电子信息产品污染控制管理办法》（2016年废止）标志着我国电子信息产品限制使用有害物质制度的正式实施。

为了进一步控制和减少电器电子产品废弃后对环境造成的污染，促进电器电子行业清洁生产和资源综合利用，鼓励绿色消费，保护环境和人体健康，2016年1月6日，《电器电子产品有害物质限制使用管理办法》经工业和信息化部部务会议审议通过，并经国家发改委、科技部、财政部、环境保护部、商务部、海关总署、质检总局同意，中华人民共和国工业和信息化部8部门令第32号公布，自2016年7月1日起施行。

2009年2月国务院颁布的《废弃电器电子产品回收处理管理条例》（国务院令第551号）中明确了电器电子产品生产者和进口商应当符合国家有关电器电子产品污染控制的规定，采用有利于资源综合利用和无害化处理的设计方案，使用无毒无害或者低毒低害以及便于回收利用的材料。这表明我国工业领域开展生态设计的思路已经明确，将按照源头控制的原则，以工业产品全生命周期资源科学利用和环境保护为目标，以技术进步和标准体系建设为支撑，开展产品生态设计试点，建立评价与监督相结合的生态设计推进机制，通过政策引导和市场推动，促进企业开展产品生态设计。2013年工业和信息化部、国家发展和改革委员会及原环境保护部就推行工业产品的生态设计发布了指导意见，提出建立生态设计产品评价和监督的管理机制；开展产品生态设计试点，发布生态设计产品评价结果清单；开发、应用和推广一批无毒无害或低毒低害原材料（产品）以及清洁生产工艺技术。工业和信息化部将会同相关部门研究制定支持企业开展产品生态设计的财税政策，优先考虑将有关产品列入政府采购名录，推动关键、共性技术和产品的研发、应用与推广；优先支持对生态设计有重要促进作用的技术改造项目；初步建立政策引导与市场推动相结合的产品生态设计推进机制。

二、国内外生态设计相关的标准

1. 国际标准

电气工程和电子工程领域中的国际标准化工作由国际电工委员会（IEC）归口管理。作为成立时间最早、历史最为悠久的国际性电工标准化机构，IEC 发布的标准被公认为电工、电子产品国际贸易和仲裁的基础性技术依据，从而受到全世界各国的重视。2004 年 6 月，鉴于世界各国对于用能产品领域环境保护的要求不断提升，尤其是受到欧盟推出的 RoHS 指令、WEEE 指令及当时正在制定的 EuP 指令影响，IEC 决定设立新技术委员会，即电工电子产品与系统的环境标准化技术委员会（environmental standardization for electrical and electronic products and systems，TC111），以管理和加强电工电子产品环境标准活动。在 2012 年 10 月召开的 IEC/TC111 全会上，确定了其未来 3～5 年的工作重点将聚焦于包括电工电子产品的生态化设计过程（重点关注可回收性的设计）等领域的环境问题。

在 2009 年，IEC/TC111 发布了 IEC 62430《电气和电子产品用环境考虑设计》，规定将环境因素引入产品设计与发展过程的要求和规程，明确了生命周期思想为环境意识设计的基础概念和原则，要求在产品的设计和开发的过程中考虑整个生命周期中的重要环境因素，并针对减少电子垃圾、创造环境友好产品提出了细致的技术规范。其中，开展环境意识设计的基本内容为：分析法规和利益相关方的环境要求；识别与评价环境意识和相应环境影响；设计和开发；评审和持续改进。在实施上述过程中，还应记录相关的结果、结论以及责任的分配。

该标准将在全球范围内指导广大电工电子产品制造商积极开展生态设计与绿色制造活动，为应对全球的“生态浪潮”起到积极的指引作用。在 IEC 62430 制定过程中，我国通过选派专家参加工作组和承办国际工作组会议，在标准中充分表达了我国对于环境意识设计的意见和需求，使其不仅成为我国电工电子产品环境意识设计与国际标准化工作接轨的基础，而且成为我国电工电子产品开展环境意识设计的基础性标准。

2. 国内标准

2005 年，为及时跟踪和参与 IEC/TC111 工作，国家标准委批复成立电工电子产品与系统的环境标准化工作总体组并下设了相应的环境设计工作组和有害物质检测方法工作组，分别对接 IEC/TC111 及下设的 WG2（环境设计工作组）和 WG3（有害物质检测方法工作组）。2007 年 12 月 29 日，经国家标准委批准，以全国电工电子产品与系统的环境标准化工作组及下设的材料声明、环境设计、有害物质检测方法和回收利用四个分工作组为基础，组建成立了全国电工电子产品与系统的环境标准化技术委员会及相应的四个分技术委员会。

全国电工电子产品与系统的环境标准化技术委员会编号为 SAC/TC297，秘书处设在中国质量认证中心。其中的环境设计分技术委员会（SAC/TC297/SC2），秘书处由中国电器工业协会承担，负责我国电气电子产品与系统的环境设计标准化工作。为与 IEC/TC111 相对应，制定的标准名称统一为“环境意识设计标准”。

SAC/TC297/SC2 成立后，本着开放体系、国际接轨、行业协作和量力而行的原则，研究建立了我国电工电子产品的环境设计标准体系。体系分环境意识设计基础标准、环境意识设计方法标准和产品环境意识设计标准三个层次。其中环境意识设计基础标准提出了环境设计的基本原则和指导，适用于所有电工电子产品；环境意识设计方法标准以第一层环境意识设计基础标准为基础，提出了环境设计实施的实施方法和要求以及环境设计实施过程中所需要的支撑工具，适用于所有电工电子产品；产品环境设计标准划分，提出了电工、电子、通信、家电四大产品领域的环境意识设计要求和指导，依据各产品领域的环境意识设计标准制定了具体产品的环境意识设计标准。在环境意识设计基础标准层面，制定了如环境意识设计术语、产品设计评价、环境因素识别、用能产品生态设计技术导则等通用标准，转化制定了《电气产品标准中引入环境因素的导则》（GB/T 20877—2007，参考采用 IEC 导则 109：2003）、《环境意识设计将环境因素引入电工产品的设计和开发》（GB/T 21273—2007，参考采用 IEC 导则 114：2005）等国际标准。在环境意识设计方法标准层面，转化了制定了《电子电气产品的环境意识设计导则》（GB/T 23686—2009，参考采用 IEC 62430 CDV：2008），该导则于 2018 年修订为《电子电气产品环境意识设计》（GB/T 23686—2018，采用 IEC 62430：2009，IDT）、《电子电气产品材料声明程序》（GB/T 23690—2009，参考采用 IEC/PAS 61906：2005）、《信息通信技术和消费电子产品的环境意识设计导则》（GB/T 23687—2009，修改采用 ECMA 341：2004）等国际标准，并开展了产品材料选择、可再生利用导则、材料效率等国家标准的制定，为 GB/T 23686—2009 的实施提供了方法支撑。在产品环境设计标准层面，针对产品量大面广、技术条件成熟的部分行业领域先行开展了标准制定工作，为协助我国企业适应国内外环境政策法规，克服出口贸易壁垒，针对低压电器、电器附件、中小型电机、变压器、电线电缆、电动工具、铅酸蓄电池等产品制定了环境意识设计导则。这些标准的实施为电工电子行业实施节能减排，支撑国家培育和发展节能环保战略性新兴产业提供科学有效的技术依据。

与 IEC 等国际标准化组织不同的是，SAC/TC297/SC2 组织开展了针对具体产品的环境意识设计导则（IEC/TC111 只制定了基础性和平行标准）。在这些标准的制定过程中，一方面坚持了环境意识设计的基本原则，将产品环境因素贯穿于产品的整个生命周期，从原材料采购、生产过程、包装、运输、销售、使用、维修到报废和回收等各个环节进行了分析评估，包括有毒有害物质的避免及替代、原材料和能源的节约使用、污染物排放的预防和减排、产品使用寿命的延长、废弃产品的减量及再生利用性能的提高等；另一方面针对我国行业实际需要，在标准制定过程中广泛考虑了国内外对产品环境性能的法律法规及相关标准的要求，及时吸收了行业内先进的设计经验和管理经验，结合科研院所的研究成果，为行业制定出了具有引导性和前瞻性的环境意识设计导则。

第三节　电器电子产品中有害物质的限制

一、欧盟电器电子产品中有害物质的限制

继欧盟第 2002/95/EC 号指令和第 2002/96/EC 号指令后，欧盟议会和欧盟理事会于

2011 年 7 月 1 日在其官方公报上发布了关于在电器电子设备中限制使用某些有害物质（RoHS）的 2011/65/EU 指令（业内亦称为欧盟 RoHS 2.0 指令），指令自 2013 年 1 月 3 日起全面实施，要求欧盟各成员国 2013 年 1 月 2 日前将指令内容转换成本国法规。

2011/65/EU 指令维持原有 6 种害物质（铅、镉、汞、铬、多溴联苯和多溴联苯醚）限量保持不变，但需考虑与欧盟化学品法规（REACH）所有可能的协同。该指令建立了明确的鉴定机制并提出：如果必要，需限制其他有害物质的使用，如邻苯二甲酸二(2-乙基己基)酯（DEHP）、邻苯二甲酸丁苄酯（BBP）、邻苯二甲酸二丁酯（DBP）以及邻苯二甲酸二异丁酯（DIBP）等。该指令不仅扩大了管制范围，新增了限用物质程序，同时采用了更严格的执法和产品召回机制。

2015 年 6 月 4 日欧盟发布（EU）2015/863 指令对 2011/65/EU 指令进行修订，增添了 4 种电器及电子设备禁止使用物质，分别为 HBCDD、DEHP、BBP、DBP。2015/863 指令明确指出欧盟化学品法规《化学品注册、评估、授权和限制法规》中附件 XVII 第 51 条是唯一管控玩具所含 DEHP、BBP 及 DBP 的限制条款，规定玩具的 DEHP、BBP 或 DBP 含量不得超过塑化物料重量的 0.1%，否则不得投放到欧盟市场。

（EU）2015/863 指令附件列出了扩大的禁止物质清单（表 9-1），并订立了物质浓度（以重量计）上限。

表 9-1　禁止物质清单［(EU)2015/863］

序号	名称	限制浓度含量(以质量计)/%
1	铅(Pb)	0.1
2	汞(Hg)	0.1
3	镉(Cd)	0.01
4	六价铬(Cr^{6+})	0.1
5	多溴联苯(PBBs)	0.1
6	多溴联苯醚(PBDEs)	0.1
7	邻苯二甲酸二(2-乙基己基)酯(DEHP)	0.1
8	邻苯二甲酸丁苄酯(BBP)	0.1
9	邻苯二甲酸二丁酯（DBP)	0.1
10	邻苯二甲酸二异丁酯(DIBP)	0.1

邻苯二甲酸盐是一种具有软化和增加弹性效应的塑化剂，被广泛应用于上百种不同的产品中，如玩具、食品包装材料、医疗器材、鞋类、电子产品中，其中 DEHP 是 PVC 最常用的塑化剂。因此，将邻苯二甲酸盐列为 RoHS 指令管制物质对制造业来说是一个重要的挑战。修订后的 RoHS 指令虽然从 2015 年 6 月 24 日开始生效，但考虑到影响的广泛性，（EU）2015/863 指令根据不同电器及电子设备确立了执行过渡期，新增管制物质强制执行的时间定为 2019 年 7 月 22 日，让制造商调整生产程序，从电器及电子设备内除去清单内的新增物质，而对于医疗设备和监控/控制设备的 DEHP、BBP、DBP 及 DIBP 限制条款，于 2021 年 7 月 22 日起强制实施。

二、中国电子产品中有害物质的限制

2006 年 2 月，原信息产业部等 7 部门联合制定了《电子信息产品污染控制管理办法》（原信息产业部等 7 部门令第 39 号）。39 号令的施行有力推动了我国电子信息产品污染控制工作。2010 年 4 月，为进一步完善 39 号令相关制度，工业和信息化部启动了 39 号令的修订工作。2016 年 1 月 6 日，工业和信息化部等 8 部门联合公布了修订后的《电器电子产品有害物质限制使用管理办法》（工业和信息化部令第 32 号）。

修订后的《办法》扩大了规章的适用范围，将管控对象由电子信息产品扩大为电器电子产品，并借鉴欧盟 RoHS 指令和其他国家的通行做法，增加了限制使用的有害物质种类，将“铅”“汞”“镉”分别修改为“铅及其化合物”“汞及其化合物”“镉及其化合物”，将“六价铬”修改为“六价铬化合物”。同时，修订后的《办法》对电器电子产品中有害物质的限制使用采取了目录管理的方式，由工业和信息化部等 7 部门编制了《达标管理目录》，并建立了合格评定制度，对纳入《达标管理目录》的电器电子产品按照合格评定制度进行管理。合格评定制度由认监委依据工业和信息化部的建议并会同工业和信息化部制定，工业和信息化部根据实际情况会同财政部等部门对合格评定结果建立相关采信机制。

第四节　电器电子产品生态设计认证

一、欧盟生态设计产品认证

欧盟在统一市场建立过程中，为了规范和协调其成员之间的技术法规和标准，实现统一大市场的理念，减少内部贸易壁垒，1985 年 5 月起相继出台了一系列技术协调的改进方法指令，即“新方法指令（The New Approach Directives）”，推行了“CE”标志制度，要求欧盟 24 个新方法覆盖的产品都必须有“CE”标志。“CE”标志制度是欧盟认证体系中主要的认证制度，由欧盟建立的欧洲测试与认证组织（EOTC）负责管理和授权，并和欧盟其他国家的政府及中介机构共同实施监督。经 EOTC 授权和代理的机构，按欧盟指令及相关技术标准（EN 标准）对产品检验，达到要求的产品可贴上“CE”标志。“CE”标志证明产品符合欧盟技术法规和标准要求，已通过相应的安全合格评定程序，是安全产品。“CE”标志属强制性认证标志，被视为制造商打开并进入欧洲市场的护照，不论是欧盟内部企业生产的产品，还是其他国家生产的产品，要想在欧盟市场上自由流通，都必须加贴“CE”标志，以表明产品符合欧盟《技术协调与标准化新方法》指令的基本要求。“CE”标志与美国的“UL Mark”、加拿大的“CSA Mark”、德国的“VDE Mark”一样都是产品的检验认证标志。

“CE”标志的意义在于：用“CE”缩略词为符号表示加贴“CE”标志的产品符合有关欧洲指令规定的主要要求（essential requirements），并用以证实该产品已通过了相应的合格评定程序和/或制造商的合格声明，真正成为产品被允许进入欧盟市场销售的通行证。按照指令，要求加贴“CE”标志的工业产品没有“CE”标志，不得上市销售；已加贴“CE”标志进入市场的产品，如果发现不符合安全要求，要责令从市场收回，持续违反指令有关“CE”标志规定的，将被限制或禁止进入欧盟市场或被迫退出市场。

（一）“CE”标志介绍

1.“CE”标志

“CE”标志是一种安全认证标志，涵盖了消费品安全和环境安全等信息，是生态设计产品认证的重要内容（如 2009/125/EC 指令等），被视为制造商打开并进入欧洲市场的护照，是由法语“Communate Europpene”缩写而成，是欧洲共同体的意思。凡是贴有“CE”标志的产品均可在欧盟各成员国内销售，无须符合每个成员国的要求，从而实现了商品在欧盟成员国范围内的自由流通。

2013 年 1 月 3 日起贴有“CE”标志的电子电气设备在符合原有指令要求（如 EMC、LVD 等）的同时，还应符合 RoHS 2.0 的规定。RoHS 2.0 第 15 条对“CE”标志的加贴规则及条件进行了规定，“CE”标志应在电子电气设备投放市场前加贴在产品或其铭牌上显而易见的位置，标志清晰且持久耐用。当由于产品的性质使得在产品上粘贴“CE”标志变得不可能或不允许时，应粘贴在产品的包装及附带的文件上。各制造商应正确使用“CE”标志，欧盟各成员国将会对不正确使用标志的行为采取措施，对违反规定者进行处罚。

2. “CE”标志信息要求

765/2008/ EC 对“CE”标志的大小、比例、样式等一般性原则进行了规定，并提出了相应要求：

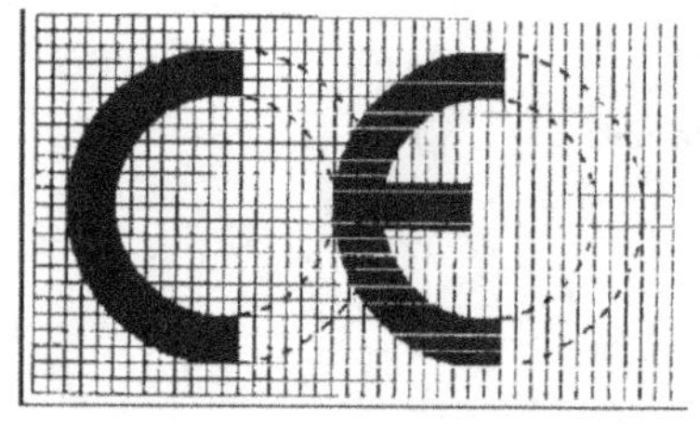

图 9-1 格式图比例

① “CE”标志应包含的信息：产品类型、批次或序列号，或可识别的其他元素、姓名、注册商标、名称、制造商地址等。

② “CE”字的高度至少要达到 5mm。如果需要缩小或扩大“CE”标志，必须遵守按格式图给出的比例执行（见图 9-1）。

③ 产品投放于市场之前，制造商、进口商、分销商需确保已依据 768/2008/EC 的符合性评估程序进行了相关评估，并且必须在最终产品加贴“CE”标志。

④ 其相关技术文件及欧盟符合性声明书需至少保留 10 年。

3. “CE”认证适用产品

表 9-2 为欧盟发布的实行“CE”标志的指令表。

表 9-2 欧盟发布的实行“CE”标志的指令表

指令名称	主要指令编号	开始日	强制日
简单压力容器指令(Simple Pressure-vessels)	87/404/EEC		1992-7-1
玩具指令(Toys)	88/378/EEC		1990-1-1
建筑产品(Construction Products)	89/106/EEC		1991-6-27
电磁兼容指令(Electromagnetic Compatibility)	89/336/EEC	1992-1-1	1996-1-1
机械指令(Machines)	89/392/EEC(修订版)	1993-1-1	1995-1-1
个人防护设备指令(Personal Protective Equipment)	90/686/EEC(修订版)		1995-7-1
非自动称量仪器指令(Non-automatic Weighing Machines)	90/384/EEC		1993-1-1
可移植医疗器械指令(Active Implantable Medical Devices)	90/385/EEC	1993-1-1	1995-1-1
普通医疗器械指令(Medical Devices-general)	93/42/EEC	1995-1-1	1998-6-15
燃具炉具指令(Gas Appliances)	90/396/EEC	1992-1-1	1996-1-1
电信终端设备指令(Telecommunications Terminal Equipment)	91/263/EEC		1992-11-6
锅炉指令(Boilers)	92/42/EEC	1994-1-1	1998-1-1
爆破器材指令(Explosives)	93/15/EEC	1995-1-1	2003-1-1
低电压指令(Low Voltage Electrical Products)	73/23/EEC(由 93/68/EEC 修改)	1995-1-1	1997-1-1
通信卫星地面站指令(Satellite Earth Station for Telecommunications)	93/97/EEC	1995-5-1	1997-5-1
升降设备(Lifts)	95/16/EC	1998-1-1	2000-1-1
用于爆炸性气体设备指令(Equipment for Use in Explosive Atmospheres)	94/9/EC	1996-3-1	2003-7-1
娱乐用船只指令[Recreational Craft(Boats)]	94/25/EC	1996-6-16	1998-6-16
非简单压力容器(Non-simple Pressure Vessels)	97/23/EC	1996-7-1	1999-1-1

（二）“CE”认证的模式

1. 工厂自我控制和认证

（1）模式 A（内部生产控制）

① 用于简单的、大批量的、无危害产品，仅适用于应用欧洲标准生产的厂家。

② 工厂进行自我合格评审，自我声明。

③ 技术文件提交国家机构保存十年，在此基础上，通过评审和检查来确定产品是否符合指令，生产者甚至要提供产品的设计、生产和组装过程供检查。

④ 不需要声明其生产过程能始终保证产品符合要求。

（2）模式 Ab

① 厂家未按欧洲标准生产。

② 测试机构对产品的特殊零部件作随机测试。

2. 由测试机构进行评审

（1）模式 B（EC 型式评审）

工厂送样品和技术文件到选择的测试机构供评审，测试机构出具证书（仅有 B 不足以构成“CE”的使用）。

（2）模式 C [与型式（样品）一致]+模式 B

工厂作一致性声明（与通过认证的型式一致），声明保存十年。

（3）模式 D（生产过程质量控制）+模式 B

本模式关注生产过程和最终产品控制，工厂按照测试机构批准的方法（质量体系 EN29003）进行生产，在此基础上声明其产品与认证型式一致（一致性声明）。

（4）模式 E（产品质量控制）+模式 B

本模式仅关注最终产品控制（EN29003），其余同模式 D。

（5）模式 F（产品测试）+模式 B

工厂保证其生产过程能确保产品满足要求后，作一致性声明。认可的测试机构通过全检或抽样检查来验证其产品的符合性。测试机构颁发证书。

（6）模式 G（逐个测试）

工厂声明符合指令要求，并向测试机构提交产品技术参数，测试机构逐个检查产品后颁发证书。

（7）模式 H（综合质量控制）

本模式关注设计、生产过程和最终产品控制（EN29001）。其余同模式 D+模式 E。其中，模式 F+模式 B、模式 G 适用于危险度特别高的产品。

（三）“CE”认证申请

1. “CE”认证申请需提交的资料

① 产品使用说明书。

② 安全设计文件（包括关键结构图，即能反映爬电距离、间隙、绝缘层数和厚度的设

计图）。

③ 产品技术条件（或企业标准）。

④ 产品电原理图。

⑤ 产品线路图。

⑥ 关键元部件或原材料清单（选用有欧盟认证标志的产品）。

⑦ 整机或元部件认证书复印件。

⑧ 其他需要的资料。

2. “CE”认证申请流程

① 制造商相关实验室（以下简称实验室）提出口头或书面的初步申请。

② 申请人填写 CE-marking 申请表，将申请表、产品使用说明书和技术文件一并寄给实验室（必要时还要求申请公司提供一台样机）。

③ 实验室确定检验标准及检验项目并报价。

④ 申请人确认报价，并将样品和有关技术文件送至实验室。

⑤ 申请人提供技术文件。

⑥ 实验室向申请人发出收费通知，申请人根据收费通知要求支付认证费用。

⑦ 实验室进行产品测试及对技术文件进行审阅。

⑧ 技术文件审阅包括：文件是否完善；文件是否按欧盟官方语言（英语、德语或法语）书写。

⑨ 如果技术文件不完善或未使用规定语言，实验室将通知申请人改进。

⑩ 如果检测不合格，实验室将及时通知申请人，允许申请人对产品进行改进。如此，直到检测合格。申请人应对原申请中的技术资料进行更改，以便反映更改后的实际情况。

⑪ 实验室向申请人提供测试报告或技术文件（TCF）、“CE”符合证明（COC）及“CE”标志。

⑫ 申请人签署“CE”保证自我声明，并在产品上贴附“CE”标示。

图 9-2 为“CE”认证符合声明程序。“CE”认证流程图如图 9-3 所示。

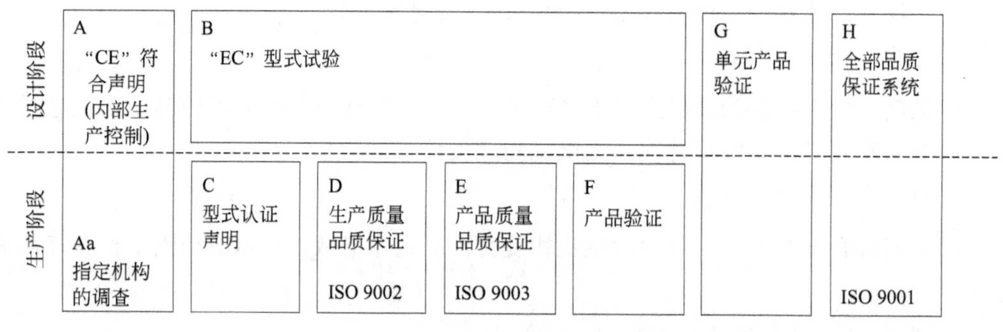

图 9-2 “CE”认证符合声明程序

3. 制造商的义务

（1）制造商定义

RoHS 2.0 第 3 条明确了制造商定义：任何制造电子电气设备，或由别人设计或制造、且以自己的名义或商标出售电子电气设备的自然人或法人。进口商或经销商以自己的名义或商标将电子电气设备投放市场，或对已投放欧盟市场的电子电气设备进行更改以至可能影响对适用要求的符合性时，进口商或经销商被认定为制造商。

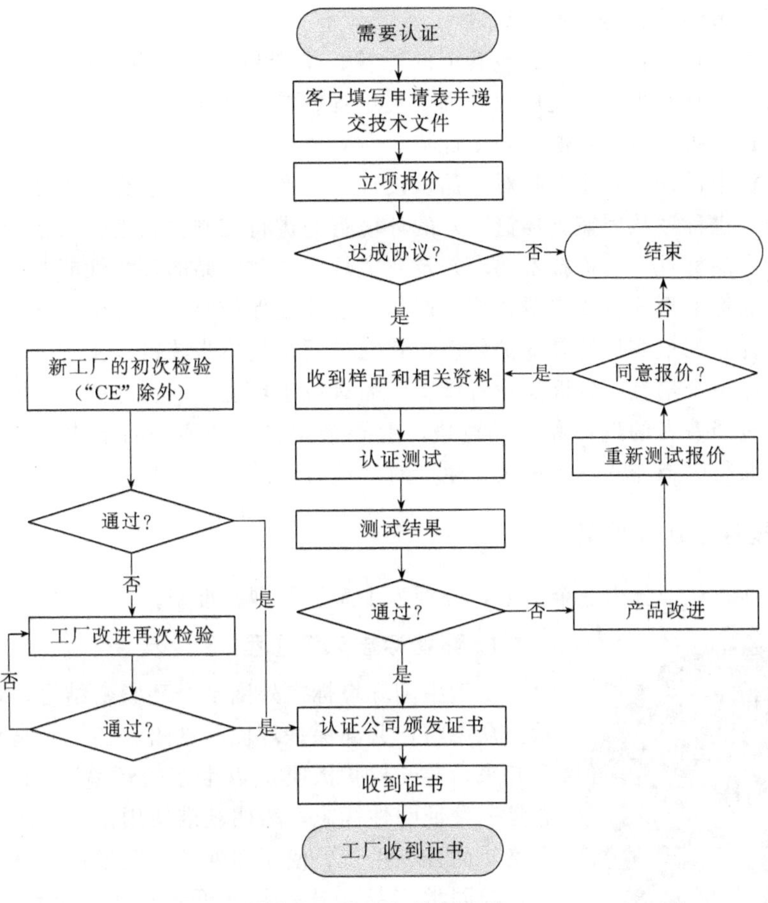

图 9-3 “CE”认证流程

（2）制造商义务

RoHS 2.0 第 7 条规定了制造商需要履行的义务：

① 要确保其生产的电子电气设备投放市场时的设计和制造符合受限物质的限值要求。

② 应依照决议 768/2008/EC 附件Ⅱ模块 A 执行内部生产控制程序，并编写技术文档。

③ 需编写欧盟符合性声明并在产品（成品）上正确加贴“CE”标志，并在电子电气设备投放市场后保存技术文档和欧盟符合性声明 10 年。

④ 确保其电子电气设备带有型号、批次和序列号等识别信息。

⑤ 登记召回不合格产品。

二、我国生态设计产品认证

（一）环境标志认证介绍

与欧盟等国生态设计产品认证有别，中国除对产品按照世贸有关协议和国际通行规则，依法对涉及人类健康安全、动植物生命安全和健康，以及环境保护和公共安全的产品实行统一的强制性产品认证制度外［如中国强制性产品认证制度（China Compulsory Certification，CCC）］，对生态设计产品的认证还采用了环境标志认证，俗称十环认证，表明该产品不仅质量合格，而且在生产、使用和处理处置过程中符合特定的环境保护要求，与同类产品相比，具有低毒少害、节约资源等环境优势。

环境标志是一种标在产品或其包装上的标签，是产品的“证明性商标”，它表明该产品不仅质量合格，而且在生产、使用和处理处置过程中符合特定的环境保护要求，与同类产品相比，具有低毒少害、节约资源等环境优势。

实施环境标志认证，实质上是对产品从设计、生产、使用到废弃处理处置，乃至回收再利用的全过程（也称“从摇篮到摇篮”）的环境行为进行控制。它由国家指定的机构或民间组织依据环境产品标准（也称技术要求）及有关规定，对产品的环境性能及生产过程进行确认，并以标志图形的形式告知消费者哪些产品符合环境保护要求，对生态环境更为有利。

发放环境标志的最终目的是保护环境，它通过两个具体步骤得以实现：一是通过环境标志向消费者传递一个信息，告诉消费者哪些产品有益于环境，并引导消费者购买、使用这类产品；二是通过消费者的选择和市场竞争，引导企业自觉调整产品结构，采用清洁生产工艺，使企业环保行为遵守法律、法规，生产对环境有益的产品。

（二）环境标志认证类型

中国环境标志认证分为三个类型，分别为Ⅰ型、Ⅱ型、Ⅲ型。

1. 环境标志认证Ⅰ型

图 9-4　环境标志认证Ⅰ型

Ⅰ型中国环境标志外围十个环紧密结合，环环相扣，表示公众参与，共同保护环境（见图 9-4）。其寓意为“全民联合起来，共同保护人类赖以生存的环境”。Ⅰ型中国环境标志是一种证明性标志，表明获准使用该标志的产品不仅质量合格，而且在生产、使用和处理处置过程中符合环境保护要求，与同类产品相比，具有低毒少害、节约资源等环境优势。中国环境标志在认证方式、程序等均按 ISO 14020 系列标准及 ISO 14024《环境管理　环境标志与声明　Ⅰ型环境标志　原则和程序》规定的原则和程序实施，与各国环境标志计划做法相一致，在与国际“生态标志”技术发展保持同步的同时，积极开展环境标志互认工作。中国环境标志已成为国家推动循环经济战略的重要手段。

2. 环境标志认证Ⅱ型

图 9-5　环境标志认证Ⅱ型

同 ISO 14024《环境管理　环境标志与声明Ⅰ型环境标志原则和程序》以及 ISO 14025《环境管理　环境标志与声明环境信息说明（Ⅲ型环境标志）》不同，ISO 14021《环境管理　环境标志与声明　自我环境声明（Ⅱ型环境标志）》规定了进行自我声明应遵循的 9 项基本原则和 18 条具体原则，ISO 14021《环境管理　环境标志与声明　自我环境声明（Ⅱ型环境标志）》可以作为认证标准使用。我国实施Ⅱ型环境标志（见图 9-5）采用“以企业为主，ISO 14021 标准为准绳的第三方评审”的方式进行。具体的实施形式是由第三方对企业（声明者）的环境声明按照 ISO 14021 标准中规定的 18 条具体原则进行评审，对符合要求的企业（声明者）准许使用Ⅱ型环境标志标识。

3. 环境标志认证Ⅲ型

环境产品声明也称Ⅲ型环境声明，是基于 ISO 14025《环境标志与声明—Ⅲ型环境声明—原则和程序》进行的一项国际公认的发布报告。它由供应商提供（经由第三方检测、第三方验证并信息公告），其绿色信息公告的指标优于市场准入标准，凸显企业产品环保绿色特征，形成市场核心竞争力。能够帮助企业跨越市场绿色门槛，树立绿色品牌，提高市场竞争力。图 9-6 为环境标志认证Ⅲ型。

图 9-6 环境标志认证Ⅲ型

（三）环境标志认证程序

中国环境标志所有权归生态环境部，未经生态环境部许可，任何单位和个人不能将该标志或与该标志近似的标志作为商标注册，不能擅自使用该标志的名称或与该标志近似的标志。生态环境部指定的中国环境标志产品认证机构负责中国环境标志的发放以及标志使用的日常管理工作。表 9-3 为中国环境标志认证的产品认证程序，表 9-4 为中国环境标志产品认证范围。

表 9-3 中国环境标志认证的产品认证程序

序号	认证类别	认证程序
1	初次认证	(1)企业将填写好的《环境标志产品认证申请表》、环境标志保障体系文件连同认证要求中有关材料报中环联合(北京)认证中心有限公司(以下简称认证中心)。认证中心收到申请认证材料后,产品部办公室进行初审,与申请认证企业签订合同,合同中明确认证费用及年度监督检查费用,并向企业下发环境标志产品认证受理通知书。 (2)认证中心检查室对申请材料进行文件审核,向企业下发文件审核意见。企业按认证中心提出的文审意见进行整改。认证中心检验室根据申请认证企业及产品情况确定抽样方案。 (3)认证中心收到企业的认证费后,产品部检查室向企业发出组成现场检查组的通知;同时通知省市环保局派员参加;并在现场检查一周前将检查组组成和检查计划正式报企业确认。 (4)现场检查按环境标志产品保障体系要求和相对应的环境标志产品认证技术要求进行。对需要进行检验的产品,由检查组负责对申请认证的产品进行抽样并封样,送指定的检验机构检验。 (5)检查组根据企业申请材料、现场检查情况、产品环境行为检验报告撰写环境标志产品综合评价报告,提交技术委员会审查。 (6)认证中心收到技术委员会审查意见后,汇总审查意见,报认证中心总经理批准。 (7)认证中心向认证合格企业颁发环境标志认证证书,组织公告和宣传。 (8)获证企业如需标识,可向认证中心订购;如有特殊印制要求,应向认证中心提出申请并备案。 (9)年度监督审核每年一次
2	增项认证	(1)需增项认证的企业,填写《环境标志产品增项认证申请表》,连同有关材料报认证中心。 (2)对某个已获认证产品型号基础上扩展(派生)的新型号的认证申请,如果其受控关键零部件和材料与原产品型号一致,且其变更部分对满足环境标志产品技术要求指标无影响时,可在申报增项的同时提出免检申请。 (3)认证中心收到认证材料后的工作程序与初次认证工作程序一致
3	境外企业认证	(1)境外企业或经销商就其在国外生产、国内销售的产品申请环境标志产品认证,填写《环境标志产品认证申请表》(境外企业),并按境外企业认证材料清单要求提供材料,报认证中心。 (2)认证中心收到申请认证材料后,产品部办公室进行初审,与申请认证企业签订合同,合同中明确认证费用及年度监督检查费用,并向企业下发环境标志产品认证受理通知书。 (3)认证中心检查室对申请材料进行文件审核,向企业下发文件审核意见,企业按认证中心提出的文审意见进行整改。 (4)认证中心收到企业的认证费后,向企业发出组成现场检查组的通知,并在现场检查一周前将检查组组成和检查计划正式报企业确认。认证中心根据申请认证企业及产品情况,确定检查方案和抽样方案,产品送指定的检验机构检验。

续表

序号	认证类别	认证程序
3	境外企业认证	(5)检查组根据企业申请材料、产品检验报告撰写综合评价报告,提交技术委员会审查。 (6)认证中心收到技术委员会审查意见后,汇总审查意见,报认证中心总经理批准。 (7)认证中心向认证合格企业颁发环境标志认证证书,组织公告和宣传。 (8)获证企业如需标识,可向认证中心订购;如有特殊印制要求,应向认证中心提出申请并备案。 (9)年度监督审核每年一次。与国内认证企业年检区别的是,在证书有效期内每年增加一次市场抽检
4	年度监督检查	(1)认证中心根据企业证书发放时间,制定年检计划,提前向企业下发年检通知。企业按合同要求缴纳年度监督检查费,认证中心组成检查组,到企业进行现场检查工作。 (2)现场检查时,对需要进行检验的产品,由检查组负责对申请认证的产品进行抽样并封样,送指定的检验机构检验。 (3)检查组根据企业材料、检查报告、产品检验报告撰写综合评价报告,报认证中心总经理批准。 (4)年度监督检查每年一次
5	复评认证	(1)三年到期的认证企业,应重新填写《环境标志产品认证申请表》,连同有关材料报认证中心。 (2)其余认证程序同初次认证

表 9-4　中国环境标志产品认证范围(节选)

标准编号	标准名称	发布日期	实施日期
HJ/T 218—2005	环境标志产品技术要求　压力炊具	2005-11-28	2006-1-1
HJ/T 221—2005	环境标志产品技术要求　家用微波炉	2005-11-28	2006-1-1
HJ/T 224—2005	环境标志产品技术要求　干式电力变压器	2005-11-28	2006-1-1
HJ/T 227—2005	环境标志产品技术要求　磁电式水处理器	2005-11-28	2006-1-1
HJ/T 230—2006	环境标志产品技术要求　节能灯	2006-1-6	2006-3-1
HJ/T 232—2006	环境标志产品技术要求　管型荧光灯镇流器	2006-1-6	2006-3-1
HJ/T 235—2006	环境标志产品技术要求　工商用制冷设备	2006-1-6	2006-3-1
HJ/T 236—2006	环境标志产品技术要求　家用制冷器具	2006-1-6	2006-3-1
HJ/T 238—2006	环境标志产品技术要求　充电电池	2006-1-6	2006-3-1
HJ/T 239—2006	环境标志产品技术要求　干电池	2006-1-6	2006-3-1
HJBZ 16—1996	儿童玩具	1996-12-31	1996-12-31
HJBZ 17—1997	低噪声洗衣机	1997-3-14	1997-3-14
HJBZ 33—1999	低辐射彩电	1999-3-23	1999-3-23
HJBZ 18—2000	节能、低噪声房间空调	2000-3-10	2000-3-10
HJBZ 40—2000	静电复印机	2000-1-27	2000-1-27
HBC 15—2002	微型计算机、显示器	2002-10-31	2002-10-31
HBC 36—2005	打印机　传真机和多功能一体机	2005-1-25	2005-3-1

三、其他国家生态设计产品认证

(一)美国

美国有400多个行业协会、专业团体,所制定的一些标准在国际上很有影响。例如美国材料与试验协会(ASTM)、美国机械工程师协会(ASME)标准等。根据美国国会授权,美国标准学会(ANSI)将其中一些行业标准、专业标准、政府部门标准上升为美国国家标准。

美国的认证是由美国国家标准与技术研究院(NIST)负责编制认证计划,美国标准学会负责认证机构的注册和认可,代表美国参加国际认证互认活动。美国的认证体系由政府和民间两部分组成。

1. 政府认证

美国政府的认证有61种,分成三类:

① 与用户或者公众的安全和健康相关的产品和服务认证；

② 确定产品符合技术要求，保证一致性，避免重复检验；

③ 利用对产品质量和生产条件的客观评价，为贸易提供一个统一的依据。

其中，①类认证是强制性；②类和③类认证中，除了烟草等少数产品外，大部分是自愿性的。但是，②类产品认证中，如果由政府机构采购，或者政府提供资金担保的，则此类产品的认证变成强制性认证。表 9-5 中给出了美国政府部分认证计划。

表 9-5 美国政府部分认证计划

部门名称	认证产品范围	依据	标准	认证性质
商务部（USDC）	计量仪器的评定	NBS 基本法规	NIST 认可的标准	自愿，公布目录
	信息处理设备/输出通道及接口	联邦法规	联邦信息处理标准	自愿，公布目录
消费品安全委员会（CPSC）	家庭、学校和娱乐场所用的消费品	消费品安全法案	法规规定的标准、机构制定和认可的标准	强制
	服装、服饰用纺织品（阻燃性）	易燃纤维法案	法规规定的标准、机构认可的标准	强制
	危险物品（有毒、腐蚀、易燃、辐射、放射性、产生压力的化学品，及其容器）	联邦管制危险物品法案	机构指定的标准	强制
环保局（EPA）	空气和水处理设备	联邦法规	机构指定的标准	自愿，公布目录
	机动车辆发动机（汽油、柴油）	清洁空气法	机构制定、指定的标准	强制，未经认证不准销售
	机动车辆备件	联邦法规	符合联邦法规要求的标准	自愿
联邦通讯委员会（FCC）	电磁兼容	联邦通讯法	FCC 颁布的标准	强制，未经认证不准销售
食品药物管理局（FDA）	电子产品（微波炉、超声波治疗设备、X 射线设备、电视机）	联邦法规	机构制定的标准	强制，未经认证不准销售
	包装、标签（食品用）	食品、化妆品、药品法令	FDA 文件	强制
	医疗器械	食品、化妆品、药品法令	FDA 制定、认可的标准	强制

2. 民间认证

美国民间的认证属于自愿性认证。美国民间认证机构有 400 多家，列入 NIST 编制的认证机构仅有 108 家。其中，有些认证机构在美国，甚至在国际上影响很大，得到广泛认可。例如，美国保险商实验室推行的“UL”标志（美国保险商实验室，Underwrites Laboratories Inc.）涉及建筑材料、防火设备、电器用具、电气工程材料、船用设备、煤气和油设备、自动和防盗机械设备、危险物存放设备、有阻燃要求的产品。美国海关对上述产品进口管理时，有“UL”标志的放行，没有“UL”标志的产品需要复杂的程序进行检验。美国许多州立法规定上述产品没有“UL”标志的不准销售。

美国的第三方认证计划可分为：联邦政府认证计划、州认证计划和民间机构认证计划。联邦政府认证计划可进一步细分为三个类别，由 147 家机构开展了 188 个认证项目，其中的 3/4 是属于强制性的。

美国的民间机构认证计划的发展得益于发达的市场经济，共有 202 家民间机构分别根据自己的历史发展和资源配备情况，开展了品种繁多、范围广泛的产品合格认证，这些认证机构的类型大致可分为：

① 专业和技术学会　如美国牙医学会和美国卫生工程学会等；

② 贸易协会　如家用器具制造商协会（AHAM）和国际安全运输协会（ISTA）等；

③ 独立测试/检验机构　如保险商实验室（UL），工厂共同研究公司（FMRC）和电子测试实验室（ETL）等；

④ 面向消费者或产品的使用者组织　如《好管家》(Good Housekeeping) 杂志社等；

⑤ 由制造商、测试实验室和其他有关的行业团体或它的客户组成的机构　如太阳能等级和认证公司（SRCC）等；

⑥ 由涉及行业法规的政府官员构成的组织　如建筑官员和法典管理者国际机构（BOCA）等；

⑦ 其他多种组织　如美国船级社（ABS）为代表的船舶分级学会等。

民间机构开展的自愿性产品合格认证不涉及法律、法规，它们广泛使用美国国家标准以及众多的专业学会标准或相关的国际标准作为判定产品合格的依据。

（二）加拿大

加拿大国家标准由加拿大标准协会（CSA）、加拿大通用标准局（CGSB）、加拿大保险商实验室（ULC）和魁北克省标准局（BNQ）四家机构制定，其产品认证中广泛使用美国国家标准和美国专业学会标准，颁发美、加两国共同认可的认证证书和认证标志，此认证方法是国际认证领域中较为突出的一种方法。

CSA 是加拿大最大的安全认证机构，在北美市场上销售的电子、电器等产品都需要取得 CSA 安全方面的认证。CSA 也是世界上最著名的安全认证机构之一，它能对机械、建材、电器、电脑设备、办公设备、环保、医疗防火安全、运动及娱乐等方面的所有类型的产品提供安全认证。CSA 已为遍布全球的数千厂商提供了认证服务，每年均有上亿个附有 CSA 标志的产品在北美市场销售。CSA 国际认证已在美国获得认可，其相关标志见图 9-7。

加拿大专用

加拿大、美国通用

美国专用

图 9-7　CSA 认证标志

加拿大认证可按下列程序申请完成：

① 将初步申请表连同一切有关产品（包括全部电器部件和塑胶材料）的说明书和技术数据一并交给认证机构。

② 认证机构将根据产品的具体情况确定认证费用，再以传真的形式通知申请公司。

③ 经申请公司确认后，寄出正式申请表和通知书，该通知书包括下列要求：

a. 正式申请表签署后，电汇认证费用到办事处。

b. 按通知将测试样板送到指定地点。

c. 指定实验室将依时进行认证工作。

④ 认证测试，签发初步报告书（findings letter），内容包括：

a. 产品结构需如何改良才能符合标准。

b. 用来完成认证报告的其他资料。

c. 申请公司检阅认证记录（certification record）草案的内容。

d. 产品所需的工厂测试（factory tests）。

⑤ 认证机构对申请公司进行评估。

⑥ 认证机构编写产品生产参考和跟踪检验用的认证报告（certification report）。

⑦ 认证机构到工厂做工厂初期评估（initial factory evaluation，IFE）。

⑧ 认证机构根据认证记录签发合格证书（certification of compliance），授权申请公司在其产品上加上“CSA”的认证标志。

⑨ 申请公司与认证机构签订服务协议（service agreement），表示双方同意到工厂作产品跟踪检验。申请公司每年支付年费（annual fee）来维持该项协议。

（三）澳大利亚和新西兰

澳大利亚和新西兰两国电器产品符合性框架主要包括三个方面的内容，即电器安全、电磁兼容和能源效率。近几年，澳大利亚和新西兰在技术法规、标准和合格评定程序方面经历了显著的变革，协调了澳新两国和澳大利亚各州/特区之间的法规、管理程序和标准，提出了新的法规复合型框架，创造了协调一致的电器安全、电磁兼容和能源效率管理的市场环境，促进了商品的自由流通，提高了商业效率，降低了市场进入的成本。

1. 澳新技术法规及标准关系

（1）MRA 协议

在澳大利亚，由于国家政治制度的特点，商品在各州之间流动同样遇到技术壁垒的障碍。1992 年澳大利亚联邦和各州/特区政府签订了相互认可协议（Metropolitan Redevelopment Authority，MRA），对法规和标准进行了协调统一、相互认可，该协议经各州立法程序后生效实施。MRA 相互认可原则是：某一州生产和进口并被合法销售的商品，可在另一州销售，无需符合其他州的要求，实现了“推动在澳大利亚全国市场商品和服务的自由流动”的目标。

（2）澳新法规、标准和合格评定关系

澳新法规、标准和合格评定相关活动关系如图 9-8。在整个活动体系中，技术法规是由政府制定的强制性要求，是必须遵守的技术规则。技术法规包含诸如产品安全、操作者/使用者安全、环境影响、检疫要求、消费者保护、包装和标识以及产品特性的内容。法规包括技术规范或制定特定的标准作为符合的方式，对贸易具有潜在的壁垒。从强制性层面看，法规是政府为国家利益而制定的技术要求，符合法规要求是产品或服务进入市场的先决条件。如果产品或服务不符合这些要求，销售将是违法的。这是澳新技术法规与标准属性的最大差别。

标准是活动体系的基础，它的输入来自两方面：一方面是强制性层面，来自法律法规和政府的管理程序；另一方面是自愿性的要求，来自顾客。标准是产品、过程、性能或服务的规范性文件，它的制定过程充分咨询并吸收有关的工业结合相关方的意见，如消费者、法定管理机构等。在澳新两国，标准本身属性是推荐性的，如果产品或服务不符合这些要求，将失去市场。当标准被法规所引用并成为符合法规的证明时，它的属性就转化为强制性的。如果产品或服务没有符合强制性标准的要求，销售将是违法的，也导致产品无法进入市场。

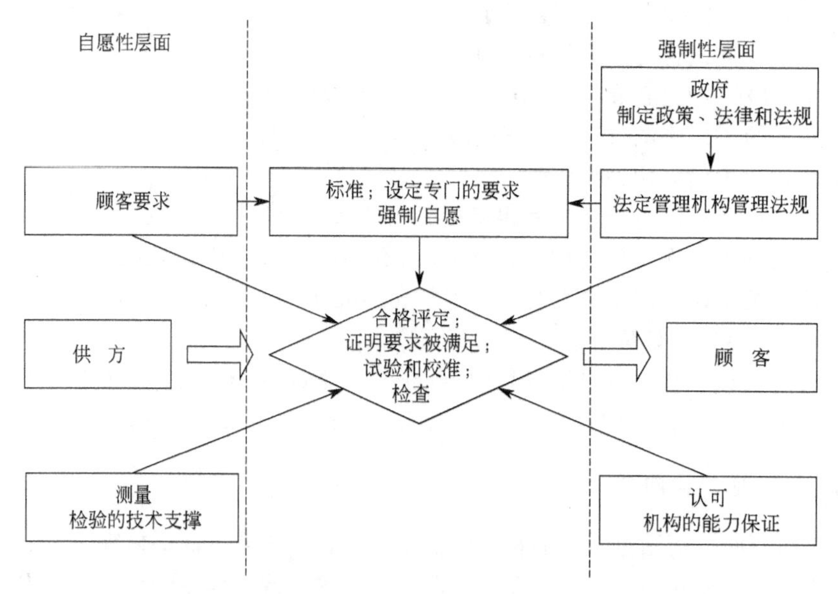

图 9-8 技术法规、标准和合格评定相关活动关系图

合格评定是判断产品、过程或服务是否满足标准和/或符合法规的过程，合格评定由技术专家进行，基于测量、试验或审核的结果做出评定决定，由评定机构签发合格报告和/或合格证书，证明产品、过程或服务满足要求。合格评定活动包括试验、校准、检查和认证。合格评定活动一般由私人机构在商业基础上运作，专业实验室从事试验或校准服务，签发检验或校准报告。检查机构从事各种专业检查，签发检查报告。认证机构评价产品、审核质量或环境管理体系，签发合格证书。认证是第三方依据程序对产品、服务或体系符合规定要求给予的书面保证（合格证书）的活动，一般情况下是自愿性的，由市场所推动。电气产品的法规复合型批准或声明不同于认证，它是强制性的，产品只有获得官方批准后才能进入市场，是政府干预市场的一种形式。合格评定活动的输入来自法律法规、政府管理要求、标准和顾客的要求，输入的组合构成合格评定的依据。

2. 认证的技术法规与标准

（1）技术法规

技术法规是一套关于职责权限的法律要求，是在法案授权下规定的指令。法规可能引用标准，形成“法案→法规→标准”链。由于澳大利亚电气安全管理职责在州/特区，只有州才有立法权，联邦政府通过制定“模板法规”来统一协调各州法规，消除各州法规之间的差异。新西兰电器安全和能效标识直接由中央政府管理，但“法案→法规→标准”的模式是一样的，法规引用的标准也是澳新联合标准，协调法规和联合标准保证了商品可在澳新两国流通。澳新技术法规可以分成指令性法规和以性能为基础的法规两类：

① 指令性法规：它通常规定了达到合格的过程和程序，关注目标实现的方式。

② 以性能为基础的法规：它关注目标实现的结果而不是输入，用精确的语言规定期望的目标。

（2）标准

澳新联合标准以 AS/NZS（Australian/New Zealand Standard）形式出现，实现两国产品共

用一个标准的目的。澳新两国建立了 330 个联合技术委员会（Joint Technical Committee，JTC）一起工作。家用电器相关的法规符合性领域的电器安全、能效标识、环境管理计划（environmental management plans，EMPS）和电磁兼容（electromagnetic compatibility，EMC）基本都采用联合标准。表 9-6 给出了电器产品进入市场需要符合的标准。

表 9-6　电器产品进入市场需要符合的标准

法规要求	符合性标准
电器安全	AS/NZS 4417.1 AS/NZS 4417.2 AS/NZS 3820 AS/NZS 3350.2 系列标准(适用于家用电器) AS/NZS 60598.2 系列标准(适用于灯具) 列入管理目录的部件和材料标准
电器能效标识 MEPS(澳大利亚)	AS/NZS 4474 电冰箱 AS/NZS 2040 洗衣机 AS/NZS 2442 干衣机 AS/NZS 2007 洗碗机 AS/NZS 3823 空调器 AS/NZS 1359 电动机 AS 1056 热水器
电器能效标识 MEPS(新西兰)	AS/NZS 4074 电冰箱 AS/NZS 2007 家用洗碟机 AS/NZS 2040 洗衣机 AS/NZS 2442 干衣机 AS/NZS 3823 空调器 NZS 4602 低压热水器 NZS 4606 储水式热水器 NZHB 4782.2(IEC 60081)管型荧光灯 NZHB 4783 镇流器
EMC	AS/NZS 4417.3 第三部分 电磁兼容法规应用的特殊要求 AS/NZS 1044 家用电器和电动工具 AS/NZS 4051 照明器具

在澳新两国，标准本身是自愿性的，当标准被法律法规所引用，或被作为符合法规的证明时，该标准的性质转化为强制性。澳大利亚被强制实施的标准约占国家标准总数的 40%。

澳大利亚强制性标准还有另外一种形式，称为澳大利亚设计规范（Australian Design Rule，ADR），典型的例子是汽车 ADR。与技术法规类似，强制性标准对贸易和效率具有很大的影响和压力，通常要通过广泛征求意见等公开方式制定。同时强调采用以性能为基础的标准，不采用指令性的标准。

3. 认证评定

标准和合格评定具体活动需要技术机构的运作，主要包括标准化机构（负责国家标准制定和管理，从事国家标准化工作）、认可机构（负责对从事认证、试验和校准及检查业务的机构进行能力的认可，这些机构只有通过认可获得认可证书，才能开展认可范围内的业务，向社会提供公正数据）、测量机构（为合格评定活动提供技术支持，包括为合格评定机构提供仪器设备的量值溯源和校准服务）和合格评定机构（负责在被认可的业务范围内对产品、服务或过程进行认证、试验或检查）。

澳大利亚电器产品法规符合性管理采用产品投放市场前的批准制度，它和通常流行的产品认证不同。澳大利亚的产品认证是指制造商（第一方认证）或其他实体（如私人标识持有者或得到授权的第三方）确认产品符合规定要求的过程；符合性是指确保产品满足最低安全标准和标准准则的过程，符合性确保发现并修正报告中的错误及违反标准之处，使得产品安全性能保持在所允许的范围内。表 9-7 中给出了符合性批准与产品认证的差异比较。

表 9-7　符合性批准与产品认证的差异比较

对象	产品符合性批准	产品认证
性质	强制性	一般为自愿性
依据准则	所有适用的法案、法规	认证规则和程序
目录发布	法定管理机构	认证机构
产品评判	法规引用或间接引用的产品安全标准	产品安全或性能标准
证明方式	法定管理机构的批准证书和编号	认证证书和合格标志
驱动力	法规驱动	市场驱动
影响力	产品投放市场前	产品投放市场后
关注点	型式试验符合性	持续试验的符合性
批准者	法定管理机构	认证机构
范围	仅限于广告产品，范围有限	包容产品范围宽
监督	投放市场后的监督，依据法律管理，管理力度大，政府行为	年度复查，机构行为
时间	节省时间	费时
费用	申请费	申请费、试验费、审核费、证书费、年金、复查费

4. 认证标识

（1）“RCM”与 C-Tick 标志

“RCM”图形标志表明供方声明产品符合适用的法规要求，即符合各州电气法案规定的电气安全及其他要求，同时也符合澳大利亚和新西兰规定的电磁兼容要求。认证标志图如图 9-9 所示。

“RCM”标志

“C-Tick”标志

图 9-9　澳新认证标志

“RCM”标志的所有者是联邦政府，电气和 EMC 法定管理机构都接受“RCM”作为供方符合声明，避免了不同的法定管理机构要求产品使用不同的标志。供方只要在任何一个州被批准使用“RCM”标志，其他各州的法定管理机构都可以接受，实现了“一次批准，各州通行”。

产品使用“RCM”标志，意味着产品既满足电气安全法规的要求，也符合 EMC 法规的要求，所以只有产品同时符合两个法规要求的前提下才能使用“RCM”标志。如果产品只符合 EMC 法规要求，则只能单独使用“C-Tick”标志，而不能使用“RCM”标志。

经过协调的 EMC 管理方案在澳新两国具有同等的法律效力，凡是列入管理范围的产品必须符合适用标准的要求，并被正确标识后才能投放市场。在任一国被接受合格的产品也将被另一国接受，不需重复申请注册和重复试验。澳新两国在修订法规过程中考虑了法规实施目标和供方的实现成本，采用了成本最低的“以供方合格声明为基础的”制度。该制度与欧盟的“CE”标志模式基本一致。

（2）“能源之星”标志

能源效率法规管理包括能源效率标识和最低能源性能标准（Minimum Energy Performance Standard，MEPS）要求，目的是减少家用电器的能源消耗，降低温室气体排放，保护环境，节省电气运行费用，节约资源。

澳新能源效率标识采用“试验报告＋型式批准注册＋能源效率标签＋检查试验监督和处罚”的管理制度，也是制造商第一方认证的一种模式。制造商必须依据标准对样品进行试验，向法定管理机构提交证明产品符合要求的实验报告及相关申请资料，经法定管理机构审核批准后在产品上使用能源效率标签。

澳新能源效率管理标准有两部分：第一部分规定试验程序，包括试验方法、环境条件、性能测量和试验材料等；第二部分规定能源效率标签和“MEPS”的详细技术要求，与有关州/特区的法规有效衔接。第二部分内容包括每类电器星级定额和比较耗电量的计算、试验样品数量、耗电量限制、申请书格式、检查试验程序、标签的设计和形状及标签的佩戴方式等，也包括特定电器的“MEPS”要求。

“能源之星（Energy Star）”是能源效率管理的自愿性管理程序，其标签是一种蓝-绿色的标识，使消费者可直接识别出满足最低能源效率等级的电器产品，标志见图9-10。“能源之星”主要控制电器“待机”状态的耗电量，电器在一定的空闲时间后自动关断电源，进入“睡眠”状态，保证“待机”耗电量最小。

图9-10 “能源之星”标志

5. 认证申请

认证申请时首先判断产品是否在“RCM”管理的产品清单范围内，决定是否要申请批准，然后根据产品的销售地，是单独销往澳大利亚或新西兰，还是在两地同时销售，决定其申请流程。申请时提交的文件包括：

（1）申请人签署的完整申请书，如果是变更申请，要提供对原始产品变更的清单；

（2）申请费；

（3）如果可行，提供与生产线产品完整一致的样品；

（4）完整一致的实验报告；

（5）支持文件，对申请产品的完整描述和识别，包括图纸（包括线路图）、材料和原件清单、关键部件的要求（如变压器、保护器等）、照片及信息安全（如安装和使用说明书）等。

（四）日本

日本依据相应法规，如《食品卫生法》《消费生活用品安全法》《电器使用与材料控制法》等，以及检验与检疫要求、自动标准等对进口商品进行严格管制。日本对很多商品的技术标准要求是强制性的，并且通常要求在合同中体现，还要求附在信用证上，进口货物入境时要由日本官员检验是否符合相应技术性标准。

1. 认证标准

日本国家标准主要有日本工业标准（Japanese Industrial Standards，JIS）和日本农林标准（Japanese Agricultural Standards，JAS）。

（1）工业标准

为了适应认证制度的全球化和技术水平的迅速发展，日本于1997年3月修改了JIS，涉及机械、电器、汽车、铁路、船舶、冶金、化工、纺织、矿山、医疗器械等几十个行业。被列为JIS对象的产品（品种）必须有JIS标志。

日本工业标准调查会根据生产指定产品（品种）厂商的申请，在审查该工厂的技术、生产条件后，再考虑是否批准用JIS标志。以往对工厂的审查是由国家来进行的，但修改了JIS之后，行业协会和专业团体也可以对提出申请的工厂进行审查。

（2）日本行业标准

日本众多行业协会、专业团体等也制定了很多行业标准，原则上只适用于该团体内部成员。如日本电机工业会（JEM）规格，汽车技术会（JSAE）规格，以及自愿控制信息技术设备干扰委员会（VCCI）认证等。

日本工业标准调查会（Japanese Industrial Standards Committee，JISC）是日本国际标准化工作的主管机构。在国际标准活动中，日本由于起步较晚未能发挥主要作用，在ISO、IEC中只承担了少量技术委员秘书处工作。在20世纪80年代和90年代，日本修订了《日本工业标准化法》，以“制定标准化控制市场”为出发点，积极参加国际标准化活动，制定了“推进JIS标准与国际标准整合”的原则，在使JIS与国际标准协调以及采用国际标准的同时，积极推荐JIS标准为国际标准，力争在新的领域内取得更多的技术权，以求在国际标准化活动中争取领先的地位。

2. 认证评定

（1）质量认证

日本质量认证管理体制是由政府部门管理质量认证工作，各部门分别对其管辖的某些产品实行质量认证制度，并使用各自设计和发布的认证标志的管理体制。日本通产省管理的认证产品占全国认证产品总数的90%左右，执行强制性和自愿性两类产品认证制度。强制性认证制度是以法律的形式颁布执行，主要指商品在品质、形状、尺寸和检验方法上均须满足其特定的标准，否则不能在日本制造与销售，其认证产品主要有消费品、电器产品、液化石油器具和煤气用具等；自愿性认证制度使用两种“JIS”标志，一种是用于产品的“JIS”标志，表示该产品符合日本有关的产品标准，另一种是用于加工技术的“JIS”标志，表示该产品所用的加工方法符合日本工业标准的要求。

根据《日本工业标准化法》和日本经济产业省的批准，有六个团体获批成为日本的认证机构，如表9-8所示。

表9-8　日本认证机构

序号	名称	认证领域
1	日本规格协会	土木及建筑、一般机械、电子机器及电气机械、汽车、铁路、钢铁、非铁金属、化学、纤维、矿山、造纸、陶瓷、日用品、医疗安全用具等
2	建筑试验中心	土木及建筑、钢铁、非铁金属、化学、陶瓷、日用品
3	日本品质保证机构	土木及建筑、一般机械、电子机器及电气机械、汽车、铁路、钢铁、非铁金属、化学、纤维、矿山、造纸、陶瓷、日用品、医疗安全用具
4	日本燃烧机器检测协会	土木及建筑、一般机械、日用品
5	日本建筑综合试验所	土木及建筑、化学、陶瓷、日用品
6	日本纤维制品品质技术中	土木及建筑、纤维、日用品

关于产品检验方面，日本规定对不同时间进口的同种商品，每一次都要有一个检验过程。而对本国同类商品，只需一次性对生产厂家作检验。

（2）安全认证

1995年，日本颁布了新的产品取缔法，新法规不再遵循错误方责任原则，而采用了欧洲和北美的一贯做法（过错方责任原则），规定了产品安全责任方为产品制造商、进口商、分销商等。

2001年4月1日之前，日本的电器及材料控制法（DENTORI）将控制产品分为A、B两大类，其中：A类包括165种产品，主要有电源线、熔断器、开关、变压器、镇流器等；B类包括333种产品，主要有灯饰、家用电器、办公设备等。A类产品必须取得政府强制性认证，即T标志，而该标志只能由日本通产省（MITI）颁发。B类产品的符合性则须做自我宣称或申请第三方认证，例如可标示德国莱茵TUV的S标志。

2001年4月1日后，电器及材料安全法（DENAN）取代了DENTORI法，同时日本还取消了T标志，政府不再直接颁发证书，而是授权第三方认证机构进行产品的符合性评估测试，新旧两种法规的区别对比如表9-9所示。新法规将产品分为"特定电器及材料类"和"非特定电器及材料类"。其中"特定电器及材料类"共包括112种产品，"非特定电器及材料类"包括340种产品。进入日本市场的"特定电器及材料类"产品必须取得第三方认证，标示PSE菱形标志；"非特定电器及材料类"产品则须做自我宣称或申请第三方认证，标示PSE圆形标志。两种标志的示意图如图9-11所示。此外，如果以上两类产品带有德国莱茵TUV的S标志，也可以进入日本市场。

表9-9 日本新旧两种法规的主要区别

项目	新体系	旧体系
产品分类	特定电器及材料、非特定电器及材料及无分类产品	A类产品、B类产品及无分类产品
标志	官方T-Mark标志已被取消	T-Mark标志
分类产品数量	特定电器及材料类产品包括112种	A类产品包括165种
	非特定电器及材料类产品包括340种	B类产品包括333种

PSE菱形标志

PSE圆形标志

图9-11 日本认证标志

如果产品属于特定电器及材料类，强制执行第三方符合性评估的机构须由日本经济通产省核准授权，而且只有第三方符合性评估机构才可以颁发"符合性证书"，生产厂商还必须保存有关证书和测试记录，并标注PSE菱形标志。而对于非特定电器及材料类产品，厂家可以自行或由第三方评估机构确认其产品安全性，DENAN法要求生产厂家保存有关证书和测试记录，法定标注PSE圆形标志。

（五）韩国

1. 电器产品的安全认证

1999年9月7日韩国新发布的6019号韩国《电器安全控制法案》，强化了对电器产品的制造、使用过程的安全控制，并且协调了韩国电器安全规定要求，使其与国际安全标准统一。该安全认证体系是为杜绝电器产品造成的电击、火灾、机械危险、烫伤、辐射、化学等危害而设立。它一方面照顾了电器产品安全管理的实用性，避免了消费者用电危险；另一方面又整体完善了电器产品安全管理机制（例如电器安全适用标准及检测程序），从而有效地应对了国际化带来的影响。

新的安全认证体系规定，凡是在电器安全控制法案中阐明的电器产品必须进行产品检测以保证安全。同时，认证机构必须对产品生产商进行定期的工厂审查来确保产品安全一致性。通常，输入电压在50～1000V区间的电器产品都在此认证计划内。

2. 认证标志

韩国的安全认证体系采用EK安全标（见图9-12）。韩国产业资源部（Ministry of Commerce，Industry and Energy，MOCIE）、技术标准局（Agency for Technology and Standards，ATS）是指定EK安全认证机构的政府主管部门。韩国检测实验室（Korea Testing Laboratory，KTL）、韩国电气检测所（Korea Electrical Testing Institute，KETI）和电磁兼容性研究所（Electrical Resistivity Imaging，ERI）是ATS指定的可颁发EK安全标志的认证机构。在产品EK安全标志的认证中，安全检测占主体，而电磁兼容性的检测则作为补充。

图9-12　韩国安全认证标志

企业如果需要申请EK安全标志，首先必须向韩国检测实验室、韩国电气检测所和韩国电气制品安全振兴院（Electric Safety Assoc. of Korea，ESAK）等安全标志认证机构提出申请，当一件产品是由几个独立的工厂生产时，尽管产品是同一型号，几个工厂都应同时取得认证标志。海外生产厂家可以直接申请或者授权韩国当地的代理机构和代表厂家申请。

3. 认证标志申请流程

属于韩国安全认证范围内的产品包括电源开关、交流电源或电源电容器、电工设备元件及连接附件、电器保护元件、绝缘变压器、电器、电动工具、视听应用设备、导线与电源线、IT及办公设备、照明设备等。申请时应附上下列文件（假如是一个派生型号的产品，下列文件与基本型号提交的申请文件相同的情况下，可不再提交）：

① 申请书；

② 产品说明或使用手册；

③ 主要部件清单（如生产商、型号/种类、规格或电气性能等）；

④ 绝缘材料清单（如温度及燃烧等级）；

⑤ 电路图；

⑥ 授权书（只适用于韩国代理机构受理海外申请）；

⑦ 两件检测样品附加额外部件用于非正常测试，部件认证则根据有关标准决定需求数量；

⑧ 产品标签（每件产品两个标签）；

⑨ 工厂信息表及问卷（适用于工厂的第一次申请）。

图9-13中给出了EK安全标志申请流程。

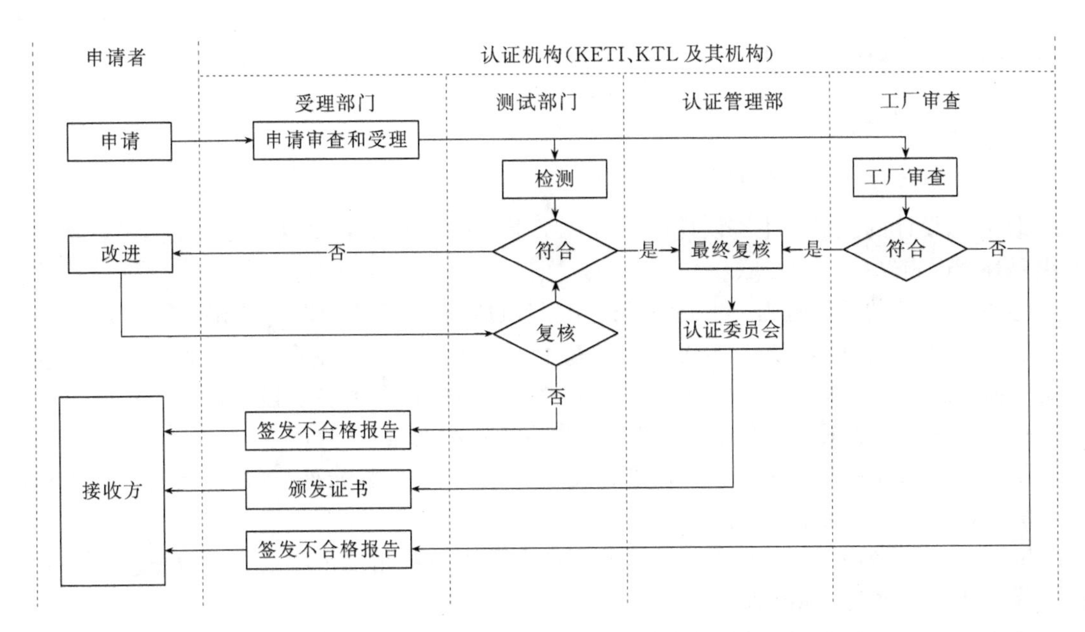

图 9-13　EK 安全标志申请流程

第五节　电器电子产品生态设计方法

一、电子电器产品生态设计一般方法

生态设计不是一个独立的行为，而是整体产品设计过程中的一个部分。它包括直接与产品的策划开发过程相关的行为，以及那些对生产组织内部方针政策和决策过程负责的行为，具体讲就是涉及某一家电产品从设计、采购、生产、经销、使用、维护、报废以至再生、循环应用全生命周期的过程。

生态设计应考虑环境因素，所涉及的环境因素可区分为一般环境因素和重要环境因素。一般环境因素是指产品生态设计过程所能涉及的一切环境因素；重要环境因素是指产品生态设计过程所涉及的具有明显或重大环境影响的因素。

材料利用效率和能源效率是生态设计的两大重要指标。材料利用效率是指产品在全生命周期内的耗材效率，如产品的设计阶段、生产阶段、运输阶段的耗材，要求在保证产品的功能性、安全性、经济性的基础上，将减少材料消耗的理念融入产品设计之中，减少过度的材料浪费；能源效率则是指在产品全生命周期内的能源消耗效率，其目的是提高电能的使用效率，从而减少温室气体的排放。

生态设计首先应考虑对环境的影响，包括提高自然资源的使用效率、减少有毒有害物质排放、减少温室气体排放等，为保护地球资源及环境做出实质性的贡献；其次是经济效益，生态设计的实施不应对产业的竞争产生负面影响，开展生态设计时也应考虑消费者的经济承担能力；最后是社会效益，生态设计要求应在推动产业的可持续发展方面发挥积极作用。

（一）生态设计的要求

1. 生态设计一般要求

（1）生态设计主旨及适用范围

① 生态设计的主旨　生态设计的主旨在于提高产品的环境性能，集中在“未设定限值的重要环境因素”。

② 生态设计的适用范围　生态设计适用于经过核查，不适于设定限值的产品族群。

③ 生态设计的基本思想　生态设计的基本工作思想是产品生命周期。产品生命周期评估是产品生态设计要求的核心实施手段，通过对产品生命周期各阶段中的环境因素进行量化、采集，进而将数据汇总和评估。数据采集应注意的两点：

a. 数据的采集应科学全面，不应有遗漏项，如因原材料/元件/整机产品的运输距离而消耗的油料也应进行数据采集；

b. 采集时应考虑时间、地理、技术范围和所用设备的精度，所采集的数据应具有完整性、代表性、一致性、重复性等。

表 9-10 给出了生态设计参数表。

表 9-10　生态设计参数表

参数类别	参数名称	参数性质
环境重要因素	原料的选择和使用	需要确定与产品设计相关的重要环境因素的阶段
	制造	
	包装、运输和配送	
	使用	
	生命终点（意指一件 EuP 在其最终处置时已经达到其首次使用的终点）	
环境评估因素	预期的材料、能源和诸如淡水这样的其他资源的消耗	每个阶段需评估的相关环境因素
	预计向空气、水和土壤的排放水平	
	预期的诸如噪声、辐射和电磁场等物理效应造成的污染	
	预计产生的废料	
	考虑到第 2002/96/EC 号指令，原料和/或能量的回收、循环使用和更新的可能性	
环境增列因素	产品的重量和体积	环境因素评估适当补充
	来自回收活动中的原料的使用情况	
	贯穿整个生命周期中能源、水和其他资源的消耗	
	根据 1967 年 6 月 27 日关于与危险物质分类、包装和标签的法律、法规和行政规定一致化的第 67/548/EEC 号理事会指令划分为对健康和/或环境造成危害的物质的使用情况，并考虑关于具体物质上市和使用的立法，诸如第 76/769/EEC 号指令或第 2002/95/EC 号指令	
	为正常使用所需耗材的数量和性质	
	用以下方式表示的可重复使用和回收的容易程度：使用的材料和部件的数量，标准部件的使用，拆解所需的时间，拆解所需工具的复杂程度，在确定可重复使用和回收的部件和材料时部件和材料编码标准的使用（包括根据 ISO 标准对塑料零件的标识），易回收物质的使用，易于获得昂贵的和其他可回收的部件和材料，易于获得包含危险物质的部件和材料	
	二手部件的整合	
	避免损害部件和整机重复使用和循环使用的技术解决方案	
	按如下方式延长寿命：最小保证寿命，备件可使用的最短时间，模块化，可升级性，可维修性	
	产生的废物和有害废物的数量	
	在不违背 1997 年 12 月 16 日关于各成员国与限制安装在非路用移动机械的内燃机排放气体和颗粒物的法律一致化的第 97/68/EC 号欧洲议会和欧盟理事会指令的情况下对空气的排放（温室气体、酸性物质、易爆有机物、耗臭氧物质、永久有机污染物、重金属、微小颗粒和悬浮物）	
	对水中的排放（重金属、对氧平衡有负面影响的物质、永久有机污染物）	
	对土壤中的排放（特别是在产品使用过程中有害物质的泄漏和溢出，当作为废物处置时过滤出的潜力）	
环境其他因素	其他	环境因素评估必要补充

(2) 生态设计信息及产品制造商要求

① 生态设计信息要求

a. 关于制造过程的信息；

b. 当产品投放市场时，应向消费者提供产品的重要环境特性和性能信息，使消费者能够对产品的各个方面做出比较；

c. 为了减少产品对环境的影响并确保最佳预期寿命，向消费者提供如何进行安装、使用和维护的信息；同时提供在产品生命周期终结如何回收的信息，以及零件可供使用的期间和产品升级换代可能性的信息；

d. 关于在产品生命周期终结时分解、回收或处置的处理设施的信息。只要可能，应当随产品本身提供这样的信息。

② 制造商要求

a. 制造商在评估的基础上应建立产品的生态学档案，这些档案基于贯穿产品生命周期的、以可计量物理量表示的、与环境相关的产品特性；

b. 制造商必须利用评估来评价其他的可选设计方案和与参考基准相比已获得的产品的环境性能；

c. 在遵守所有相关法规的前提下，具体设计方案的选择，应在各种环境因素之间、环境因素与其他考虑之间达到合理的平衡，诸如安全性与健康因素，对功能、质量和性能的技术要求，以及包括制造成本和可销售性在内的经济因素。

2. 生态设计的特殊要求

特殊生态设计要求旨在改善产品的一项选定环境因素。其形式可以是对减少指定资源的消耗的要求，诸如在适当情况下在产品生命周期各个阶段对资源使用的限值（如在使用阶段耗水量的限制或对整合到产品中的给定材料的用量或回收利用材料的最少用量）。

当准备规定特殊生态设计要求的实施措施时，应确定适用于该实施措施涵盖的生态设计参数，并设定相应的要求和水平。

(1) 技术、环境和经济分析

① 一项技术、环境和经济分析要自市场上选择大量所论产品的代表性型号，并确定用于改善产品环境性能的技术选项，着眼于选项的经济生长力并避免任何对消费者而言重大的性能损失或有用性的损失。

② 对于研究中的环境因素而言，技术、环境和经济分析还应确定市场上可提供的最佳产品和技术。

③ 在分析以及设定要求的过程中，应该考虑可投放国际市场的产品的性能和其他国家立法中设定的基准。

④ 基于此项分析并考虑到经济、技术可行性以及改善的潜力，以使产品环境影响最小化为目的采取具体措施。

⑤ 考虑到对其他环境因素的重要性，关于使用中的能耗，应设定能效水平或能耗水平，旨在使代表性型号产品终端用户的生命周期成本最小化。生命周期成本分析法以欧洲中央银行提供的数据为基础，采用实际折扣率和产品的实际寿命。该方法基于购买价格（来自工业成本）与运行费用的总和，它们来自不同水平的技术选项，并扣抵所代表性型号产品的寿命。运行费用主要涵盖能耗和其他资源（如水或清洁剂）的附加费用。

⑥ 应该进行涵盖相关因素（诸如能源或其他资源的价格，原料成本或生产成本，折扣

率）和适当时的外部环境成本，包括避免温室气体排放的灵敏度分析，以及检查是否有重大变化、全面结论是否可靠。

（2）设计信息获得

为了发展技术、环境和经济分析，也可使用在相关国际交流的活动中获得的信息。这种方式可用于来自世界各地对生态设计要求的相关项目中的信息。

3. 生态设计的其他要求

（1）生态设计标志

生态设计标志应遵守统一标志格式。

（2）内部设计管理

① 制造商或其授权代表确保并声明产品满足适用的实施措施要求的程序。

② 制造商应编辑一份使对产品能按适用的实施措施要求进行合格评定的技术文档，制造商应采取所有必要措施确保产品制造与设计规范和其所适用的措施的要求相一致。

③ 合格评定的管理体系：对管理体系的环境要素做出了规定，主要涉及产品环境性能政策、制造商建立和维护的计划文档、实施过程中的管理文件、检查和纠正行动。

④ 合格声明：阐述了合格声明的包含要素。

⑤ 实施措施：对实施措施的各项规定内容做出了描述，如产品类型、测试方法、过渡期持续时间等。

（二）生态设计原则与程序

1. 生态设计的基本原则

（1）生命周期思想

生命周期思想（或全生命周期思想）是指产品在其全部生命周期阶段，包括设计、开发、生产、销售、服务维修、产品生命终结后的回收再利用等各个阶段，以及这一全过程对环境造成的影响。生命周期思想是生态设计的基础，其主要内容有如下。

① 确定产品的环境因素和重要环境因素，按产品生命周期的过程依次确定影响产品的环境因素，识别、分析并确定一般环境因素（产品生命周期涉及的所有环境因素）和重要环境因素（在所有各项环境因素中具有明显权重的影响因素）。环境因素的权重可以按产品生命周期的各个阶段分别确定，也可以针对具体产品的生命周期不同阶段确定。

② 考虑环境因素与生命周期对应阶段的平衡取舍，考虑并选取产品的环境影响因素和产品生命周期（包括各个阶段）最佳的平衡点（如考虑具体一个电器产品时，应在确保产品品质、质量的前提下，选取环境因素和经济效益的最佳平衡）。

③ 力争使产品在整个生命周期中负面影响最小化。

④ 制造商应在充分考虑各种因素的前提下，运用产品生态设计各种有效工具，力争使产品在整个生命周期中负面影响最小化，并保证这一工作的持续性。

（2）协调环境法规与产品标准的关系

电器电子产品及产品进行生态设计和开发时，必然会涉及环境法规与产品标准的协调，需要协调的关系包括：国内和国际法规（相关法规、环境法规），技术标准以及相关协议和责任，产品的功能、品质与涉及的环境法规的关系，市场或者消费者的需求和期望与涉及的环境法规的关系等。

(3) 生态设计管理系统

在电器电子产品及产品进行生态设计和开发过程中，生态设计管理系统是实施产品生态设计的保障。因此要实现行之有效的产品生态设计，必须要建立健全相应的生态设计管理体系，并且有明确的计划和实施方法、发展战略。

同时，生态设计管理系统还是确保把环境因素引入产品设计开发的过程，并保持可持续发展、促进不断创新的保障。

2. 生态设计基本程序

(1) 生态设计前期工作

① 分析现有与电器电子产品相关的各项法规要求、标准，以及具体产品投资、生产、消费和使用等各方的关系和需求。

② 分析并识别某类具体家用电器及产品在其生命周期内的重大环境因素和相应的其他因素。

③ 在完成上述两个基本过程后，实施某类家用电器及产品具体设计与开发过程，并将涉及的所有因素定量或定性列出来。

④ 完成基本的设计过程后，对这一具体家用电器或产品的环境绩效给予回顾和评估。在上述过程中，要求各利益涉及/相关方信息通畅，并且保证所有信息资源的共享。

(2) 利益相关方及法规要求分析阶段

此阶段是生态设计的第一步，应该全面、完整地理解相关的环境法规和相关方的要求，确定具体产品开发的基本框架。包括：

① 国家有关的法律法规和产品及技术标准。

② 消费行为及市场规范。

③ 产品的合格评价与报告。

④ 产品的各项使用说明及其他需要的相关信息。

⑤ 产品具体的功能范围。

⑥ 产品的生命周期及各个阶段的对应与界定。

⑦ 预期的市场范围。

⑧ 其他涉及的相关活动。

同时，还应该关注将来可能出现的各项新的环境要求及变化趋势，并系统地分析这些要求和变化趋势，评估判断可能对产品功能产生的影响（包括产品生命周期的各个阶段），确定采取的改进措施，以便建立起产品规范化的基础。

(3) 环境因素的识别和评估阶段

环境因素的识别和评估包括以下步骤。

① 识别相关的环境因素

首先定义一组适用于产品的环境因素和生命周期阶段，继而对每个环境因素和生命周期阶段进行识别，作为基本输入的材料和能源（包括购买的零部件等），以及输出，比如产品本身、媒质，副产品和其他（比如大气中的辐射物、排放到水中的物质、废弃物和其他排放）等所有造成环境影响的因素。识别方法：

a. 可以对一类相同或相近的产品进行统一环境因素识别；

b. 识别过程以及与材料、零部件相关的环境信息可以是定性的或者是定量的。

② 确定重要环境因素

a. 通过分析具体的法规要求和各利益相关方的要求，以及这些要求对产品整个环境影响的影响度，确定显著环境因素和对应的生命周期阶段。

b. 注意避免过分强调某一个环境因素或者某一个生命周期阶段，应考虑环境因素在不同生命周期中潜在的互相影响。

注释：环境因素的评价可以是定性的或者是定量的。

产品生命周期中环境影响的输入、输出示例如图 9-14 所示。

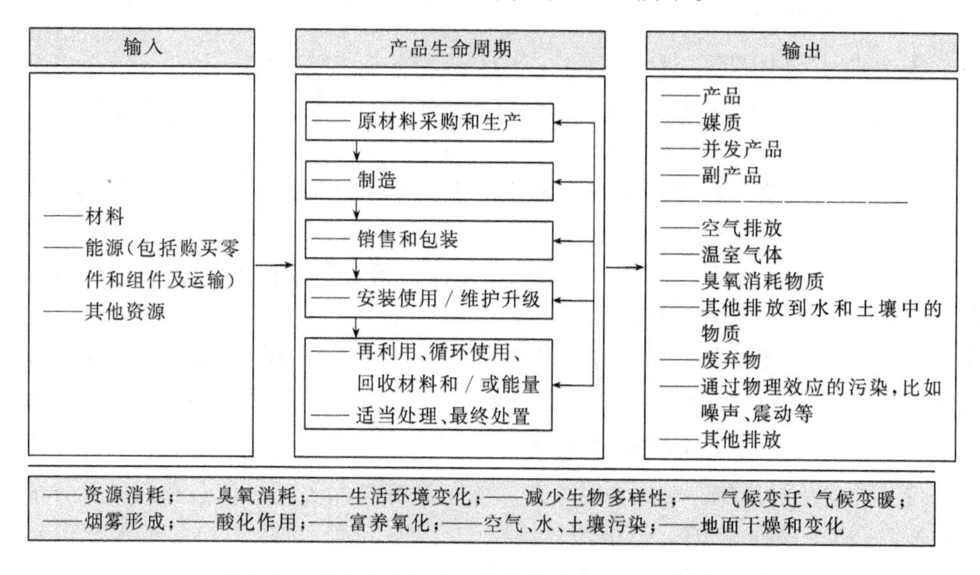

图 9-14　产品生命周期中环境影响的输入、输出示例

(4) 设计和开发阶段

电器电子产品的生态设计过程应兼顾产品的安全、健康、技术要求、功能性、质量、性能和经济因素等。并有效、合理地平衡各种因素之间的关系。

可以用减少电器电子产品在其整个生命周期中的环境影响评价选择出多种设计方案，并定量或定性确定出如表 9-11 所列关联因素。

表 9-11　电器电子产品生态设计关联因素

关联因素	要求
功能性	采用生态设计的电器电子产品，应保证其产品原有的属性和基本功能性，这些功能及属性包括：安全性，使用功能，基本性能，质量等
材料效率	采用生态设计的电器电子产品应尽量使用较少的材料(含材料种类、数量和重量)
	在产品的生命周期内，应采用对资源依赖性小、对环境影响度小的材料及辅料
	设计时应考虑各种资源的回收及再生利用
	综合平衡考虑使用可再生材料以及可回收的材料
能量效率	确定产品整个生命周期内(重点为制造和使用阶段)总体节能效果
	平衡考虑节能与环境影响的关系
	对再生能源考虑及利用
化学物质成分	对产品中(包括购买的零部件和原材料)的化学物质的正确评价并注册
	避免产品中存在有害物质和材料及其他潜在的危险
产品使用的持久性	考虑并尽可能延长家用及类似用途的电器及产品的有效使用期
	有明确的产品持久性、可靠性设计(包括：可修复性和可维护性)

续表

关联因素	要求
清洁生产及工艺过程	确保生态设计的产品采用清洁生产及工艺技术
	避免使用有害消耗品和过量的辅助材料
包装	在产品包装可靠的基础上，尽量节约材料、简化工艺
	全面考虑包装材料的有效使用、重复利用，以及所含化学物质对环境的影响
再利用、回收和循环使用	考虑减少使用材料复杂性的机会，使资源回收、材料的循环使用、元器件和组件的再利用尽量方便、容易
	平衡考虑各项资源再利用、循环利用过程对环境产生的新影响
生命末期管理	尽量简化最终产生的废物和有害物质数量和质量（重量）
	考虑产品和材料的回收、再生利用的经济、环境可行性及影响

(5) 评价和改进阶段

某项电器电子产品完成初次的生态设计过程之后，应有一个评价和改进的过程（见表 9-12），这是确保电器电子产品在整个生命周期内对环境影响的显著因素可以得到持续的改进。

表 9-12 评价改进过程

方式	内容
评价方式	确定某一项家电产品的生态设计指标，如基本型号产品在生命周期内的各项基本材料消耗、辅料消耗、能源消耗等；并以此作为基准，在新的产品设计开发过程将相应的指标加以类比，做出评价
	针对性地确定某一项或几项产品生态指标，并加以比较和评价
改进方式	寻找出与环境要求相关的可以改进的方案
	确定需要改进的生态设计目标
	强化相关的信息管理，改进工具和技术，员工的培训等

3. 信息的提供与共享

生态设计应该保证利益相关方沿着供应链的方向进行信息沟通与交流，并与相关法规保持一致；同时，应该与制造商内部和外部的利益相关方保持必要的信息沟通，以满足对市场及消费者必需的信息要求。

(1) 制造商（供应链）内部信息交流

内部信息交流的定义是组织内部利益相关方的通信和信息交换。内部信息交流保证了组织内部的各部门理解 ECD 行动的基本原理，从而保证合作顺利。制造商（供应链）内部信息交流包括：

① 企业内部的必要信息交流。

② 沿着产品供应链方向（生产流程）的信息交流。

③ 与材料/零件供应商的信息交流（可以支持环境因素/影响的分析）。

(2) 制造商与消费者之间的信息交流（外部信息交流）

外部信息交流的定义是组织和外部利益相关方的通信和信息交流。外部共享信息应包括：

① 提供给消费者和用户的关于产品重大环境特征和绩效的信息，包括建议如何用一种环境兼容的方式来使用和维护产品。

② 提供给消费者和用户的关于包装、循环使用或者处置的信息。

③ 提供给消费者和用户的关于产品生命末期适当处理以及它们在循环使用中的作用的

信息。

④ 有关环境噪声处理设备的信息。

⑤ 立法和监督机构的信息。

（三）生态设计工具

生态设计（环境设计）的工具是实现电器产品生态设计的必要手段。产品的生态设计和开发工具可以包含多种，比如策划工具及系统，设计应用与支持工具及系统，设计结果的评价工具及系统，反馈与验证工具及系统，等等，这些都可作为产品生态设计的工具。生态设计的工具及系统应用分析与结果可以是定量的，也可以是定性的，还可以是二者结合并用的。

二、电器电子产品生态设计内容

（一）电器电子产品中有害物质风险评估

有害物质可能在电器电子产品生命周期的各个阶段被引入，通过识别风险因素，分析各个风险对产品环境符合性的影响及影响程度，将分析结果与组织内外环境进行比较，可确定并采取适宜的应对措施避免或降低有害物质带来的环境风险。

1. 风险的识别

有害物质风险识别是发现电器电子产品中的有害物质风险，并进行列举和描述的过程。风险的识别需要贯穿整个产品实现过程中研发、采购、制造、产品交付、销售、售后服务等各个环节，通常可以从原辅料、供应商、生产工艺、仓储物流、维修保养五个方面进行合理地识别。

（1）原材料及物料风险

电器电子产品包含绝缘与介电材料、金属与导电材料、半导体材料、陶瓷材料、光学及显示与发光材料、磁性材料、其他材料等，其中很多材料都具有一定环境风险性。材料风险识别可参考已有的有害物质检测数据及相关经验对危险物质的种类及含量进行分析。例如长期对同一类原辅料进行多次、大量的检测，将相应的检测结果进行统计分析，获取其含有的有害物质的物化特征，通过对实际产品的测试和对比分析，识别出有害物质存在的可能性。表 9-13～表 9-15 列出了电器电子产品加工制造中通常使用的材料。

表 9-13　常用电子薄膜材料

类别	材料一般组分
超导薄膜	Nb，NbN，Nb_3Sn，Nb_3Ge，Nb_3Si；LaBaCuO 系，YBaCuO 系，BiSrCaCuO 系，TlBaCaCuO 系等
导电薄膜	Au，Al，Cu，Cr，Ni，Ti，Pt，Pd，Mo，W；Al-Si，Pt-Si，Mo-Si，Cr-Cu-Au，Ti-Cu-Nd-Au；ZnO，In_2O_3，SnO_2，TiO_2，Cd_2SnO_4
电阻薄膜	Cr，Ta，Re；NiCr，SiCr，TiCr，TaAl，TaSi，ZrB_2；TaN，TiN，TaAlN；SnO_2，In_2O_3，Cr-SiO，Cr-SiO_2，Au-SiO，Au-SiO_2，Ta-Al_2O_3
半导电薄膜	Ge，Si，Se，Te；SiC，GaAs，GaP，GaN；ZnO，ZnSe，ZnTe，ZnCdS，CdSe，CdTe，CdS，PbS，PbO_2，HgCdTe，Mn-Co-Ni-O；α-Si：H，As_2S_3，As_2Se_3，As_2Te_3，GeTe
介质薄膜	BN，AlN，Si_3N_4；ZnS；BeO，Al_2O_3，SiO，SiO_2，TiO_2，HfO_2，ZrO_2，PbO，MgO，Y_2O_3，Ta_2O_5，Nb_2O_5；$BaTiO_3$，$LiNbO_3$，$PbTiO_3$，PLZT；PP，PS，PPS，PET，PVDF
绝缘薄膜	Si_3N_4，SiO，SiO_2，Al_2O_3，TiO_2，Ta_2O_5，PI(聚酰亚胺薄膜)
保护薄膜	Si_3N_4，SiO，SiO_2，PSG，BPSG，PI

续表

类别	材料一般组分
铁电薄膜	$BaTiO_3$,$PbTiO_3$,PZT,PLZT
磁性薄膜	Ni,Co,NiCo,NiFe,NiMn,FeCo,γ-Fe_2O_3；RFe,RCo（R为稀土金属元素）；$R_3Fe_5O_{12}$,MFe_2O_4（M为二价金属元素）
压电薄膜	ZnS,ZnO,AlN,$LiNbO_3$,PZT；ZnO-AlN,SiO-$LiNbO_3$；PVDF
热电薄膜	TGS,$LiTaO_3$,$PbTiO_3$,$BaTiO_3$,PZT,PLZT；PVDF；$Sr_xBa_{1-x}Nb_2O_6$
光电薄膜	Si,InP,GaAs,CdTe,CdS,$Al_xGa_{1-x}As$;α-Si：H,α-SiGe,α-SiSn,α-SiC
电光薄膜	ZnO,GaAs,$LiNbO_3$
磁电薄膜	Ge,Si,InSb,InAs,GaAs
磁光薄膜	Tb FeCo,$Y_3Ga_{1.1}Fe_{3.9}O_{12}$；MnBi,PtCo,MnCuBi等

表 9-14 常用电子聚合物材料

名称	材料举例
超导材料	$(TMTST)_2ClO_4$、$(TMTST)_2FSO_4$、$(BEDT\text{-}TTF)_4(ReO_4)_3$
导电材料(本征型或称结构型)	电子型：TTF-TCNQ、聚乙炔、聚苯胺、聚噻吩、聚吡咯、酞菁、卟啉 离子型：聚苯乙烯磺酸锂
半导电材料	7,7,8,8-四氰基对苯醌二甲烷(TCNQ)、聚乙炔、聚噻吩
介电材料	聚丙烯、聚酯、聚苯硫醚、聚偏二氟乙烯
驻极材料	聚四氟乙烯、偏氟乙烯-四氟乙烯共聚物、偏氟乙烯-三氟乙烯共聚物、聚偏二氟乙烯
绝缘材料	聚酰亚胺、聚四氟乙烯
铁电材料	硫酸三甘肽
压电材料	聚偏二氟乙烯、聚氯乙烯、芳香族聚脲
热电材料	聚偏二氟乙烯、硫酸三甘肽

表 9-15 两种不同物质组成的复合材料

第二组元（或称客体）			第一组元（或称基体）		
维度	形态	材料	维度	形态	材料
0	微粒	金属;无机物(氧化物、硅酸盐、氮化物、硫化物、碳化物、硼化物、碳、硅);有机物	0	微粒	金属;无机物(瓷)
1	细线	金属;无机物(碳化物、碳、玻璃);有机物(聚合物)	1	细线 细管	无机物(氧化物、碳、玻璃),有机物(聚合物)
2	薄膜	金属(磁性、非磁性金属);无机物(硅、砷化镓等半导体、氯化物、溴);有机物(聚合物)	2	薄膜	金属;无机物[氧化物、氮化物、碳化物、碳(如石墨层)、硅、砷化镓等半导体];有机物(聚合物)
			3	块体	金属;无机物(陶瓷、玻璃);有机物(聚合物)

原辅料风险主要涉及以下两种情况：

① 原辅料的材料功能风险　电器电子产品中相关限用物质的使用，大多是出于某些功能、性能、成本、技术等方面的考虑，因此原辅料的使用用途和要求会产生对应的理论风险。如：为了便于加工铜合金中常会添加限用物质铅（Pb）。

② 回收利用材料的风险　再利用/再生材料在回收过程中可能会混入或残留有害杂质，如果对使用的再利用/再生材料未进行足够的有害物质评估与确认，则引入有害物质的风险很大。

（2）供应商风险

供应商的能力与诚信情况，会直接或间接影响所采购材料中有害物质存在的风险。这种风险对全球性的大型供应商较低，而对于地域性的小型供应商，风险则会相对较高。通常满足一定产品功能要求的材料并不是唯一的，有多种替代方案，可根据功能、成本及含有风险物质的可能性分析选择风险低的供应商。

供应商风险评估可以考虑供应商的实力、信誉、研发能力、供货能力、质量管控能力（特别是与有害物质相关的管控能力）、工艺控制水平、上游供应链管控水平等因素。

① 产品质量　供应商提供的原辅料质量及其相应的技术水平是采购方选择的重要因素。作为原材料供应商必须具有良好和稳定的货物生产过程和标准，并配置质量控制体系保证其连续性。

② 供货能力（产量、运输）　供应能力即供应商的设备和生产能力、技术力量、管理与组织能力以及运行控制等，确保供货产品不含风险物质（或者所含有害物质低于限值）。

③ 企业信誉及历来表现　信誉是供应商在执行业务时所表现的形象。包括货物本身、经营作风、管理水平、口碑等，确保供货质量安全稳定。

④ 质量保障　原辅料产品在检验的时候，由于取样误差或者检验技术、方法差别，往往难以发现问题。在生产过程中，如果发现原辅料存在风险，则需退货以降低风险。

⑤ 技术力量　原材料供应商的技术力量是风险控制一个要考虑的因素，如果原辅料供应商有能力更新产品生产技术、开发应用新技术、研发含有害物质产品的替代品，则可避免原辅料产品风险。

⑥ 组织管理　供应商内部组织管理和对上游供应链的管控关系到产品质量和服务质量。如果供应商内部组织机构设置混乱，将直接影响供应效率及产品质量，甚至由于供应商部门之间、供应商与上游供应链之间的相互矛盾而影响到供应活动能否及时、高质量地完成，或者由于供应商对上游供应链监管不力而导致有害物质进入原辅料。

⑦ 售后服务　售后服务是采购工作的延续环节，是保证采购连续性的重要方面。一般的售后服务包括提供零部件、技术咨询、保养修理、技术讲座、培训等内容，如果售后服务只流于形式，那么被选择的供应商只能是短时间配合与协作，不能成为战略伙伴关系，供货质量不稳定，存在有害物质不可控的风险。

（3）生产工艺风险

在电器电子产品的生产过程中，生产工艺中的化学反应、生产过程中的交叉污染是常见的有害物质引入原因。

① 生产工艺中的化学反应引入风险　当生产工艺中有化学反应时，需要着重对该工艺进行风险评估，如工艺过程中使用的原辅料中含有有害物质，化学反应产物中含有有害物质等。

② 生产工艺中过程控制元素富集风险　生产加工过程中由于热物理变化，造成风险物质局部富集，超出相关标准限值要求，导致产品有害物质超标。

③ 生产过程交叉污染引入风险　电器电子产品生产过程中，由于客户需求差异，生产企业内部可能同时存在管控及未管控有害物质的多种不同生产线及工艺，若之间发生交叉污染，将增加产品中有害物质存在的风险。造成交叉污染的风险因素包括多种材料共用的机台、工具、容器、运输装置等，不同工艺间的材料误用，多种材料进行切换时有害物质的残留污染。

（4）仓储物流风险

物流风险主要是由于出、入库房和运输等物流过程中风险物质被夹杂带入原辅料中。

① 物料混运　将含有及不含有害物质的材料或产品混运，造成材料混杂，使不含有害物质的材料或产品混有有害物质。

② 物料混存　仓储过程中将含有及不含有害物质的材料或产品混合堆存，或者用残留

含有害物质的仓库堆存不含有害物质的材料或产品，造成材料或产品混有有害物质。

③ 运输带入　在运输过程中多种材料共用容器、运输装置，造成有害物质夹杂；或者由于选用的运输工具自身含有害物质，因使用不当致使有害物质释放出来污染材料或产品。

2. 风险的分析与评价

（1） 风险的量化方法

由于某一产品或某一流程的风险常常是由多种风险因素组合而成，因此风险量化的方法常需要将多种风险因素进行合成。最常见的方法是为每种风险因素设置评估准则、分值和占比权重，可依据风险的成因、类型、后果、风险出现的概率、现有管理措施和已有数据等情况进行设置。

通过设置某个综合风险的各个评估要素与权重，并对每个评估要素进行风险等级量化评估，可以对综合的风险因素进行量化，获得该综合风险的量化结果，进而在不同的综合风险之间获得相互之间的可比较性。

（2） 风险等级

在进行风险等级评估时，可采取划分取值区间的方式量化风险值，设置由低到高的风险等级。如表 9-16 为某组织产品采购风险评估准则。现依据表 9-17，对某组织产品采购风险进行评估。

表 9-16　某组织产品采购风险评估准则

序号	风险值(R)取值区间	风险等级
1	$R \geqslant 2.0$	高
2	$1.4 < R < 2.0$	中
3	$R \leqslant 1.4$	低

表 9-17　某产品采购风险要素及权重设置

评估要素		权重(W)
材料风险(F_A)		60%
供应商风险(F_B)	供应商管理风险(F_{B1})	25%
	供应商信用风险(F_{B2})	15%

假设材料风险为中风险，即有可能被混入或使用有害物质的材料（$F_A=2$）；供应商管理风险为高风险，即没有或者无法验证供应商制定了有效的有害物质管理体系（$F_{B1}=3$）；供应商信用风险为低风险，即有持续稳定的诚信口碑（$F_{B2}=1$）。每一因素的量值与权重求和后，可以得到该产品当前采购的风险评估结果：

$$R=F_A \times W_A+\sum_{i=1}^{2} F_{Bi} \times W_{Bi} \tag{9-1}$$

即

$$R=2\times 60\%+(3\times 25\%+1\times 15\%)=2.1 \tag{9-2}$$

由于 $R=2.1$ 超过了表 9-16 中设定的高风险阈值，因此该产品采购风险为高风险。

需要注意的是，由于每个因素都是动态的，需要适时重新进行识别、分析与评估，并调整其对应的风险等级。

（3） 风险应对

确定完相关的风险等级后，需要依据组织内部的有害物质管理目标或外部法规要求及客户要求，确定相应的风险应对及控制措施，并在采取应对措施的过程中进行监测与评审，保证相关措施的实施有效性，并不断进行改进。

① 风险应对措施

依据组织内部的有害物质管理目标或外部法规要求及客户要求，可以设定各个环节针对风险情况的应对措施，例如以下措施：

a. 制定标准化操作流程，如塑料制品切换有害物质管控产品时将相关的用料、洗剂等操作流程进行标准化要求；

b. 在采购、生产等环节采取适宜的有害物质检测验证措施，如针对不同的风险等级设置不同的检测验证频次等；

c. 收集并分析供应商有害物质相关信息，建立供应商定期的情况调查或现场审核机制等；

d. 建立和加强供应商风险管理机制，记录供应商产品检测验证结果情况，进行长期的风险管理；

e. 对可能引入有害物质的生产工艺进行调整；

f. 建立完善的记录系统，实现过程可追溯；

g. 加强对生产、检测、运输等相关人员的培训。

② 风险应对措施的监测与评审　当组织内部的有害物质管理目标或外部法规要求及客户要求发生变化，或出现新的潜在风险因素，或现行应对措施有效性不足等情况时，需要对应地对措施进行评审并进行更新，保证其有效性。

（二）有害物质风险应对

为减低废弃电器电子产品对环境造成的污染风险，电器电子产品的设计应根据国内外电器电子产品中有害物质的限制要求采取相应措施，加强管理，避免在电器电子产品生产制造中使用有害物质。

1. 管理措施

2016年由工业和信息化部、国家发展和改革委员会、科学技术部、财政部、环境保护部、商务部、海关总署、国家质量监督检验检疫总局联合发布的《电器电子产品有害物质限制使用管理办法》（〔2016〕第32号令）限制电器电子产品生产制造过程中使用铅及其化合物、汞及其化合物、镉及其化合物、六价铬化合物、多溴联苯（PBB）以及多溴二苯醚（PBDE）6类物质，并要求采取下列措施减少或消除电器电子产品污染：

① 设计、生产过程中，通过改变设计方案、调整工艺流程、更换使用材料、革新制造方式等限制使用电器电子产品中的有害物质的技术措施；

② 设计、生产、销售以及进口过程中，标注有害物质名称及其含量，标注电器电子产品环保使用期限等措施；

③ 销售过程中，严选进货渠道，拒绝销售不符合电器电子产品有害物质限制使用国家标准或行业标准的电器电子产品；

④ 禁止进口不符合电器电子产品有害物质限制使用国家标准或行业标准的电器电子产品；

⑤ 国家规定的其他电器电子产品有害物质限制使用的措施。

通常电器电子产品生产制造过程中使用的材料品种很多，有金属、玻璃、陶瓷、有机高聚物等。为达到减少使用有害物质的目的，可以借鉴ISO 9001等质量管理体系的思路来建立相应有害物质控制标准并进行管理，使用环保材料并从以下几个方面减少有害物质的污染：

① 发展短小轻薄产品，以减少材料用量，降低资源消耗，并可显著节能。

② 改进产品结构、改善原有工艺，以达到节能效果。

③ 不用有毒化工试剂和含有害物质的原材料，如含 Pb、Hg、Cd、Tl 等金属的原材料。

④ 禁用在自然环境中很难降阶分解的有害材料，如氯化物浸渍、灌封材料，含氯含氟的高聚物材料。

⑤ 尽量采用可回收再生利用的材料，如玻璃、橡胶、塑料和一些高聚物薄膜。

2. 应对措施

（1）建立限用物质清单

根据法律法规或规范性文件要求，按客户要求建立电器电子产品中限制使用物质清单，对清单中的有害物质实施严格管理，确定管控指标，确保产品符合要求。

（2）执行限用物质分级管控制度

根据产品功能要求，结合行业技术水平，在电器电子产品设计制造过程中可将限用物质分为完全禁用（Ⅰ级）、部分禁用（Ⅱ级）和逐步禁用（Ⅲ级）三个级别。

① 完全禁用（Ⅰ级） 在全公司范围内禁止使用。即在公司所有的产品中禁止使用、禁止采购含有此类限用物质的材料，对所有原辅材料以及生产设备、运输工具和仓库设施等物料接触的区域部件进行分析，避免限用物质混入。

② 部分禁用（Ⅱ级） 在公司限定产品或限定区域使用。对部分禁用的限用物质应进行分级管控，在允许使用限用物质的产品或区域中，须在物料清单上注明所含有限用物质的名称、种类、使用限值、危害特性及危害防治措施等信息；在允许使用限用物质的产品或区域中，应按完全禁用管理办法进行管控。

③ 逐步禁用（Ⅲ级） 在公司范围内允许使用。未禁用的限用物质可以暂时在公司范围内使用，但须在物料清单上注明所含有限用物质的名称、种类、使用限值、危害特性及危害防治措施等信息。公司可根据政策要求、市场需求以及技术水平逐渐限制使用，最终禁用。

（3）流程控制

产品设计开发时应合理选择原辅料和加工工艺，充分考虑加工制造过程中限用物质的控制水平，对采购供应、加工制造、物流等各环节进行梳理分析，确保在制造加工过程中不会产生含有限用物质的新物质。

（4）选用限用物质的替代物质

产品质量通常是指为达到或预期达到某种功能须具备的质量特性，而这种特性需要一种或多种材料共同生成某种部件完成，单一的限用物质特性不具备功能属性，其作用完全可用其他某种物质或某些物质组合替代实现，因此在电器电子产品生产加工中用无害物质替代有害物质是可行的。选用无害物质替代限用物质时应考虑以下问题：

① 替代物质不含限用物质 充分分析和识别制造产品所用替代材料清单中的原辅材料，确保制造产品所用的部件材料不含限用物质。

② 替代物质无次生限用物质 对选用的替代物质进行全面分析，明确各材料组分的化学物质，避免引入新的限用物质，或者在产品的加工制造过程中生成新的限用物质。

(5) 材料污染控制

含限用物质的物料在不规范存储或运输过程中，特别是与其他原辅料混杂储存和运输过程中，极易造成其他原辅料的污染。因此在仓库和运输规划时，应对各类原辅料和含限用物质的物料仔细确认并分析，严格分区堆存，确保限用物质不污染其他物料。

① 存储分区　堆存原辅料和含限用物质的物料的区域之间要做物理隔离，在物资存放前要对仓库进行彻底清洁，必要时要对现场环境进行取样检测，符合要求方可存放。

② 运输专管　为防止含限用物质物料的非预期运输和污染，应严格按照物流配送的要求做好备货、装货，做到含限用物质物料的专车专用、工具专用，做好明显标识；如做不到专用，则每次运输前都要对车辆、器具彻底清洁，每次只能运送一种原辅料，如果需要混装，则至少要做到不同原辅料间的物理隔离。

③ 生产隔离　为防止含限用物质物料的非预期使用和污染，在厂房、设备规划时就要考虑限用物质情况，将使用特定限用物质物料的产品或材料限制在特定的区域和机台，含限用物质和不含限用物质的产品（或含有不同限用物质的产品）应分车间生产，无单独车间生产条件的则应做到单独机台分区域生产，并做到物理隔离、明确标识，禁止不符合要求的含限用物质物料混杂污染。

(6) 供应商选择

在选择供应商时，既要根据公司限用物质清单对采购的产品进行分析、认证，更要对供应商对限用物质控制的能力进行审核和认证，确保供应商有能力持续提供满足限用物质要求的原辅材料。采购时要根据对供应商和其产品论证情况采购，不能选择未认证合格的供应商供应原辅材料。采购物资到工厂时，要按照公司限用物质控制要求进行验收和分类，确保进入工厂的物料均符合限用物质要求。

(7) 技术调整

为防止产品制造过程中产生含有限用物质的新物质，产品设计开发阶段需要根据原辅料特性对生产加工工艺进行筛选，分析各工艺过程产生新物质的可能性。在第一次生产时，要对生产全过程进行分析、评审和验证，如果产生含有限用物质的新物质，则需重新进行工艺技术调整，如果不产生则可以正常投入生产。

(8) 产品控制

生产过程中产生的各类半成品和不合格品，特别是水口料、边角料等，混杂存放往往会造成交互污染，需要对其进行清楚标识，并按限用物质的质量控制点进行质量控制、过程质量控制，在指定区域存放。产生的半成品、不合格品、水口料、边角料等物料不能直接使用到原产品中，可降级使用或统一处理。

(9) 质量监督

对含有限用物质产品质量的检测监督力度和频率要严于常规产品，根据产品质量检测方法，先按照规定的抽样方案抽样，然后按照限用物质清单中规定的方法进行检验，再按照限用物质清单判定其是否合格。由于限用物质管控限值通常都在 10^{-6} 甚至是 10^{-9} 级别，因此对抽样器具清理和放置要严格要求，确保对痕量物质检测的敏感性。

有害物质风险控制属企业特大产品质量风险控制，对含有限用物质的产品检验只能有"合格"和"不合格"两项标准。产品中的限用物质一旦超出标准要求，企业不仅会面临巨额罚款，还很可能触犯法律，因此对有害物质的限制使用是电器电子产品生态设计所重点考虑的最为关键的问题。

(三) 典型家用电器生态设计要求及指标

2018 年 12 月 21 日和 2019 年 11 月，商务部结合国际 IEC 最新的标准，针对欧盟电磁兼容 EMC 指令、WEEE 指令、RoHS 指令、生态设计 ERP 指令分别发布了洗衣机和电冰箱出口商品技术指南，对洗衣机和电冰箱的生态设计内容提出了初步要求。

1. 洗衣机

(1) 生态设计要求

① 生态设计的通用要求　进行家用洗衣机的能耗和其他参数计算时，应使用清洗常用污染物的棉负载 40℃和 60℃程序（简称“标准棉程序”）。这些程序应该在家用洗衣机的程序选择装置或显示屏上明确标识出来，或者在两者上都标识出来，表示为“标准 60℃棉程序”和“标准 40℃棉程序”。

制造商的使用说明手册应提供：“标准 60℃棉程序”和“标准 40℃棉程序”适合清洗常用污染物的棉负载，并且就能耗和水耗而言，它们是洗涤该类棉负载效率最高的程序；关机模式和待机模式的耗电量；在使用全部负载或部分负载状态下（或两者），主要洗涤程序的程序时间、含水率、耗电量和用水量的指导信息；关于适合不同洗涤温度的洗涤剂类型的建议。

家用洗衣机应向终端用户提供 20℃的洗涤程序。此程序应在家用洗衣机的程序选择装置或显示屏上明确标识出来，或者在两者都标识出来。

② 生态设计的特殊要求　对于所有的家用洗衣机，能源效率指数（energy efficiency index，EEI）应小于 68；对于额定容量大于 3kg 的家用洗衣机，洗净效率指数（washing efficiency index，WEI）应大于 1.03；对于额定容量等于或小于 3kg 的家用洗衣机，洗净效率指数（I_W）应大于 1.00；对于额定容量等于或大于 4kg 的家用洗衣机，能源效率指数应小于 59；对于所有的家用洗衣机，用水量（W_t）应有：

$$W_t \leqslant 5c + 35 \tag{9-3}$$

式中　c——家用洗衣机标准 60℃棉程序在满载状态下的额定容量或标准 40℃棉程序在满载状态下的额定容量，两者取较小者。

对于所有的家用洗衣机，用水量应有：

$$W_t \leqslant 5c_{1/2} + 35 \tag{9-4}$$

式中　$c_{1/2}$——家用洗衣机标准 60℃棉程序在部分负载状态下的额定容量或标准 40℃棉程序在部分负载状态下的额定容量，两者取较小者。

(2) 指标评定

涉及洗衣机能源效率指标的测试内容有：

① 能源效率指数计算　为计算某型号家用洗衣机的能源效率指数，用该洗衣机标准 60℃棉程序在满载和部分负载状态下和标准 40℃棉程序在部分负载状态下的加权年耗电量与标准年耗电量进行比较。

能源效率指数按照下式计算并圆整至一位小数：

$$\mathrm{EEI} = \frac{\mathrm{AE}_C}{\mathrm{SAE}_C} \times 100 \tag{9-5}$$

式中　AE_C——家用洗衣机的年耗电量；

SAE_C——家用洗衣机的标准年耗电量。

标准年耗电量按照下式计算，以 kW·h/a 为单位，并圆整至两位小数：

$$SAE_C = 47.0c + 51.7 \tag{9-6}$$

式中 c——家用洗衣机标准 60℃棉程序在满载状态下的额定容量或标准 40℃棉程序在满载状态下的额定容量，两者取较小者。

年耗电量按照下式计算，以 kW·h/a 为单位，并圆整至两位小数：

$$AE_C = E_t \times 220 + \frac{P_0 \times \frac{525600 - (T_t \times 220)}{2} + P_i \times \frac{525600 - (T_t \times 220)}{2}}{60 \times 1000} \tag{9-7}$$

式中 E_t——耗电量；

P_0——关机模式功率；

P_i——待机模式功率；

T_t——程序时间；

220——每年标准洗涤程序运行周期数。

如果家用洗衣机带有电源管理功能，程序结束后自动转入关机模式，考虑到待机模式的有效时间，则年耗电量根据以下公式进行计算：

$$AE_C = E_t \times 220 + \frac{(P_i \times T_i \times 220) + P_0 \times [525600 - (T_t \times 220) - (T_i \times 220)]}{60 \times 1000} \tag{9-8}$$

式中 T_i——待机模式时间。

耗电量（E_t）按照下式计算，以 kW·h 为单位，并圆整至三位小数：

$$E_t = \frac{3E_{t,60} + 2E_{t,60_{1/2}} + 2E_{t,40_{1/2}}}{7} \tag{9-9}$$

式中 $E_{t,60}$——标准 60℃棉程序的耗电量；

$E_{t,60_{1/2}}$——标准 60℃棉程序在部分负载状态下的耗电量；

$E_{t,40_{1/2}}$——标准 40℃棉程序在部分负载状态下的耗电量。

关机模式功率（P_0）按照下式计算，以 W 为单位，并圆整至两位小数：

$$P_0 = \frac{3P_{0,60} + 2P_{0,60_{1/2}} + 2P_{0,40_{1/2}}}{7} \tag{9-10}$$

式中 $P_{0,60}$——标准 60℃棉程序在满载状态下的关机功率；

$P_{0,60_{1/2}}$——标准 60℃棉程序在部分负载状态下的关机功率；

$P_{0,40_{1/2}}$——标准 40℃棉程序在部分负载状态下的关机功率。

待机模式功率（P_i）按照下式计算，以 W 为单位，并圆整至两位小数：

$$P_i = \frac{3P_{i,60} + 2P_{i,60_{1/2}} + 2P_{i,40_{1/2}}}{7} \tag{9-11}$$

式中 $P_{i,60}$——标准 60℃棉程序在满载状态下的待机模式功率；

$P_{i,60_{1/2}}$——标准 60℃棉程序在部分负载状态下的待机模式功率；

$P_{i,40_{1/2}}$——标准 40℃棉程序在部分负载状态下的待机模式功率。

程序时间（T_t）按照下式计算，以 min 为单位，并圆整至分：

$$T_t = \frac{3T_{t,60} + 2T_{t,60_{1/2}} + 2T_{t,40_{1/2}}}{7} \tag{9-12}$$

式中　$T_{t,60}$——标准60℃棉程序在满载状态下的程序时间；

$T_{t,60_{1/2}}$——标准60℃棉程序在部分负载状态下的程序时间；

$T_{t,40_{1/2}}$——标准40℃棉程序在部分负载状态下的程序时间。

待机模式时间（T_i）按照下式计算，以min为单位，并圆整至分：

$$T_i=\frac{3T_{i,60}+2T_{i,60_{1/2}}+2T_{i,40_{1/2}}}{7} \tag{9-13}$$

式中　$T_{i,60}$——标准60℃棉程序在满载状态下处于待机模式的时间；

$T_{i,60_{1/2}}$——标准60℃棉程序在部分负载状态下处于待机模式的时间；

$T_{i,40_{1/2}}$——标准40℃棉程序在部分负载状态下处于待机模式的时间。

② 洗净效率指数计算　为计算洗净效率指数（I_W），用家用洗衣机标准60℃棉程序在满载和部分负载状态下和标准40℃棉程序在部分负载状态下的加权洗净效率与参比洗衣机的洗净率进行比较。上面提到的参比洗衣机应具有目前得到普遍认可的测试方法中规定的特性，包括欧盟在官方公告中出版的文件和参考标准中规定的方法。

加权洗净效率指数按照下式计算，并圆整至3位小数：

$$I_W=\frac{3I_{W,60}+2I_{W,60_{1/2}}+2I_{W,40_{1/2}}}{7} \tag{9-14}$$

式中　$I_{W,60}$——标准60℃棉程序在满载状态下的洗净效率指数；

$I_{W,60_{1/2}}$——标准60℃棉程序在部分负载状态下的洗净效率指数；

$I_{W,40_{1/2}}$——标准40℃棉程序在部分负载状态下的洗净效率指数。

标准棉程序的洗净效率指数（$I_{W,p}$）按照下式计算：

$$I_{W,p}=\frac{1}{n}\sum_{i=1}^{n}\left(\frac{W_{T,i}}{W_{R,a}}\right) \tag{9-15}$$

式中　$W_{T,i}$——被测家用洗衣机第i个测试程序的洗净效率；

$R_{R,a}$——参比洗衣机的平均洗净效率指数；

n——试验周期数（标准60℃棉程序在满载状态下$n\geqslant3$；标准60℃棉程序在部分负载状态下$n\geqslant2$；标准40℃棉程序在部分负载状态下$n\geqslant2$）。

③ 用水量计算　用水量（W_T）按照下式计算并圆整至一位小数：

$$W_T=W_{T,60} \tag{9-16}$$

式中　$W_{T,60}$——标准60℃棉程序在满载状态下的用水量。

④ 含水率计算　程序的含水率以百分比计算，并圆整至最接近的整数百分比。

⑤ 指标评定标准　洗衣机满载状态下标准60℃棉程序的耗电量和用水量、洗净效率和洗涤/漂洗时发出的声学噪声分别如表9-18所示。

表9-18　家用洗衣机指标评定标准

家用洗衣机额定容量	要求
3kg	①耗电量：0.70kW·h/周期(或0.23kW·h/kg)，对应的年耗电量为141.86kW·h/a，其中220个周期消耗129.36kW·h/a，低功率模式状态消耗12.5kW·h/a； ②用水量：39L/周期，对应的220个周期消耗8580L/a； ③洗净效率指数：I_W为1.03； ④洗涤和脱水时发出的声学噪声：53/74dB(A)基准量1pW

续表

家用洗衣机额定容量	要求
4.5kg	①耗电量:0.76kW·h/周期(或0.17kW·h/kg),对应的年耗电量为152.95kW·h/a,其中220个周期消耗140.45kW·h/a,低功率模式状态消耗12.5kW·h/a; ②用水量:40L/周期,对应的220个周期消耗8800L/a; ③洗净效率指数:I_W为1.03; ④洗涤和脱水时发出的声学噪声:55/70dB(A)基准量1pW
5kg	①耗电量:0.850kW·h/周期(或0.17kW·h/kg),对应的年耗电量为169.60kW·h/a,其中220个周期消耗157.08kW·h/a,低功率模式状态消耗12.5kW·h/a; ②洗净效率指数:I_W为1.03; ③洗涤和脱水时发出的声学噪声:54/78dB(A)基准量1pW
6kg	①耗电量:1.02kW·h/周期(或0.17kW·h/kg),对应的年耗电量为201.00kW·h/a,其中220个周期消耗188.50kW·h/a,低功率模式状态消耗12.5kW·h/a; ②用水量:39L/周期,对应的年用水量为220个周期消耗8580L/a; ③洗净效率指数:I_W为1.03
7kg	①耗电量:1.02kW·h/周期(或0.15kW·h/kg),对应的年耗电量为201.00kW·h/a,其中220个周期消耗188.50kW·h/a,低功率模式状态消耗12.5kW·h/a; ②用水量:43L/周期,对应的年用水量为220个周期消耗9460L/a; ③洗净效率指数:I_W为1.03; ④洗涤和脱水(1000r/min)时发出的声学噪声:57/73dB(A)基准量1pW; 洗涤和脱水(1400r/min)时发出的声学噪声:59/76dB(A)基准量1pW; 洗涤和脱水(1200r/min)时发出的声学噪声:48/62dB(A)基准量1pW(对于嵌装式家用洗衣机)
8kg	①耗电量:1.200kW·h/周期(或0.15kW·h/kg),对应的年耗电量为234.26kW·h/a,其中220个周期消耗221.76kW·h/a,低功率模式状态消耗12.5kW·h/a; ②用水量:56L/周期,对应的年用水量为220个周期消耗12320L/a; ③洗净效率指数:I_W为1.03; ④洗涤和脱水(1400r/min)时发出的声学噪声:54/71dB(A)基准量1pW; 洗涤和脱水(1600r/min)时发出的声学噪声:54/74dB(A)基准量1pW

2. 电冰箱

(1) 生态设计要求

① 生态设计的通用要求　葡萄酒储藏器具，在制造商的使用说明手册中，应提供如下信息：“本器具仅用于葡萄酒的存储。”家用制冷器具，制造商的使用说明手册应提供如下信息：为了使器具达到最有效使用能源的状态，应组合使用抽屉、篮筐和隔架，并在制冷器具使用阶段使能源消耗最小化的方法。快速制冷设备，或通过改变调温器温度设置而达到类似功能的冷冻箱和冷冻间室，一旦由终端使用者按照制造商使用说明书启动后，在不超过72h内应自动恢复到之前的正常存储温度，该要求不适用于配有一个电机控制板的单恒温器单压缩机的冷藏冷冻箱。配有一个电机控制板的单恒温器单压缩机和按照制造商使用说明书可用于环境温度低于16℃的冷藏冷冻箱，冬季设置开关或具有保证调整冷冻食物存储温度的类似功能，应能按照器具安装地的环境温度自动操作。有效容积小于10L的家用制冷器具应在清空后的1h内自动进入电力消耗为0W的状态。

② 生态设计的特殊要求　在本规定范围下的具有相当于或高于10L存储容量的制冷器具，应当符合表9-19和表9-20的能源效率指数（EEI）限值。

表9-19　压缩式制冷器具的能源效率指数限值

应用日期	2010年7月1日	2012年7月1日	2014年7月1日
能源效率指数	EEI<55	EEI<44	EEI<42

表 9-20　吸收式和其他形式制冷器具的能源效率指数限值

应用日期	2010 年 7 月 1 日	2012 年 7 月 1 日	2015 年 7 月 1 日
能源效率指数	EEI<150	EEI<125	EEI<110

（2）指标评定

① 家用制冷器具的分级　家用制冷器具按照表 9-21 的类别分级，每种类别在表 9-22 中通过特定的间室组成予以定义，独立于门和抽屉的数量。

表 9-21　家用制冷器具分类

类型	类别	类型	类别
1	有一个或多个保鲜间室的冷藏箱	6	有 1 个 3 星间室的冷藏箱
2	冷藏冷却箱，冷却箱和葡萄酒存储器具	7	冷藏冷冻箱
3	冷藏冷却箱和有 1 个 0 星间室的冷藏箱	8	直立式冷冻箱
4	有 1 个 1 星间室的冷藏箱	9	卧式冷冻箱
5	有 1 个 2 星间室的冷藏箱	10	多用途和其他制冷器具

注：不能按照第 1～9 类分级的家用制冷器具划到第 10 类中。

表 9-22　家用制冷器具分级和相关间室构成

设计温度/℃		12	12	5	0	0	−6	−12	−18	−18	类别号
间室类型	其他	葡萄酒存储	冷却	保鲜	冰温	0 星/制冰	1 星	2 星	3 星	4 星	
器具类别	间室构成										
有一个或多个保鲜间室的冷藏箱	N	N	N	N	N	N	N	N	N	N	1
冷藏冷却箱，冷却箱和葡萄酒存储器具	O	O	O	Y	N	N	N	N	N	N	2
	O	O	Y	N	N	N	N	N	N	N	
	N	Y	N	N	N	N	N	N	N	N	
冷藏冷却箱和有 1 个 0 星间室的冷藏箱	O	O	O	Y	Y	O	N	N	N	N	3
	O	O	O	Y	O	Y	N	N	N	N	
有 1 个 1 星间室的冷藏箱	O	O	O	Y	O	O	Y	N	N	N	4
有 1 个 2 星间室的冷藏箱	O	O	O	Y	O	O	O	Y	N	N	5
有 1 个 3 星间室的冷藏箱	O	O	O	Y	O	O	O	O	Y	N	6
冷藏冷冻箱	O	O	O	Y	O	O	O	O	O	Y	7
立式冷冻箱	N	N	N	N	N	N	N	O	Y①	Y	8
卧式冷冻箱	N	N	N	N	N	N	N	O	N	Y	9
多用途和其他制冷器具	O	O	O	O	O	O	O	O	O	O	10

① 也包括 3 星冷冻柜。

注：Y＝有间室；N＝没有间室；O＝可选择有无间室。

家用制冷器具按气候类型的分级见表 9-23。

表 9-23　气候类型

类型	亚温带	温带	亚热带	热带
符号	SN	N	ST	T
环境平均温度/℃	10～32	16～32	16～38	16～43

制冷器具应能够保持不同间室同时要求的储藏温度和不同类型家用制冷器具对应不同气候类型允许的温度误差（除霜期内）。

多用途器具和/或间室应能保持不同间室类型要求的储藏温度，这些温度可由终端使用者按照制造商使用说明书设置（表 9-24）。

表 9-24 储藏温度 单位：℃

其他间室	葡萄酒储存间室	冷却间室	保鲜间室	冰温间室	1 星间室	2 星间室/部分	食物冷冻和三星间室/柜
t_{om}	t_{wma}	t_{cm}	t_{1m}，t_{2m}，t_{3m}，t_{ma}	t_{cc}	t^{*}	t^{**}	t^{***}
>14	$5 \leqslant t_{wma} \leqslant 20$	$8 \leqslant t_{cm} \leqslant 14$	$0 \leqslant t_{1m}, t_{2m}, t_{3m} \leqslant 8$；$t_{ma} \leqslant 4$	$-2 \leqslant t_{cc} \leqslant 3$	$\leqslant -6$	$\leqslant -12$①	$\leqslant -18$①

① 无霜家用制冷器具在除霜期，4h 内或持续运行周期的 20%，取较短时间，温度变化不应超过 3K。

注：t_{om}—其他间室的储藏温度；t_{wma}—具有 0.5℃ 变化的葡萄储存间室的储藏温度；t_{cm}—冷却间室的储藏温度；t_{1m}，t_{2m}，t_{3m}—保鲜间室的储藏温度；t_{ma}—保鲜间室的平均储藏温度；t_{cc}—冰温间室的即时储藏温度；t^{*}，t^{**}，t^{***}—冷冻储存间室的最高温度；制冰间室和 0 星间室的储藏温度低于 0℃。

② 等效容积的计算 家用制冷器具的等效容积 V_{eq} 是所有间室等效容积之和。以 L 计算，四舍五入为最近的整数。

$$V_{eq} = \left[\sum_{C=1}^{C=n} V_C \times \frac{25 - T_C}{20} \times FF_C \right] \times CC \times BI \tag{9-17}$$

式中 n——间室数目；

V_C——间室容积；

T_C——间室标称温度；

$\frac{25-T_C}{20}$——表 9-25 中列出的热力学因子；

FF_C，CC，BI——表 9-26 中列出的容积校正因子。

热力学因子$\frac{25-T_C}{20}$是间室的标称温度 T_C 和标准测试条件下的环境温度 25℃ 的温度差值，以保鲜间室 5℃ 的同样差值的百分比来表示（表 9-25）。

表 9-25 制冷器具间室的热力学因子

间室	标称温度	$(25-T_C)/20$
其他间室	设计温度	$\frac{(25-T_C)}{20}$
冷却间室/葡萄酒储存间室	12℃	0.65
保鲜间室	5℃	1.00
冰温间室	0℃	1.25
制冰间室和 0 星间室	0℃	1.25
1 星间室	−6℃	1.55
2 星间室	−12℃	1.85
3 星间室	−18℃	2.15
食物冷冻间室(4 星间室)	−18℃	2.15

注：1. 多用途间室，热力学因子由表中给出的最冷间室类型的标称温度确定，可由终端使用者按照制造商使用说明书设置和连续保持。

2. 任意的 2 星部分（冷冻箱内）热力学因子由 $T_C=-12$℃ 确定。

3. 其他间室热力学因子由可由终端使用者按照制造商使用说明书设置和连续保持的最冷的设计温度确定。

表 9-26　校正因子限值

校正因子	限值	条件
FF(免除霜)	1.2	适用于免除霜食物冷冻间室
	1	其他间室
CC(气候类型)	1.2	适用于 T 级(热带)器具
	1.1	适用于 ST 级(亚热带)器具
	1	其他气候类型
BI(嵌入式)	1.2	宽度低于 58cm 的嵌入式器具
	1	其他

③ 能源消耗指数的计算　为了计算家用制冷器具的能效指数，年度能源消耗和标准年度能源消耗相比较。

能源消耗指数计算，四舍五入至一位小数，如下：

$$\mathrm{EEI}=\frac{\mathrm{AE}_C}{\mathrm{SAE}_C}\times 100 \tag{9-18}$$

式中　AE_C——家用制冷器具的每年能源消耗；

SAE_C——标准的家用制冷器具每年能源消耗。

每年的能源消耗（AE_C）以 kW・h/a 计算，四舍五入至两位小数，如下：

$$\mathrm{AE}_C=E_{24\mathrm{h}}\times 365 \tag{9-19}$$

式中　$E_{24\mathrm{h}}$——家用制冷器具 24h 的能源消耗，四舍五入至三位小数。

④ 标准每年能源消耗（SAE_C）以 kW・h/a 计算，四舍五入至两位小数，如下：

$$\mathrm{SAE}_C=V_{\mathrm{eq}}M+N+CH$$

式中　V_{eq}——家用制冷器具的等效容积；

CH——相当于带有一个储存容积至少为 15L 的冰温间室的家用制冷器具，50kW・h/a；

M，N——每种家用制冷器具类别的 M 和 N 的值在表 9-27 中给出。

表 9-27　每种家用制冷器具类别的 M 和 N 值

类别	M	N
1	0.233	245
2	0.233	245
3	0.233	245
4	0.643	191
5	0.450	245
6	0.777	303
7	0.777	303
8	0.539	315
9	0.472	286
10	①	①

① 第 10 类家用制冷器具的 M 和 N 值取决于最低储藏温度的间室的温度和星级，可由终端消费者按照制造商使用说明书设置和持续保持。仅当某种食品存储间室以外，打算用于在高于+14℃的温度存储特别的食物的间室时才使用类别 1 的 M 和 N 值。具有三星间室或食物冷冻间室的可视作冷藏冷冻箱。

⑤ 生态家用制冷器具能源效率指数和噪声标准

压缩式冷藏箱：EEI＝29.7，T 气候等级下，1 个保鲜室总有效容积为 300L，加 1 个 25L 的冰温室，每年能源消耗量 115kW；噪声＝33dB(A)。

吸收式冷藏箱：EEI＝97.2，N 气候等级下，1 个保鲜室总有效容积为 28L，每年能源消耗量 245kW；噪声≈0dB(A)。

压缩式冷藏冷冻箱：EEI＝28.0，T 气候等级下，总有效容积为 255L，包括 1 个 236L 保鲜室和 1 个 4 星冷冻室，每年能源消耗量 157kW；噪声＝33dB(A)。

压缩式直立冷冻箱：EEI＝29.3，T 气候等级下，1 个 4 星冷冻室总有效容积为 195L，每年能源消耗量 172kW；噪声＝35dB(A)。

压缩式卧式冷冻箱：EEI＝27.4，T 气候等级下，1 个 4 星冷冻室总有效容积为 223L，每年能源消耗量 115kW；噪声＝37dB(A)。

参考文献

[1] 滕云，张亮，郭丽平．国内外电工电子产品生态设计法规及标准化进展现状．标准化综合．2013 (10)：50-55.

[2] 曹焱鑫，肖鹏，果荔，等．电器电子产品有害物质风险评估技术简介以及对家电行业的作用与意义．家电科技，2017 (1)：28-31.

[3] 李猛．韩国电子废弃物立法管制综述．节能与环保，2008 (1)：23-26.

[4] 翟小东．家电产品概念设计研究．武汉：武汉理工大学，2005.

[5] 沈明．消费类电子产品的发展趋势研究．武汉：湖北美术学院，2011.

[6] 郑理民．消费类电子产品的生命体．艺术：生活，2011 (4)：34-36.

[7] 杨志豪，李蕴，陈凯．LED 照明产品出口欧盟生态设计技术性贸易措施及其应对．检验检疫学刊，2017，27 (3)：43-46.

[8] 童蕾，江文洪，陈超敏．冰箱产品的生态设计．轻工机械，2008，26 (4)：107-110.

[9] 吴伟锋．家用电器生态设计研究．无锡：江南大学，2008.

[10] 王寒．手机产品的生态设计模式研究．大连：大连理工大学，2005.

[11] 工业和信息化部，发展改革委，科技部，财政部，环境保护部，商务部，海关总署，质检总局．电器电子产品有害物质限制使用管理办法 [EB/OL]．2016-01-21．[2020-10-05]．http://www.miit.gov.cn/n1146295/n1146557/c4608532/content.html.

[12] 杨超锋．电器电子产品用材料限用物质过程控制重点．信息技术与标准化，2014，(12)：40-43.

[13] 曲喜新．现代电子材料．电子元件与材料，1999，18 (1)：18-22.

[14] 付志平．欧盟 EuP 指令冰箱生态设计要求解析．电器，2009 (11)：63.

[15] 商务部．出口商品技术指南——房间空调器（修订版）[EB/OL]．[2020-1-10] http://www.mofcom.gov.cn/article/ckzn/upload/ktqi2018.pdf.

[16] 商务部．出口商品技术指南——洗衣机（修订版）[EB/OL]．[2020-1-10] http://www.mofcom.gov.cn/article/ckzn//upload/2018ckxyj.pdf.

[17] 商务部．出口商品技术指南——小家电 [EB/OL]．[2020-1-10] http://www.mofcom.gov.cn/article/ckzn/upload/xjiadian2017.pdf.

[18] 商务部．出口商品技术指南——真空吸尘器 [EB/OL]．[2020-1-10] http://www.mofcom.gov.cn/article/ckzn/upload/zkxcq2016.pdf.

[19] 商务部．出口商品技术指南——微波炉 [EB/OL]．[2020-1-10] http://www.mofcom.gov.cn/article/ckzn/upload/41macrowave2015.pdf.

[20] 商务部．出口商品技术指南——电冰箱 [EB/OL]．[2020-1-10] http://www.mofcom.gov.cn/article/ckzn//upload/refrigerator2019.pdf.

[21] 付卉青，刘霞，宁燕．浅谈欧盟消废品安全监管机制．中国标准化，2017，(11)：71-75.

第十章 电器电子产品生态设计评价

第一节 电磁污染评价

一、相关概念

1. 概念

① 基本限制（基本限值） 基于生物效应和对人体健康的影响，对暴露在其中的涉及安全因素的时变电场、磁场和电磁场的限定。电流密度的基本限值是JBR，内部电场强度的基本限值是EBR。

② 耦合因子a_c（r_1） 考虑器具周围磁场的无规律性的因子，探头和操作者的躯干或头部尺寸的测量区域之间的测量距离r_1。

③ 傅里叶变换 由时域变换为频域的数学过程。

④ 快速傅里叶变换FFT 优化速度的傅里叶变换。

⑤ 高磁场区 由于场分布无规律性而具有高场强的局部区域。

⑥ 测量距离r_1 器具表面与传感器表面最近点之间的距离。

⑦ 四周 使传感器在器具所有表面和预计人们触及的表面上按规定的距离移动。

⑧ 上方 使传感器在器具上方按规定的距离移动。

⑨ 前方 使传感器在器具前方按规定的距离移动。

⑩ 最大允许暴露值BRL 来源于最不利情况下的基本限值（例如受均匀场影响）。

⑪ 响应时间 将场测量设备放入场中进行测量，获得最终百分数值的时间要求。

⑫ 加权结果W 测量的最终结果，频率由参考值决定。

⑬ 时域 描述数学函数或物理信号对时间的关系，例如一个信号的时域波形可以表达信号随着时间的变化。

⑭ 时域分析 控制系统在一定的输入下，根据输出量的时域表达式，分析系统的稳定性、瞬态和稳态性能。由于时域分析是直接在时间域中对系统进行分析的方法，所以时域分析具有直观和准确的优点。系统输出量的时域表示可由微分方程得到，也可由传递函数得到。

2. 量值和单位

相关物理量的量值和单位见表10-1。

表10-1 电磁常用物理量

量值	符号	单位名称	量纲
电导率	σ	西门子每米	S/m
电流密度	$\boldsymbol{J}$	安培每平方米	A/m^2
电场强度	$\boldsymbol{E}$	伏特每米	V/m
频率	f	赫兹	Hz
磁场强度	$\boldsymbol{H}$	安培每米	A/m
磁感应强度	$\boldsymbol{B}$	特斯拉	T(Wb/m^2 或 $V\cdot s/m^2$)

二、电磁测量及评估

(一) 参数测量方法

1. 电场测量

带有内部变压器或电子线路的器具，如果其工作电压低于1000V，则认为其符合要求而不用进行测量。

2. 频率范围测量

频率范围为10Hz～400kHz。如果一次测量不可能覆盖所有频率，则应将每个测量的频率范围的加权结果叠加。

3. 测量距离、部位和运行状态

(1) 测量距离

① 可接触器具为0。

② 其他器具为30cm。

(2) 测量部位

① 可触及人体相关部位的器具　面向使用者（接触表面）。

② 不能移动的大型器具　前方（操作表面）、上方及人体可触及的其他表面，如图10-1。

③ 其他器具　四周，测量方式如图10-2。

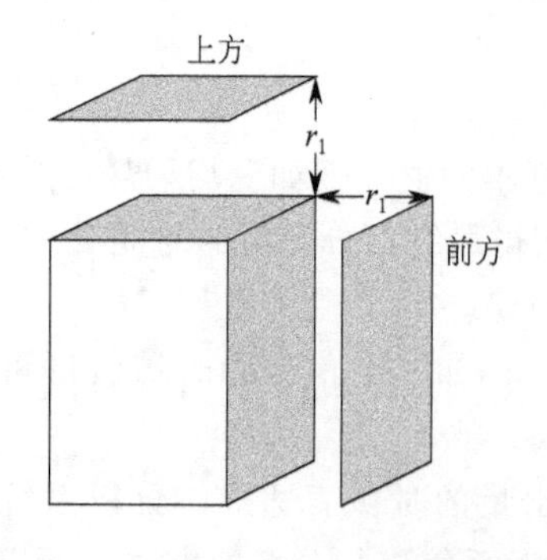

图10-1 传感器以距离 r_1 在器具上方/前方移动，测量部位：上方/前方

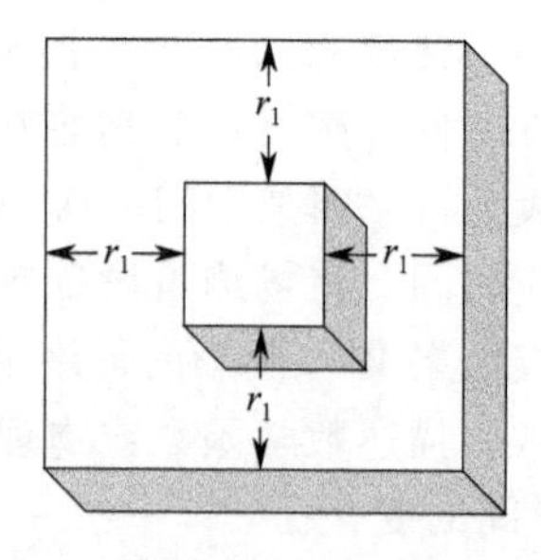

图10-2 传感器以距离 r_1 在器具所有能被人接触的表面垂直移动，测量部位：四周

(3) 测试运行状态

① 最大设置下测量。

② 器具要在测试前运行足够的时间。

③ 在额定电压(±2%)与额定频率(±2%)的正常使用条件下工作。

④ 根据使用器具的国家或地区所规定电压和功率进行测量。

⑤ 环境温度为20℃±10℃条件下进行试验。

(二) 评估

1. 时域评估

当不依赖信号类型时,磁通密度值可以采用时域方法测量。对于有若干频率分量的场强,转移函数的频率特性要考虑到参考值的频率相关性,转移函数是参考值的倒数,参考值以频率函数表示。

(1) 转移函数公式

转移函数的一般公式:

$$A(f)=\frac{B_{RL}(f_{c_0})}{B_{RL}(f)} \tag{10-1}$$

式中 $A(f)$——转移函数;

B_{RL}——频率函数(参考值);

f_{c_0}——给定频率。

转移函数起点为 $f_1=10\text{Hz}$,终点为 $f_n=400\text{kHz}$。

(2) 转移函数的计算

① 用国际非电离辐射防护委员会(The International Commission for Non-Ionizing Radiation Protection, ICNIRP)一般公众暴露参考值计算转移函数,如表10-2所示。

表 10-2 ICNIRP 一般公众暴露的转移函数

频率范围	转移函数
$(f_1=10\text{Hz})\leqslant f\leqslant(f_{c_1}=800\text{Hz})$	$A(f)=\frac{B_{RL}(f_{c_0}=50\text{Hz})}{B_{RL}(f)}=\frac{(5000/50)\mu\text{T}}{(5000/f)\mu\text{T}}=\frac{f}{50\text{Hz}}$
$(f_{c_1}=800\text{Hz})\leqslant f\leqslant(f_2=150\text{Hz})$	$A(f)=\frac{B_{RL}(f_{c_0}=50\text{Hz})}{B_{RL}(f)}=\frac{(5000/50)\mu\text{T}}{6.25\mu\text{T}}=16$
$(f_2=150\text{Hz})\leqslant f\leqslant(f_{n=3}=400\text{Hz})$	$A(f)=\frac{B_{RL}(f_{c_0}=50\text{Hz})}{B_{RL}(f)}=\frac{(5000/50)\mu\text{T}}{(920000/f)\mu\text{T}}=\frac{f}{9.2\text{kHz}}$

② 用国际电气与电子工程师学会(The Institute of Electrical and Electronics Engineers, IEEE)一般公众暴露参考值计算转移函数,如表10-3所示。

表 10-3 IEEE 一般公众暴露的转移函数

频率范围	转移函数
$(f_1=10\text{Hz})\leqslant f\leqslant(f_{c_1}=20\text{Hz})$	$A(f)=\frac{B_{RL}(f_{c_0}=60\text{Hz})}{B_{RL}(f)}=\frac{0.904\text{mT}}{(18.1/f)\text{mT}}=\frac{f}{20\text{Hz}}$
$(f_{c_1}=20\text{Hz})\leqslant f\leqslant(f_2=759\text{Hz})$	$A(f)=\frac{B_{RL}(f_{c_0}=60\text{Hz})}{B_{RL}(f)}=\frac{0.904\text{mT}}{0.904\text{mT}}=1$

续表

频率范围	转移函数
$(f_2=759\text{Hz})\leqslant f\leqslant(f_3=3.35\text{kHz})$	$A(f)=\dfrac{B_{RL}(f_{c_0}=60\text{Hz})}{B_{RL}(f)}=\dfrac{0.904\text{mT}}{(687/f)\text{mT}}=\dfrac{f}{759\text{Hz}}$
$(f_3=3.35\text{Hz})\leqslant f\leqslant(f_4=100\text{kHz})$	$A(f)=\dfrac{B_{RL}(f_{c_0}=60\text{Hz})}{B_{RL}(f)}=\dfrac{0.904\text{mT}}{0.205\text{mT}}=4.41$
$(f_4=100\text{kHz})\leqslant f\leqslant(f_{n=5}=400\text{kHz})$	$A(f)=\dfrac{B_{RL}(f_{c_0}=60\text{Hz})}{B_{RL}(f)}=\dfrac{0.904\text{mT}}{(205/f)\text{T}}=\dfrac{f}{22.68\text{Hz}}$

(3) *磁通密度值的测定*

计算磁通密度值时分别在三维方向上测得相应的磁通量，经加权平均后得到磁感应强度的有效值，最终的加权结果 W 不应超过 1。磁通密度值的测定过程如图 10-3 所示。

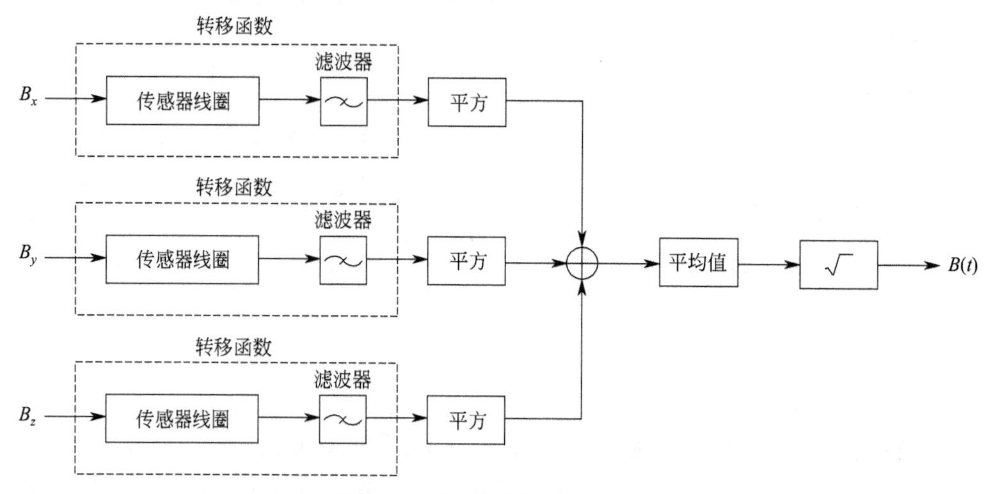

图 10-3　磁通密度值的测定过程

① 测定步骤

a. 分别测量每个线圈的信号；

b. 通过转移函数进行信号加权；

c. 计算加权信号平方；

d. 计算信号平方和；

e. 计算信号平方和的平均值；

f. 计算平均值的平方根。

② 测定计算　实际测量值应与在 50Hz 时磁感应强度的参考值 B_{RL} 进行直接比较。带有局部高场强的器具应考虑给出的耦合因子 $a_c(r_1)$，如表 10-4 所示。使用在 f_{c_0} 处的 B_{RL}。由下面公式可以计算得到加权结果：

$$W_n=\frac{B_{rms}}{B_{RL}} \tag{10-2}$$

或使用耦合因子 $a_c(r_1)$

$$W_{nc}=a_c(r_1)\cdot W_n \tag{10-3}$$

式中　W_n——1 次测量的加权结果；

B_{rms}——磁感应强度的有效值；

B_{RL}——在 f_{c_0} 处磁感应强度的参考值；

$a_c(r_1)$——查表得到的耦合因子；

W_{nc}——非均匀场耦合的一次测量的加权结果。

表 10-4 耦合因子 $a_c(r_1)$

器具类型	测量距离 r_1/cm	耦合因子 $a_c(r_1)$，ICNIRP	耦合因子 $a_c(r_1)$，IEEE(60Hz)
小[①]	0	1.00	0.330
大[②]	0	0.15	0.048
小	10	0.14	0.043
大	10	0.16	0.051
小	30	0.14	0.043
大	30	0.18	0.056

① 器具的场源在内部壳体之中。

② 器具的场源在距离内部壳体表面 10～40cm 之间的位置。

注：1. 假设最坏情况。

2. 尽管 IEEE 的参考值高出 ICNIRP 达 10 倍，但是对于其他组织，出于自身原因 IEEE 的较低值高出基本限值 35 倍。返回到基本限值进行公式计算。

2. 线谱评估

当信号的类型为线谱时使用此方法测量，例如磁场包含一个 50Hz 的基本频率和一些谐波。在每个相关频率处测量磁感应强度，可以通过记录磁感应强度的时间信号和使用傅立叶变换来评估频谱分量。如果器具结构使其只能在电源频率及谐波上产生磁场，则需要在 2kHz 以下的频率范围进行测试。

（1）评估测试

① 测量步骤

a. 分别测量每个线圈的信号（X，Y，Z）；

b. 对信号积分得到与 $\boldsymbol{B}(t)$ 直接对应的值；

c. 对每个线圈进行离散傅立叶变换得到离散频谱量值 $\boldsymbol{B}(i)$，用它来表示在离散频率 $f(i)=i/T_0$ 处的有效值（T_0＝观察时间）；

d. 在频率 $f(j)$ 处通过内插离散频谱 $\boldsymbol{B}(i)$ 得到部分复数 $\boldsymbol{B}(j)$；

e. 对每一个离散线谱 $\boldsymbol{B}(j)$ 的三个方向进行矢量叠加。

② 测量计算　若傅立叶变换的频率阶跃性比较大，例如大约有 10%的可能，则需要进行离散谱线的附加计算：

$$B(j)=\sqrt{B_x^2(j)+B_y^2(j)+B_z^2(j)} \tag{10-4}$$

磁感应强度是每个检波频率的总和，可以通过下面公式得到加权结果（最终的加权结果 W 不应超过 1）：

$$W_n=\sqrt{\sum_{j=1}^{n}\left[\frac{B(j)}{B_{RL}(j)}\right]^2} \tag{10-5}$$

或使用耦合因子 $a_c(r_1)$：

$$W_{nc}=a_c(r_1)\cdot W_n \tag{10-6}$$

式中　$B(j)$——在测量频谱 j 处的磁感应强度；

$B_{RL}(j)$——在测量频谱 j 处磁感应强度的参考值；

$a_c(r_1)$——耦合因子；

W_n——1次测量的加权结果；

W_{nc}——采用 $a_c(r_1)$，非均匀场耦合的一次测量的加权结果。

（2）评估

如果在观测频率范围内参考值随梯度减小不超过 $1/f$，则可以采用下列两种方法进行评估：

① 窄梯度，第一程序　当满足下列两个条件就可认为器具满足标准要求：

a. 在未加权宽带测量中（不采用转移函数），磁感应强度低于电网频率参考值的30%；

b. 谐波电流振幅高于电网频率振幅的10%，在观测频率范围内持续减少。

② 窄梯度，第二程序　当满足下列三个条件就可认为器具满足标准要求：

a. 电网频率处的磁感应强度比电网频率处的参考值低50%；

b. 在未加权宽带测量中（不采用转移函数），磁感应强度超过观测频率范围电网频率参考值的30%；当抑制电网频率输入（电源陷波滤波器）时，频率范围内磁通密度低于所给的电源频率参考值的15%；

c. 谐波电流振幅高于电网频率振幅的10%，在观测频率范围内持续减少。

世界卫生组织（World Health Organization，WHO）认为极低频电场和磁场可能影响暴露者的神经系统，导致不良的健康后果。例如神经激励，即一定水平的暴露，可引起中枢神经系统神经组织兴奋性的改变，可能影响记忆、认知及其他大脑功能。国际非电离无线电保护委员会（International Commission on Non-Ionizing Radiation Protection）根据相应研究结果提出了一般公众暴露的参考限值，当无国家权威机构列出限值作为电磁场风险评估依据时，可参考表10-5～表10-8提供的一般公众暴露基本限值。

表10-5　频率低于10GHz的时变电场和磁场中一般公众暴露的基本限值（ICNIRP导则）

频率范围	头部和躯干的电流密度/(mA/m²)	全身平均SAR/(W/kg)	局部SAR(头和躯干)/(W/kg)	局部SAR(肢体)/(W/kg)
≤1Hz	8			
1～4Hz	$8/f$			
4～1000Hz	2			
1k～100kHz	$f/500$			
100kHz～10MHz	$f/500$	0.08	2	4
10MHz～10GHz		0.08	2	4

注：SAR为电磁波吸收比值；f 为频率，Hz。

表10-6　时变电场和磁场中一般公众暴露的参考值（未扰动的有效值，ICNIRP导则）

频率范围	电场强度/(V/m)	磁场强度/(A/m)	磁感应强度/μT	等效平面波功率密度/(W/m²)
≤1Hz	—	3.2×10^4	4×10^4	—
1～8Hz	10000	$3.2\times10^4/f^2$	$4\times10^4/f^2$	—
8～25Hz	10000	$4000/f$	$5000/f$	—
0.025k～0.8kHz	$250/f$	$4/f$	$5/f$	—
0.8k～3kHz	$250/f$	5	6.25	—
3k～150kHz	87	5	6.25	—
0.15M～1MHz	87	$0.73/f$	$0.92/f$	—
1M～10MHz	$87/f^{1/2}$	$0.73/f$	$0.92/f$	—
10M～400MHz	28	0.037	0.092	2
400M～2000MHz	$1.375f^{1/2}$	$0.0037f^{1/2}$	$0.0046f^{1/2}$	$f/200$
2G～300GHz	61	0.16	0.20	10

注：在每栏频率范围中定义 f。

表 10-7　低于 3kHz 适用于人体不同部位的一般公众暴露的基本限值（IEEE 标准）

暴露的组织	f_e/Hz	E_0/(V/m)
大脑	20	5.89×10^{-3}
心脏	167	0.943
手，手腕，脚，脚腕	3350	2.10
其他组织	3350	0.701

注：1. $f\leqslant f_e$，$E_i=E_0$；$f\geqslant f_e$，$E_i=E_0(f/f_e)$。

2. 除了列出的限值以外，暴露在低于 10Hz 磁场中的头部和躯干应该被限制在峰值，对于公众峰值是 167mT，对于受控环境峰值是 167mT。

表 10-8　一般公众暴露的磁场限值：头和躯干暴露（IEEE 标准）

频率范围/Hz	磁感应强度/mT	磁场强度/(A/m)
<0.153	118	9.39×10^4
0.153～20	$18.1/f$	$1.44\times10^4/f$
20～759	0.904	719
759～3000	$687/f$	$5.47\times10^5/f$
3000～100kHz		164

注：超过 3kHz 频率的限值与超过 3kHz 的 IEEE 标准（IEEE，1991）一致。

针对参考值进行评估所推荐选择的测量方法流程图，如图 10-4 所示。

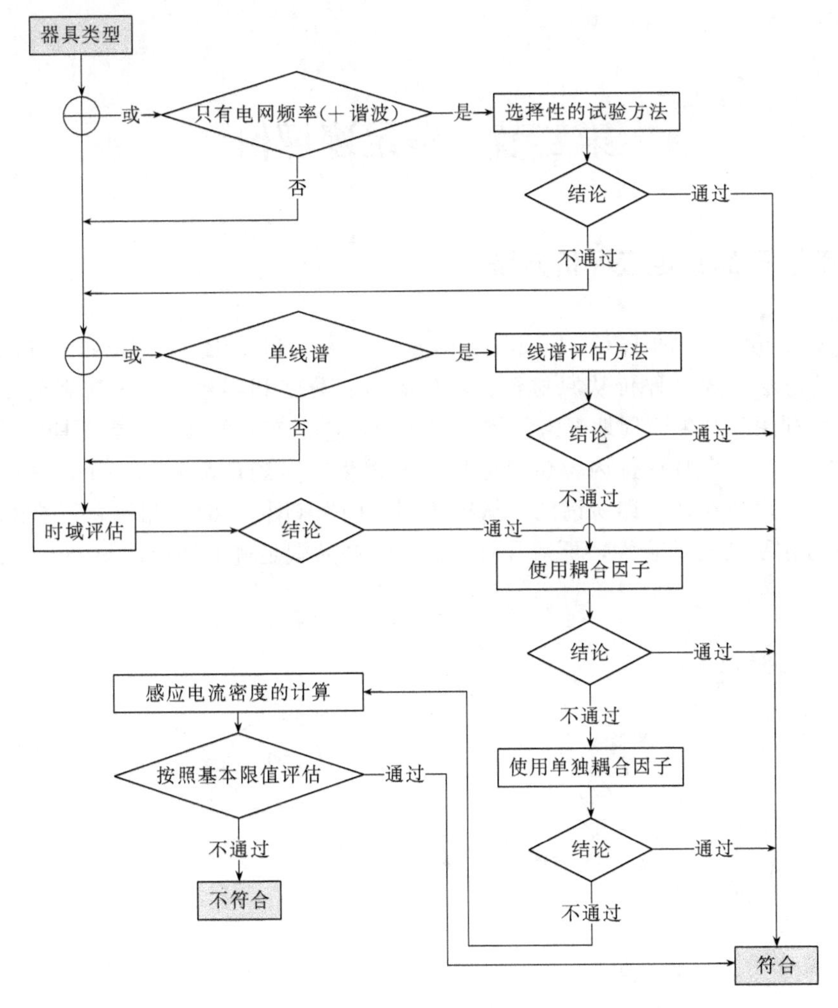

图 10-4　针对参考值进行评估所推荐选择的测量方法

3. 测量不确定度的处理

测量不确定度一般来源于随机性和模糊性，前者归因于条件不充分，后者归因于事物本身概念不明确。测量不确定度一般由许多分量组成，其中一些分量可以用测量结果（观测值）的统计分布来进行估算，并且以实验标准（偏）差表征；而另一些分量可以用其他方法（根据经验或其他信息的假定概率分布）来进行估算，并且也以标准（偏）差表征。线谱评估的测量不确定度可以包括很多方面，例如传感器位置，运行条件，背景噪声或者超出测量仪器动态范围的信号。如果测量不确定度超过测量值的 25%，则不确定度必须被转换成基于限值的数值。

当测量结果与限值进行比较时，应按下述内容使用测量不确定度。

① 如果器具仅产生低于限值的场强，测量不确定度必须是结果的叠加，叠加之和与限值进行比较（适用于由制造商进行的测量）。

② 如果器具产生高于限值的场强，测量不确定度必须从结果中去除，差额与限值进行比较（适用于市场监督机构执行的测量）。

不确定性分析可提高计算结果的可靠性和可信度，而敏感性分析（sensitivity analysis）可帮助确定一些参数，确定其对计算结果的影响程度，进而帮助确定碳排放较高的零部件和流程环节。

第二节　碳足迹评价

一、电器电子产品碳足迹评价方法

对比 PAS 2050 提出的 B2C（business to customer）和 B2B（business to business）两种碳足迹评价方法：B2C 评价从原材料、过程制造、分销和零售，到消费者使用，以及最终处理和再生利用的全生命周期温室气体排放评价，包含产品的整个生命周期，即“从摇篮到坟墓”（图 10-5）；B2B 评价内容包括原材料通过生产直到产品到达一个新的组织，包括分销和运输到客户所在地，即所谓的“从摇篮到大门”（图 10-6）。相比之下 B2C 评价方法比 B2B 评价方法更具有综合性，更适合对电器电子产品碳足迹的评价。

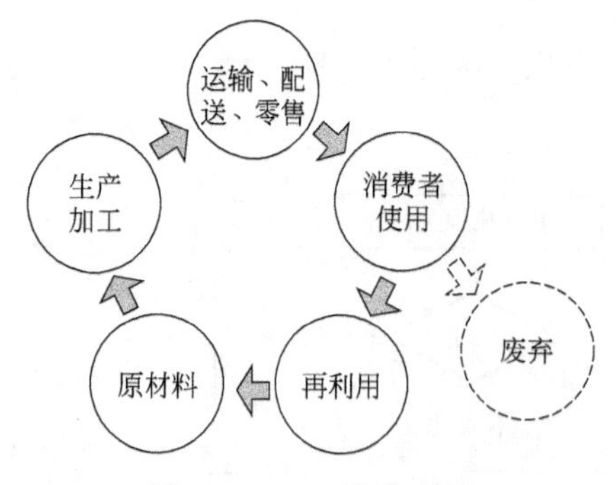

图 10-5　B2C 评价方法

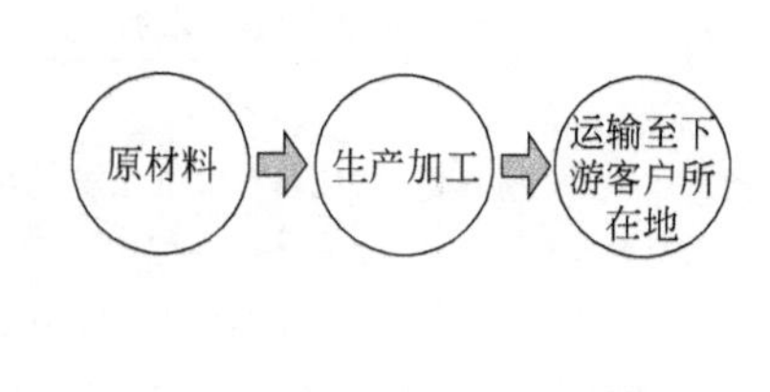

图 10-6　B2B 评价方法

（一）建立计算评价流程图

电器电子产品种类较多，结构、组成以及所使用的材料各异，对电器电子产品设计进行碳足迹评价时首先应完成前期准备并建立起产品碳足迹的计算评价流程（图 10-7），对评价的整个过程进行完整理解。

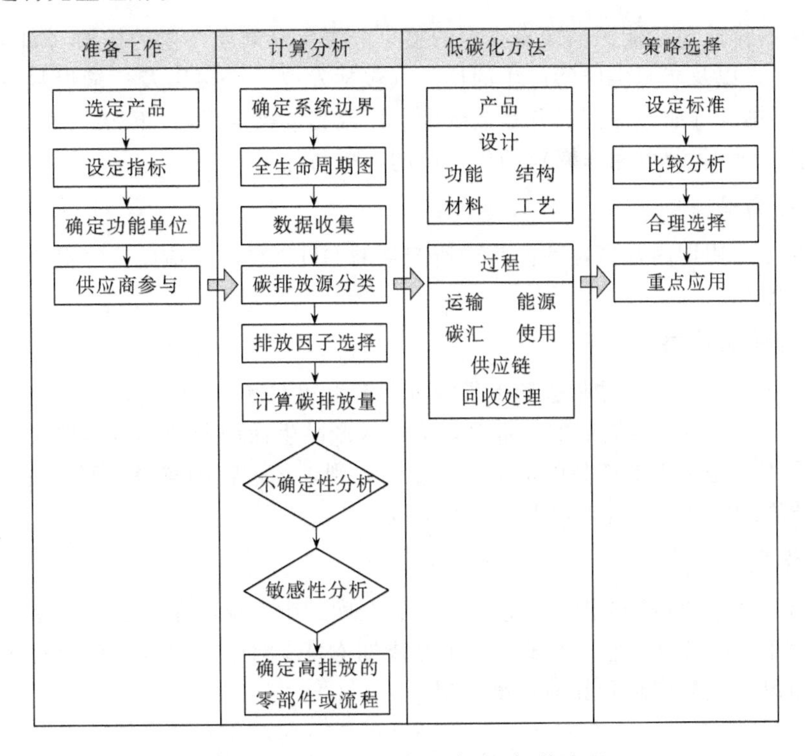

图 10-7　电器电子产品碳足迹评价流程

电器电子产品碳足迹评价前期准备中，应根据评价尺度和方法选取评价指标，评价指标一般选用二氧化碳当量（CO_2e/kg），也可根据实际需要采用人均碳足迹或单位 GDP（gross domestic product）作为电器电子产品碳足迹的评价指标。

（二）确定碳足迹计算边界

当电器电子产品碳足迹评价流程图建立以后，就要确定计算边界并收集相关活动数据。在划定评价范围和内容时，一般应将影响低于 1% 的排放阶段、排放源和气体以及因生物体能（如人力和畜力）消耗产生的排放忽略。

参考 PAS 2050，对电器电子产品生命周期内 GHG（温室气体）排放评估而进行系统边界界定时应遵循以下规则。

1. 原材料

原材料加工转化过程中所有工艺流程排放的 GHG 都应纳入评估，包括所有能源消费产生的温室气体排放或直接温室气体排放。

① 原材料的 GHG 排放包括但不限于开采或原料（固体、液体和气体，如铁、石油和天然气）加工提炼所产生的 GHG 排放，包括机械、消耗品以及勘探和开发所产生的排放；每个原材料加工提取和预处理阶段产生的废弃物。

② 原材料没有经过任何加工转化时与其相关的GHG排放为零，如未加工提炼的铁矿石。

2. 能源

与电器电子产品生命周期内能源供应和使用相关的GHG排放应列入能源供应系统的GHG排放。

能源产生的排放包括能源消费点在内的整个能源生命周期产生的排放（如煤和天然气燃烧产生的排放），以及能源供应所产生的排放（包括发电、产热以及运输燃料过程中所产生的排放）；上游排放（如燃油开采并运输到发电厂或其他燃烧厂）；下游排放（如核电厂运行所产生的废弃物处理）；可用作燃料的生物质的种植与加工。

3. 资产性商品

用于产品生命周期内资产性商品生产所产生的GHG排放不应纳入产品生命周期内进行GHG排放评价。

4. 制造与服务提供

电器电子产品及其元器件制造和提供服务所产生的GHG排放（包括与消耗品使用相关的GHG排放）是产品生命周期的一部分，应纳入产品生命周期的GHG排放评价。

如果某个工艺是用于新产品的原型开发设计，则工艺过程中与原型开发设计活动相关的所有GHG排放都应计入最终产品和副产品。

5. 生产运营

生产运营所产生的GHG排放（包括工厂、仓库、中央配给中心、办公室、零售店等所产生的GHG排放）应纳入电器电子产品生命周期GHG的排放评价，包括对场所照明、加热、冷却、通风、湿度控制和其他环境控制。

6. 运输

电器电子产品及原辅料通过公路、航空、水运、铁路或其他运输方式所产生的GHG排放属产品生命周期的一部分，应纳入电器电子产品生命周期内GHG的排放评价。

① 运输过程中与环境控制要求有关的排放。

② 运输过程中所产生的GHG排放，包括与燃料运输有关的排放（如管道、物流网和其他燃料运输活动所产生的GHG排放）。

③ 运输过程中所产生的GHG排放，包括与运输有关的各单元产生的GHG排放，如物料、产品和副产品的厂内运输（传送带运输或其他区间性运输等）。

④ 如果电器电子产品分销给不同的销售点（如一个国家的不同地点），则货栈与货栈间运输产生的GHG排放会因运输要求不同而出现差异。出现这种情况时，如果运营者没有掌握足够的实际数据，则应根据每个国家电器电子产品平均分销量来平均计算与电器电子产品运输有关的GHG释放量。如果同一产品以相同形式销售给多个国家，则可使用某一国家的实际数据或者根据每个国家产品销量的加权平均值进行计算。

7. 仓储

储存物料所产生的GHG排放应纳入产品生命周期GHG排放评价，其中包括：

① 包括原材料在内的产品生命周期中任何一点的仓储输入。

② 产品生命周期内任何一点与产品有关的环境控制（如制冷、供暖、湿度控制及其他控制）。

③ 使用阶段产品的储存。

④ 再利用或回收活动之前的储存。

8. 使用阶段

电器电子产品使用或提供服务所产生的 GHG 排放应纳入产品生命周期 GHG 排放评价。如果不能够证明采用不同排放因子更能代表产品的能源使用特点，则根据该国家年平均能源排放因子计算能源使用所产生 GHG 的排放量。例如如果使用阶段包含了已被核定了的与电器电子产品消费有关的电能消耗，则应使用该国年平均电力排放因子进行评价；如果相同产品供应多个国际市场，则使用阶段产品的能源排放因子需要根据产品使用国的排放因子按产品供应比例加权进行平均计算。

(1) 使用阶段 GHG 排放

电器电子产品使用阶段的所有 GHG 排放应按至少 100 年的期限进行评价，温室气体排放量应包括 100 年内预估产生的 GHG 排放总量，需要计算 100 年内排放物在大气中存在的加权平均时间系数。

① 延迟的一次性排放（特殊情况） 电器电子产品在使用阶段或最终处置阶段发生一次性排放时，用于此时段 GHG 排放的加权系数应反映延迟排放的年数，即产品形成到一次性排放之间的年数，其计算公式为：

$$c_1=\frac{100-0.76t_0}{100}$$

式中 c_1——加权系数；

t_0——产品形成到一次性排放之间的年数。

② 延迟排放（一般情况）

$$c_2=\frac{\sum_{i=1}^{100}x_i(100-i)}{100}$$

式中 i——发生排放的第 i 年；

x_i——第 i 年排放量占总排放量的比例。

【例】 产品成为成品后，其使用阶段排放延迟 10 年，而且在此后 5 年内平均释放，则表示排放物存在于大气中的加权平均时间的加权系数应为：

$$c_0=\frac{[0.2\times(100-11)]+[0.2\times(100-12)]+[0.2\times(100-13)]+[0.2\times(100-14)]+[0.2\times(100-15)]}{100}$$

$$=0.87$$

(2) 使用概况

确定电器电子产品使用阶段的使用概况应以边界定义层级为基础，如果没有确定产品使用阶段的方法，评价该产品温室气体排放的组织则应建立确定该产品使用阶段的方法。

生产厂家为实现功能单位（如炉灶在某个特定时间、特定温度下烹饪）推荐的方法可为确定电器电子产品使用阶段提供一个依据，但实际使用方式可能不同于推荐的方法，选取的使用概况应符合实际的使用方式。如果无使用概况资料，也可参照产品类别规则（product category rules，PCR）或其他公布的信息资料进行评价（见图 10-8）。

使用阶段如有因能源使用而产生的 GHG 排放，则使用概况中应记录产品所使用的每一种能源类型的排放因子和排放因子的出处。对单个国家而言如果排放因子不是年平均排放因子则应记录和保留确定排放因子的过程。

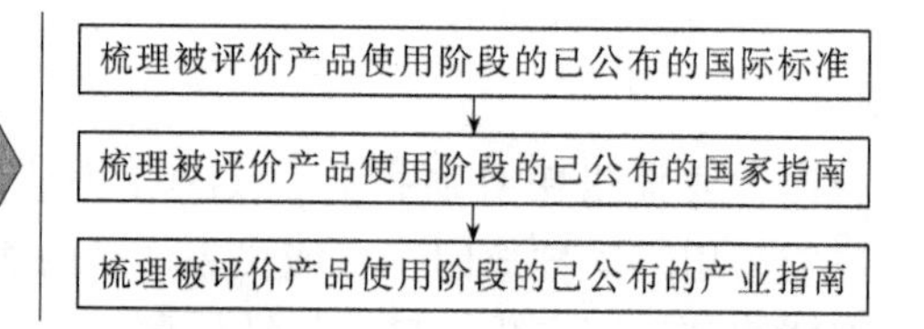

图 10-8　确定产品使用阶段的顺序

(3) 记录依据

用于生命周期内 GHG 排放评价的数据（包括但不限于产品和过程的边界、材料、排放因子和排放量以及其他数据）应记录并形成文件，以便于分析和核查的格式进行保存，保存时间应为产品预期寿命时长（不足五年的按五年计）。

9. 最终处置的 GHG 排放

最终处置（如通过填埋、焚烧、掩埋、污水的方式处置废弃物）产生的温室气体排放应纳入产品生命周期内温室气体排放评价。

(1) 最终处置阶段 GHG 的排放期

最终处置阶段应包括 100 年评价期内产生的所有 GHG 排放，如果材料或产品的最终处置阶段随着时间推移引起 GHG 排放，在 100 年评价期内预测产生的总排放应纳入被处置产品的温室气体排放评价。需要给出 100 年评价期内排放物在大气中存在的加权平均时间系数。

(2) 最终处置之后的排放

最终处置阶段的排放根据废物排放（如电子废物中有机物的燃烧）方法评价。

① CO_2 排放　废弃电器电子产品中化石碳部分产生的 CO_2 排放 GWP 值应赋予 1（表 10-9），而且应将其列入电器电子产品生命周期内的 GHG 排放。

② 非 CO_2 排放　废弃电器电子产品中化石碳产生的非二氧化碳排放应被赋予合适的 GWP 值（表 10-9）并列入电器电子产品生命周期内的 GHG 排放。

表 10-9　与 CO_2 有关的（直接甲烷除外）全球增温潜势（PAS 2050：2008）

工业名称或通用名	化学分子式	100 年的 GWP(截至 2008 年 10 月)	工业名称或通用名	化学分子式	100 年的 GWP(截至 2008 年 10 月)
一、常见物质					
二氧化碳	CO_2	1	氧化亚氮	N_2O	298
甲烷	CH_4	25			
二、蒙特利尔议定书控制的物质					
CFC-11	CCl_3F	4750	CFC-12	CCl_2F_2	10900
CFC-13	$CClF_3$	14400	CFC-113	CCl_2FCClF_2	6130
CFC-114	$CClF_2CClF_2$	10000	CFC-115	$CClF_2CF_3$	7370
哈龙-1301	$CBrF_3$	7140	哈龙-1211	$CBrClF_2$	1890
哈龙-2402	$CBrF_2CBrF_2$	1640	四氟化碳	CCl_4	1400
甲基溴	CH_3Br	5	甲基氯仿	CH_3CCl_3	146
HCFC-22	$CHClF_2$	1810	HCFC-123	$CHCl_2CF_3$	77
HCFC-124	$CHClFCF_3$	609	HCFC-141b	CH_3CCl_2F	725
HCFC-142b	CH_3CClF_2	2310	HCFC-225ca	$CHCl_2CF_2CF_3$	122
HCFC-225cb	$CHClFCF_2CClF_2$	595			

续表

工业名称或通用名	化学分子式	100年的GWP(截至2008年10月)	工业名称或通用名	化学分子式	100年的GWP(截至2008年10月)
三、氢氟碳化合物					
HFC-23	CHF_3	14800	HFC-32	CH_2F_2	675
HFC-125	CHF_2CF_3	3500	HFC-134a	CH_2FCF_3	1430
HFC-143a	CH_3CF_3	4470	HFC-152a	CH_3CHF_2	124
HFC-227ea	CF_3CHFCF_3	3220	HFC-236fa	$CF_3CH_2CF_3$	9810
HFC-245fa	$CHF_2CH_2CF_3$	1030	HFC-365mfc	$CH_3CF_2CH_2CF_3$	794
HFC-43-10mee	$CF_3CHFCHFCF_2CF_3$	1640			
四、全氟化合物					
六氟化硫	SF_6	22800	三氟化氮	NF_3	17200
PFC-14	CF_4	7390	PFC-116	C_2F_6	12200
PFC-218	C_3F_8	8830	PFC-318	$c\text{-}C_4F_8$	10300
PFC-3-1-10	C_4F_{10}	8860	PFC-4-1-12	C_5F_{12}	9160
PFC-5-1-14	C_6F_{14}	9300	PFC-9-1-18	$C_{10}F_{18}$	>7500
三氟甲基五氟化硫	SF_5CF_3	17700			
五、氟化醚					
HFE-125	CHF_2OCF_3	14900	HFE-134	CHF_2OCHF_2	6320
HFE-143a	CH_3OCF_3	756	HCFE-235da2	$CHF_2OCHClCF_3$	350
HFE-245cb2	$CH_3OCF_2CHF_2$	708	HFE-245fa2	$CHF_2OCH_2CF_3$	659
HFE-254cb2	$CH_3OCF_2CHF_2$	359	HFE-347mcc3	$CH_3OCF_2CF_2CF_3$	575
HFE-347pcf2	$CHF_2CF_2OCH_2CF_3$	580	HFE-356pcc3	$CH_3OCF_2CF_2CHF_2$	110
HFE-449sl (HFE-7100)	$C_4F_9OCH_3$	297	HFE-569sf2 (HFE-7200)	$C_4F_9OC_2H_5$	59
HFE-43-10-pccc124 (H-Galden 1040x)	$CHF_2OCF_2OC_2F_4OCHF_2$	1870	HFE-236ca12 (HG-10)	$CHF_2OCF_2OCHF_2$	2800
HFE-338pcc13 (HG-01)	$CHF_2OCF_2CF_2OCHF_2$	1500			
六、全氟聚醚					
PFPMIE	$CF_3OCF(CF_3)CF_2OCF_2OCF_3$	10300			
七、碳氢化合物和其他化合物-直接效应					
二甲醚	CH_3OCH_3	1	二氯甲烷	CH_2Cl_2	8.7
甲基氯化物	CH_3Cl	13			

③ 甲烷燃烧排放　废弃电器电子产品通过裂解等方式生产甲烷等可燃气体燃烧回收能源时，燃烧GHG排放应计入可利用的能源。甲烷等裂解气燃烧未用于生产有用能源，即裂解尾气火炬燃烧时，甲烷等裂解气燃烧GHG排放应计入电器电子产品。

（三）计算碳足迹

1. 数据收集

（1）收集活动数据

所需收集的活动数据可来源于初级数据（primary data）和次级数据（secondary data）。初级数据即为现场测量的实际数据，比较准确。计算时最好使用初级数据，利于后期的碳排放优化改进；但当初级数据难以测量时，也可使用次级数据。次级数据多来源于各数据库和统计报告、国家温室气体清单等，但准确度较差。

(2) 选择标准和数据库

明确直接和间接排放源后，根据实际情况在已有的标准和数据库（如 WRI、IPCC、PAS、IEA 等排放系数数据库）中选择合适的标准和数据。

2. 建立产品碳足迹计算公式

低碳减排是电器电子产品生态设计的一项重要内容，在产品设计过程中应建立电器电子产品全生命周期模型图，对可能的碳排放环节进行梳理，在不同减排措施中选择比较合理且减排量较大的措施，然后重点应用，以便实现电器电子产品低碳化这一目标。低碳化方向即为降低产品碳排放的可行方向，分为内部的产品层优化和外部的生命周期流程层优化，产品碳排放的准确计算是实现电器电子产品低碳化生态设计的前提。由于所要评价的对象有国家、地区、行业、企业组织、家庭和产品等不同的层面，因此需要采用不同的计算方法。

$$Q_j = Af = \sum_{i=1}^{n} G_i V_i = \sum_{i=1}^{n} E_i \gamma_i V_i \tag{10-7}$$

式中 Q_j——全生命周期中第 j 阶段碳排放量；

A——活动数据；

f——排放系数；

G_i——第 i 种温室气体质量；

V_i——第 i 种温室气体的全球变暖潜值；

E_i——燃料消耗量、用电量、蒸汽等活动数据；

γ_i——第 i 种物质/能量的排放系数。

由于其他温室气体的排放量较小，且难以收集计算，一般只计算 CO_2 的量（GWP 为 1)。

依据 PAS 2050 和 ISO 14040/14044 建立电器电子产品全生命周期模型图，如图 10-9 所示。产品的碳足迹是生命周期各阶段的碳排放总和。

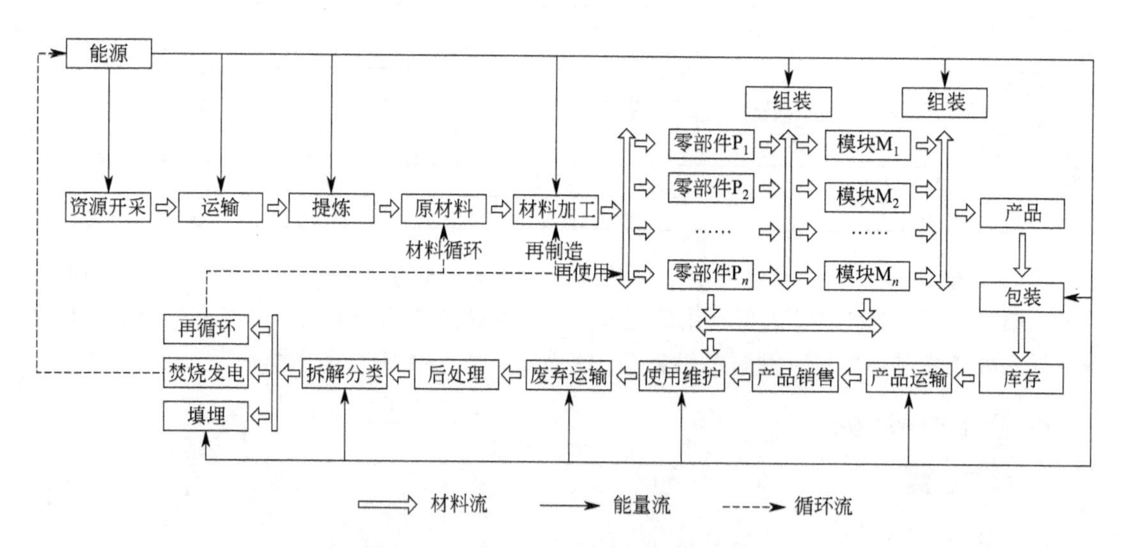

图 10-9 电器电子产品全生命周期模型

依据图 10-9 的生命周期流程图即可得产品碳排放计算公式：

$$G \approx G_o + G_m + G_a + G_p + G_t + G_s + G_u + G_d + G_n \tag{10-8}$$

式中 G——总碳排放量（包含产品生命周期内的直接和间接排放源所产生的碳排放）；

G_o——原材料获取阶段碳排放量；

G_m——产品制造阶段碳排放量；

G_a——产品装配阶段碳排放量；

G_p——产品包装阶段碳排放量；

G_t——产品运输阶段碳排放量；

G_s——产品库存阶段碳排放量；

G_u——产品使用阶段碳排放量；

G_d——产品废弃物处理阶段碳排放量；

G_n——产品企业购买的碳抵消量。

则“碳足迹”的计算公式可表示为：

$$E_{Fc}=\sum_{k=1,j=1}^{n}\frac{G_k}{C_j}$$

式中 E_{Fc}——碳足迹；

G_k——二氧化碳排放量；

C_j——生物二氧化碳吸收量；

k——二氧化碳产生类型（$k=1$，2，3，…，n）；

j——二氧化碳吸收生物类型（$j=1$，2，3，…，n）。

3. 划分产品碳足迹计算层次

产品的碳排放清单可分成三层。

（1）第一层为产品的直接碳排放 G_1

该部分包括原材料阶段 G_o、包装阶段 G_p、使用阶段零部件的更换 G_{u1} 和回收再利用的碳抵消 G_{r1}。

$$G_1=G_o+G_p+G_{u1}-G_{r1} \tag{10-9}$$
$$=(M_o f_{o1}+E_o f_{o2})+(M_p f_{p1}+E_p f_{p2})+(M_{uI} f_{uI1}+E_{uI} f_{uI2})-(M_{rI} f_{rI1}+E_{rI} f_{rI2})$$

式中 M——材料消耗量；

E——能源耗量；

o——原材料阶段；

p——包装阶段；

uⅠ——使用阶段Ⅰ；

rⅠ——回收再利用阶段Ⅰ；

f——碳排放系数。

（2）第二层为使用电力的间接排放 G_2

该部分包括零部件生产和组装阶段（G_m+G_a）、库存阶段电力叉车 G_s 和使用阶段的 G_{uII}。

$$G_2=G_m+G_a+G_s+G_{uII} \tag{10-10}$$
$$=(M_m f_{m1}+P_m f_{m2})+(M_a f_{a1}+P_a f_{a2})+(M_s f_{s1}+P_s f_{s2})+(M_{uII} f_{uII1}+P_{uII} f_{uII2})$$

式中 M——材料消耗量；

P——电能耗量；

m——零部件生产阶段；

a——零部件组装阶段；

s——库存阶段；

uⅡ——使用阶段Ⅱ；

f——电网排放系数。

(3) 第三层为其他间接温室气体排放 G_3

该部分包括原材料运输到制造商，成品运输到零售商 $G_{\mathrm{t\,I}}$ 和废品运输到处理厂 $G_{\mathrm{t\,II}}$ 进行处理的 $G_{\mathrm{r\,II}}$。

$$G_3 = G_{\mathrm{t\,I}} + G_{\mathrm{t\,II}} - G_{\mathrm{r\,II}} = F_{\mathrm{t\,I}} f_{\mathrm{t\,I}} + F_{\mathrm{t\,II}} f_{\mathrm{t\,II}} - (M_{\mathrm{r\,II}} f_{\mathrm{r\,II\,1}} + E_{\mathrm{r\,II}} f_{\mathrm{r\,II\,2}}) \tag{10-11}$$

式中 $F_{\mathrm{t\,I}}$——成品运输到零售商消耗的燃料量；

$F_{\mathrm{t\,II}}$——废品运输到处理厂消耗的燃料量；

f——温室气体排放系数。

4. 碳中和抵消量计算

公司企业自己所购买的碳中和抵消量，平均到每件产品上：

$$G_3 = \frac{N}{P}$$

式中 N——所购买的抵消量；

P——生产的产品总量。

由于上述公式考虑的是一般产品，在计算具体产品的碳排放量时，需要考虑工艺水平、运输方式和所在的地区等实际情况，根据实际情况选择合适的计算标准和排放因子，并调整排放公式，以适应实际计算。

碳排放的计算是生态设计中最关键的环节，电器电子产品生态设计应准确计算全生命周期碳排放量，建立生命周期各阶段的计算公式并计算整个过程的碳排放，然后作不确定性分析和主要参数的敏感性分析，确定碳排放较高的零部件、模块单元和生命周期阶段，然后有针对性地采取措施来降低产品的碳排放。

二、电器电子产品碳足迹评价实例

【例】 计算某款榨汁机全生命周期的碳排放。

1. 评价前准备

(1) 榨汁机组成识别

榨汁机一般由主机体、刀片、滤刀网、推压棒、接汁杯、清洗刷、旋转刷等部件组成。

(2) 系统界定

采用全生命周期（B2C）模式，原材料的获取、零件的加工组装、运输、使用和维护、再利用需要计算，而库存和废弃物的填埋焚烧发电等阶段数据暂不考虑。

(3) 数据收集

① 制定数据收集清单　依据碳足迹评价流程，首先获得榨汁机的原材料清单，通过功能结构映射，榨汁机可分为 4 个模块，整理出物料（BOM）清单，如表 10-10 所示。

表 10-10 BOM 清单

模块	零部件	材料	质量/kg
压榨模块	螺旋推进器	铁	0.05
		PP	0.10
	圆筒过滤网	不锈钢	0.25
		PP	0.10
	前体	PP	0.28
	推压棒	PP	0.05
结构模块	外壳	不锈钢	0.72
		PP	1.03
	前体盖	PP	0.25
	接汁杯	PP	0.10
动力模块	电机	铁	3.07
		铜	0.98
	电线	PVC	0.02
		铜	0.20
包装模块	包装盒	瓦楞纸	0.25

② 各阶段数据收集　加工组装阶段：公司仅加工推进器、过滤网、外壳等，其他均为采购，故除了现场收集加工数据以外，其他数据均采用相关数据库。

包装阶段：只考虑包装材料的碳足迹。

运输阶段：为铁路和道路混合运输，地图测量后，原材料运输到制造商为铁路运输800km，产品运输到分销仓库为公路运输 610km，其他暂不考虑。

库存阶段：数据难以收集，且影响低于 1%，暂不考虑。

使用阶段：该产品功率为 500W，每次耗电量为 0.1kW·h，待机能耗不计，根据相关数据，1 年使用次数为 280 次，使用寿命为 10 年。

回收阶段：铜、铁、不锈钢均手工拆除直接回收，聚丙烯（PP）采用破碎回收，聚氯乙烯（PVC）和包装纸焚烧。

2. 评价计算

（1）选择排放因子

① 原材料和回收阶段的排放因子，来源于 CLCD 和 ELCD 数据库。

② 加工和使用阶段电网排放因子选取华中地区，为 0.9779kgCO_2/(kW·h)。

③ 运输阶段为铁路 7.4g/(t·km)、公路为柴油 0.07L/(t·km)。

（2）数据计算

研究的是具体电子电器产品，则采用 LCA 和 IPCC 排放系数法。依据建立的全生命周期流程及计算式，计算出各阶段的碳排放，如表 10-11 所示。

表 10-11 计算结果

生命周期阶段	原材料	加工组装	包装	运输	库存	使用	回收处理
CO_2 排放量/kg	27.833	3.591	0.4	0.904	0	273.812	−1.716
比例/%	9.13	1.18	0.13	0.30	0	89.82	−0.56

由上可知，使用阶段所占比例最大，为 89.82%；其次是原材料阶段；材料的回收处理阶段产生了一定量的碳抵消。

（3）不确定性分析

在 LCA 中，不确定性广泛存在。温室气体排放清单中不确定性因素一般会占到全部排放数据的5%～20%。因此，在计算出榨汁机各阶段的碳排放量以后，为了确定结果的不确定度，进而提高计算结果的可靠性，需要进行不确定性分析。

不确定性主要内容有：

① 活动数据的不确定性：是否进行实地监测，实地测量误差，数据收集不完整等。加工组装阶段，电机、前体等部分组件采用的是公开数据，而不是实地测量，会导致一定的误差。

② 碳排放模型和计算范围的确定：有些活动数据难以收集（如库存阶段）或者影响较小被排除在模型外，也在一定程度上降低数据的可信度；有些温室气体如 CH_4、N_2O 等未考虑。

③ 排放因子的不确定性：即使采用的是国内数据库，也存在数据与实际情况出现偏差、数据库不完整等问题。

可以通过尽量在现场测量、使用质量更好的数据库、改进碳排放模型、调整系统边界等措施来降低不确定性。

(4) 关键参数的敏感性分析

敏感性分析可用来确定相关参数对计算结果的影响程度，结果变化越大，则表明其越敏感。下面主要就电网排放因子和运输方式这两个参数来分析其敏感程度。电网排放因子的影响，如表10-12所示。

表10-12 电网排放因子的影响

时间/年	2010	2011	2012	2013
排放因子/[$kgCO_2$/(kW·h)]	1.0871	1.0297	0.9944	0.9779
碳排放/$kgCO_2$	304.388	288.316	278.432	273.812

可以看出，随着国家电力能源结构的优化和清洁能源的使用，电网排放因子不断降低，显著地减少了使用阶段的碳排放。运输方式对碳排放的影响如表10-13所示。

表10-13 运输方式对碳排放的影响

运输方式	铁路+公路	铁路	公路
碳排放/kg	0.904	0.076	2.007

铁路运输所产生的碳排放最低，其次是公路，而航空运输一般不采用。如果时间条件允许，也可采用水路运输。

3. 产品低碳化

计算出各阶段的碳排放量并进行特性分析，可帮助确定出排放较高的零部件、模块单元和生命周期阶段；然后有针对性地采取措施从产品设计到材料、工艺、供应链、回收处理方式等方面来实现产品的低碳化。

产品的低碳化不仅需要考虑产品内部的碳排放优化，也需要考虑整个生命周期外部过程的碳排放优化。这样就实现了多角度多层次的减排量。但有些减排措施所实现的减排量对整个产品的碳排放来说微乎其微，所以就需要对这些措施进行分析选择。

由图10-10可知，电网排放因子的降低、产品功能结构的更改、拆解后的回收处理以及运输方式的改变都会产生较大的减排量。特别是电网排放因子的降低会产生非常显著的减排量。因此需要采用优化能源结构；降低煤炭使用比例；推广使用清洁能源和新能源等措施来降低电网排放因子，以减少加工和使用期间的碳排放量。鼓励企业植树造林来增加碳汇，积极参与碳排放交易市场，购买碳排放权也可对产品的碳排放进行一定的抵消。

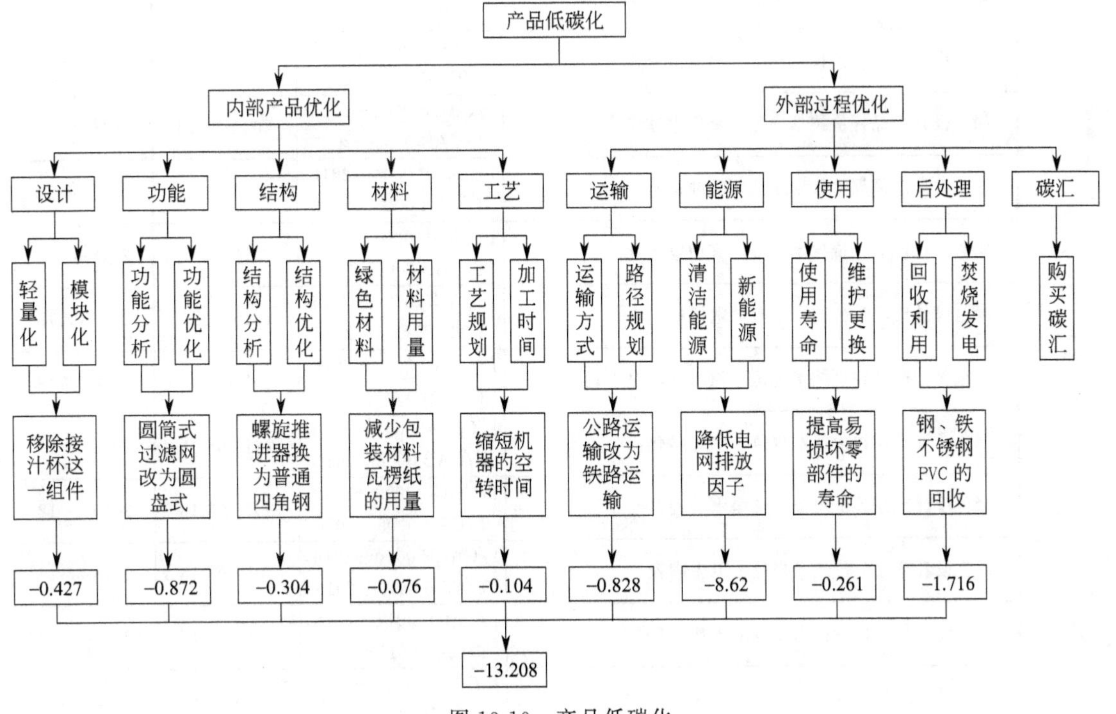

图 10-10　产品低碳化

第三节　生态设计产品评价

一、生态设计评价标准规范

我国现行的生态设计标准有国家标准和团体标准两种。部分生态设计标准见表 10-14。

表 10-14　部分生态设计标准

标准类别	标准名称	标准号	发布日期	实施日期
国家标准	电子电气生态设计产品评价通则	GB/T 34664—2017	2017-11-01	2018-05-01
	生态设计产品评价规范　第 4 部分:无机轻质板材	GB/T 32163.4—2015	2015-10-13	2016-05-01
	生态设计产品评价规范　第 3 部分:杀虫剂	GB/T 32163.3—2015	2015-10-13	2016-05-01
	生态设计产品评价规范　第 2 部分:可降解塑料	GB/T 32163.2—2015	2015-10-13	2016-05-01
	生态设计产品评价规范　第 1 部分:家用洗涤剂	GB/T 32163.1—2015	2015-10-13	2016-05-01
	生态设计产品标识	GB/T 32162—2015	2015-10-13	2016-05-01
	生态设计产品评价通则	GB/T 32161—2015	2015-10-13	2016-05-01
	产品生态设计通则	GB/T 24256—2009	2009-07-10	2009-12-01
	家用和类似用途电器生态设计　电冰箱的特殊要求	GB/T 23109—2008	2008-12-30	2009-09-01

续表

标准类别	标准名称	标准号	发布日期	实施日期
团体标准	绿色设计产品评价技术规范　房间空气调节器	T/CAGP 0001—2016，T/CAB 0001—2016	2016-08-18	2016-08-18
	绿色设计产品评价技术规范　电动洗衣机	T/CAGP 0002—2016，T/CAB 0002—2016	2016-08-18	2016-08-18
	绿色设计产品评价技术规范　家用电冰箱	T/CAGP 0003—2016，T/CAB 0003—2016	2016-08-18	2016-08-18
	绿色设计产品评价技术规范　吸油烟机	T/CAGP 0004—2016，T/CAB 0004—2016	2016-08-18	2016-08-18
	绿色设计产品评价技术规范　家用电磁灶	T/CAGP 0005—2016，T/CAB 0005—2016	2016-08-18	2016-08-18
	绿色设计产品评价技术规范　电饭锅	T/CAGP 0006—2016，T/CAB 0006—2016	2016-08-18	2016-08-18
	绿色设计产品评价技术规范　储水式电热水器	T/CAGP 0007—2016，T/CAB 0007—2016	2016-08-18	2016-08-18
	绿色设计产品评价技术规范　空气净化器	T/CAGP 0008—2016，T/CAB 0008—2016	2016-08-18	2016-08-18
	绿色设计产品评价规范　纯净水处理器	T/CAGP 0009—2016，T/CAB 0009—2016	2016-08-18	2016-08-18
	绿色设计产品评价技术规范　卫生陶瓷	T/CAGP 0010—2016，T/CAB 0010—2016	2016-08-18	2016-08-18
	绿色设计产品评价技术规范　木塑型材	T/CAGP 0011—2016，T/CAB 0011—2016	2016-08-18	2016-08-18
	绿色设计产品评价技术规范　砌块	T/CAGP 0012—2016，T/CAB 0012—2016	2016-08-18	2016-08-18
	绿色设计产品评价技术规范　陶瓷砖	T/CAGP 0013—2016，T/CAB 0013—201	2016-08-18	2016-08-18

二、电子电气生态设计产品评价通则

（一）评价原则和方法

1. 评价原则

电子电气生态设计产品评价应遵循如下原则。

（1）生命周期思想原则

运用生命周期思想，系统地考虑产品整个生命周期中各阶段对环境影响较大的重要环境因素。

（2）同类产品评价原则

针对某一特定种类产品制定和实施适用于该产品种类的生态设计评价要求。

（3）定性和定量评价相结合原则

实施生态设计产品评价应提出定性或定量的评价准则。如可行，鼓励尽量选取定量的评价要求，从而更加准确地反映产品的环境绩效。

2. 评价方法

电子电气生态设计产品评价方法如下。

(1) 指标评价

评价指标内容包括但不限于：

① 法律法规中规定的产品环保要求；

② 对产品的其他先进性环保要求。

环保要求的来源包括企业环保政策、国家/行业技术标准、客户要求、环保标志或绿色采购技术规范等。

(2) 生命周期评价

依据GB/T 24040《环境管理　生命周期评价　原则与框架》、GB/T 24044《环境管理　生命周期评价　要求与指南》及具体产品种类规则标准开展产品生命周期评价。评价方法参见GB/T 34664—2017《电子电气生态设计产品评价通则》。

(二) 评价组织

电子电气生态设计产品应提供相关符合性证明文件并满足对组织的基本要求，将生态设计过程引入管理体系：

① 在组织政策和战略中加入生态设计和减少整体环境影响的目标；

② 与组织的管理体系程序一致，定期审议生态设计过程，以促进持续改进；

③ 审议内容包括组织政策和战略、是否需要改进生态设计过程、是否可能提升产品环境绩效。

(三) 评价指标

根据《电子电气生态设计产品评价通则》(GB/T 34664—2017)，电子电气生态设计产品评价指标分为资源指标、能源指标和环境指标3类（表10-15），其中资源指标又从有害物质使用情况、材料效率、产品寿命和用水4个方面对生态设计产品提出了要求，重点关注了材料使用的安全性、简易性和可循环利用性；能源指标强调了能源效率和能源结构，对节能、新能源利用和能源的再利用性做了要求；环境指标则关注了废弃物的后续处理。

表10-15　电子电气生态设计产品评价指标

评价指标	评价项目	评价内容	备注
资源指标	有害物质使用情况	产品符合相关法律法规或标准中关于含有有害物质的限量要求和/或标识要求	《电器电子产品有害物质限制使用管理办法》(工业和信息化部令第32号)提出对产品含有铅及其化合物、汞及其化合物、镉及其化合物、六价铬及其化合物、多溴联苯和多溴二苯醚的限量要求及标识要求
		产品符合含有其他特定有害物质的限量要求和/或标识要求	电动工具中可能含有的对人体有害的多环芳烃(PHAs)的限量要求
		产品包装符合相关法律法规或标准中关于含有有害物质的限量要求和/或相关标识要求	
		产品中配用的电池符合有关法律法规中关于含有有害物质限量要求、设计要求和标识要求	《铅蓄电池行业规范条件(2015年版)》(工业和信息化部2015年第85号公告)针对铅蓄电池提出关于镉及砷含量的要求

续表

评价指标	评价项目	评价内容		备注
资源指标	材料效率	材料种类和数量	在不影响产品性能情况下，产品采用与同类产品或前期产品相比，有助于减少材料种类和/或重量的设计	
		材料替代	在不影响产品性能情况下，产品采用与同类产品或前期产品相比，有助于减少负面环境影响的替代材料	
		材料再生利用	根据GB/T 29770向利益相关方提供产品生命末期信息	
			采用提高产品可再生利用率的设计，如适用，根据相关标准计算产品的可再生利用率并满足可再生利用率评价值的要求	
			产品采用可再生材料和/或再生原材料	
			产品采用在生命末期可再生材料零部件易于拆解和回收利用的设计	为利于回收利用或再使用，减少零部件的电镀涂层、油漆等（大于100g的塑料上不含有阻碍回收利用或再使用的涂层或油漆）
				外壳采取易于拆解的设计
			产品中塑料零部件及产品包装符合相关标准的回收标识要求	GB/T 16288提出对质量超过50g的塑料零部件进行标记的要求
	产品寿命	采用标准化、通用化、系列化、可升级等有关设计，延长产品寿命		台式微型计算机（不含一体机）的光驱、硬盘、主存储器可升级设计，产品设置扩展槽
	用水	产品采用与同类产品或前期产品相比，减少额定用水量的设计，如适用，满足相关标准对节水等级的要求		
能源指标	能源效率	产品采取提高产品能源效率的设计，包括提高能源使用效率、能源转换效率等		
		如适用，产品能效等级满足相关标准的节能评价值要求		在产品中使用水磁电动机替代普通电动机
	能源结构	产品采取使用新能源或可再生能源的产品设计		

续表

评价指标	评价项目	评价内容	备注
环境指标	环境污染物	产品采取尽可能减少生产阶段、使用阶段及回收阶段环境污染物排放[如粉尘、挥发性有机物(VOCs)]的设计,包括但不限于: a)在产品生产阶段不使用含铅、镉、六价铬、汞等重金属及其化合物的表面处理剂; b)在产品生产阶段不使用HCFC(含氢氟氯化碳)、HFC(氢碳氟化物)、HFE(氢氟醚)等氟系清洗剂	
	噪声	设计考虑应用减少噪声发射的技术并按照相关标准进行噪声发射评估	
	产品废弃物	采用有利于产品废弃物无害化处理的设计方案	

参考文献

[1] 王欣，李文强，李彦．基于生命周期的机电产品碳足迹评价与实现方法．机械设计与制造，2016 (5)：1-4.

[2] 黄晓敏，蔡思彧，陆晓纯，等．手机及常用电器辐射的测量和防护．上海工程技术大学学报，2010，24 (3)：228-231.

[3] 侯坚，史志呈．家用空调器的生态设计评价指标体系构建．质量与认证，2017：65-67.

[4] BSI，Guide to PAS 2050：How to Assess the Carbon Footprint of Goods and Services. British Standards Institute，UK，2008.

[5] BSI. Publicly Available Specification：PAS2050：2008. Specification for the Assessment of the Life Cycle Greenhouse Gas Emissions of Goods and Services [S]. British Standards Institute，UK，2008.

第十一章 电子元器件再利用及电器电子产品再制造

第一节　电子元器件及其再利用

一、电子元器件

电子元器件是电子元件和电子器件的统称，是电子元件和小型电子机器、仪器的组成部分，其本身常由若干零件构成，可以在同类产品中通用。

电子元器件包括电阻、电容器、电位器、电子管、散热器、机电元件、连接器、半导体分立器件、电声器件、激光器件、电子显示器件、光电器件、传感器、电源、开关、微特电机、电子变压器、继电器、印制电路板、集成电路、各类电路、压电、晶体、石英、陶瓷磁性材料、印刷电路用基材基板、电子功能工艺专用材料、电子胶（带）制品、电子化学材料及部品等，如图 11-1。

电子元器件在质量方面，国际上有欧盟的 CE 认证、美国的 UL 认证、德国的 VDE 和 TUV 以及中国的 CQC 认证等国内外认证来保证元器件的合格使用。

（一）电子元件

电子元件（electronic component）又称为被动元件（passive components），是指在加工时没改变原材料分子成分的产品，是属于不需要能源的器件。电子元件包括电阻、电容、电感等，分为电路类元件（二极管、电阻器等）和连接类元件（连接器、插座、连接电缆、印刷电路板等）。

图 11-1　电子元器件

1. 电阻

电阻器（resistor）是一个限流元件，用字母“R”来表示，单位为 Ω（欧姆），在日常生活中一般直接称为电阻。电阻由电阻体、骨架和引出端三部分构成（实心电阻器的电阻体与骨架合二为一），而决定阻值的只是电阻体。电阻包括固定电阻、可变电阻和特殊电阻，阻值不能改变的称为固定电阻器；阻值可变的称为电位器或可变电阻器；电压与电流的关系是非线性的电阻称为特殊电阻（如热敏电阻器、压敏电阻器和敏感元件等）。电路中的电阻一般有两个引脚，阻值是固定的，可限制通过它所连支路的电流大小，在电路中通常起分压、分流的作用。理想的电阻器是线性的，即通过电阻器的瞬时电流与外加瞬时电压成正比。

电阻是电子电路中应用数量最多的元件，通常按功率和阻值分成不同系列，供电路设计者选用。电阻器在电路中主要用来调节和稳定电流与电压，可作为分流器和分压器，也可作电路匹配负载。根据电路要求，还可用于放大电路的负反馈或正反馈、电压-电流转换、输入过载时的电压或电流保护元件，又可组成 RC 电路作为振荡、滤波、旁路、微分、积分和时间常数元件等，交流与直流信号都可以通过电阻。

电阻元件的电阻值大小一般与温度、材料、长度和横截面积有关，衡量电阻受温度影响大小的物理量是温度系数，其定义为温度每升高 1℃时电阻值发生变化的百分数。电阻的主要物理特征是可将电能转变为热能，是一个耗能元件，电流经过时产生内能。

（1）相关术语

① 电阻允许偏差　实际阻值与标称阻值间允许的最大偏差，以百分比表示。常用的有±5%、±10%、±20%，精密的小于±1%，高精密的可达±0.001%。精度由允许偏差和不可逆阻值变化二者决定。

② 电阻额定功率　电阻器在额定温度（最高环境温度）t_R 下连续工作所允许耗散的最大功率。对每种电阻器同时还规定最高工作电压，即当阻值较高时即使并未达到额定功率，也不能超过最高工作电压使用。

③ 负荷特性　当工作环境温度低于 t_R 时，电阻器也不能超过其额定功率使用，当高于 t_R 时，必须降低负荷功率。每种电阻器都有规定的负荷特性。

④ 电阻温度系数　在规定的环境温度范围内，温度每改变 1℃时阻值的平均相对变化，用 10^{-6}/℃表示。

⑤ 非线性　电流与所加电压特性偏离线性关系的程度。

⑥ 电压系数　所加电压每改变 1V 阻值的相对变化率。

⑦ 电流噪声指数　电阻体内因电流流动所产生的噪声电势的有效值与测试电压之比，用电流噪声指数来表示。

⑧ 高频特性　由于电阻体内分布电容和分布电感的影响，使阻值随工作频率增高而下降的关系曲线。

⑨ 长期稳定性　电阻器在长期使用或贮存过程中受环境条件的影响阻值发生不可逆变化的过程。

（2）电阻的分类

① 按伏安特性分类　电阻按伏安特性分类可分为线性电阻和非线性电阻。线性电阻是指在一定的温度下电阻值几乎维持不变的电阻；非线性电阻是指电阻值随着电流（或电压）的变化而发生明显变化的电阻，其伏安特性曲线的斜率可变。

② 按材料分类

线绕电阻器：用高阻合金线绕在绝缘骨架上制成，外面涂有耐热的釉绝缘层或绝缘漆。

碳合成电阻器：由碳及合成塑胶压制而成。

碳膜电阻器：将结晶碳沉积在陶瓷棒骨架上制成。

金属膜电阻器：用真空蒸发的方法将合金材料蒸镀于陶瓷棒骨架表面制成，在仪器仪表及通信设备中大量采用。

金属氧化膜电阻器：在绝缘棒上沉积一层金属氧化物而成（如在瓷管上镀上一层氧化锡），用于通用、精密、高频、高压、高阻、大功率和电阻网络等场所。

③ 按用途分类

保险电阻：又叫熔断电阻器，在正常情况下起着电阻和保险丝的双重作用，当电路出现故障而使其功率超过额定功率时，会像保险丝一样熔断使连接电路断开。保险丝电阻一般电阻值都小（0.33Ω～10kΩ），功率也较小，常用型号有 RF10 型、RF111-5 型、RRD0910 型、RRD0911 型等。

敏感电阻器：是指其电阻值对于某种物理量（如温度、湿度、光照、电压、机械力以及气体浓度等）具有敏感特性，当这些物理量发生变化时，敏感电阻的阻值就会随物理量变化而发生改变，呈现不同的电阻值。根据对不同物理量的敏感性，敏感电阻器可分为热敏、湿敏、光敏、压敏、力敏、磁敏和气敏等类型敏感电阻。敏感电阻器所用的材料几乎都是半导体材料，这类电阻器也称为半导体电阻器。

（3）电阻识别方法

电阻的阻值和允许偏差的标注方法有直标法、色标法和文字符号法。

① 直标法　直标法是将电阻的阻值和误差直接用数字和字母印在电阻上，如无误差标示允许误差为±20%，图 11-2 为直标法示意图。

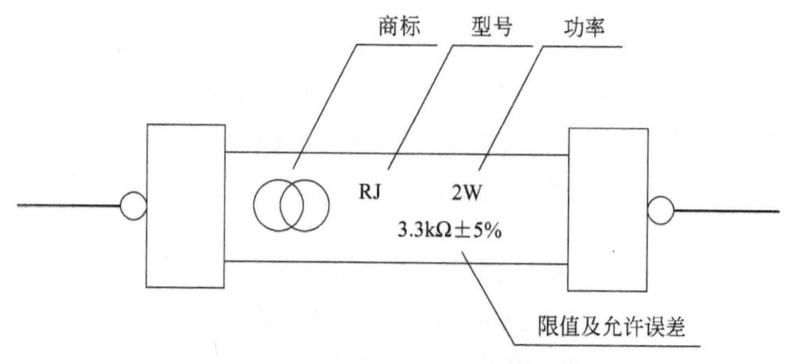

图 11-2　电阻直标法

电阻器的额定功率指电阻器在直流或交流电路中，长期连续工作所允许消耗的最大功率。2W 以上的电阻，直接用数字印在电阻体上；2W 以下的电阻，以自身体积大小来表示功率。在电路图上表示电阻功率时，采用图 11-3 符号法表示。

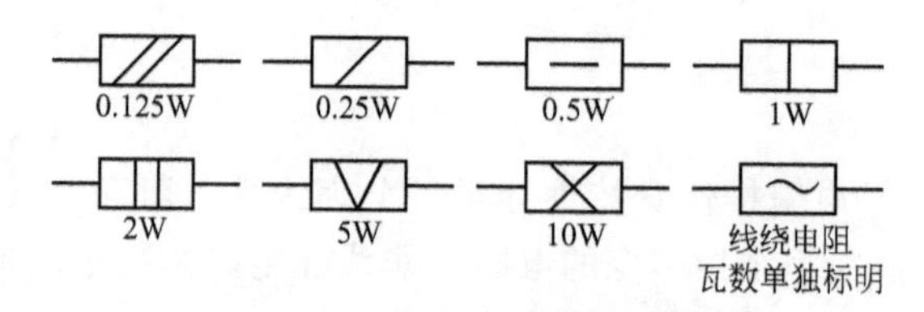

图 11-3　电阻额定功率符号

② 色标法　将不同颜色的色环涂在电阻器（或电容器）上来表示电阻（电容器）的标称值及允许误差，各种颜色所对应的数值见表 11-1、表 11-2。固定电阻器色环标志读数识

别规则如图 11-4 所示。

表 11-1　四环电阻色标识别方法

颜色	第一环数字	第二环数字	倍乘数(第三环)	误差(第四环)
黑	0	0	10^0	—
棕	1	1	10^1	—
红	2	2	10^2	—
橙	3	3	10^3	—
黄	4	4	10^4	—
绿	5	5	10^5	—
蓝	6	6	10^6	—
紫	7	7	10^7	—
灰	8	8	10^8	—
白	9	9	10^9	—
金	—	—	10^{-1}	±5%
银	—	—	10^{-2}	±10%

注：四环电阻标识方法为一环数字（红，十位）二环数字（橙，个位）×倍乘数（黑）误差（金），则红橙黑金＝23×10^0＝23Ω（±5%）。

表 11-2　五环电阻色标识别方法

颜色	第一环数字	第二环数字	第三环数字	倍乘数(第四环)	误差(第五环)
黑	0	0	0	10^0	—
棕	1	1	1	10^1	±1%
红	2	2	2	10^2	±2%
橙	3	3	3	10^3	—
黄	4	4	4	10^4	—
绿	5	5	5	10^5	±0.5%
蓝	6	6	6	10^6	±0.25%
紫	7	7	7	10^7	±0.1%
灰	8	8	8	10^8	±20%
白	9	9	9	10^9	—
金	—	—	—	10^{-1}	±5%
银	—	—	—	10^{-2}	±10%

注：五环电阻标识方法为一环数字（红，百位）二环数字（蓝，十位）三环数字（绿，个位）×倍乘数（黑）误差（棕），则红蓝绿黑棕＝265×10^0＝265Ω（±1%）。

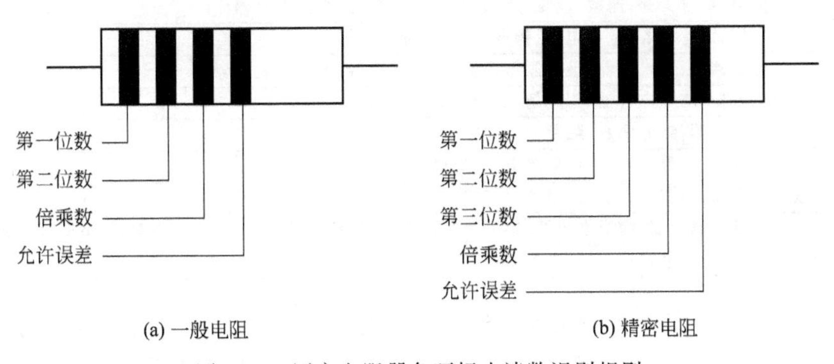

图 11-4　固定电阻器色环标志读数识别规则

③ 文字符号法　文字符号法就是将电阻的标称值和误差用数字和文字符号按一定的规律组合标识在电阻体上。文字符号法为了解决数值中的小数点印刷不清或被遗漏的问题，常常用电阻的单位来取代小数点。标称值的整数部分写在单位符号前，小数部分写在后（如：5.1k 标注为 5k1），电阻阻值单位符号见表 11-3。允许偏差用文字符号表示，见表 11-4。

表 11-3　电阻阻值单位符号

符号	R	k	M	G	T
阻值单位	欧姆(Ω)	千欧(10^3Ω)	兆欧(10^6Ω)	吉欧(10^9Ω)	太欧(10^{12}Ω)

表 11-4　电阻阻值偏差符号

字母	D	F	G	J	K	M
误差	±0.5%	±1%	±2%	±5%	±10%	±20%

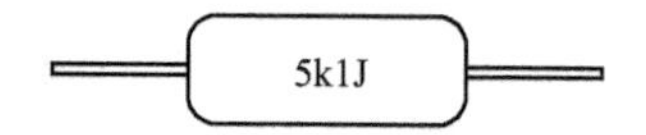

图 11-5　电阻文字符号法标注

图 11-5 表示阻值 5.1kΩ，误差为±5%，其优点是用单位符号代替了小数点，可避免因小数点蹭掉而误识标记。

2. 电容

电容（capacitance）亦称作“电容量”，是指在给定电位差下的电荷储藏量，在电路中一般用“C”加数字表示（如 C13 表示编号为 13 的电容）。电容是由两片金属膜紧靠，中间用绝缘材料隔开而组成的元件。电容的容量大小表示能贮存电能的大小，其特性主要是隔直流通交流。电容对交流信号的阻碍作用称为容抗，它与交流信号的频率和电容量有关。

（1）电容的种类

从原理上分，电容可分为无极性可变电容、无极性固定电容、有极性电容等。从材料上分，电容可分为 CBB（聚丙烯）电容、涤纶电容、瓷介电容、云母电容、独石电容、电解电容、钽电容等。表 11-5 列出了电容器的分类方法。

表 11-5　电容器分类方法

分类方法	类别
结构	固定电容器、可变电容器和微调电容器
电解质	有机介质电容器、无机介质电容器、电解电容器、电热电容器和空气介质电容器等
用途	高频旁路、低频旁路、滤波、调谐、高频耦合、低频耦合、小型电容器
制造材料	瓷介电容、涤纶电容、电解电容、钽电容、聚丙烯电容等
高频旁路	陶瓷电容器、云母电容器、玻璃膜电容器、涤纶电容器、玻璃釉电容器
低频旁路	纸介电容器、陶瓷电容器、铝电解电容器、涤纶电容器
滤波	铝电解电容器、纸介电容器、复合纸介电容器、液体钽电容器
调谐	陶瓷电容器、云母电容器、玻璃膜电容器、聚苯乙烯电容器
低耦合	纸介电容器、陶瓷电容器、铝电解电容器、涤纶电容器、固体钽电容器
小型电容	金属化纸介电容器、陶瓷电容器、铝电解电容器、聚苯乙烯电容器、固体钽电容器、玻璃釉电容器、金属化涤纶电容器、聚丙烯电容器、云母电容器

可变电容：由一组定片和一组动片组成的电容，它的容量随着动片的转动可以连续改变。可变电容的介质有空气和聚苯乙烯两种，空气介质可变电容体积大，多用在电子管收音机中；聚苯乙烯介质可变电容为密封式，体积小，多用在晶体管收音机中。

无感电容：是用在高频电路的一种电容，无管脚或管脚较短，常用于高频头，一般为PF级。所谓“无感”就是电容工作时不产生“电感”效应，直流电不能通过，而交流电可以通过。

电解电容：内部有储存电荷的电解质材料，分正、负极性，类似于电池。正极为粘有氧化膜的金属基板，负极通过金属极板与电解质（固体和非固体）相连接。无极性（或双极性）电解电容器采用双氧化膜结构，类似于两只有极性电解电容器将两个负极相连接后构成，其两个电极分别为两个金属极板（均粘有氧化膜）相连，两组氧化膜中间为电解质。有极性电解电容器通常在电源电路或中频、低频电路中起电源滤波、退耦、信号耦合及时间常数设定、隔直流等作用。无极性电解电容器通常用于音响分频器电路、电视机S校正电路及单相电动机的启动电路。

聚酯（涤纶）电容：用两片金属箔做电极，夹在极薄绝缘介质中，卷成圆柱形或者扁柱形芯子的电容器。涤纶电容适宜做旁路电容，在电路中充当着滤波、振荡、电源退耦、脉动信号的旁路及耦合等作用。

CBB（聚丙烯）电容器：以金属箔作为电极，将其和聚丙烯薄膜从两端重叠后，卷绕成圆筒状的构造的电容器。广泛应用于空调、冰箱、电机及照明灯具等电路中。

聚苯乙烯电容：选用电子级聚苯乙烯膜作介质、高导电率铝箔作电极，卷绕成圆柱状，并采用热缩密封工艺制作而成，应用于各类精密测量仪表、汽车收音机、工业用接近开关、高精度的数模转换电路等。

云母电容：用金属箔或者在云母片上喷涂银层作电极板，极板和云母一层一层叠合后，再压铸在胶木粉或封固在环氧树脂中制成的电容。云母电容的电极有金属箔式和金属膜式，外壳有陶瓷外壳、金属外壳及塑料外壳，常用的为塑料外壳。云母电容广泛应用于电子、电力、通信设备的仪器仪表中以及航天、航空、航海、火箭、卫星、军用电子装备、石油勘探设备中。

瓷介电容：分高频瓷介和低频瓷介两种，是用高介电常数的电容器陶瓷（钛酸钡-氧化钛）挤压成圆管、圆片或圆盘作为介质，并用烧渗法将银镀在陶瓷上作为电极制成。用于高稳定振荡回路中，作为回路电容及垫整电容。

玻璃釉电容：介质是玻璃釉粉加压制成薄片而制作的电容，是一种常用电容器件，适合半导体电路和小型电子仪器中的交、直流电路或脉冲电路使用。

铝电解电容：由铝圆筒做负极，里面装有液体电解质，插入一片弯曲的铝带做正极制成，适宜用于电源滤波或者低频电路中。

钽电解电容：属于电解电容的一种，使用钽金属表面生成的极薄的五氧化二钽膜做介质，此层氧化膜介质完全与组成电容器的一端结合成一个整体，不需要使用电解液。钽电容器广泛应用于军事通信、航天、工业控制、影视设备、通信仪表等产品中。

铌电解电容：属于电解电容的一种，使用铌金属表面生成的极薄的五氧化二铌膜做介质制成，应用于微处理器和数字电路。

微调电容：是两极板的距离、相对位置或面积可调的一种电路调节元件，它的中间填充介质有空气、陶瓷、云母薄膜等，主要用来调整谐振频率。微调电容分为云母微调电容器、瓷介微调电容器、薄膜微调电容器、拉线微调电容器等多种，它常在各种调谐及振荡电路中作为补偿电容器或校正电容器使用。

各类电容器如图11-6所示。

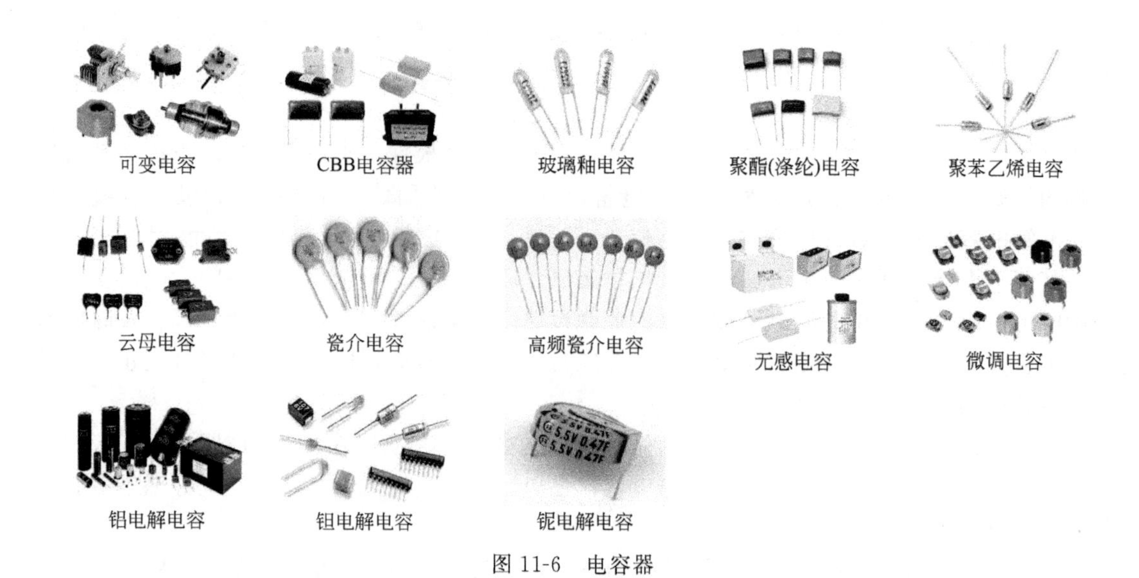

图 11-6　电容器

（2）电容识别方法

① 直标法　电容器的直标法就是在电容器的表面直接标出其主要参数和技术指标的一种方法。直标法可以用阿拉伯数字和文字符号标出。电容器的直标内容及次序一般是：商标→型号→工作温度组别→工作电压→标称电容量及允许偏差→电容温度系数等。电容温度系数（10^{-6}/℃）由颜色表示，蓝色和灰色表示正温度系数；绿色、红色和褐色表示负温度系数，绿色最大，褐色最小；黑色为零温度系数。如图 11-7 所示，C841250V2000pF±5%示例标识的内容是：C841 型精密聚苯乙烯薄膜电容器，其工作电压为 250V，标称电容量为 2000pF，允许偏差为±5%。

在标注电容器的容量时，有时用阿拉伯数字，或者用阿拉伯数字与字母符号两者有规律地结合标注。在标注时应遵循以下原则：

a. 凡不带小数点的数值，若无标注单位，则单位为 pF。例如，2200 表示 2200pF。

b. 用三位数字表示，其中第一、二位数字为有效数字，第三位数字代表倍率（表示有效数字后的零的个数），电容量单位为 pF。例如，203 表示 20×10^3pF=20000pF=0.02μF，102 表示 10×10^2pF=1000pF=0.001μF。

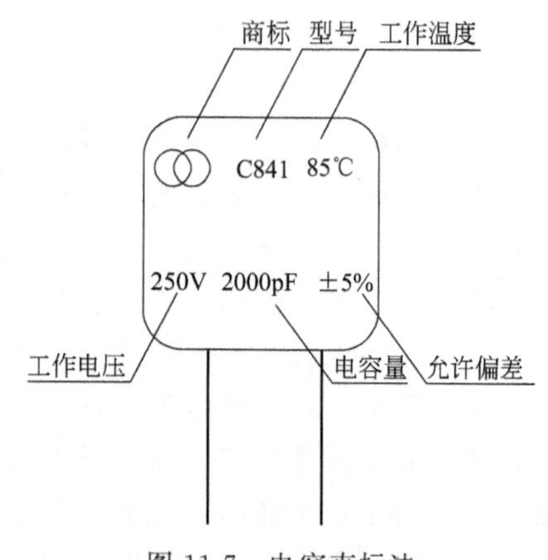

图 11-7　电容直标法

② 文字符号法　文字符号法就是将文字和数字符号有规律地组合起来，在电容器表面上标出主要特性参数。文字符号表示其电容量的单位 pF、nF、μF、mF 等，和电阻的表示方法相同。文字符号法通常有数字标注法和字母与数字混合标注法两种。

数字标注法：一般是用 3 位数字表示电容器的容量。其中前两位为有效值数字，第三位为倍乘数（即表示有效值后有多少个 0）。如 104，表示有效值是 10，后面再加 4 个 0，即 100000pF=0.1μF。

字母与数字混合标注法：用 2～4 位数字表示有效值，用 p、n、μ、m 等字母表示有效数后面的量级。进口电容器在标注数值时不用小数点，而是将整数部分写在字母之前，将小数部分写在字母后面。如 4P7 表示 4.7pF，3m3 表示 3.3mF（3300μF）等。

表 11-6　电容器容量的允许偏差标注字母及含义

字母	F	G	J	K	M	N
含义	±1%	±2%	±5%	±10%	±20%	±30%

表 11-6 为电容器容量的允许偏差标注字母及含义，依据上表，104K 表示容量 100000pF=0.1μF，容量允许偏差为±10%。

③ 色标法　色标法就是用不同颜色的色带或色点，按规定的方法在电容器表面上标出其主要参数码相的标志方法。这种表示法与电阻器的色环表示法类似，颜色涂于电容器的一端或从顶端向引线排列。色码一般只有三种颜色，前两环为有效数字，第三环为倍率，单位为 pF。有时色环较宽，如红红橙，两个红色环涂成一个宽的，表示 22000pF。小型电解电容器的耐压也可用色标法，颜色与对应耐压值如表 11-7 所示，位置靠近正极引出线的根部。表 11-8 给出了电容器主要参数的色标规定。

表 11-7　小型电解电容器的耐压色标法

颜色	黑	棕	红	橙	黄	绿	蓝	紫	灰
耐压	4V	6.3V	10V	16V	25V	32V	40V	50V	63V

表 11-8　电容器主要参数的色标规定

颜色	有效数字 (第 1、2 位或第 3 位)	倍率(倒数第 2 位)	允许偏差/% (倒数第 1 位)	工作电压/V
银	—	10^{-2}	±10	—
金	—	10^{-1}	±5	—
黑	0	10^{0}	—	4
棕	1	10^{1}	±1	6.3
红	2	10^{2}	±2	10
橙	3	10^{3}	—	16
黄	4	10^{4}	—	25
绿	5	10^{5}	±0.5	32
蓝	6	10^{6}	±0.25	40
紫	7	10^{7}	±0.1	50
灰	8	10^{8}	—	63
白	9	10^{9}	+50 −20	—
无色	—	—	±20	—

电容器的色标示例：标称电容量为 0.047μF、允许偏差为±0.5%的电容器的表示如图 11-8。

（二）电子器件

电子器件是指在真空、气体或固体中，利用和控制电子运动规律而制成的器件。分为真空电子器件、充气管器件和固态电子器件。在模拟电路中可用于整流、放大、调制、振荡、变频、锁相、控制等相关功能；在数字电路中可用于采样、限幅、逻辑、存储、计数、延迟等功能。充气管器件主要作整流、稳压和显示之用。固态电子器件多用于集成电路。

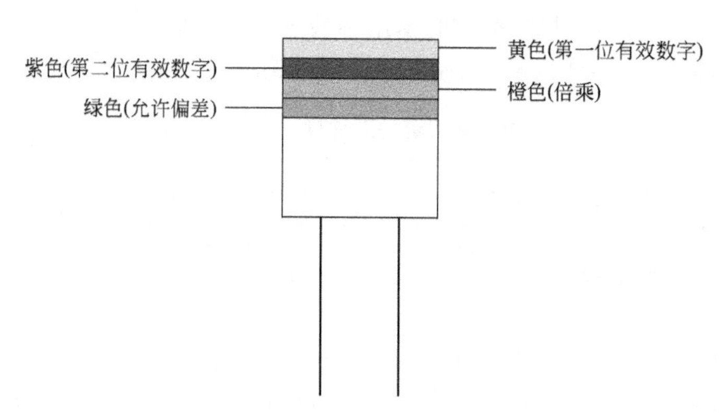

图 11-8　电容量为 0.047μF、允许偏差为±0.5%的电容器表示方法

(1) 电子器件分类

① 真空电子器件　真空电子器件指借助电子在真空或者气体中与电磁场发生相互作用，将一种形式电磁能量转换为另一种形式电磁能量的器件。具有真空密封管壳和若干电极，管内抽成真空，残余气体压力为 10^{-8}～10^{-4}Pa。有些在抽出管内气体后，再充入所需成分和压强的气体。真空电子器件产品主要包括电子管［收信放大管、发射管、锁式管、超高频管、稳定管（稳压管、稳流管、稳幅管）等］和微波管（磁控管、速调管、返波管、行波管、充气微波开关管、前向波正交声场放大管、噪声管、微波管等），广泛用于广播、通信、电视、雷达、导航、自动控制、电子对抗、计算机终端显示、医学诊断治疗等领域。

② 充气管器件　充气管器件是管内充有气体或蒸气的电子管，又称离子管。在充气管内，电子在电极间运动时与气体原子和分子碰撞，产生电离现象，运动较慢的正离子抵消电子的负空间电荷作用，使管子具有电流大、内阻低的特点。利用各种放电形式的不同特性，可制造出一系列不同性能的充气管，包括有冷阴极放电管、计数管、稳压管、十进位管、汞弧管、气体放电显示管、热阴极充气二极管及闸流管等。充气管广泛应用于雷达、通信、自动控制、辐射测量、显示、工业交通等领域。部分充气管（如汞弧管、十进位管等）已被半导体器件所取代。有些充气管（如氢闸流管、触发管、等离子体显示器等）仍然有广泛应用并有较好发展。

③ 固态电子器件　固态电子器件利用固体内部电子运动变化原理制成的具有一定功能的电子器件，绝大部分的固态电子器件是用半导体材料制成的，因而有时也称为半导体电子器件。从器件结构来看，固态电子器件大致可分为二端器件和三端器件两大类。

绝大部分的二端器件（有时称二极管）的基本结构是一个 PN 结，但用途很不相同。耿氏二极管和光导二极管（光敏电阻）都是由整块半导体材料制成的，并没有 PN 结。肖特基二极管有一个金属和半导体接触的肖特基结，其电流-电压特性与 PN 结类似。PN 闸流管有三个相串联的 PN 结，由于 PN 结少数载流子的注入效应使其具有闸流管性质。

三端器件一般是有源器件，典型的代表是各种晶体三极管（又称晶体管）。晶体管可分为双极型晶体管和场效应晶体管两大类。双极型晶体管是由两个串联在一起的 PN 结构组成，其中一个 PN 结称为发射结，另一个称为集电结。两个结之间的一个薄层称为基区。在应用时，发射结处于正向偏置，集电结处于反向偏置。通过发射结的电流使大量的少数载流子注入基区，靠扩散迁移到集电结而形成集电极电流，只有极少量的少数载流子在基区内复合而形成基极电流。在共发射极电路中，基极电流的微小变化可以控制集电极电流的较大变化，这就是双极型晶体管的电流放大效应。在双极型晶体管的工作过程中，基区中的多数载流子和少数载流子（电子或空穴）同时参与信息传输过程，故称为双极型。

（2）电子器件识别

色环稳压二极管的颜色代表稳压二极管的稳压值，外观与色环电阻十分相似，因而很容易弄错。色环稳压二极管上的色环代表两个含义：一是代表数字，二是代表小数点位数（通常色环稳压二极管都是取一位小数，用棕色表示）。

小功率二极管的N极（负极），在二极管外表大多采用一种色圈标出来，有些二极管也用二极管专用符号来表示P极（正极）或N极（负极），也有采用符号标志“P”“N”来确定二极管极性的。发光二极管的正负极可从引脚长短来识别，长脚为正，短脚为负。

半导体是一种具有特殊性质的物质（半导体最重要的两种元素是硅和锗），导电性能介于导体和绝缘体之间，所以称为半导体。

电子元器件的相关术语表见表11-9。

表11-9 电子元器件相关术语表

缩写	英文	含义
IC	integrated circuit	一定数量的电子元件通过半导体工艺集成为具有特定功能的电路(集成电路)
COB	chip on board	通过绑定将IC裸片固定于印刷线路板上
COF	chip on FPC	将芯片固定于FCP上
COG	chip on glass	将芯片固定于玻璃上
EL	electro luminescence	EL层由高分子量薄片构成,用作LCD的EL光源
FTN	formutated STN	一层光程补偿片加于STN,用于黑白显示
LED	light emitting diode	发光二极管
PCB	print circuit board	印刷线路板
QFP	quad flat package	四方扁平封装
QTP	quad tape carrier package	四向型TCP
SMT	surface mount technology	表面贴装技术
TCP	tape carrier package	柔性线路板,IC可固定于其上
STN	super twisted nematic	带有约180°到270°扭曲向列的显示类型
tf	fall time	响应速度:下降沿时间
TN	twisted nematic	带有约90°扭曲向列的显示类型
TNR	TN with retardation film	一种彩色显示,在普通TN玻璃上附加上光程补偿片
tr	rise time	响应速度:上升沿时间
Vop	operating voltage	LCD驱动电压
Vth	threshold voltage	阈值电压

二、电子元器件再利用

（一）电子元器件分选

1. 人工分选

人工分选是利用人工对电子元器件进行分类拣选的过程。与机械分选相比，人工分选识别能力强、操作灵活，可对有价值的元器件和危害元器件进行精准挑选。

2. 形状分选

随着资源利用产业技术的发展，选矿技术中的一些分离方法、分选机械和分选工艺相继被借鉴进入了固体废物分选领域，其中形状分选技术在废料再生利用领域中也得到了广泛应用。形状分选分类见表 11-10。

表 11-10 形状分选分类

类型	分类	分选机
倾斜或旋转类	无运动部件类	螺旋形状分选机 斜管式形状分选机
	有运动部件类	倾斜旋转盘式形状分选机 旋转椎式形状分选机 带刮板的倾斜旋转圆筒形状分选机 斜振动板式形状分选机 水平圈运动板式形状分选机 倾斜运输机式形状分选机
根据通过的速度差分类		筛分形状分选机 振动筛分形状分选机 旋转圆筒筛分形状分选机
其他类		黏着形状分选机 吸入形状分选机 阻力形状分选机

3. 颜色分选

颜色分选是利用光电原理和被选物料与基准色之间的颜色差异，从物料中将特定颜色的物料检出并分离的单元操作。物料粒度十分接近而无法使用筛选设备分离或密度基本相同无法使用比重分选设备分离时，可用颜色分选进行物料有效分离。颜色分选机通道出口处装有高稳定光源，当物料经由振动给料系统均匀地通过狭长斜槽通道进入选别区域时，光电传感器测得反射光和投射的光量，并与基准色板反射光量比较，将其差值信号放大处理，当信号大于预定值时，驱动喷射系统用压缩空气吹出异色物料，从而达到色选的目的。

颜色分选机的外形及内部构造见图 11-9。

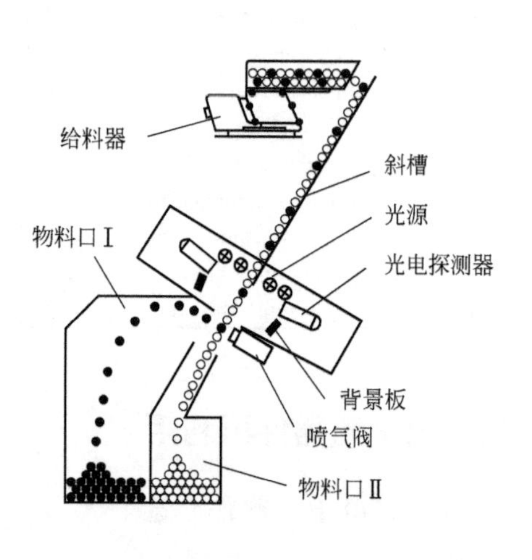

图 11-9 颜色分选机

颜色分选机一般由进料斗、振动给料器、电控箱、斜槽总成及传感器等部分组成。

(1) 进料斗

进料斗分一次腔和二次腔两部分。一次腔与原料进口相连，它为一次色选通道供料；二次腔与提升机一侧通道相连，该通道将一次色选的吹出物送到二次腔，二次腔将这些物料送到用于二次色选的通道。提升机的另一侧通道将二次色选的未吹出物送回到一次腔。

（2）振动给料器

振动给料器由若干组相互独立的振动簸斗组成，每组簸斗分别为通道供料，给料量可通过电箱面板上的电位器以及料斗出料口上的控制板进行调整。为了控制给料量，二次给料簸斗与一次给料簸斗的结构稍有不同，其体积略小，且溜槽板设有分叉支道，分别对应二次色选通道的喷嘴。

（3）斜槽总成

斜槽总成由平行及倾斜的狭长不锈钢 V 形板组成。斜槽的作用就是保证物料以一定速度展示在光电探测器的监测区内，以达到高的异色物料的剔除率和处理能力。

（4）光电箱总成

光电箱总成由高稳定度照明光源、CCD 光电探测器、前置放大器及基色反光板调整机构组成。光源用于不同色选目的照明，光电探测器和前置信号放大器与物料通道相对应，承担各通道异色物料信号的捕捉和前置放大任务。基色板调整机构的作用是使光电探测器捕捉到的基准电平与物料基准色信号相一致，从而使不同于物料基色的异色物料得以选出。

（5）下料斗

下料斗由下料系统和吹气系统组成，承担一次色选和二次色选后物料的收集。一次色选未被吹出的物料进入出料仓（部分机器可加装流量计斗），被吹出的物料则经由提升机一侧通道送入进料斗二次腔。二次色选被吹出的物料从异色物料收集口排出，而二次色选的未被吹出物料经由提升机的另一侧通道送入进料斗一次腔再进行一次色选。吹气系统由高可靠性快速喷气阀和喷嘴组成，承担将通道中异色物料吹出的任务。

（6）电控箱

电控箱是色选机的中枢，它由灯箱内部监测系统、灯箱控制面板、配电箱电源机笼、配电箱驱动机笼和逻辑控制系统组成。控制面板可对整个机器进行综合控制，如色选参数值（包括灵敏度、延迟时间、脉宽、流量、清扫间隔时间）的调整，对色选模式进行编程和选择等；电源机笼为整机提供稳定电源；驱动机笼的驱动电路按照主放大电路提供的脉冲信号产生驱动脉冲，提供驱动信号给快速喷气阀。

（7）传感器

传感器是颜色分选机的核心，主要分为传统传感器型（光电管、硅光电池等）和 CCD（或 MOS）传感器型两种。传感器由光学系统和光电转换器件组成，它的作用是把异色的物料从高速流动的物流中准确地识别出来。

（二）电子器件再利用检测

1. 电子元器件失效类别

（1）电阻失效

电阻在电子设备中使用的数量很大，在电路中起限流、分流、降压、负载、与电容配合作滤波及阻抗匹配等作用。电阻器失效可分为两大类，即致命失效和漂移参数失效。线绕电阻器的故障模式主要为开路、引线机械损伤和接触损坏；非线性电阻器的故障模式主要为引线开裂、膜层不均匀、膜材料与引线接触不良、开路、阻值漂移、引线机械损伤和接触损坏。另外，电位器接触不良也是普遍存在的故障之一。

(2) 电容类元器件失效

电容器失效主要有击穿、开路、参数退化、电解液泄漏及机械损伤等。其中，击穿和开路是较为常见的一种故障模式。引出线与电极接触点氧化会造成低电平开路；引出线与电极接触不良或绝缘、工作电解质的干涸或冻结、电解电容器阳极引出金属箔因腐蚀或机械折断均会导致开路；在机械应力作用下工作电解质和电介质之间会出现瞬时开路。

潮湿、老化、热分解、电极材料的金属离子迁移、残余应力存在或变化、表面污染、材料金属化电极的自愈效应、工作电解质的挥发和变稠、电极的电解腐蚀或化学腐蚀和杂质或有害离子的影响等也可造成电容器失效。

(3) 电感类元器件失效

电感类元器件主要包括电感、变压器、振荡线圈和滤波线圈等。其失效特征主要为线圈短路、断路或绝缘击穿。

(4) 集成模块失效

集成模块的失效原因有电极开路、电极短路、引线折断、机械磨损和封装裂缝等，其失效类型有彻底损坏和热稳定性不良两种。

2. 电子元器件失效特点

(1) 电阻失效

① 低阻值（100Ω以下）和高阻值（100kΩ以上）的损坏率较高，中间阻值（如几百欧到几十千欧）的损坏极少。

② 低阻值电阻损坏时往往是烧焦发黑，很容易发现，而高阻值电阻损坏时很少有痕迹。

③ 圆柱形线绕电阻烧坏时，有的会发黑或表面爆皮、裂纹，有的没有痕迹。

④ 水泥电阻是线绕电阻的一种，烧坏时可能会断裂。

⑤ 保险电阻烧坏时有的表面会炸掉一块皮，但不会烧焦发黑。

(2) 电容失效

① 完全失去容量或容量变小。

② 轻微或严重漏电。

③ 失去容量或容量变小兼有漏电。

④ 电容鼓起。

⑤ 电容漏液（电容下面的电路板表面甚至电容外表会有一层油渍）。

(3) 半导体器件失效

① 二极管、三极管的PN结击穿或开路。

② 热稳定性变差。

③ PN结的特性变差。

(4) 集成模块失效

① 彻底损坏。

② 热稳定性不良。

3. 电子元器件失效检验方法

（1）常规观察法

① 静态观察法　静态观察法是指在不通电的条件下，通过目测查找故障点，以直观的方法来检测电子元器件是否脱焊、短路、断线，电容器是否漏液或炸裂，接插件是否松脱，电接点是否生锈等。观察电阻器引线有无折断及外壳有无烧焦现象，电容器外观是否完好无损，表面有无缺口、污垢和腐蚀，标志是否清晰，引出电极有无松动或折断，可变电容器是否转动灵活等；检查电感器表面有无发霉，线圈有无松散，引脚有无折断或生锈等现象。

② 动态观察法　动态观察法则是在电子元器件通电时，通过看、听、闻、摸等方法多方位进行判断。如观察电子元器件是否出现火花、冒烟等现象，运行指示是否正常，是否有异声异响，是否有焦糊异味，电子元器件和集成电路有无发烫现象等。

（2）万用表测量法

万用表又叫多用表、三用表、复用表，是一种多功能、多量程的测量仪表，一般可测量直流电流、直流电压、交流电流、交流电压、电阻和音频电平等，有的还可以测电容量、电感量及半导体的一些参数。万用表测量方法主要有电阻法和电压电流法。

① 电阻法　电阻法是用万用表“欧姆挡”来测量电路或元器件的阻值大小来判断故障部位的方法。用万用表进行电阻类元器件测量时，应首先将万用表选至“欧姆挡”再进行测量，合格的电阻值应稳定在允许的误差范围内，如果超出误差范围或阻值不稳定，则为残次电阻，不能再利用；用万用表检查电容器时，可根据检测电路所要求的容量或耐压值选择将电容器串联或并联的方式嵌接进测量电路中进行电容器参数测量，如检测过程中发现电容器有击穿短路或漏电电流过大等现象，则该电容器为废品；用万用表检测电感器时，应用“欧姆挡”测线圈的直流电阻，若直流电阻为无穷大，则说明线圈间或线圈引出线已经断路，若直流电阻与正常值相比小得多，则说明线圈间有局部短路，不能再用。

电阻法对确定开关、接插件、导线、印制板导电图形的通断及电阻器的变质，电容器短路，电感线圈短路等故障能有效快捷识别，但对晶体管、集成电路以及电路单元，不能直接判定是否完好，需要进行对比分析或借助其他方法。

② 电压电流法　电压电流法是指将待测电子元器件以嵌接的方式接入测量线路，通电检测时，对线路之间各点确定的工作电压和电流进行测量，从而判断电子元器件有无故障的方法。

电压法测量：根据电源性质，选择万用表上合适的档位和量程，对比同种电路测得的各点电压，偏离正常电压较多的部位或元器件为故障部件。

电流法测量：按电路原理，使用万用表的电流挡直接串接在需检测的回路中，测量各点的工作电流有无异常，电子线路各部分工作电流是否稳定，如果电子元器件所在电路的电流偏离正常值较大，则该电子元器件为故障元器件。

4. 电子元器件检测

（1）电阻检测

电阻的检测一般使用的是万用表，具体方法是：根据被测电阻标称的电阻大小来选择使用量程的范围，将两只表笔（无须分正负）分别接电阻器的两端引脚处即可测得出电阻值。然后根据被测电阻器的允许误差进行比较，如果超出误差范围，一般就说明此电阻器已变值。

① 固定电阻与水泥电阻　固定电阻器的电阻值是固定不变的，阻值大小就是它的标称阻值。由于用途广泛，固定电阻器的产品类型繁多，普通线绕电阻器常用于低频电路中或限流电阻器、分压电阻器、泄放电阻器或大功率管的偏压电阻器。

水泥电阻是将电阻线绕在无碱性耐热瓷件上，外面加上耐热、耐湿及耐腐蚀材料保护固定并把绕线电阻体放入方形瓷器框内，用特殊不燃性耐热水泥填充密封而成。水泥电阻的外侧主要是陶瓷材质（一般可分为高铝瓷和长石瓷）。

固定电阻与水泥电阻的性能可用万用表直接检测判别。

② 熔断电阻　熔断电阻器是一种具有电阻器和熔断器双重作用的特殊元件，具有电阻器和熔断器的双重功能，是电路过流的保护器件。若熔断电阻器中电流超过额定的倍数、负荷过重，就会出现表面发黑或烧焦的现象。使用万用表测量熔断电阻器时，在其测量过程中可以通过观察其阻值判别熔断电阻器的有效性，若电阻器已损坏或失效，则测量值为无穷大。

③ 热敏电阻　热敏电阻器是敏感元件的一类，按照温度系数不同分为正温度系数（PTC）热敏电阻器和负温度系数（NTC）热敏电阻器。热敏电阻器的典型特点是对温度敏感，不同的温度下表现出不同的电阻值。正温度系数热敏电阻器在温度越高时电阻值越大，负温度系数热敏电阻器在温度越高时电阻值越低，它们同属于半导体器件。

正温度系数热敏电阻的检测：用万用表测正温度系数热敏电阻两引脚的实际阻值和标称值，将两值对比，二者相差在$\pm 2\Omega$内即为正常，若相距大则表明其热敏电阻性能不好或者存在损坏。正温度系数热敏电阻须同时做加温检测，若将其加热后，各项阻值都无变化，则说明其性能损坏或变劣。

负温度系数热敏电阻的检测：负温度系数热敏电阻是以锰、钴、镍等金属氧化物为主要材料采用制陶工艺制造而成，检测目标是测试出其R_T的实际值。检测负温度系数热敏电阻时要首先用温度计测量出热敏电阻表面的平均温度T_1，在T_1温度下测量出电阻值R_{T1}；然后再用电烙铁作为其热源靠近热敏电阻，待热敏电阻表面的平均温度T_2不再变化时测量出电阻值R_{T2}，而后将测量结果进行计算比较，判别负温度系数热敏电阻的有效性。为了不引起电流热效应的误差，负温度系数热敏电阻在测量功率的选择上不要超过规定功率，测试时，应注意不要用身体与热敏电阻体直接接触，以免人体温度对测试产生不利影响，从而影响其准确度。

④ 压敏电阻的检测　用万用表两表笔来测量压敏电阻两引脚之间的正、反向绝缘电阻，如果测量出来的电阻值很小，说明压敏电阻已经损坏，不能正常使用；如果测量结果为无穷大，说明其功能正常。

⑤ 光敏电阻的检测　通常光敏电阻由硫化镉、硫化铝、硫化铅和硫化铋等材料制作而成，这些制作材料具有在特定波长的光照射下阻值迅速减小的特性。敏感度高的光敏电阻阻值比较小，敏感度低的光敏电阻阻值比较大。将光敏电阻完全置入黑暗环境中（将光敏电阻装入光通路组件，不通电即为完全黑暗），用万用表测试光敏电阻引脚输出端，万用表的指针将基本保持不动且其阻值接近无穷大；如果光敏电阻已经烧穿或损坏，则其测量值会极小或接近于零；若将光源对准合格的光敏电阻的透光窗口，则测量光敏电阻的万用表指针会大幅度摆动。

(2) 电位器的检测

① 经验检测法　经验检测法就是通过对电位器外表的观察和手动实验的感觉来进行判

断。正常的电位器其外表应无变形、变色等异常现象，用手转动旋柄应感到平滑自如、开关灵活，并可听到开关通、断时发出清脆的响声。否则，说明电位器不正常。

② 万用表检测法　用万用表测试时，应根据被测电位器阻值的大小，选择好适当的电阻挡位，主要进行两个方面的测试。一是电阻值检测：用万用表的欧姆挡测量电位器“1”“2”两端的电阻值，对于正常的电位器，其读数应为电位器的标称值，如万用表的指针不动或阻值相差很大，则说明该电位器已损坏，不能使用。二是活动壁与电阻片接触性检测：用万用表的欧姆挡测电位器“1”“2”（或“2”“3”）两端的电阻值，测量时，逆时针方向转动电位器的转轴，再顺时针转动电位器的转轴，观察万用表的指针。对于正常的电位器，当逆时针转动转轴时，电阻值应该逐步变小；而顺时针转动转轴时，其阻值应逐步变大。如果在转动转轴时，万用表指针出现了停止或跳动的现象，则说明该电位器的活动触电有接触不良的现象。

（3）晶体管的检测

① 晶体二极管的检测　在二极管的外壳上，一般带有三角形箭头的一端为正极，另一端就是负极。在点触二极管时，有色点的一端为正极，如二极管上标有色环，而带色环的一端为负极。黑表笔所接的一端为正极，红表笔所接的一端则为负极，检测时以阻值较小的一次测量为准。

② 晶体三极管的检测　三极管的测量需要稳定的直流电流。用万用表红笔接集电极、黑笔接发射极，万用表的指针摆动越大，说明放大性能越好，如果指针不动，则说明该管的放大功能已经损坏。

（4）电声器件检测

电声器件是指能把声音转变成音频电信号或者把音频电信号变成声音的器件。常见的电声器件有扬声器、耳机、传声器等。

① 扬声器检测　用万用表测量扬声器的阻抗，当表笔触及引脚时，万用表指针会有摆动且扬声器发出“喀喇”声响；如果碰触时万用表指针没有摆动，则说明扬声器的音圈或音圈引出线断路；如果仅有指针摆动，但没有“喀喇”声响，则扬声器的音圈引出线可能短路。

② 传声器检测　用万用表可以简单地对动圈式话筒进行检测（电容式传声器不宜用万用表来测量）。测量时，将万用表两根表针与传声器的插头两端相连接，此时万用表应有一定的直流电阻指示，如果电阻为零或无穷大，则表示传声器内部可能已经短路或断路。

（5）接插件和开关检测

接插件是电子设备中用于各种部件之间进行插拔式电气连接的器件，接插件一般可分为插头和插座两部分。按接插件外形和用途分，接插件可分为圆形插头座、矩形插头座、印制电路板插头座、电源插头座、耳机插头座、香蕉插头座和带状电缆接插件等。

在无线电设备中，开关主要是用来切换电路的，一般是指用手动的方式来实现换路控制的元件。它既可以完成一个电路的接通和断开，还可以使几个电路同时改变状态。其大多数都是手动式机械结构，由于此结构操作方便，价廉可靠，使用十分广泛。开关的种类有很多，常见的有连动式组合开关、扳手开关、按钮开关、琴键开关、导电橡胶开关、轻触开关、薄膜开关和电子开关等。

接插件和开关的检测要点是触点可靠，转换准确，一般用目测和万用表测量即可达到要求。

① 目测　对非密封的开关、接插件均可先进行外观检查，检查其整体是否完整，有无损坏，接触部分有无损坏、变形、松动、氧化或失去弹性，波段开关还应检查定位是否准确，有无错位、短路等情况。

② 用万用表测量　用万用表测量两触点之间的直流电阻，如果电阻不为零，说明触点接触不良；用万用表测量触点断开后的触点间以及触点对“地”间的电阻，如果测量值不趋于无穷大，则说明开关、接插件的绝缘性能不好。

5. 电子元器件再利用属性判别

(1) 检测数据处理

对于测出的数据一般取平均值。

(2) 再利用判定准则

对于不合格电子元器件的判定采用关键项目作为否决项，其余项目以其重要度与出现频次加权计算结果来判定。表 11-11 给出了再利用合格属性判别权重分类。

表 11-11　再利用合格属性判别权重分类

项目类别	项目属性	权重表达	权重值
A 类	关键项目	C_1	1.0
B 类	重要项目	C_2	0.5
C 类	一般项目	C_3	0.4

再利用电子元器件合格属性判别式：

$$C=C_1+C_2a_2+C_3a_3\leqslant 1 \tag{11-1}$$

式中　a_2——重要项目出现的频次数；

a_3——一般项目出现的频次数。

第二节　电器电子产品再制造

《国家中长期科学和技术发展规划纲要（2006—2020 年）》明确“绿色制造”作为制造业领域发展的三大思路之一，再制造是绿色制造理念和思想的最直接、最有效的一种实践活动，是实现循环经济“减量化、再利用、再循环”的有效途径。

《再制造术语》(GB/T 28619—2012) 中对“再制造”的定义为“对再制造毛坯进行专业化修复或升级改造，使其质量特性不低于原型新品水平的过程。”

根据《再制造产品认定管理暂行办法（工信部节〔2010〕303 号）》第一章（总则）第二条：“本办法所称再制造产品，是指采用先进适用的再制造技术、工艺，对废旧工业品进行修复改造后，性能和质量达到或超过原型新品的产品。”对再制造的限定说明，电器电子产品绿色再制造 (EEE green remanufacturing) 则可定义为：以综合考虑环境影响和资源效益为前提，采用先进适用的再制造技术、工艺，对废旧电器电子产品及零部件进行修复改造后，性能和质量达到或超过原型新品的产品。

一、电器电子产品再制造内涵及特征

再制造是实现产品多生命周期闭环管理的重要方式。通过再制造，可以将产品的物流过程从“研制→使用→报废”的开环系统转变为“研制→使用→再生”的闭环系统，实现多生命周期的循环使用。

1. 再制造过程

电器电子产品再制造过程一般包括再制造材料或零部件的回收、检测、拆解、清洗、分类、评估、修复加工、再装配、检测、标识及包装入库等阶段。

电器电子产品的质量特性主要包括产品功能、技术性能、绿色性、经济性四个方面。再制造产品最主要特征是质量特性不低于原型新品。

2. 再制造的内涵

再制造的内涵主要体现在三个方面：

① 通过对废旧产品失效零件的再制造，恢复产品原有的功能。

② 通过对性能落后产品的技术改造和更新，特别是通过使用新材料、新技术、新工艺等手段来提升和改善产品原有的性能，延长产品的使用寿命。

③ 对报废产品零部件的再制造也可以不限于恢复原有的尺寸和功能，并用于原产品，还可以经一定的再制造加工后用于类似的其他产品。

废旧电子电器产品资源化是以废旧电子电器产品为对象，通过现代技术与工艺加工，在规范的市场运作下，最大限度地开发利用其中蕴含的材料、能源及经济附加值等财富，使其成为有较高品位、可以使用的资源，以达到节能、节材、保护环境等目的，从而支持社会的可持续发展。废旧电子电器产品资源化的基本途径包括再利用、再制造和再循环。再利用主要是指对经检测合格的废旧产品零部件的直接利用；再制造工程是以产品全生命周期理论为指导，以优质、高效、节能、节材、环保为准则，以先进技术和产业化为手段，用以修复、改造废旧产品的一系列技术措施或工程活动的总称，简言之，再制造是高科技维修的产业化；再循环是指通过回炉冶炼或粉碎萃取等手段回收废旧产品所蕴含的原材料或能源。

3. 再制造与维修的区别

再制造技术由维修技术发展而来，但再制造与维修有着严格的区别。

GB/T 2900.13—2008《电工术语可信性与服务质量》标准给出维修的定义是：为保持或恢复产品处于能完成要求的功能的状态而进行的所有技术和管理活动的组合，包括监督活动。归纳起来再制造与维修的区别有以下几点。

① 对象及规模不同　维修的对象是有故障的产品，多以换件或少量零件修复为主，是零散的、难以规模化的；再制造材料经过一系列专业化修复、加工和装配，最终形成再制造新品投放市场，是产业化的生产过程。

② 技术手段不同　再制造一般采用先进技术，包括现代表面工程技术、先进的加工技术、先进的检测技术，而维修则难以全面做到。

③ 修复深度不同　再制造不仅包括恢复原机的性能，还兼有对原机的技术提升，而维修一般不包含技术提升内容。

④ 修复效果不同　再制造产品的性能和质量需要达到或超过原型新品，而维修则主要是功能的修复，在性能和质量上难以达到新品要求，更无法超过新品。

4. 再制造与传统制造的区别

再制造是传统制造产业链的延伸，电子电器产品再制造与传统制造主要区别有三方面。

① 材料来源不同　传统制造的材料是原始毛坯，毛坯件初始状况相对均质、单一，而再制造的材料来源于废旧电子电器产品，材料经过一段工作期，存在着表面锈蚀、磨损、内部裂纹、材料老化、零件变形等一系列问题。

② 工艺技术不同　传统电子电器产品工艺过程一般要经过材料准备、切削加工、热处理、表面处理、装配及检验等过程；再制造过程则需要经过材料检验、评估、清洗、分类等特殊过程，主要应用寿命评估、表面工程技术、检测技术等。

③ 质量控制重点不同　产品质量控制重点与其材料和制造过程密切相关，由于再制造材料的损伤失效形式复杂多样、残余应力、内部裂纹和疲劳层的存在导致寿命评估与服役周期复杂难测，所以再制造产品质量控制重点在旧件的再制造性评估和再制造件的质量（如力学性能、外形尺寸、表面结构及表面性能等）控制。

二、电器电子产品再制造技术及工艺流程

1. 电器电子产品资源化技术

电器电子产品资源化以相关的生态、经济、评价、工程与工艺、管理等理论为指导，需要经历从废电子电器产品的回收到使其转化为新的产品或者材料的复杂过程，这一过程需要采用多种技术：

① 通用技术　如面向废电器电子产品资源化的产品设计技术、资源化方式选择建模技术、废旧电子电器产品剩余寿命评估技术、资源化预处理技术、产品全生命周期费效分析及逆向物流管理等。

② 再制造技术　如微纳米表面工程技术、产品再制造信息化升级技术、质量自动控制技术、先进材料成形与制备一体化技术、虚拟再制造技术、先进无损检测与评价技术、再制造快速成形技术等。

③ 再循环技术　如材料分类检测技术、产品粉碎及粒化技术、材料物理及化学分选技术、循环产品的再利用技术等。

2. 再制造一般工艺流程

① 零部件拆解　零部件的拆解是再制造的第一步，也是零部件进入再制造的门槛。只有通过拆卸才能实现材料回收和可用零部件的再造。制造商应根据产品各零部件的联结状况和不同的拆卸成本选择合适的拆卸方法。

② 清洗处理　拆解后的部件经过清洗回收后，低价值的或是原制造厂要求强制更换的零件被去除。

③ 产品的再装配　按再制造产品规定的技术要求和精度，将再制造加工零件、可直接利用的零件以及更换的新零件安装成组件、部件或再制造产品，产品再制造应达到所规定的精度和使用性能。

④ 整体检测　将再制造产品进行最终测试，通过测试合格后的产品送入成品库等待销售或附上保修条例，发送到用户手中。整个装配、测试和质量控制方式完全按新产品的技术要求进行。

3. 零部件的检测分类

电器电子产品经拆解后，得到的完好零部件和模块可以直接再使用或者通过维修后再使用，非完好零部件和模块则需通过再制造加工或者技术改造继续使用，不能加工或者技术改造继续使用的零部件和模块则受技术条件或者经济条件的限制只能通过熔炼的方法转换成原材料实现循环。既不能再利用、再制造，也不能再循环的零部件和模块，只能进行环保处理。将清洗后的零件进行检测，然后根据检测结果可将零部件分类如下：

① 可再利用零部件　由于电子电器产品的零部件不可能均达到设计寿命，因此当产品报废时总有一部分零部件性能完好，这部分零部件经过检测合格后既可作为备件使用，也可以进入产品再制造生产线生产再制造产品。

② 可再制造零部件　通过吸纳包括先进表面工程技术在内的各种新技术、新工艺，实施再制造加工或升级改造，通过翻新改造后达到标准要求，生成性能等同或者高于原产品的再制造产品。

③ 材料回收零部件　零部件本身完全损毁，无法修复或修复不经济，但其材料可被回收利用，可通过再循环回收原材料。

④ 不可利用零部件　无法通过再利用、再制造和再循环程序回收其资源的零部件，只能通过焚烧或填埋等措施进行处理。

废旧零部件再制造流程如图 11-10。

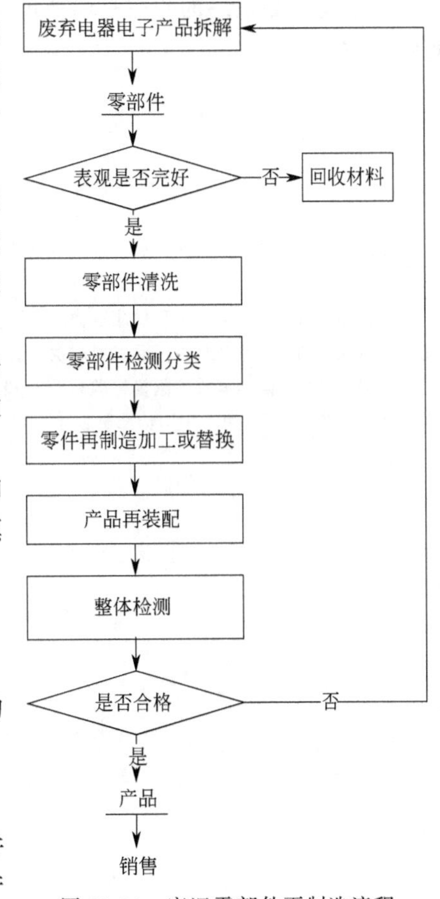

图 11-10　废旧零部件再制造流程

4. 可再制造电器电子产品的要求

对废旧电器电子产品进行再制造必须符合一定的条件，具体来说应该具有以下六个特征。

(1) 电器电子产品具有耐用性

耐用性是指电器电子产品在正常使用与维修条件下直到极限状态前完成规定功能的能力。电器电子产品在使用寿命期内应该有良好的耐磨损和抗环境分解能力，持续地保持满足用户需要的功能。而且电器电子产品的耐用性应该以不增加资源的消耗为前提。

(2) 电器电子产品只丧失部分功能

如果电器电子产品的功能没丧失，则只需要对其进行功能升级就可以继续使用。如果全部功能已经丧失，则产品成为剩余价值为零的废品，没有进行再制造的必要。

(3) 电器电子产品可标准化批量生产，具有可替换性

电器电子产品为模块化结构设计，零部件为标准化生产和批量组装，再制造时只需要对相应的零部件或者模块进行替换。

(4) 电器电子产品的剩余价值高

剩余价值的高低是判断电器电子产品进行再制造的可行性的重要依据，是企业进行再制

造活动的重要前提。再制造的经济效率表现在通过以较低的经营成本来恢复电器电子产品的价值，所以如果电器电子产品所剩的价值比再制造的成本要低，则再制造没有经济利益。

（5）电器电子产品技术稳定

如果电器电子产品技术不稳定，对其进行再制造所需要的拆解费用、分类检测费用和再处理费用都比较高，甚至由于零部件的非标准化而难以进行再制造。

（6）顾客能认可再制造产品

再制造产品最终的归宿是消费市场，能否获得消费者的认可是决定产品进行再制造的决定性因素。

参考文献

[1] 徐滨士，刘世参，李仁涵，等．废旧机电产品资源化的基本途径及发展前景研究．中国表面工程，2004，17（2）：1-6.

[2] 王雅璨．再制造型生态闭环供应链物流网络设计研究．北京：北京交通大学，2010.

[3] 郑骥．中国电子废物再生产业发展现状分析．新材料产业，2010，（12）：22-26.

[4] 中华人民共和国国家质量监督检验检疫总局，中国国家标准化管理委员会．电阻器和电容器的标志代码（GB/T 2691—2016）．北京：中国标准出版社，2016.

第十二章 电器电子产品处理绿色工厂与绿色供应链

制造业在国民经济和社会发展中有着非常重要的地位和作用，制造业和制造技术已成为衡量一个国家综合竞争力和科技发展水平的重要标志。进入21世纪以来，以移动通信、物联网、云计算、大数据、人工智能等为代表的新一代信息技术加速突破应用，不断驱动着制造业向数字化、网络化、智能化方向发展，绿色化制造和绿色供应链已成为现代制造产业发展的主流。

绿色制造（green manufacturing）又称清洁制造（clean manufacturing），是现代制造业的可持续发展模式，其目标是使产品从设计、生产、运输、使用到报废处理的整个产品全生命周期中，资源消耗少、生态环境负面影响小、人体健康与安全危害小，资源利用率高，最终实现企业经济效益和社会效益的持续协调优化，是一个综合考虑环境影响和资源效益的现代化制造模式。

绿色供应链（green supply chain）是一种在整个供应链中综合考虑环境影响和资源效率的现代管理模式，它以绿色制造理论和供应链管理技术为基础，涉及供应商、生产企业、销售商和用户，其目的是使产品从物料获取、加工、包装、仓储、运输、使用到报废处理的整个过程中，对环境的负面影响最小。

第一节 电器电子产品处理绿色工厂设计

绿色工厂设计主要包括绿色工业建筑（厂房）、绿色工艺（制造技术）和绿色产品三个部分。绿色工业建筑是指在建筑的全寿命周期内，最大限度地节约资源（节能、节地、节水、节材）、保护环境和减少污染、保障职工健康、加强运行管理，为生产、科研和人员提供适用、健康、安全和高效的使用空间，与自然和谐共生的工业建筑。绿色工艺是指在满足产品性能的前提下，制造产品的工艺操作技术、方法、设备及制造过程在整个生命周期内（即从资源供应、工艺设备、工艺操作到检修维护、报废更新的全过程）的资源消耗（如能耗、水耗、材耗）和对生态环境的影响、人体健康的危害等极小，符合清洁生产的要求。绿色产品是指在整个产品的生命周期内符合环境保护要求，对生态环境无害或危害极少，资源利用率高、能源消耗低，在使用产品时不产生或很少产生污染，在回收处理过程中很少产生废弃物，其材料可最大限度地被再利用。

一、设计程序

废弃电器电子产品处理绿色工厂的设计应符合行业标准规范以及国家关于绿色工厂建设的相关要求。根据《废弃电器电子产品处理资格许可管理办法》（环境保护部令第 13 号，2010 年 12 月），废弃电器电子产品处理企业应具备下列条件：

① 具备与其申请处理能力相适应的废弃电器电子产品处理车间和场地、贮存场所、拆解处理设备及配套的数据信息管理系统、污染防治设施等；

② 具有与所处理的废弃电器电子产品相适应的分拣、包装设备以及运输车辆、搬运设备、压缩打包设备、专用容器及中央监控设备、计量设备、事故应急救援和处理设备等；

③ 具有健全的环境管理制度和措施，包括对不能完全处理的废弃电器电子产品的妥善利用或者处置方案，突发环境事件的防范措施和应急预案等；

④ 具有相关安全、质量和环境保护的专业技术人员。

废弃电器电子产品拆解工厂设计是一项技术与经济相结合的综合性设计工作，包括项目建议书、可行性研究报告、初步设计文件、施工图设计、建设准备、建设实施、竣工验收和后评价八个阶段。表 12-1 列出了建设工程基本建设程序。

表 12-1　建设工程基本建设程序

<table>
<tr><th>阶段</th><th colspan="2">内容</th><th>审批或备案部门</th><th>备注</th></tr>
<tr><td rowspan="12">投资决策</td><td rowspan="5">项目建议书阶段</td><td>编制项目建议书</td><td>投资主管部门</td><td rowspan="5">同时做好拆迁摸底调查和评估；做好资金来源及筹措准备；准备好选址建设地点的测绘地图</td></tr>
<tr><td>办理项目选址规划意见书</td><td>规划部门</td></tr>
<tr><td>办理建设用地规划许可证和工程规划许可证</td><td>规划部门</td></tr>
<tr><td>办理土地使用审批手续</td><td>国土部门</td></tr>
<tr><td>办理环保审批手续</td><td>环保部门</td></tr>
<tr><td rowspan="7">可行性研究阶段</td><td>编制可行性研究报告</td><td>—</td><td>聘请有相应资质的咨询单位</td></tr>
<tr><td>可行性研究报告论证</td><td>—</td><td>聘请有相应资质的咨询单位</td></tr>
<tr><td>可行性研究报告报批</td><td>项目审批部门</td><td>项目建设筹建单位提交附可行性研究报告文本、其他附件（如建设用地规划许可证、工程规划许可证、土地使用手续、环保审批手续、拆迁评估报告、可研报告的评估论证报告、资金来源和筹措情况等手续）的书面报告上报原项目审批部门审批；批准后的项目列入年度计划；可行性研究报告经批准后，不得随意修改和变更。如果在建设规模、建设方案、建设地区或建设地点、主要协作关系等方面有变动以及突破投资控制数时，应经原批准机关同意重新审批。经过批准的可行性研究报告，是确定建设项目、编制设计文件的依据</td></tr>
<tr><td>办理土地使用证</td><td>国土部门</td><td>—</td></tr>
<tr><td>办理征地、青苗补偿、拆迁安置等手续</td><td>国土、建设部门</td><td>—</td></tr>
<tr><td>地勘</td><td>—</td><td>委托或通过招标、比选等方式选择有相应资质的单位</td></tr>
<tr><td>报审供水、供电、供气、排水市政配套方案</td><td colspan="2">规划、建设、土地、人防、消防、电力、环保、文物、安全、劳动、卫生等部门提出审查意见</td></tr>
</table>

续表

阶段	内容		审批或备案部门	备注
前期准备阶段	工程设计阶段	初步设计	—	承担项目设计单位的设计水平应与项目大小和复杂程度相一致，低等级的设计单位不得越级承担工程项目的设计任务。设计必须有充分且准确的基础资料，设计所采用的各种数据和技术条件要正确可靠，设计所采用的设备、材料和所要求的施工条件要切合实际，设计文件的深度要符合建设和生产的要求
		办理消防手续	—	—
		初步设计文本审查	—	初步设计文本完成后报规划管理部门审查，并报原可研审批部门审查批准
		施工图设计	—	委托或通过招标、比选等方式选择有相应设计资质的单位
		施工图设计文件审查、备案	建设行政主管部门	报有相应资质的设计审查机构审查，并报行业主管部门备案。初步设计文件经批准后，总平面布置、主要工艺过程、主要设备、建筑面积、建筑结构、总概算等不得随意修改、变更。经过批准的初步设计，是设计部门进行施工图设计的重要依据
	施工准备阶段	编制施工图预算	—	聘请有预算资质的单位编制
		编制项目投资计划书	—	—
		建设工程项目报建备案	建设行政主管部门	—
		建设工程项目招标	业主自行招标或通过比选等竞争性方式择优选定招标代理机构，通过招标或比选等方式择优选定设计单位、勘察单位、施工单位、监理单位和设备供货单位	
		开工建设前准备	包括：征地、拆迁和场地平整；三通一平；施工图纸	
		办理工程质量监督	质监管理机构	
		办理施工许可证	建设行政主管部门	
		项目开工前审计	审计机关	
施工阶段	施工安装阶段	报批开工	建设行政主管部门	
竣工验收阶段	竣工验收阶段	竣工验收	质监管理机构	
后评价阶段	工程后评价阶段	工程项目后评价	—	评价包括效益后 评价和过程后评价

（一）项目建议书阶段

项目建议书是项目建设筹建单位，根据国民经济和社会发展的长远规划、行业规划、产业政策、生产力布局、市场、所在地的内外部条件等要求，经过调查、预测分析后提出的某一具体项目的建议文件，是基本建设程序中最初（立项）阶段的工作，是对拟建项目的框架性设想，也是政府选择项目和可行性研究的依据。

项目建议书的主要作用是为了推荐一个拟进行建设的项目的初步说明，论述它建设的必要性、重要性、条件的可行性和获得的可能性，供政府选择确定是否进行下一步工作。项目建议书按要求编制完成后，按照建设总规模和限额的划分审批权限报批。项目建议书的内容一般应包括以下几个方面：

① 建设项目提出的必要性和依据；

② 拟建规模、建设方案；

③ 建设的主要内容；

④ 建设地点的初步设想情况、资源情况、建设条件、协作关系等的初步分析；

⑤ 投资估算和资金筹措及还贷方案；

⑥ 项目进度安排；

⑦ 经济效益和社会效益的估计；

⑧ 环境影响的初步评价。

项目建议书报批流程见图 12-1。

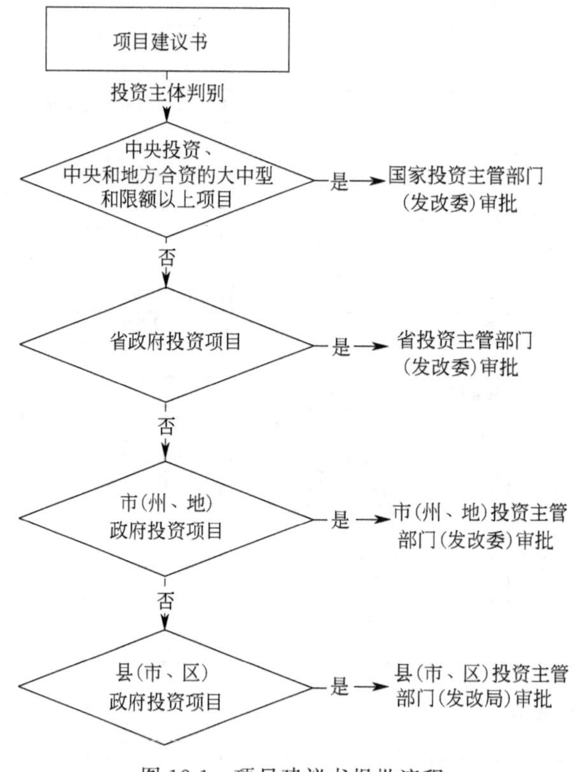

图 12-1　项目建议书报批流程

废弃电器电子产品绿色处理工厂项目建议书应在综合考虑环境、社会、经济影响的基础上，采用先进的绿色材料、绿色设计技术、绿色制造技术和循环再利用技术，完成废弃电器电子产品的绿色拆解、资源化回收利用和无害化处理处置，实现环境污染最小化、资源利用低碳化、经济效益最大化。

（二）可行性研究阶段

可行性研究是对项目在技术上是否可行和经济上是否合理进行科学的分析和论证。通过对建设项目在技术、工程和经济上的合理性进行全面分析论证和多种方案比较，提出评价意见。

可行性研究报告一般包含以下基本内容：

① 总论　包括报告编制依据（项目建议书及其批复文件，国民经济和社会发展规划，行业发展规划，国家有关法律、法规、政策等）；项目提出的背景和依据（项目名称，承办法人单位及法人，项目提出的理由与过程等）；项目概况（拟建地点、建设规划与目标、主要条件、项目估算投资、主要技术经济指标）；问题与建议。

② 建设规模和建设方案　包括建设规模、建设内容、建设方案、建设规划与建设方案的比选等。

③ 市场预测和确定的依据

④ 建设标准、设备方案、工程技术方案　包括建设标准的选择、主要设备方案选择、工程方案选择等。

⑤ 原材料、燃料供应、动力、运输、供水等协作配合条件

⑥ 建设地点、占地面积、布置方案　包括总图布置方案、场外运输方案、公用工程与辅助工程方案、项目设计方案等。

⑦ 节能、节水措施　包括节能、节水措施，能耗、水耗指标分析等。

⑧ 环境影响评价　包括环境条件调查、影响环境因素、环境保护措施等。

⑨ 劳动安全卫生与消防　包括危险因素和危害程度分析、安全防范措施、卫生措施、消防措施等。

⑩ 组织机构与人力资源配置

⑪ 项目实施进度　包括建设工期、实施进度安排等。

⑫ 投资估算　包括建设投资估算、流动资金估算、投资估算构成及表格等。

⑬ 融资方案　包括融资组织形式、资本金筹措、债务资金筹措、融资方案分析等。

⑭ 财务评价　包括财务评价基础数据与参数选取、收入与成本费用估算、财务评价报表、盈利能力分析、偿债能力分析、不确定性分析、财务评价结论等。

⑮ 经济效益评价　包括价格及评价参数选取、效益费用范围与数值调整、经济评价报表、经济评价指标、经济评价结论等。

⑯ 社会效益评价　包括项目对社会影响分析、项目与所在地互适性分析、社会风险分析、社会评价结论等。

⑰ 风险分析　包括项目主要风险识别、风险程度分析、防范风险对策等。

⑱ 招标投标内容和核准招标投标事项

⑲ 研究结论与建议　包括推荐方案总体描述、推荐方案优缺点描述、主要对比方案、结论与建议等。

⑳ 附图、附表、附件等

（三）工程设计阶段

可行性研究报告经批准的建设项目应委托或通过招标投标选定设计单位，按照批准的可行性研究报告的内容和要求进行设计，编制设计文件。根据建设项目的不同情况，设计过程一般划分为两个阶段，即初步设计和施工图设计。

1. 初步设计阶段

初步设计是根据批准的可行性研究报告和必要而准确的设计基础资料，对拟建工程的实施在技术上和经济上所进行的全面而详尽的安排，阐明在指定地点、时间和投资控制数内，拟建工程在技术上的可能性和经济上的合理性，根据对设计对象作出的基本技术规定编制项目总概算。根据国家规定，如果初步设计提出的总概算超过可行性研究报告确定的总投资估算10%以上或其他主要指标需要变更时，要重新报批可行性研究报告。

初步设计主要内容包括：

① 设计依据、原则、范围和设计的指导思想；

② 自然条件和社会经济状况；
③ 工程建设的必要性；
④ 建设规模、建设内容、建设方案、原材料、燃料和动力等的用量及来源；
⑤ 技术方案及流程、主要设备选型；
⑥ 主要建筑物、构筑物、公用辅助设施等的建设；
⑦ 占地面积和土地使用情况；
⑧ 总体运输；
⑨ 外部协作配合条件；
⑩ 综合利用、节能、节水、环境保护、劳动安全和抗震措施；
⑪ 生产组织、劳动定员和各项技术经济指标；
⑫ 工程投资及财务分析；
⑬ 资金筹措及实施计划；
⑭ 总概算表及其构成；
⑮ 附图、附表、附件等。

工程设计单位资质分为甲、乙、丙三级，承担项目初步设计和设计单位的设计水平应与项目大小和复杂程度相一致，低等级的设计单位不得越级承担工程项目的设计任务。设计必须有充分且准确的基础资料，设计所采用的各种数据和技术条件要正确可靠，设计所采用的设备、材料和所要求的施工条件要切合实际，设计文件的深度要符合建设和生产的要求。

2. 施工图设计阶段

施工图设计的主要内容是根据批准的初步设计，绘制出正确、完整和尽可能详尽的建筑安装图纸。其设计深度应满足设备材料的安排和非标设备的制作以及建筑工程施工要求等。图 12-2 为施工图设计阶段工作流程。

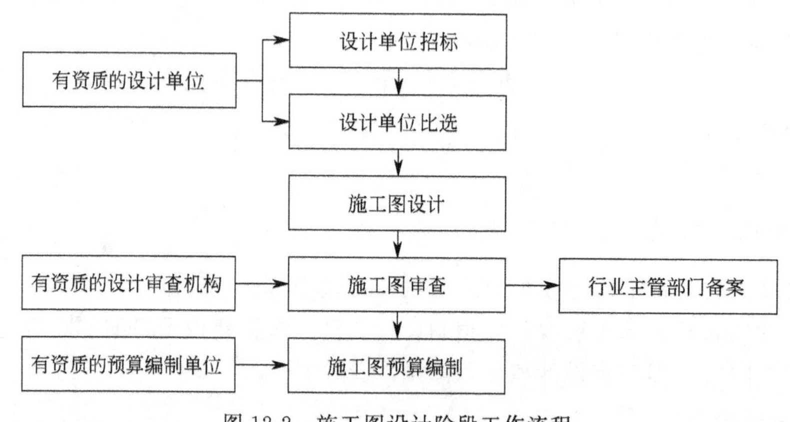

图 12-2　施工图设计阶段工作流程

（四）施工建设准备阶段

施工准备是确保工程项目顺利建设实施的重要环节，认真细致地做好施工准备工作，对充分发挥各方面的积极因素、合理利用资源、加快施工速度、提高工程质量、确保施工安全、降低工程成本及获得较好经济效益都起着重要作用。

施工准备包括组织管理、技术管理、施工条件准备、物资供应及后勤保障等诸多工作。

施工准备阶段的一般工作内容主要有：

（1）项目组织管理

项目组织管理包括成立项目管理和项目工作机构，按要求承办各种施工手续，建立施工管理制度和施工档案，组织招标等。

（2）现场管理

现场管理包括落实“三通一平（通路、通电、通水）”工作，组织设计交底和工程交底，签订责任书，提供施工条件，落实工作计划和资金使用计划，组织评审会签及监理，开展施工人员培训教育等。

（3）文件资料报批备案

项目文件资料的报批备案是项目建设的关键工作，关系项目建设的合法性。报批备案工作流程如图 12-3 所示。

（五）建设实施阶段

1. 开工建设准备

① 征地、拆迁和场地平整；

② 完成“三通一平”，修建临时生产和生活设施；

③ 组织设备、材料订货，做好开工前准备，包括计划、组织、监督等管理工作的准备，以及材料、设备、运输等物质条件的准备；

④ 项目必须有三个月以上的工程施工图纸。

2. 工程质量监督手续办理

整理施工图设计文件审查报告和批准书，中标通知书和施工、监理合同以及施工组织设计和监理规划（监理实施细则）等资料在工程质量监督机构办理工程质量监督手续。

3. 施工许可证办理

向工程所在地的县级以上人民政府建设行政主管部门办理施工许可证。

4. 资金审计

审计机关在项目开工前，对项目的资金来源是否正当、落实，项目开工前的各项支出是否符合国家的有关规定，资金是否按有关规定存入银行专户等信息和资料进行审计。建设单位应向审计机关提供资金来源及存入专业银行的凭证、财务计划等有关资料。

5. 项目开工

项目按规定进行了建设准备并具备了各项开工条件以后，建设单位向主管部门提出开工申请。项目经批准后进行新开工建设，即进入了建设实施阶段。

（六）竣工验收阶段

1. 竣工验收的范围和标准

根据国家规定，凡新建、扩建、改建的基本建设项目和技术改造项目，按批准的设计文件所规定的内容建成，符合验收标准的，必须及时组织验收，办理固定资产移交手续。

进行竣工验收必须符合以下要求：

① 项目已按设计要求完成，能满足生产使用；

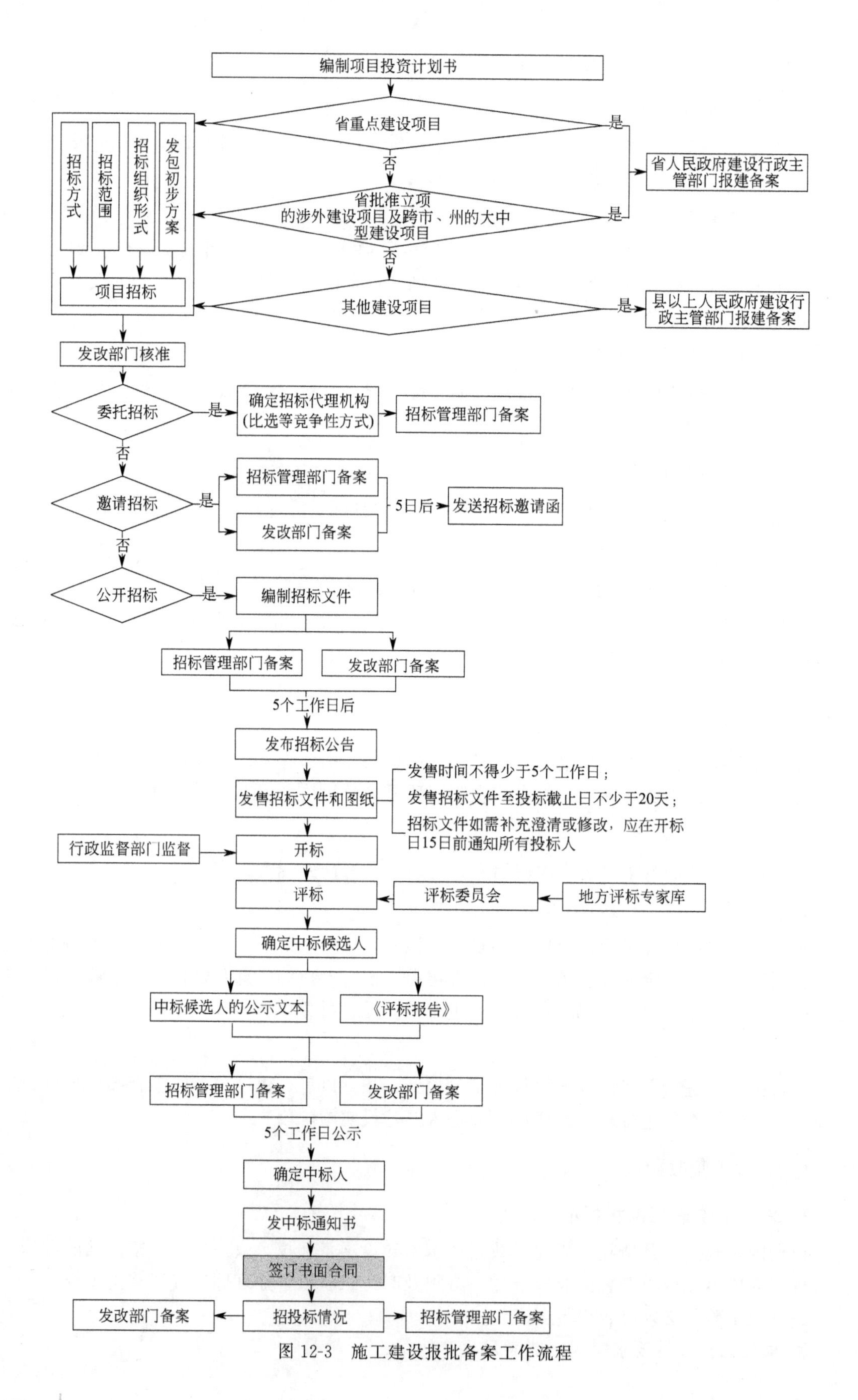

图 12-3 施工建设报批备案工作流程

② 主要工艺设备配套设施经联动负荷试车合格，形成生产能力，能够生产出设计文件所规定的产品；

③ 生产准备工作能适应投产需要；

④ 环保设施、劳动安全卫生设施、消防设施已按设计要求与主体工程同时建成使用。

2. 申报竣工验收准备

竣工验收的依据是批准的可行性研究报告、初步设计、施工图和设备技术说明书、现场施工技术验收规范以及主管部门有关审批、修改、调整文件等。

（1）工程技术资料整理

各有关单位（包括设计、施工单位）将以下资料进行系统整理，由建设单位分类立卷，交生产单位或使用单位统一保管。

① 工程技术资料　主要包括土建、安装及各种有关的文件、合同和试生产的情况报告等。

② 其他资料　包括项目筹建单位或项目法人单位对建设情况的总结报告，施工单位对施工情况的总结报告，设计单位对设计的总结报告，监理单位对监理情况的总结报告，质监部门对质监评定的报告，财务部门对工程财务决算的报告，审计部门对工程审计的报告等资料。

（2）竣工图纸绘制

竣工图纸与其他工程技术资料一样，是建设单位移交生产单位或使用单位的重要资料，是生产单位或使用单位必须长期保存的工程技术档案，也是国家的重要技术档案。竣工图纸必须准确、完整、符合归档要求，方能交付验收。

（3）竣工决算编制

建设单位必须及时清理所有财产、物资和未用完的资金或应收回的资金，编制工程竣工决算，分析预（概）算执行情况，考核投资效益，报主管部门审查。

（4）竣工审计

审计部门进行项目竣工审计并出具审计意见。

3. 竣工验收程序

根据建设项目的规模大小和复杂程度，项目的验收可分初步验收和竣工验收两个阶段进行。规模较大、较为复杂的建设项目，应先进行初验，然后进行全部项目的竣工验收。规模较小、较简单的项目可以一次性进行全部项目的竣工验收。

建设项目在竣工验收之前，由建设单位组织施工、设计及使用等单位进行初验。初验前由施工单位按照国家规定，整理好文件、技术资料，向建设单位提出交工报告。建设单位接到报告后，应及时组织初验。

建设项目全部完成，经过各单项工程的验收，符合设计要求，并具备竣工图表、竣工决算、工程总结等必要文件资料，由项目主管部门或建设单位向负责验收的单位提出竣工验收申请报告。

4. 竣工验收的组织

竣工验收一般由项目批准单位或委托项目主管部门组织。竣工验收组由环保、劳动、统计、消防及其他有关部门人员组成，建设单位、施工单位、勘察设计单位参加验收工作。验收委员会或验收组负责审查工程建设的各个环节，听取各有关单位的工作报告，审阅工程档案资料并实地察验建筑工程和设备安装情况，并对工程设计、施工和设备质量等方面作出全面的评价。不合格的工程不予验收；对遗留问题提出具体解决意见，限期落实完成。

（七）后评价阶段

环境影响后评价，是指编制环境影响报告书的建设项目在通过环境保护设施竣工验收且稳定运行一定时期后，对其实际产生的环境影响以及污染防治、生态保护和风险防范措施的有效性进行跟踪监测和验证评价，并提出补救方案或者改进措施，提高环境影响评价有效性的方法与制度。国家对一些重大建设项目，在竣工验收若干年后进行后评价。其目的主要是为了总结项目建设成功和失败的经验教训，供以后项目决策借鉴。

项目正式投入生产或者运营后三至五年内，建设单位或者生产经营单位可以委托环境影响评价机构、工程设计单位、大专院校和相关评估机构等编制环境影响后评价文件，组织开展环境影响后评价工作，将环境影响后评价文件报原审批环境影响报告书的环境保护主管部门备案，接受环境保护主管部门的监督检查，并对环境影响后评价结论负责。编制建设项目环境影响报告书的原环境影响评价机构，原则上不得承担该建设项目环境影响后评价文件的编制工作。

建设项目环境影响后评价的管理，由审批该建设项目环境影响报告书的环境保护主管部门负责。原审批环境影响报告书的环境保护主管部门可以根据建设项目的环境影响和环境要素变化特征，确定开展环境影响后评价的时限。

建设项目环境影响后评价文件应当包括以下内容：

① 建设项目过程回顾　包括环境影响评价、环境保护措施落实、环境保护设施竣工验收、环境监测情况，以及公众意见收集调查情况等。

② 建设项目工程评价　包括项目地点、规模、生产工艺或者运行调度方式，环境污染或者生态影响的来源、影响方式、程度和范围等。

③ 区域环境变化评价　包括建设项目周围区域环境敏感目标变化、污染源或者其他影响源变化、环境质量现状和变化趋势分析等。

④ 环境保护措施有效性评估　包括环境影响报告书规定的污染防治、生态保护和风险防范措施是否适用、有效，能否达到国家或者地方相关法律、法规、标准的要求等。

⑤ 环境影响预测验证　包括主要环境要素的预测影响与实际影响差异，原环境影响报告书内容和结论有无重大漏项或者明显错误，持久性、累积性和不确定性环境影响的表现等。

⑥ 环境保护补救方案和改进措施

⑦ 环境影响后评价结论

二、设计内容

（一）原料组织

废弃电器电子产品绿色工厂设计应从低碳、环保、资源利用最大化等角度对区域内市场原料供应（废弃电器电子产品产生情况）进行分析，对产品进行定位，实现生态环境负面影响最小。

1. 废弃电器电子产品原料

根据区域内废弃电器电子产品产生的数量、类别以及回收网络情况进行分析，提出废弃电器电子产品处理目标。通常，废弃电器电子产品处理种类应包括废弃的计算机产品、通信设备、视听产品及广播电视设备、家用及类似用途电器产品、仪器仪表及测量监控产品、电动工具和电线电缆以及构成其产品的所有零（部）件、元（器）件和材料。废弃电器电子产品原料类别见表 12-2。

表 12-2　废弃电器电子产品原料类别

原料	大类	小类
废弃电器电子产品	计算机产品	电子计算机整机产品
		计算机网络产品
		电子计算机外部设备产品
		电子计算机配套产品及材料
		电子计算机应用产品
		办公设备及信息产品
	通信设备	通信传输设备
		通信交换设备
		通信终端设备
		移动通信设备及移动通信终端设备
		其他通信设备
	视听产品及广播电视设备	电视机
		摄(录)像机、激光视盘机
		音响产品
		其他电子视听产品
		广播电视制作、发射、传输设备
		广播电视接收设备及器材
		应用电视设备及其他广播电视设备
	家用及类似用途电器产品	制冷电器产品
		空气调节产品
		家用厨房电器产品
		家用清洁卫生电器产品
		家用美容、保健电器产品
		家用纺织加工、衣物护理电器产品
		家用通风电器产品
		电动的运动和娱乐器械及电动玩具
		自动售卖机
		其他家用电动产品
	仪器仪表及测量监控产品	电工仪器仪表产品
		电子测量仪器产品
		监测控制产品
		绘图、计算及测量仪器产品
	电动工具	对木材、金属和其他材料进行加工的设备
		用于铆接、打钉或拧紧或除去铆钉、钉子、螺丝或类似用途的工具
		用于焊接或者类似用途的工具
		通过其他方式对液体或气体物质进行喷雾、涂敷、驱散或其他处理的设备
		用于割草或者其他园林活动的工具
其他	线缆	电线电缆
		光纤、光缆

2. 废弃电器电子产品处理原辅料

废弃电器电子产品化学处理原料、辅助材料和燃料的组织应遵从就近采购的原则，尽量减少运输过程中的碳排放量。废弃电器电子产品处理原辅料的组织采购管理应包含下列内容：

① 原料的年用量、规格或标准、供应来源及包装运输方式等；

② 主要辅助材料的种类、年用量、规格或标准、供应来源及包装运输方式等；

③ 燃料种类、年用量、发热值、化学成分、物理特性等，以及供应来源、包装运输方式及储存等。

（二）总体设计

1. 一般规定

① 建设项目工程设计应采取污水处理、废气处理、粉尘处理、防止或降低噪声等措施。

② 总体方案的综合分析比较确定，应符合下列规定：

a. 应根据所在区域的人口数量、技术经济水平、自然环境等条件确定，并应符合本地区废弃电器电子产品处理发展规划和地方城乡建设与国土资源用地功能规划的要求。

b. 应根据废弃电器电子产品的来源、种类及规模、处理工艺技术、处理设备、环境条件以及能源状况等，通过多方案技术经济比较确定。

c. 废弃电器电子产品应进行资源回收利用，其拆解、处理应分别采用合适的处理技术和设备，所采取的处理技术和防范措施应有效、安全可靠。

d. 应满足运输、消防、环境保护、节能和职业安全卫生的要求。

e. 宜使用类比分析方法对项目经济规模、设备选择、能耗、污染物排放量和环境保护治理设施等方面进行比较。

f. 建设项目分期建设时，总体方案应合理规划近期与远期的关系，近期应集中总图布置，远期应作预留安排。

2. 项目的设计规模与项目构成

① 建设项目工程设计规模应根据所在地区废弃电器电子产品的产生量、回收方式及发展规划确定。

② 废弃电器电子产品处理建设项目设计规模的确定，应符合下列规定：

a. 年处理废弃电器电子产品能力 2×10^4t 以上至 4×10^4t，应为Ⅰ类工程项目。

b. 年处理废弃电器电子产品能力 1×10^4t 以上至 2×10^4t，应为Ⅱ类工程项目。

c. 年处理废弃电器电子产品能力 1×10^4t 及以下，应为Ⅲ类工程项目。

d. 确定废弃电器电子产品建设项目的设计规模时，废弃电器电子产品的单台、套折算重量系数可查阅规范取值。

③ 不同类型的工程项目总用地面积宜符合表 12-3 的规定。

表 12-3　不同类型的工程项目总用地面积

工程项目类型	Ⅰ类工程项目	Ⅱ类工程项目	Ⅲ类工程项目
总用地面积/m^2	≤80000	≤60000	≤40000

④ 废弃电器电子产品处理工程应包括进/出厂检查、贮存、拆解、处理设施和相应的辅助设施。

3. 厂址选择

(1) 厂址选择的要求

废弃电器电子产品处理建设项目厂址选择，应确保符合职业安全卫生的要求，同时应防止或避免建设项目的危险或有害因素对周边人群居住或活动的环境造成污染及危害。具体应根据下列规定经技术经济比较后确定：

① 厂址选择应符合现行国家标准《环境影响评价技术导则总纲》HJ 2.1 的有关规定，并应通过该项目环境影响评价报告书的认定。

② 厂址宜选择在工业园区内。

③ 厂址选择宜靠近当地废弃电器电子产品产生量大、配套设施或回收体系集中的地区。

④ 厂址周边应具有方便的交通运输条件。

⑤ 厂址的选择不宜设在当地居住区、文化区、商业区、医疗区等常年主导风向上风侧。

⑥ 采用焚烧法处理废弃电器电子产品的设施距离主要居民区，以及学校、医院等公共设施的距离，不应小于 800m。

⑦ 采用化学处理法处理废弃电器电子产品的设施距离主要居民区，以及学校、医院等公共设施的距离，不应小于 600m。

⑧ 厂址应具有满足生产、生活及发展规划所必需的水源和电源，且应具有污水排放的条件。

(2) 厂址不得选择的地区

① 洪水、潮水或内涝威胁的地区，或决堤溃坝后可能淹没的地区。

② 地震断层和设防烈度高于九度的地震区。

③ 有泥石流、滑坡、流沙、溶洞等直接危害的地段及采矿陷落、错动区界限内。

④ 爆破危险范围内。

⑤ 放射性物质影响区、自然疫源区、地方病严重流行区。

⑥ 经常发生雷暴、沙暴等气象危害的地区。

⑦ 国家规定的风景区及森林和自然保护区，以及历史文物古迹保护区。

⑧ 对飞机起落、电台通信、电视转播、雷达导航和重要的天文、气象、地震观察，以及军事设施等按规定有影响的范围内。

⑨ Ⅳ级自重湿陷性黄土、厚度大的新近堆积黄土、高压缩性的饱和黄土，欠固结土和Ⅲ级膨胀土等工程地质恶劣地区。

⑩ 饮用水源一级、二级水源性保护区；重要渔业水体及其他具有特殊经济文化价值的水体保护区。

4. 总平面布置

总平面布置，应在总体规划的基础上，根据废弃电器电子产品处理工程的规模、处理工艺流程、物流、环境保护，以及消防、职业安全卫生、施工及验收等要求，结合场地自然条件，经技术经济比较后择优确定。

总平面布置应符合下列规定：

① 总平面设计应紧凑布置，节约用地，提高土地利用率。

② 功能分区各项设施的布置，应满足废弃电器电子产品的处理工艺流程、配套设施的要求。

③ 含有粉尘、酸雾、有毒有害气体的处理厂房（仓库、贮存场所）和主要排气筒，应布置在厂区常年主导风向的下风侧。

④ 产生高噪声的车间宜布置在厂区夏季主导风向的下风侧，并应合理利用地形、建筑物或绿化林带的屏蔽作用。

⑤ 建（构）筑物、露天贮存场地的外形宜规整。

⑥ 厂内应设有废弃电器电子产品的贮存及转运的场地。

⑦ 厂周围应设围墙。

⑧ 厂区出入口的位置和数量，应根据企业的处理规模、总体规划、厂区用地面积，以及总平面布置等因素综合确定，其数量不宜少于 2 个，且主要人流出入口宜与主要物流出入口分开设置。物流出入口宜设置货物检查站，且应方便运输车辆的进出。

⑨ 处理企业应根据处理能力，设置不得少于一套的运输车辆称重地磅设施。地磅房的布置应位于车辆行驶方向道路的右侧，并应临近工厂货物的出入口，且不应影响道路的正常行车。

⑩ 厂区内的建（构）筑物、贮存堆场、气体储罐等设施之间的距离、所处的位置应符合现行国家标准 GB 50016《建筑设计防火规范》的有关规定。

⑪ 厂区内道路的布置应满足货物运输、装卸货地点出入、消防通道、绿化及各种管线敷设的要求。

⑫ 厂区内主要道路、生产车间和原料仓库四周的行车道路路面宽度，不宜小于 6m，厂区应设置消防车道，道路宽度不应小于 4m，道路的荷载等级应符合现行国家标准 GBJ 22《厂矿道路设计规范》的有关规定。

⑬ 场地竖向设计应满足生产运输场地排水及防洪排涝的要求。

⑭ 厂区绿地应结合当地的自然条件选择适宜的植物，并宜在气体、粉尘排放口及产生高噪声的车间及堆场等周围进行绿化。厂区绿地率应与当地城市绿化规定相协调，绿地率不得超过 20%。项目的绿化设计，应符合现行国家标准 GB 50187《工业企业总平面设计规范》的有关规定。

⑮ 建设项目的建筑系数不应低于 30%。

（三）工艺工程设计

1. 一般规定

① 工艺应采用以保护环境、节能降耗为目标的清洁生产技术，宜采用物理处理法。

② 处理能力应根据正常回收情况，以及今后的发展确定，宜按每班 8h 计算。

③ 处理技术应符合国家现行标准 GB/T 23685《废电器电子产品回收利用通用技术要求》和 HJ 527《废弃电器电子产品处理污染控制技术规范》的有关规定。

④ 处理工艺和设备的选择，应根据废弃电器电子产品的种类、处理规模、处理技术和处置要求等因素，经技术经济比较后确定，并应符合下列规定：

a. Ⅰ、Ⅱ类工程项目应能综合处理多种类型的废弃电器电子产品，并应具有相应的处理生产线。

b. Ⅲ类工程项目不得采用焚烧法和化学处理法处理废弃电器电子产品。

2. 场地功能区和设备设施功能区设计要求

场地功能区要求见表 12-4，设备设施功能区要求见表 12-5。

表 12-4　场地功能区要求

场地	功能区要求
贮存区	①建设项目应设置进厂的废弃电器电子产品、处理后的再生材料及待处置废物的贮存场地。 ②贮存场地应分为一般工业固体废物贮存场地和危险废物贮存场地。一般工业固体废物贮存场地的设计，应符合现行国家标准 GB 18599《一般工业固体废物贮存、处置场污染控制标准》的有关规定，危险废物贮存场地设计，应符合现行国家标准 GB 18597《危险废物贮存污染控制标准》的有关规定。 ③废弃电器电子产品贮存场地面积，宜按不大于 20d 的处理量计算。 ④废弃电器电子产品贮存场地货物堆高不宜超过 3.5m。 ⑤露天贮存场地的地面应硬化、防渗漏，其周边应设置导流设施。废弃电视机、显示器、阴极射线管、印制电路板等的贮存场地，应有防雨设施。 ⑥贮存异丁烷、环戊烷储罐、钢瓶的场所应单独设置，在场地内不得设置电缆井、地坑、地沟等设施，并应在其四周设立禁止烟火的警示标志。 ⑦贮存异丁烷、环戊烷储罐、钢瓶周围的电气设计，应符合现行国家标准 GB 50058《爆炸和火灾危险环境电力装置设计规范》的有关规定
检修、拆解区	①检修场地应设置检修工作台及仪器，并应设置接地线，接地电阻不应大于 4Ω。 ②拆解线应设有传送带、作业平台、升降台、工具架台、小型工具及手持电动工具。 ③人工拆解作业场所应设有物料收集设施。 ④拆解线上宜设置排风或除尘系统。 ⑤拆解作业区地面应为混凝土地面，该地面应能防止地面水、雨水及油类混入或渗透。 ⑥拆解作业区域的噪声应控制在 90dB(A)以下。 ⑦废弃电视机、废弃显示器的拆解设备，宜采取防止玻璃飞溅的保护措施。 ⑧废弃打印机的拆解设备应设置除尘系统。 ⑨废弃墨粉盒的拆解设备应设置通风柜和除尘系统
处理处置区	①废弃电器电子产品的处理技术应有利于污染物的控制、资源再生利用和节能降耗。处理设施应安全可靠、节能环保。 ②废弃电器电子产品的处理应在厂房内进行，处理设施应放置在防止地面水、油类渗透的混凝土地面上，且周围应有对油类、液体的截流、收集设施。 ③采用物理粉碎分选方式处理的设施，应设置除尘系统和采取降低噪声措施，并应根据具体情况在卸料点、落料处及其本体部分按设备类型设密闭排风罩。采用湿式分选时，分选设施应设置污水处理及循环再利用系统。 ④采用化学方法处理的设施，应设置废气处理系统、废液回收装置和污水处理系统。 ⑤采用焚烧方法处理的设施必须设置烟气处理系统，排出气体应符合现行国家标准 GB 18484《危险废物焚烧污染控制标准》的有关规定。 ⑥处理车间的噪声应控制在 90dB(A)以下。 ⑦废塑料处理设备宜设置单独房间，并应设置废气处理系统

表 12-5　设备设施功能区要求

设备设施	功能区要求
废弃冰箱、废弃空调的压缩机及制冷回路系统的拆解场所及设施	①在拆解废弃冰箱压缩机及制冷回路系统的区域内，不得设置电缆井、地坑、地沟等设施，并应在其四周设立禁止烟火的警示标志。 ②回收氯氟烃、氢氯氟烃、氢氟烃、烃类等制冷剂及润滑油时，应设置密闭式的回收装置。回收作业场所应设有对油类、液体截流、收集的设施。 ③回收异丁烷和环戊烷的装置，应符合现行国家标准 GB 3836.1《爆炸性环境　第 1 部分：设备通用要求》的有关规定，并应采取有效的工艺保护及防火防爆措施。 ④回收异丁烷装置周围的电气设计，应符合现行国家标准 GB 50058《爆炸和火灾危险环境电力装置设计规范》的有关规定。 ⑤对废弃冰箱采用在制冷回路上打孔使异丁烷直接排空时，应设置在专用的敞篷或露天场地内，其周围 20m 内不应有明火出现，且应在该敞篷或露天场地周围安装避雷设施。在该敞篷或露天场地内不得设置电缆井、地坑、地沟等设施，并应在其四周设立禁止烟火的警示标志

续表

设备设施	功能区要求
废弃印制电路板处理设备	①对废弃印制电路板加热拆除元器件时，应设置废气处理系统。 ②采用热解法工艺时，工艺处理设备应设置废气处理系统。 ③采用化学方法处理废弃印制电路板时，应采用自动化程度高、密闭性良好、具有防化学药液外溢措施的设备；贮存化学品或其他具有较强腐蚀性液体的设备、贮罐，应采取必要的防溢出、防渗漏、事故报警装置、紧急事故贮液池等安全措施
废弃显像管处理设备	①废弃显像管屏锥分离时，采用切割、热爆带方式处理的设备应设有防护罩，并应设置除尘系统。 ②采用化学方法进行废弃显像管屏锥分离时，应设有废液回收系统和污水处理系统，同时应设有废气处理系统。 ③屏玻璃上的荧光粉涂层去除设备，应设置粉尘抽取装置和除尘系统。 ④废弃显像管碎玻璃干式清洗设备应设置除尘系统，并应采取降低噪声措施。 ⑤废弃显像管碎玻璃湿式清洗设备，应设置污水处理及循环利用系统，并应采取降低噪声措施
废弃冰箱处理设施	①废弃冰箱处理设施宜单独设置车间。 ②在废弃冰箱处理车间内，不得设置电缆井、地坑、地沟等设施，并应在其周围设立禁止烟火的警示标志。 ③废弃冰箱处理应在负压密闭的专用处理设备内进行，专用处理设备应设置可燃气体检漏装置，并应采取防止发泡剂泄漏的措施及应急措施。 ④回收环戊烷时，处理设施应设置专用的环戊烷回收装置，回收装置应密闭和负压，并应设置可燃气体检漏装置及应急措施。 ⑤回收氟利昂时，处理设施应设置专用的氟利昂的回收装置。 ⑥回收氟利昂和环戊烷时，处理设施应设置氟利昂与环戊烷的分离装置。 ⑦废弃冰箱专用处理设备及其环戊烷的回收装置周围的电气设计，应符合现行国家标准 GB 50058《爆炸和火灾危险环境电力装置设计规范》的有关规定。 ⑧当不回收环戊烷时，应直接向大气排放，处理设施应设置大风量稀释装置，环戊烷稀释后浓度应低于爆炸浓度，处理设施的排风管道周边应设置可燃气体检漏装置和应急措施。在排放口周围 20m 内不应有明火出现，并应设立禁止烟火的警示标志。 ⑨废弃冰箱处理设施应设置除尘系统，除尘系统应与排风系统和报警系统连锁。 ⑩在废弃冰箱专用处理设备内，宜采用氮气作为保护气体；废弃冰箱处理设施宜布置在单层厂房靠外墙区域
废弃墨粉盒处理设备	①废弃墨粉盒处理设备应设置除尘系统。 ②废弃墨盒处理设备应采取防爆措施

3. 工艺设计

废弃电器电子产品处理工艺设计包括工艺过程设计和工艺装备设计，主要内容包括说明产品的规格与产量，确定原辅料、燃料、水、电、劳动力等供应条件和需求量；拟定生产工艺过程，说明生产工艺流程、主要生产设备和辅助设备的规格及数量，确定车间的面积、设备的平面布置和高程，提出动力、蒸汽、空气、电力等需求量和供应方案；拟定安全技术与劳动保护措施；计算运输、通信、照明、取暖、给排水等需求量，确定必要的工时与劳动力消耗量，计算固定资产、流动资金、产品成本和投资效益；确定生产经营管理体系，明确各工序的生产任务和相互之间的协作联系，编制生产经营计划、产品质量检验、产品供销订货等制度，拟定劳动和生产组织及工作制度等。

(1) 工艺计算

工艺计算是指根据选定的工艺流程对物料和能源进行衡算的过程，通过工艺计算可确定各工序的生产能力，选取各工序生产设备，得到整个生产过程的经济技术指标。工艺计算应说明计算的原则、各项主要指标、计算结果。表 12-6 列出了工艺计算要求。

表 12-6　工艺计算要求

要求类别	要求内容
一般要求	列表说明计算结果，包括各工序金属平衡表、物料平衡表、热平衡表和三废排放量
不同工艺方法的要求	火法冶金物料衡算中除对金属、金属熔锍、冶金废渣等进行计算外，还应列出空气（氧气）的消耗量和烟气的产出量、烟气成分、含尘量等
	湿法冶金物料衡算中除对金属产品、残渣等进行计算外还应列出溶液平衡表和水平衡表

（2）设备设计

设备设计要求见表 12-7。

表 12-7　设备设计要求

要求类别	要求内容
一般要求	主要设备设计应论述设备的先进性、合理性，介绍设备的规格、性能、生产能力等
	设备计算应按工序列出主要生产设备计算的基础数据、计算公式、计算结果以及选用工作和备用设备台数
	装备水平的描述应包括工艺和设备的自动化控制程度的简述，并应说明在行业内的装备与控制水平
	对于设计中采用的大型或特殊的非标准设备、机泵、压力容器、冶炼炉窑、多功能天车等设备设独立章节进行描述
	设计依据中应列出非标设备、非标压力容器、非标冶炼炉窑设计的适用标准，并说明项目工艺特点及其对非标设备或冶炼炉窑的要求
	对于大型非标准设备及压力容器，应论述其先进性、制造和检修情况；采用新型设备、新型材料时，尚应说明其经过试验后的可靠性及技术鉴定意见等
	非标设备应描述设备概况，并应列出其名称、规格性能指标、数量、重量，以及对制造、安装、运输方面的特殊要求
	大型或特殊的非标设备及工业炉窑，应分别说明其设计原则、特点、规格及性能指标、主要材料、使用条件、节能措施、工业炉窑使用的燃料或能源，并说明其先进性、经济合理性、制造可能性以及与国外同类设备的比较
	高温、低温、高压、腐蚀等特殊工况条件的设备材料选择，应说明设备材料的特殊性能
	冶炼炉耐火材料的选择，应具体说明选择标准与要求
	有设备引进时，应详细说明引进设备方案，并应列出设备名称、数量、规格及性能指标
	设备设计数据表的内容应包括设备名称，操作条件，设计参数，结构特性与材质要求，制造与检验验收标准、要求，现场使用条件等
	非标设备设计附图包括总体装配图、设计数据表、采用标准、管口表、材料表、估计重量与负荷表、主要及关键结构尺寸
特定设备要求	机泵设备设计数据表的内容应包括机泵名称、输送介质名称、设备性能、操作条件、安装及使用环境条件、结构特性与材质要求、动力装置参数、执行的标准要求
	炉窑设计数据表，包括工业炉窑名称、操作条件、能源要求、燃料及燃烧数据、耐火材料及保温材料数据、燃烧器数据、空气预热器数据，以及主要附属设备参数、安装及使用环境条件与要求
计量设备要求	需建立起计量体系，包括计量仪器符合 GB 17167《用能单位能源计量器具配备和管理通则》要求，并定期进行校准
	计量器具覆盖主要的能源、资源消耗设施
	具有废气、废水、粉尘、固体废物、噪声等重点环境排放测量设施，现有计量设施无法满足实际需求的，需与具有相关资质的第三方机构签订协议，定期对工厂相关的环境排放进行监测
	对所有计量结果需建立完善的记录，并进行定期分析，制订和实施改造计划
	有条件的企业，可采用信息化手段对能源、资源的消耗以及环境排放进行动态监测

（3）环保设施设计

废弃电器电子产品绿色工厂设计应实现生产废水的零排放和全部固体废物的综合利用/

无害化处置，环保设施的设计应实现对烟气污染的有效控制。环保设施设计具体内容见表12-8。

表 12-8　环保设施设计

污染物	设计内容及要求
火法冶炼烟气	采用国家法规和有关标准，区域内对电路板冶炼烟气治理及排放的要求
	冶炼炉、窑出口烟气基本参数：烟气量(m^3/h)、烟气含尘量(g/m^3)、烟气温度(℃)、烟气压力(Pa)、烟气污染物含量(mg/m^3)及烟气成分(%)等
	阐述烟气收尘及净化处理工艺，说明工艺选择原则及特点，详细描述各工艺过程，绘制烟气收尘及净化处理工艺流程图
	对烟气收尘及净化处理设备的技术特点、工作原理和工作效率进行详细描述，特别描述二噁英净化处理设备的工作原理及效果
	设计烟气收尘净化产物中有价物质分离提取、污染物处理工程，详细描述工艺过程，绘制产物中有价物质分离提取、污染物处理工艺流程图，说明最终产物成分、属性、性状及去向
	烟气收尘净化系统的防腐、保温、漏风、风机调速、自动控制等辅助设计
	烟气收尘净化工艺流程方块图(BFD)和工艺流程图(PFD)
	烟气收尘净化配置图
	烟气收尘净化非标设备外形图及装配图
	烟气管道图
湿法废气	采用国家法规和有关标准，区域内对冶金废气治理及排放的要求
	湿法冶金排放废气基本参数：废气量(m^3/h)、废气含酸量(g/m^3)、废气饱和蒸气压(Pa)及废气成分(%)等
	阐述废气收集及净化处理工艺，说明工艺选择原则及特点，详细描述各工艺过程，绘制废气收集及净化处理工艺流程图
	对废气收集及净化处理设备的技术特点、工作原理和工作效率进行详细描述
	废气收集净化系统的防腐、水循环、漏风、风机调速、自动控制等辅助设计
	废气收集净化工艺流程方块图(BFD)和工艺流程图(PFD)
	废气收集净化配置图
	废气收集净化非标设备外形图及装配图
	通风管道图

(4) 工艺布置

工艺布置内容见表 12-9。

表 12-9　工艺布置内容

项目	内容
工艺布置	说明生产工艺特点，生产工艺配置原则
工艺配置图	各工序主要设备的平面位置、立面位置及相对标高
	各层楼面和主要操作台标高、操作台和梯子位置
	起重运输设备的轨面标高和行走范围
	各主要设备的安装、操作、检修场地及通道
	各种物料和工具堆放的位置及场地
	大型设备安装和检修进出厂房预留的门(洞)及通道位置
	各种设备、物料所需吊装孔的大小和位置
	厂房的跨距、柱距、长度及门窗位置
	变配电室、控制室、送排风机室、空调机室、分析化验室、原辅材料及成品中间库、机电仪简易维修室、更衣及生活卫生室、办公室等各种辅助用房
附图	工艺流程方块图(BFD)
	工艺流程图(PFD)
	工艺配置图，必要时应增加人流物流图及安全通道图
	必要时应提供关键设备总图及设备安装图

（四）建筑设计

参考 GB/T 50878—2013《绿色工业建筑评价标准》要求，废弃电器电子产品工厂建筑设计应充分利用自然通风，采用围护结构保温、隔热、遮阳等措施，宜采用钢结构建筑和金属建材、生物质建材、节能门窗、新型墙体和节能保温材料等绿色建材，在满足生产需要的前提下优化围护结构热工性能、外窗气密性等参数，降低厂房内部能耗，预留太阳能光伏等可再生能源应用场地和设计负荷。表 12-10 为工厂建筑结构设计要求。

表 12-10　工厂建筑结构设计要求

要求类别	要求内容
一般要求	工厂的建筑和结构设计，应符合国家现行有关勘察、建筑、结构、消防、抗震、防腐等的设计标准的规定
	工厂的建筑和结构设计，应满足处理工艺的要求，并应保证处理工艺操作、检修空间，宜布置简捷顺畅的水平和垂直物流路线
	工厂的建筑和结构设计，应根据环境保护、地区气候特点，满足采光、通风、防寒、隔热、防水、防雨、隔声等要求，并应符合国家现行有关工业企业设计卫生标准的规定
	改建、扩建项目拟利用旧有建(构)筑物时，应根据其现状及新的使用要求，在符合国家现行有关标准规定的前提下对其合理使用。必要时应进行安全性复核，并应采取相应的改造、加固措施
建筑要求	厂房内地面应采用不渗水、不起尘、易清洗的材料，其表面应平整无裂缝、无局部积水
	厂房宜建成单层，其梁下净高不宜小于 6.0m
	厂房宜采用自然通风，窗户设置应利于自然通风
	厂房全部工作区域，在白天应利用直接天然采光，当条件受到限制时，可采用人工照明辅助采光
结构要求	厂房的结构构件，应根据承载能力极限状态及正常使用极限状态的要求，按使用工况分别进行承载力、稳定、疲劳、变形、抗裂及抗裂缝宽度计算和验算
	建筑的抗震结构，应符合现行国家标准有关规定，并应进行结构构件抗震的承载力计算
	厂房框排架柱的允许变形值，应根据结构形式及结构材料按国家现行有关标准的规定执行。钢结构厂房的设计，应符合现行国家标准规定；钢筋混凝土结构厂房的设计，应符合现行国家标准规定。单层工业厂房的允许变形值，还需根据吊车使用要求加以限制
	厂房的钢筋混凝土或预应力钢筋混凝土结构构件应根据排出气体和液体等介质对混凝土和钢筋的腐蚀程度确定裂缝控制等级，并应符合现行国家标准有关规定
	地基基础的设计，应按现行国家标准有关规定进行地基承载力和变形计算，必要时应进行稳定性计算
	厂房应根据建(构)筑物的体型、长度及地基的情况设置变形缝，变形缝的设置部位应避开大型的处理设备、处理生产线、噪声屏蔽室，以及易燃易焊的区域。平面长度大于国家标准有关允许值时，应设置后浇带或采取其他有效消除混凝土收缩变形的影响的措施
	楼面均布活荷载取值应根据设备、安装、检修、使用的要求确定，并应符合国家标准的有关规定
	大型处理设备的基础技术要求，宜单独设置设备基础及防震设施

（五）能源设计

1. 能源投入

① 工厂宜做好能源选取的规划，优先采用可再生能源、清洁能源，充分利用供能系统余热提高能源使用效率，可以优化生产工艺、多能源互补供能等方式，降低非清洁能源的使用率，重视自主创新，推进废弃电器电子产品回收利用及处理处置设备设施的节能改造。

② 工厂宜建设光伏、光热、地源热泵和智能微电网，适用时可采用风能、生物质能等，提高生产过程中可再生能源使用比例。

③ 采用国家鼓励的生产工艺、设备及产能，包括《节能机电设备（产品）推荐目录》《“能效之星”产品目录》《通信行业节能技术指导目录》《国家重点推广的电机节能先进技术

目录》等文件中推荐的生产工艺、设备及产能。

④ 对国家明令淘汰的生产工艺、设备及产能进行识别并避免采购，包括《高耗能落后机电设备（产品）淘汰目录》《部分工业行业淘汰落后生产工艺装备和产品指导目录》《高耗能老旧电信设备淘汰目录》等文件中明令淘汰的生产工艺、设备及产能；对于正在使用的国家明令淘汰的生产工艺、设备及产能，但尚未达到淘汰时间的，应制定明确的淘汰计划。

⑤ 采用物联网、云计算等，提升工厂生产效率，开展智能制造，以降低单位产品能源资源消耗。

⑥ 对工厂的生产设施做好规划，分步进行建设，使已投产设施的使用率保持在较高水平，或实现满产，提高设备的开动率，降低设备空载时间。

⑦ 生产设备应根据生产工艺流程、物料搬运、信息控制、结构系统等因素确定其在厂房内部的布置设计方式，避免设备及照明用的电力线路和工业水（包含供回水、水质检测监测系统等）管道的迂回交错铺设。

⑧ 生产工艺宜考虑采用以下方面的节能措施，提高能源利用率：高低温分区的温湿度独立控制、排风热回收、供配电系统节能、动力站房节能、动力节能、集中供油系统等。

2. 资源投入

① 工厂宜使用回收料、可回收材料替代新材料、不可回收材料；

② 工厂宜替代或减少全球增温潜势较高温室气体的使用；

③ 工厂向供方提供的采购信息应包含有害物质使用、可回收材料使用、能效等环保要求；

④ 工厂宜建立供应链管理体系，对供应链各个环节进行有效策划、组织和控制，改善供应链系统；

⑤ 工厂宜将生产者责任延伸理念融入业务流程，综合考虑经济效益与资源节约、环境保护、人体健康安全要求的协调统一。

三、管理体系设计

（一）管理体系建设要求

工厂应建立为实现质量目标所必需的、系统的质量管理模式，涵盖顾客需求确定、设计研制、生产、检验、销售、交付的全过程策划、实施、监控、纠正与改进活动的要求，以文件化的方式，成为工厂内部质量管理工作的要求。工厂应建立职业健康安全管理体系，用于指定和实施组织的职业健康安全方针，并管理职业健康安全风险。可采取以下证明方式：

① 由工厂或工厂所属的组织发布符合 GB/T 19001 和 GB/T 28001 要求的自我声明；

② 相关方出具的工厂符合 GB/T 19001 和 GB/T 28001 要求的第二方声明；

③ 第三方认证机构颁发的工厂或工厂所属的组织符合 GB/T 19001 和 GB/T 28001 要求的认证证书。

1. 环境管理体系

工厂应建立环境方针、目标和指标等管理方面的内容，为制定、实施、实现、评审和保持环境方针提供所需的组织机构、规划活动、机构职责、惯例、程序、过程和资源。可采取以下证明方式：

① 由工厂或工厂所属的组织发布符合 GB/T 24001 要求的自我声明；

② 相关方出具的工厂符合 GB/T 24001 要求的第二方声明；

③ 第三方认证机构颁发的工厂或工厂所属的组织符合 GB/T 24001 要求的认证证书。

2. 能源管理体系

工厂应建立能源方针、能源目标、过程和程序以及实现能源绩效目标，为制定、实施、实现、评审和保持能源方针提供所需的组织机构、规划活动、机构职责、惯例、程序、过程和资源。可采取以下证明方式：

① 由工厂或工厂所属的组织发布符合 GB/T 23331 要求的自我声明；

② 相关方出具的工厂符合 GB/T 23331 要求的第二方声明；

③ 第三方认证机构颁发的工厂或工厂所属的组织符合 GB/T 23331 要求的认证证书。

3. 社会责任报告

工厂或工厂所属的组织按照 GB/T 36000—2015、ISO 26000 或 SA 8000 的要求，编制社会责任报告，发布在网站或通过印刷形式向利益相关方传达。

（二）环境排放管理

1. 一般要求

① 如工厂对环境的直接排放无法满足国家、行业、地方相关法律法规、标准需要时，需建设废气、废水、粉尘、固体废物、噪声等处理设施，优先采购《国家鼓励发展的重大环保技术装备目录》《大气污染防治重点工业行业清洁生产技术推行方案》中的技术装备；

② 工厂可配备 $PM_{2.5}$ 便携式监测仪、挥发性有机物（VOCs）在线分析仪等环境监测仪器；

③ 工厂可采用高浓度氨氮废水处理、超临界水氧化处理、动态膜过滤、污泥高速流体喷射破碎干化等回收处理技术；

④ 工厂也可将污染物处理外包给园区公共基础设施（如园区的污水处理设施）、有资质的污染物处理企业，以实现达标排放。

2. 固体废物

企业应按照《中华人民共和国固体废物污染环境防治法》的要求，管理工业固体废物和危险废物。

① 依据 GB 18599《一般工业固体废物贮存、处置场污染控制标准》等国家和行业标准，管理一般工业固体废物；

② 依据 GB 18597《危险废物贮存污染控制标准》、GB 18598《危险废物填埋污染控制标准》和 GB 18484《危险废物焚烧污染控制标准》等有关标准和规定处置危险废物；

③ 制定固体废物回收处理要求，落实责任，防止固体废物的非正规处理；

④ 需要委托外部回收处理的企业，与符合《再生资源回收管理办法》《危险废物经营许可证管理办法》且具有相关资质的单位签署回收处理协议。

3. 温室气体

① 温室气体核查可依据 ISO 14064 标准；

② 已开展碳排放权交易的地区，可依据当地发布的碳排放核查要求；

③ 工厂可推动使用再生能源和植树造林等方式，来实现碳中和，降低温室效应。

（三）环境绩效管理

废弃电器电子产品处理工厂可综合参照基础设施、管理体系、能源与资源投入、产品、环境排放等部分建设内容，实现工厂用地集约化、生产洁净化、废物资源化、能源低碳化的绿色工厂建设目标，提升以下环境绩效指标：

1. 容积率

$$R=\frac{A_{建筑}+A_{构筑}}{A_{用地}} \tag{12-1}$$

式中 R——工厂容积率，无单位；

$A_{建筑}$——工厂总建筑物建筑面积，参照 GB/T 50353—2013《建筑工程建筑面积计算规范》计算，m^2；

$A_{构筑}$——工厂总构筑物建筑面积，m^2；

$A_{用地}$——工厂用地面积，m^2。

2. 单位用地面积产值

$$n=\frac{N}{A_{用地}} \tag{12-2}$$

式中 n——单位用地面积产值，万元/hm^2；

N——工厂总产值，万元；

$A_{用地}$——工厂用地面积，hm^2。

3. 单位产品主要污染物产生量

单位产品主要污染物产生量按照式(12-3) 计算。

$$s_i=\frac{S}{Q} \tag{12-3}$$

式中 s_i——生产单位合格产品某种主要污染物产生量；

S——统计期内，某种主要污染物产生量；

Q——统计期内合格产品产量。

4. 单位产品废气产生量

生产单位合格产品废气产生量按照式(12-4) 计算。

$$g_i=\frac{G}{Q} \tag{12-4}$$

式中 g_i——单位产品某种废气产生量；

G——统计期内，某种废气产生量；

Q——统计期内合格产品产量。

5. 单位产品废水产生量

生产单位合格产品的废水产生量，按照式(12-5) 计算。

$$w_i=\frac{W}{Q} \tag{12-5}$$

式中 w_i——单位产品废水产生量；

W——统计期内，废水产生量；

Q——统计期内合格产品产量。

6. 单位产品主要原材料消耗量

单位产品主要原材料消耗量按式(12-6) 计算。

$$m_i=\frac{M}{Q} \tag{12-6}$$

式中 m_i——单位产品主要原材料消耗量；

M——统计期内，生产某种产品的某种主要原材料消耗总量；

Q——统计期内合格产品产量。

7. 工业固体废物综合利用率

工业固体废物综合利用率参照 GB/T 32326—2015《工业固体废物综合利用技术评价导则》计算。

8. 废水处理回用率

废水处理回用率参照 GB/T 32327—2015《工业废水处理与回用技术评价导则》计算。

9. 单位产品综合能耗

已发布单位产品能耗限额标准或能耗计量统计标准的，按照相关标准进行计算，未发布相关标准的，参照 GB/T 2589—2020《综合能耗计算通则》和 GB/T 12723—2013《单位产品能源消耗限额编制通则》进行计算。

10. 单位产品碳排放量

生产单位合格产品碳排放量按式(12-7) 计算。

$$c_i=\frac{C}{Q} \tag{12-7}$$

式中 c_i——单位产品碳排放量；

C——统计期内，工厂边界内二氧化碳当量排放量，$kgCO_2e$；

Q——统计期内合格产品产量。

四、绿色工厂评价

1. 评价指标框架

废弃电器电子产品处理绿色工厂应在保证产品功能、质量以及制造过程中员工职业健康安全的前提下，引入生命周期思想，满足基础设施、管理体系、能源与资源投入、产品、环境排放、环境绩效的综合评价要求。绿色工厂评价指标框架见图 12-4。

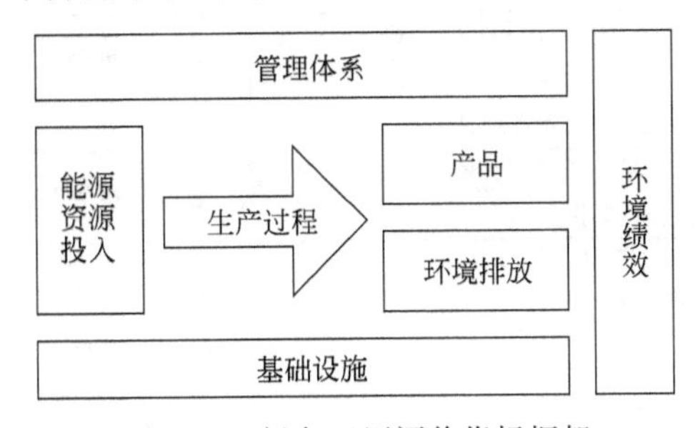

图 12-4 绿色工厂评价指标框架

2. 评价指标

废弃电器电子产品处理绿色工厂评价指标分为一级指标和二级指标，具体要求包括基本要求和预期性要求（见表 12-11）。基本要求是纳入绿色工厂试点示范项目的必选评价要求，预期性要求是绿色工厂创建的参考目标。

表 12-11　绿色工厂评价指标表

一级指标	二级指标	基本要求	预期性要求
一般要求	合规性与相关方要求	工厂应依法设立，在建设和生产过程中应遵守有关法律、法规、政策和标准，近三年无重大安全、环保、质量等事故，成立不足三年的企业，成立以来无重大安全、环保、质量等事故。 对利益相关方环境要求做出承诺的，应同时满足有关承诺要求	—
	管理职责	最高管理者应分派绿色工厂相关的职责和权限，确保相关资源的获得，并承诺和确保满足绿色工厂评价要求。 工厂应设有绿色工厂管理机构，负责有关绿色制造的制度建设、实施、考核及奖励工作，建立目标责任制。 工厂应有绿色工厂建设中长期规划及量化的年度目标和实施方案。 工厂定期提供绿色工厂相关教育、培训，并评估教育和培训结果	—
基础设施	建筑	工厂新建、改建和扩建建筑时，应遵守国家"固定资产投资项目节能评估审查制度""三同时制度""工业项目建设用地控制指标"等产业政策和有关要求。 工厂的建筑应满足国家或地方相关法律法规及标准的要求。 厂房内部装饰装修材料中醛、苯、氨、氡等有害物质必须符合国家和地方法律、标准要求。 危险品仓库、有毒有害操作间、废弃物处理间等产生污染物的房间应独立设置	工厂建筑从建筑材料、建筑结构、绿化及场地、再生资源及能源利用等方面进行建筑的节材、节能、节水、节地及可再生能源利用。 适用时，工厂的厂房采用多层建筑
	计量设备	工厂应依据 GB 17167、GB 24789 等要求配备、使用和管理能源、水以及其他资源的计量器具和装置。能源及资源使用的类型不同时，应进行分类计量	—
	照明	工厂厂区及各房间或场所的照明功率密度应符合 GB 50034 规定现行值	工厂厂区和办公区采用自然光照明
管理体系	管理体系基本要求	工厂应建立、实施并保持满足 GB/T 19001 的要求的质量管理体系和满足 GB/T 28001 的要求的职业健康安全管理体系	通过质量管理体系和职业健康安全管理体系第三方认证
	环境管理体系	工厂应建立、实施并保持满足 GB/T 24001 要求的环境管理体系	通过环境管理体系第三方认证
	能源管理体系	工厂应建立、实施并保持满足 GB/T 23331 要求的能源管理体系	通过能源管理体系第三方认证
	社会责任	—	每年发布社会责任报告，说明履行利益相关方责任的情况，特别是环境社会责任的履行情况，报告公开可获得

续表

一级指标	二级指标	基本要求	预期性要求
能源资源投入	能源投入	工厂应优化用能结构，在保证安全、质量的前提下减少能源投入。 工厂及其生产的产品应满足工业节能相关的强制性标准。 已明令禁止生产、使用的和能耗高、效率低的设备应限期淘汰更新，用能设备或系统的实际运行效率或主要运行参数应符合该设备经济运行的。 适用时，工厂使用的设备应达到相关标准中能效限定值的强制性要求	工厂建有能源管理中心。 工厂建有厂区光伏电站、智能微电网。 工厂使用的通用用能设备采用了节能型产品或效率高、能耗低的产品。 工厂使用了低碳清洁的新能源。 可行时，使用可再生能源替代不可再生能源
	资源投入	工厂应减少原材料，尤其是有害物质的使用。 工厂应评估有害物质及化学品减量使用或替代的可行性	—
	采购	工厂应制定并实施选择、评价和重新评价供方的准则，确保供方能够提供符合工厂环保要求的材料、元器件、部件或组件。 工厂应确定并实施检验或其他必要的活动，确保采购的产品满足规定的采购要求	满足绿色供应链评价要求
产品	生态设计	工厂在产品设计中引入生态设计的理念	满足绿色产品(生态设计产品)评价要求
	节能	工厂生产的产品若为用能产品，应满足相关产品的国家、行业或地方发布的产品能效标准中的限定值要求，未制定产品能效标准的，产品能效应不低于行业平均值	达到国家、行业或地方发布的产品能效标准中的先进值要求，未制定产品能效标准的，产品能效达到行业前20%的水平
	碳足迹	—	采用公众可获取的标准或规范对产品进行碳足迹盘查或核查。 利用盘查或核查结果对其产品的碳足迹进行改善。盘查或核查结果对外公布
	有害物质限制使用	工厂生产的产品应减少有害物质的使用，并满足国家对产品中有害物质限制使用的要求	实现有害物质替代
环境排放	污染物处理设备	工厂应投入适宜的污染物处理设备，以确保其污染物排放达到相关法律法规及标准要求。污染物处理设备的处理能力应与工厂生产排放相适应，并应正常运行	—
	大气污染物排放	工厂的大气污染物排放应符合相关国家标准及地方标准要求	
	水体污染物排放	工厂的水体污染物排放应符合相关国家标准及地方标准要求	—
	固体废物排放	工厂需委托具有能力和资质的企业进行固体废物处理，适用时应符合相关废弃产品拆解处理要求标准	—
	噪声排放	工厂的厂界环境噪声排放应符合相关国家标准及地方标准要求	—
	温室气体排放	工厂应采用公众可获取的标准或规范对其厂界范围内的温室气体排放进行盘查，并利用盘查结果对其温室气体的排放进行改善	工厂获得温室气体排放量第三方核查声明。 利用核查结果对其温室气体的排放进行改善。 核查结果对外公布

续表

一级指标	二级指标	基本要求	预期性要求
绩效	用地集约化	工厂容积率应不低于《工业项目建设用地控制指标》的要求	工厂容积率达到《工业项目建设用地控制指标》要求的1.2倍以上
		单位用地面积产值不低于地方发布的单位用地面积产值的要求。未发布单位用地面积产值的地区，单位用地面积产值应超过本年度所在省市的单位用地面积产值	单位用地面积产值达到地方发布的单位用地面积产值的要求的1.5倍以上。 未发布单位用地面积产值的地区，单位用地面积产值应达到本年度所在省市的单位用地面积产值，建议达到1.2倍以上
	生产洁净化	单位产品主要污染物产生量（包括化学需氧量、氨氮、二氧化硫、氮氧化物等）应不高于行业平均水平（装备、电子、电器等离散制造业可采用单位产值或单位工业增加值指标）	单位产品主要污染物产生量优于行业前20%水平（装备、电子、电器等离散制造业可采用单位产值或单位工业增加值指标）
		单位产品废气产生量应不高于行业平均水平（装备、电子、电器等离散制造业可采用单位产值或单位工业增加值指标）	单位产品废气产生量优于行业前20%水平（装备、电子、电器等离散制造业可采用单位产值或单位工业增加值指标）
		单位产品废水产生量应不高于行业平均水平（装备、电子、电器等离散制造业可采用单位产值或单位工业增加值指标）	单位产品废水产生量优于行业前20%水平（装备、电子、电器等离散制造业可采用单位产值或单位工业增加值指标）
	废物资源化	单位产品主要原材料消耗量应不高于行业平均水平	单位产品主要原材料消耗量优于行业前20%水平
		工业固体废物综合利用率应大于65%（根据行业特点，该指标可在±20%之间选取）	工业固体废物综合利用率达到73%（根据行业特点，该指标可在±20%之间选取）
		废水处理回用率高于行业平均值	废水处理回用率优于行业前20%水平
	能源低碳化	单位产品综合能耗应符合相关国家、行业或地方标准中的限额要求。未制定相关标准的，应达到行业平均水平（装备、电子、电器等离散制造业可采用单位产值或单位工业增加值指标）	单位产品综合能耗达到相关国家、行业或地方标准中的先进值要求。 未制定相关标准的，应优于行业前20%水平（装备、电子、电器等离散制造业可采用单位产值或单位工业增加值指标）
		单位产品碳排放量应不高于行业平均水平（装备、电子、电器等离散制造业可采用单位产值或单位工业增加值指标）	单位产品碳排放量优于行业前20%水平（装备、电子、电器等离散制造业可采用单位产值或单位工业增加值指标）

第二节　废弃电器电子产品处理绿色园区评价

为实现污染集中治理，形成企业的空间集聚，便于环保、海关、质检统一监管，一些地区将电子废弃物加工利用企业集中在一起，选择处理技术水平和处理能力较大的企业入驻园区，建立“入园准则”，由地方环保部门发放“电子废弃物回收处理许可证”，建立了专业化的回收再利用系统，以便拓展延伸产业链，建成闭环的废弃电器电子产品“资源再生园”和“产品再生园”。对废弃电器电子产品处理园区进行评价有利于促进园区绿色发展和生态化建设。

一、评价指标构成

废弃电器电子产品处理绿色园区评价指标体系包括能源利用绿色化指标、资源利用绿色化指标、基础设施绿色化指标、产业绿色化指标、生态环境绿色化指标、运行管理绿色化指标 6 个方面。具体如表 12-2 所示。

表 12-12 废弃电器电子产品处理绿色园区评价指标体系

一级指标	序号	二级指标	指标单位	指标参照值	指标类型
能源利用绿色化指标(EG)	1	能源产出率	万元/tce	3	必选
	2	可再生能源使用比例	%	15	必选
	3	清洁能源使用率	%	75	必选
资源利用绿色化指标(RG)	4	水资源产出率	元/m^3	1500	必选
	5	土地资源产出率	亿元/km^2	15	必选
	6	固体废弃物综合利用率	%	95	必选
	7	工业用水重复利用率	%	90	必选
	8	中水回用率	%	30	4 项指标选 2 项
	9	余热资源回收利用率	%	60	
	10	废气资源回收利用率	%	90	
	11	再生资源回收利用率	%	80	
基础设施绿色化指标(IG)	12	污水集中处理设施	—	具备	必选
	13	新建工业建筑中绿色建筑的比例	%	30	2 项指标选 1 项
	14	新建公共建筑中绿色建筑的比例	%	60	
	15	500m 公交站点覆盖率	%	90	2 项指标选 1 项
	16	节能与新能源公交车比例	%	30	
产业绿色化指标(CG)	17	高新技术产业产值占园区工业总产值比例	%	30	必选
	18	绿色产业增加值占园区工业增加值比例	%	30	必选
	19	人均工业增加值	万元/人	15	2 项指标
	20	现代服务业比例	%	30	选 1 项
生态环境绿色化指标(HG)	21	固体废物(含危废)处置利用率	%	100	必选
	22	万元工业增加值碳排放量消减率	%	3	必选
	23	单位工业增加值废水排放量	t/万元	5	必选
	24	主要污染物弹性系数	—	0.3	必选
	25	园区空气质量优良率	%	80	必选
	26	绿化覆盖率	%	30	3 项指标选 1 项
	27	道路遮阴比例	%	80	
	28	露天停车场遮阴比例	%	80	
运行管理绿色化指标(MG)	29	绿色园区标准体系完善程度	—	完善	必选
	30	编制绿色园区发展规划	—	是	必选
	31	绿色园区信息平台完善程度	—	完善	必选

注：tce——吨标准煤，1tce=29.271GJ。

二、评价方法

(一) 废弃电器电子产品处理园区绿色指数的计算方法

园区绿色指数的计算方法如下面公式所示：

$$GI=\frac{1}{25}\left[\sum_{i=1}^{3}\frac{EG_i}{EG_{bi}}+\sum_{i=1}^{6}\frac{RG_i}{RG_{bi}}+\sum_{i=1}^{3}\frac{IG_i}{IG_{bi}}+\sum_{i=1}^{3}\frac{CG_i}{CG_{bi}}+\sum_{i=1}^{7}\frac{HG_i}{HG_{bi}}\left(或\frac{HG_{bi}}{HG_i}\right)+\sum_{i=1}^{3}\frac{MG_i}{MG_{bi}}\right]\times 100 \tag{12-8}$$

式中 GI——园区绿色指数；

EG_i——第 i 项能源利用绿色化指标值；

EG_{bi}——第 i 项能源利用绿色化指标基准值；

RG_i——第 i 项资源利用绿色化指标值；

RG_{bi}——第 i 项资源利用绿色化指标基准值；

IG_i——第 i 项基础设施绿色化指标值；

IG_{bi}——第 i 项基础设施绿色化指标基准值；

CG_i——第 i 项产业绿色化指标值；

CG_{bi}——第 i 项产业绿色化指标基准值；

HG_i——第 i 项生态环境绿色化指标值；

HG_{bi}——第 i 项生态环境绿色化指标基准值；

MG_i——第 i 项运行管理绿色化指标值；

MG_{bi}——第 i 项运行管理绿色化指标基准值。

正向指标（越大越好的指标）和逆向指标（越小越好的指标）数值的无量纲化分别采用指标值/基准值、基准值/指标值。在全部指标中，单位工业增加值废水排放量和主要污染物弹性系数属于逆向指标，无量纲化方法采用基准值/指标值。

（二）园区绿色化指标

1. 能源利用绿色化指标

能源利用绿色化指标包括能源产出率、可再生能源使用比例和清洁能源使用率 3 个必选指标。

（1）能源产出率（必选）

指标解释：指报告期内园区工业增加值与能源消耗总量的比值，该项指标越大，表明能源产出效率越高。能源主要包括原煤、原油、天然气、核电、水电、风电等一次能源。

$$r_{EP}=\frac{Q_V}{E_G}\times 100\% \tag{12-9}$$

式中 r_{EP}——能源产出率，%；

Q_V——园区工业增加值（万元不变价）；

E_G——能源综合消耗总量，tce。

（2）可再生能源使用比例（必选）

指标解释：园区内工业企业的可再生能源使用量与综合能耗总量的比值。可再生能源包括太阳能、水能、生物质能、地热能、氢能、波浪能等非化石能源。

$$r_{RU}=\frac{E_{RU}}{E_G}\times 100\% \tag{12-10}$$

式中 r_{RU}——可再生能源使用比例，%；

E_{RU}——可再生能源使用量，tce；

E_G——综合能耗总量，tce。

（3）清洁能源使用率（必选）

指标解释：指清洁能源使用量与园区终端能源消费总量之比，能源使用量均按标煤计。其中，清洁能源包括用作燃烧的天然气、焦炉煤气、其他煤气、炼厂干气、液化石油气等清洁燃气、电和低硫轻柴油等清洁燃油（不包括机动车用燃油）。

$$r_{CU}=\frac{E_{CU}}{E_G}\times 100\% \tag{12-11}$$

式中 r_{CU}——清洁能源使用率，%；

E_{CU}——清洁能源使用量，tce；

E_G——终端能源消费总量，tce。

2. 资源利用绿色化指标

资源利用绿色化指标包括水资源产出率、土地资源产出率、工业固体废物综合利用率和工业用水重复利用率4个必选指标；以及从中水回用率、余热资源回收利用率、废气资源回收利用率和再生资源回收利用率4个可选指标中选取的2个指标。

(1) 水资源产出率（必选）

指标解释：园区消耗单位新鲜水量所创造的工业增加值。工业用新鲜水量：指企业厂区内用于生产和生活的新鲜水量（生活用水单独计量且生活污水不与工业废水混排的除外），等于企业从城市自来水取用的水量和企业自备水用量之和。

$$r_{WP}=\frac{Q_V}{W_G}\times 100\% \tag{12-12}$$

式中 r_{WP}——水资源产出率，%；

Q_V——园区工业增加值（万元不变价）；

W_G——园区工业用新鲜水量，m^3。

(2) 土地资源产出率（必选）

指标解释：园区单位工业用地面积产生的工业增加值。工业用地面积指工业园区规划建设范围内按照土地规划作为工业用地并已投入生产的土地面积。工业用地指工矿企业的生产车间、库房及其附属设施等用地，包括专用的铁路、码头和道路等用地，不包括露天矿用地。

$$r_{AP}=\frac{Q_V}{A_G}\times 100\% \tag{12-13}$$

式中 r_{AP}——土地产出率，%；

Q_V——园区工业增加值（万元不变价）；

A_G——园区工业用地面积，km^2。

(3) 工业固体废物综合利用率（必选）

指标解释：指固体废物综合利用量占固体废物产生量（包括综合利用往年贮存量）的百分率。固体废物综合利用量指企业通过回收、加工、循环、交换等方式，从固体废物中提取或者使其转化为可以利用的资源、能源和其他原材料的固体废物量。

$$r_{SR}=\frac{S_{SR}}{S_P+S_S}\times 100\% \tag{12-14}$$

式中 r_{SR}——固体废物综合利用率，%；

S_{SR}——固体废弃物综合利用量，t；

S_P——固体废弃物产生量，t；

S_S——综合利用往年贮存量，t。

(4) 工业用水重复利用率（必选）

指标解释：指工业重复用水量占工业用水总量的百分率。工业重复用水量指企业生产用水中重复再利用的水量，包括循环使用、一水多用和串级使用的水量（含经处理后回用量）。工业用水总量指企业厂区内用于生产和生活的水量，它等于工业用新鲜水量与工业重复用水量之和。

$$r_{WR}=\frac{W_{WR}}{W_G}\times 100\% \tag{12-15}$$

式中　r_{WR}——工业用水重复利用率,%;

W_{WR}——工业重复用水量，m^3;

W_G——工业用水总量，m^3。

(5) 中水回用率（可选）

指标解释：指园区内再生水的回用量与污水处理厂处理量的比值。其中，再生水（中水）是指二级达标水经再生工艺净化处理后，达到中水水质指标要求，满足某种使用要求的水。

$$r_{RU}=\frac{W_{RU}}{W_{GT}}\times 100\% \tag{12-16}$$

式中　r_{RU}——中水回用率,%;

W_{RU}——园区再生水（中水）回用量，10^4 t;

W_{GT}——园区污水处理厂处理量，10^4 t。

(6) 余热资源回收利用率（可选）

指标解释：已回收利用的余热占园区余热资源的比重。它是反映企业余热资源回收利用程度的重要指标。余热回收利用是回收生产工艺过程中排出的具有高于环境温度的气态（如高温烟气）、液态（如冷却水）、固态（如各种炉渣）物质所载有的热能，并加以利用的过程。

$$r_{RU}=\frac{E_{RU}}{E_{GR}}\times 100\% \tag{12-17}$$

式中　r_{RU}——余热资源回收利用率,%;

E_{RU}——回收利用的余热资源量，kJ;

E_{GR}——园区总余热资源量，kJ。

(7) 废气资源回收利用率（可选）

指标解释：回收利用的废气资源量占园区废气资源的比重。废气资源量为经技术经济分析确定的可回收利用的废气量。园区中可回收利用的废气资源包括但不限于焦炉煤气、高炉煤气、转炉煤气、电石尾气、黄磷尾气、化工合成驰放气。

$$r_{RU}=\frac{g_{RU}}{g_{GR}}\times 100\% \tag{12-18}$$

式中　r_{RU}——废气资源回收利用率,%;

g_{RU}——回收利用的废气资源量，$10^4 m^3$;

g_{GR}——园区可回收利用总废气资源量，$10^4 m^3$。

(8) 再生资源回收利用率（可选）

指标解释：指标主要适用于再生资源类园区，是指园区内再生资源的循环利用量与再生资源收集量的比值。再生资源主要包括但不限于废钢铁、废有色金属、废纸、废塑料、废旧纺织品、废旧木材、废旧轮胎、废矿物油、废弃电器电子产品、报废汽车等。

$$r_{SU}=\frac{E_{SU}}{E_{GS}}\times 100\% \tag{12-19}$$

式中　r_{SU}——再生资源回收利用率,%;

E_{SU}——再生资源循环利用量，10^4 t;

E_{GS}——再生资源收集量，$10^4 t$。

3. 基础设施绿色化指标（1个必选指标+2个可选指标）

基础设施绿色化指标包括污水集中处理设施1个必选指标，从新建工业建筑中绿色建筑比例和新建公共建筑中绿色建筑比例的2个可选指标中选取的1个指标和从500m公交站点覆盖率、节能与新能源公交车比例的2个可选指标中选取的1个指标。

(1) 污水集中处理设施（必选）

指标解释：园区内所有工业废水经预处理达到集中处理要求后进入安装有自动在线监控装置的污水集中处理设施（园区内或园区外）。

(2) 新建工业建筑中绿色建筑的比例（可选）

指标解释：园区新建工业建筑中的绿色建筑是按照GB/T 50878—2013《绿色工业建筑评价标准》评价，获得二星及以上评级的工业建筑。

$$r_{IG}=\frac{A_{IG}}{A_I}\times 100\% \tag{12-20}$$

式中 r_{IG}——新建工业建筑中绿色建筑的比例，%；

A_{IG}——新建工业建筑中绿色建筑的面积，m^2；

A_I——园区新建工业建筑面积，m^2。

(3) 新建公共建筑中绿色建筑的比例（可选）

指标解释：园区新建公共建筑中的绿色建筑是按照GB/T 50378—2019《绿色建筑评价标准》评价，获得二星及以上评级的公共建筑。

$$r_{IPG}=\frac{A_{IPG}}{A_{IP}}\times 100\% \tag{12-21}$$

式中 r_{IPG}——新建公共建筑中绿色建筑的比例，%；

A_{IPG}——新建公共建筑中绿色建筑的面积，m^2；

A_{IP}——园区新建公共建筑面积，m^2。

(4) 500m公交站点覆盖率（可选）

指标解释：园区公共交通车站服务覆盖面积的总和占园区建成区面积的百分比。

计算公式：具体根据GB 50220计算。

(5) 节能与新能源公交车比例（可选）

指标解释：新能源公交车是指采用新型动力系统，完全或主要依靠新型能源驱动的公交车。非插电式混合动力公交车是指没有外接充电功能的混合动力公交车。新能源公交车和非插电式混合动力公交车合称节能与新能源公交车。

$$r_{ES}=\frac{n_{ES}}{N_G}\times 100\% \tag{12-22}$$

式中 r_{ES}——节能与新能源公交车比例，%；

n_{ES}——节能与新能源公交车数量，辆；

N_G——园区公交车总量，辆。

4. 产业绿色化指标（2个必选指标+1个可选指标）

产业绿色化指标包括高新技术产业产值占园区工业总产值比例和绿色产业增加值占园区

工业增加值比例2个必选指标，以及从人均工业增加值和现代服务业比例的两个可选指标中选取的1个指标。

(1) 绿色产业增加值占园区工业增加值比例（必选）

指标解释：园区内绿色产业的增加值与园区工业增加值的比值。其中，绿色产业增加值是依据国家统计局《战略性新兴产业分类（2012年版）（试行）》中关于节能环保产业和新能源产业的具体分类统计得到。

$$r_{Ga}=\frac{q_{Ga}}{Q_{Ia}}\times 100\% \tag{12-23}$$

式中 r_{Ga}——绿色产业增加值占园区工业增加值比例，%；

q_{Ga}——绿色产业增加值，万元；

Q_{Ia}——园区工业增加值，万元。

(2) 高新技术产业产值占园区工业总产值比例（必选）

指标解释：园区内高新技术企业的工业总产值占园区工业总产值的比值。其中，高新技术企业是指依据《高新技术企业认定管理办法》认定的工业范畴的高新技术企业。

$$r_{N}=\frac{\sum q_{N}}{Q_{I}}\times 100\% \tag{12-24}$$

式中 r_{N}——高新技术产业产值占园区工业总产值比例，%；

$\sum q_{N}$——高新技术企业的工业产值之和，万元；

Q_{I}——工业园区工业总产值，万元。

(3) 人均工业增加值（可选）

指标解释：园区工业增加值与园区内工业企业从业人数的比值。

$$q_{P}=\frac{Q_{Ia}}{N_{I}} \tag{12-25}$$

式中 q_{P}——人均工业增加值，万元/人；

Q_{Ia}——园区工业增加值，万元；

N_{I}——园区年末工业企业从业人数，人。

(4) 现代服务业比例（可选）

指标解释：为适应现代园区发展的需求而产生和发展起来的具有高技术含量和高文化含量的服务业。主要包括基础服务（包括通信服务和信息服务）、生产和市场服务（包括金融、物流、批发、电子商务、农业支撑服务以及中介和咨询等专业服务）、个人消费服务（包括教育、医疗保健、住宿、餐饮、文化娱乐、旅游、房地产、商品零售等）和公共服务（包括政府的公共管理服务、基础教育、公共卫生、医疗以及公益性信息服务等）。

$$r_{S}=\frac{q_{S}}{\mathrm{GDP}}\times 100\% \tag{12-26}$$

式中 r_{S}——现代服务业比例，%；

q_{S}——现代服务业增加值，万元；

GDP——园区生产总值，万元。

5. 生态环境绿色化指标（5个必选指标+1个可选指标）

生态环境绿色化指标包括工业固体废物（含危废）处置利用率、万元工业增加值碳排放量消减率、单位工业增加值废水排放量、主要污染物弹性系数和园区空气质量优良率5个必选指标，以及从道路遮阴比例、露天停车场遮阴比例的2个可选指标选取的1个指标。

(1) 工业固体废物（含危废）处置利用率（必选）

指标解释：园区范围内各工业企业安全处置、综合利用及安全贮存的工业固体废物量（含危险废物）之和与当年工业固体废物总产生量的比值。

$$r_{TR}=\frac{m_{TR}}{M_P}\times 100\% \tag{12-27}$$

式中 r_{TR}——工业固体废弃物（含危废）处置利用率，%；

m_{TR}——园区当年工业固体废物处置利用量（含危险废物），t；

M_P——园区当年工业固体废物总产生量，t。

(2) 万元工业增加值碳排放量消减率（必选）

指标解释：园区内工业企业产生单位工业增加值所排放的二氧化碳当量的创建期年均消减率。创建期是指绿色园区创建周期。

$$r_{CD}=\frac{\left(1-\frac{m_C}{M_C}\right)}{N}\times 100\% \tag{12-28}$$

式中 r_{CD}——万元工业增加值碳排放量消减率，%；

m_C——验收年单位工业增加值二氧化碳排放量，tCO_2eq/万元；

M_C——创建基准年单位工业增加值二氧化碳排放量，tCO_2eq/万元；

N——创建周期，年。

(3) 单位工业增加值废水排放量（必选）

指标解释：指园区单位工业增加值排放的工业废水量，不包括企业梯级利用的废水和园区内居民排放的生活废水。

$$W_{EX}=\frac{\sum W}{Q_G} \tag{12-29}$$

式中 W_{EX}——单位工业增加值废水排放量，t/万元；

$\sum W$——园区工业废水排放总量，t；

Q_G——园区工业增加值总量，万元。

(4) 主要污染物弹性系数（必选）

指标解释：指园区内工业企业排放的各类主要污染物排放弹性系数的算术平均值。其中，主要污染物指从创建基准年到验收年，国家政策明确要求总量减排和控制的污染物，包括COD、SO_2、氨氮、NO_x等。某种主要污染物排放弹性系数，指园区内工业企业排放的某一种主要污染物排放总量的三年年均增长率与工业增加值三年年均增长率的比值。

$$f_{iEX}=\frac{r_{ima}}{r_{Qa}} \tag{12-30}$$

式中 f_{iEX}——某种污染物排放弹性系数；

r_{ima}——某种污染物排放量创建周期年均增长率，%；

r_{Qa}——园区工业增加值创建周期年均增长率，%。

$$f_{MEX}=\frac{\sum f_{ma}}{N} \tag{12-31}$$

式中　f_{MEX}——主要污染物排放弹性系数；

$\sum f_{ma}$——主要污染物排放弹性系数之和；

N——污染物个数。

(5) 园区空气质量优良率（必选）

指标解释：指空气质量优良天数占全年天数的比例。

(6) 绿化覆盖率（可选）

指标解释：园区内各类绿地总面积与园区规划范围内用地总面积的比值。

$$r_{GC}=\frac{\sum A_i}{A_G} \tag{12-32}$$

式中　r_{GC}——绿色覆盖率,%；

$\sum A_i$——园区内各类绿地总面积，m^2；

A_G——园区用地总面积，m^2。

(7) 道路遮阴比例（可选）

指标解释：指道路两旁树冠垂直投影遮蔽的总阴影面积与步行道路总面积的比值。

$$r_L=\frac{\sum A_L}{A_G} \tag{12-33}$$

式中　r_L——道路遮阴比例,%；

$\sum A_L$——道路两旁树冠垂直投影遮蔽的总阴影面积，m^2；

A_G——步行道路总面积，m^2。

(8) 露天停车场遮阴比例（可选）

指标解释：指露天停车场树冠垂直投影遮蔽的总阴影面积与露天停车场总面积的比值。

$$r_{LS}=\frac{\sum A_{LS}}{A_{GS}} \tag{12-34}$$

式中　r_{LS}——露天停车场遮阴比例,%；

$\sum A_{LS}$——露天停车场树冠垂直投影遮蔽的总阴影面积，m^2；

A_{GS}——露天停车场总面积，m^2。

6. 运行管理绿色化指标（3 个必选指标）

运行管理绿色化指标包括绿色园区标准体系完善程度、编制绿色园区发展规划和绿色园区信息平台完善程度 3 个必选指标。

(1) 绿色园区标准体系完善程度（必选）

指标解释：主要考核是否建立与其产业链和主导产业相适应的绿色园区标准体系，具体包括能源利用绿色化标准、资源利用绿色化标准、基础设施绿色化标准、产业绿色化标准、生态环境绿色化标准等；是否制定监管强制性绿色相关标准执行的有关制度文件；是否开展绿色相关标准的宣贯和培训等。

(2) 编制绿色园区发展规划（必选）

指标解释：按照本实施方案的创建内容编制绿色园区发展规划，原则上每五年编制一次。

(3) 绿色园区信息平台完善程度（必选）

指标解释：主要考核是否创建局域网；是否定期在园区管委会网站、局域网或相关网站上发布绿色园区建设和改造信息；是否在园区局域网上有园区主导行业清洁生产技术信息（主要包括原材料选择、节水、节能、环保等方面）、废物资源化技术信息、绿色建筑技术信息、绿色交通技术信息等。

第三节　废弃电器电子产品处理绿色供应链

废弃电器电子产品回收公司将废弃电器电子产品进行回收分类，然后统一运输到处理产业园区，由废弃电器电子产品加工利用企业进行拆解和再利用。在园区内分别设立废弃电器电子产品维修区、废弃电器电子产品堆放拆解区、再生品加工处理区、废弃电器电子产品检测中心、环境综合治理区、废弃电器电子产品冶炼区等，对废弃电器电子产品进行再利用、再制造、资源化和无害化处理。

一、废弃电器电子产品绿色供应链特点

废弃电器电子产品处理绿色供应链是将环境保护和资源节约的理念贯穿于废弃电器电子产品处理企业的废弃电器电子产品收集、运输、储存、拆解、再利用（或再制造）全过程，使废弃电器电子产品处理企业的经济活动与上下游产业保持良好的供应关系。推行绿色供应链管理的目的是发挥供应链上核心企业的主体作用，一方面做好自身的节能减排和环境保护工作，不断扩大对社会的有效供给，另一方面引领带动供应链上下游企业持续提高资源能源利用效率，改善环境绩效，实现绿色发展。表 12-13 为废弃电器电子产品处理绿色供应链企业基本要求。

表 12-13　废弃电器电子产品处理绿色供应链企业基本要求

企业能力	具有独立法人资格
	具有较强的行业影响力
	拥有数量众多的供应商，在供应商中有很强的影响力，与上下游供应商建立良好的合作关系
	近三年无重大安全和环境污染事故
	对实施绿色供应链管理有明确的工作目标、思路、计划和措施
企业制度	具有较完善的能源资源、环境管理体系，各项管理制度健全，符合国家和地方的法律法规及标准规范要求
	有完善的供应商管理体系，建立健全的供应商认证、选择、审核、绩效管理和退出机制
	有健全的财务管理制度，销售盈利能力处于行业领先水平

二、废弃电器电子产品企业绿色供应链管理

1. 确立可持续的绿色供应链管理战略

废弃电器电子产品企业应将绿色供应链管理理念纳入发展战略规划，明确绿色供应链管理目标，设置管理部门，推进本企业绿色供应链管理工作。用整体系统的观点管理废弃电器

电子产品收集、运输、储存、拆解、再利用（或再制造）等业务流程，识别能源资源、环境风险和机遇，带动上下游企业深度协作，发挥绿色供应链管理优势，不断降低环境风险，提高能源资源利用效率，扩大绿色产品市场份额。

2. 实施绿色供应商管理

废弃电器电子产品企业要树立绿色采购理念，不断改进和完善采购标准、制度，将绿色采购贯穿原材料、产品和服务采购的全过程。要从物料环保、污染预防、节能减排等方面对供应商进行绿色伙伴认证、选择和管理，推动供应商持续提高绿色发展水平，共同构建绿色供应链，引导供应商减少各种原辅材料和包装材料用量，避免或减少环境污染。

3. 强化绿色生产

企业要建立绿色设计理念，整合环境数据资源，建立基础过程和产品数据库，构建评价模型，开展全生命周期（LCA）评价。不断提升绿色技术创新能力，采用先进适用的工艺技术与设备，减少或者避免生产过程中污染物的产生和排放。积极参与国际相关技术规范标准的制定，促进业界绿色生产水平提升，引领行业变革。

4. 搭建绿色信息收集监测披露平台

废弃电器电子产品处理企业要建立能源消耗在线监测体系和减排监测数据库，定期发布企业社会责任报告，披露企业节能减排目标完成情况、污染物排放、违规情况等信息。要建立绿色供应链信息平台，收集绿色回收、绿色采购、绿色生产等过程的数据，建立供应链上下游企业之间的信息交流机制，实现回收商、再利用（再制造）商、材料使用商以及政府部门之间的信息共享。

三、企业绿色供应链管理评价方法

废弃电器电子产品处理企业绿色供应链管理评价由第三方组织实施，第三方根据绿色供应链管理关键环节，按照评价标准对企业进行实地调查，查阅相关文件、报表、数据等，确保评价结果客观准确。

绿色供应链管理评价指标体系（表12-14）包括绿色供应链管理战略指标、绿色供应商管理指标、绿色生产指标、绿色回收指标、绿色信息平台建设指标、绿色信息披露指标6个方面。

表12-14　电子电器企业绿色供应链管理评价指标体系

一级指标	序号	二级指标			
		名称	最高分值	指标类型	评分标准
绿色供应链管理战略X1（15分）	1	纳入公司发展规划X11	5	定性	①企业公开发布的公司愿景、战略规划中，有绿色供应链管理的内容，得5分。 ②企业内部战略规划中，有绿色供应链管理的内容，得3分
	2	分年度制定绿色供应链管理目标X12	5	定量	围绕绿色供应商管理、绿色生产、绿色销售与回收、绿色供应链信息系统建设、绿色信息披露五个关键环节制定可量化的年度目标，每一个环节目标得1分
	3	设置管理机构和人员X13	5	定性	①有负责企业绿色供应链管理实施、考核及奖励的部门和人员，得5分。 ②没有设置部门，有负责企业绿色供应链管理相关工作的人员，得3分

续表

一级指标	序号	二级指标			
		名称	最高分值	指标类型	评分标准
实施绿色供应商管理X2(25分)	4	有完善的绿色采购制度方案X21	4	定量	要包含《企业绿色采购指南(试行)》中8个要素内容。①绿色采购目标、标准;②绿色采购流程;③绿色供应商筛选、认定的条件和程序;④绿色采购合同履行过程中的检验和争议处理机制;⑤绿色采购信息公开的范围、方式、频次等;⑥绿色采购绩效的评价;⑦实施产品下架、召回和追溯制度;⑧实施绿色采购的其他有关内容。每个要素0.5分,总计4分
	5	对供应商提出绿色要求X22	5	定量	①要求供应商建立、实施并保持满足GB/T 19001要求的质量管理体系、GB/T 28001要求的职业健康安全管理体系、GB/T 24001要求的环境管理体系和GB/T 23331要求的能源管理体系。每项0.5分,总计2分。 ②要求供应商进行生态设计,分值1分。 ③要求供应商对自身资源能源消耗、污染物排放、有害物质使用等进行有效管理,分值1分。 ④要求供应商对其上级供应商的环境绩效、资源能源消耗、有害物质限制使用等方面进行管控,分值1分
	6	建立供应商绩效评估和分类管理制度X23	7	定量	①供应商绩效评估表中绿色要求包括内容:a.供应商近三年内未发生过质量、安全、环境事故(每项0.5分,共1.5分);b.供应商质量、环境、职业健康安全、能源管理体系建设(每项0.5分,共2分);c.供应商使用绿色物料,减少有害物质使用(0.5分);d.供应商产品易于再生利用(0.5分);e.供应商采用绿色包装(0.5分)。总计5分。 ②对供应商进行分类管理,有对应的管控措施,分值2分
	7	建立供应商培训和合作机制X24	5	定量	①企业有供应商培训制度和合作机制的文件,每项1分,合计2分。 ②每年对供应商进行培训(包括供应商大会),培训一次1分,三次及以上3分
	8	低风险供应商占比X25	3	定量	低风险供应商指三年内没有出现违规违法情形、在供应商绩效评估中属于中等以上水平的供应商。基准值为80%。达到或超过80%的分值为3分,低于80%的分值=比例值/80%×3
绿色生产X3(15分)	9	生产企业遵守国家法律法规X31	3	定量	生产企业近三年内未发生过质量、安全、环境事故。国家企业信用信息公示系统及地方工商、环保、安监、质检等部门网站,没有企业在近三年内受到相关处罚或违规的信息和记录。质量、安全、环境每项1分,总计3分
	10	着眼产品全生命周期推行绿色设计X32	3	定量	①不使用或减少使用有毒有害物质,开发使用安全无毒害、低毒害的替代物质。 ②通过采用模块化设计,元(器)件和零(部)件的寿命趋同设计,易维修、易升级设计等,延长产品的使用寿命。 ③减少使用材料的种类,多使用易回收利用材料,采用国际通行的标识标准对零(部)件(材料)进行标识,采取有利于废弃产品拆解的设计和工艺,提高废弃产品的再利用率。 ④通过标准化使产品的通用零(部)件,在不同品牌或同一品牌的不同型号之间实现互换。 ⑤采取易于回收和再利用或易处理的包装材料。 ⑥选择绿色物料,使用可再生材料。 以上每项0.5分,合计3分

续表

一级指标	序号	二级指标			
		名称	最高分值	指标类型	评分标准
绿色生产X3（15分）	11	生产绿色产品X33	2	定性	主要包括①节能产品，即能效等级为一二级电器电子产品。②中国环境标志认证的电器电子产品。③国家统一推行的RoHS认证的电器电子产品。④列入工业和信息化部发布的绿色设计产品名录的电器电子产品。以上有一项符合即可，分值2分
	12	建立有害物质控制管理制度X34	3	定量	有害物质，是指电器电子产品中含有的下列物质：铅及其化合物、汞及其化合物、镉及其化合物、六价铬化合物、多溴联苯(PBB)、多溴二苯醚(PBDE)、国家规定的其他有害物质。有害物质控制管理制度应重点针对以下六个方面建立：①设计电器电子产品时，在满足工艺要求的前提下应当按照电器电子产品有害物质限制使用国家标准或行业标准，采用无害或低害、易于降解、便于回收利用等方案。②生产电器电子产品时，应当按照电器电子产品有害物质限制使用国家标准或行业标准，采用资源利用率高、易回收处理、有利于环境保护的材料、技术和工艺，限制或者淘汰有害物质在产品中的使用。③使用电器电子产品包装物时，应当采用无害、易于降解和便于回收利用的材料，遵守包装物使用的国家标准或行业标准。④按照电器电子产品有害物质限制使用标识的国家标准或行业标准，对投放市场的电器电子产品中含有的有害物质进行标注。⑤按照电器电子产品有害物质限制使用标识的国家标准或行业标准，在生产或进口的电器电子产品上或产品说明中标注环保使用期限，环保使用期限由电器电子产品的生产者自行确定。⑥不得销售违反电器电子产品有害物质限制使用国家标准或行业标准的电器电子产品。以上每项0.5分，合计3分
	13	技术工艺设备先进X35	2	定性	采用国家鼓励的技术工艺和设备，优化工艺环节，降低能耗以及减少废弃物产生。根据企业实际情况给分，最高2分
	14	开展绿色仓储物流X36	2	定性	采用节能型绿色仓储设施和设备，仓库做回收废旧产品的中转站，采用低能耗、低排放运输工具。根据企业实际情况给分，最高2分
绿色销售与回收X4(25分)	15	加强绿色产品宣传X41	3	定性	在销售网点或企业网站，设置绿色产品专柜或专区，进行绿色宣传，引导绿色消费，分值3分
	16	开展绿色产品促销X42	3	定量	定期针对绿色产品开展以旧换新活动。1年1次得1分，2次得2分，3次及以上得3分
	17	履行基金缴纳义务X43	3	定性	按照电器电子产品基金征收范围和标准缴纳基金，分值3分
	18	回收体系建设X44	4	定量	依托销售渠道、维修网点等逆向物流优势，建立废旧电器电子产品回收体系或委托第三方机构对产品回收。回收点＜50个，1分；50个≤回收点＜100个，2分；100个≤回收点＜200个，3分；回收点≥200个，分值4分
	19	产品返回率X45	5	定量	以2016年各类产品返回率的行业平均值为基准数据，某种产品实际返回率等于或高于行业平均值，得5分；低于平均值，实际返回率/行业平均值*5即为所得分值。如果有多种产品返回率，最终产品返回率等于各种产品返回率的算术平均值
	20	回收产品得到规范处理X46	2	定性	选择具有废弃电器电子产品处理资质的处理企业或列入临时名录的电子废物拆解利用处置单位建立合作伙伴关系，对回收的废弃电器电子产品进行拆解处理。生产企业提供符合要求的合作处理企业合作合同，得2分

续表

一级指标	序号	二级指标			
		名称	最高分值	指标类型	评分标准
绿色销售与回收X4(25分)	21	发布电器电子产品拆解指南X47	2	定量	指南可以以纸质文件或电子文件形式提供,应便于处理企业获取。拆解指南至少应包括以下内容:①可再生利用的零(部)件目录;②对人体和环境具有危害的单元或组件及其处理指南;③可再生利用零部件的再生利用方式、方法;④难以处理的零部件目录。 每一项0.5分,合计2分
	22	开展资源化利用与协同创新X48	3	定量	生产企业和资源利用企业合作,在满足生产要求的前提下将回收材料通过处理重新回到生产环节;针对生产过程中产生的废料以及副产品的资源化、无害化利用技术开展攻关,对成熟适用技术推进产业化应用。根据企业提供的证明材料给分,一个案例1分,增加一个案例增加1分,3个及以上案例3分
绿色信息平台建设及信息披露X5(20分)	23	绿色供应链管理信息系统完善X51	10	定量	至少要包括以下四个子系统:①供应商管理信息系统;②绿色物料数据库;③产品溯源系统;④产品回收系统。每个2.5分,共10分
	24	采购及供应商有关信息披露X52	2	定性	披露企业绿色采购、供应商培训与合作、供应商管理等信息。满分2分,根据企业实际披露情况给分
	25	生产过程信息披露X53	2	定量	披露生产企业资源能源消耗、污染物排放、温室气体排放、资源综合利用效率等信息。每项0.5分,合计2分
	26	销售回收信息披露X54	2	定量	披露企业绿色产品宣传、绿色产品销售量、废弃电器电子产品回收信息,包括回收和交给处理企业的废弃电器电子产品种类、数量和重量、返回率等。满分2分,绿色产品宣传和销售披露信息1分,回收处理信息披露1分,根据披露实际情况给分
	27	有害物质在供应链中的流向披露X55	2	定性	披露有害物质在供应链中的流向,满分2分,根据披露实际情况给分
	28	发布社会责任报告X56	2	定性	逐年连续发布,环境责任内容要独立成篇,涵盖企业绿色采购、绿色产品生产与销售、供应商管理、节能减排与环境保护、回收及资源再利用等与绿色供应链建设相关的信息。满分2分,根据发布实际情况给分

参考文献

[1] 何文兴．常见电子元器件的故障原因及检测方法分析．电子世界，2012（24）：33-34.

[2] 李涛．常见的电子元器件检测技巧．电子技术，2016（60）：265-266.

[3] 马雷，邱传良，刘佳．常用电子元器件损坏特点及检测方法．机械管理开发，2012（4）：120-121.

[4] 吴娜．循环经济模式下的绿色供应链的结构探析．长沙：湖南大学，2006.

[5] 康凯，陈红．电子电器产品闭环供应链运营策略研究综述，2016（33）：257-259.

[6] 王清卿．电子废弃物处理集聚还是分散——天津子牙园区循环经济产业成本/收益估算．特区经济，2013：66-70.

[7] 林姝敏．厦门市市场中介组织规范化管理改革实践的研究．厦门：厦门大学，2009.

[8] 杨洋．我国电子废弃物逆向物流管理研究．企业研究，2011：52-53.

[9] 李柯宏．我国电子废弃物逆向物流模式的应用．赣州：江西理工大学，2011.

［10］ GB/T 36132—2018 绿色工厂评价通则．
［11］ 工业和信息化部办公厅．工业和信息化部办公厅关于开展绿色制造体系建设的通知（工信厅节函〔2016〕586 号）［EB/OL］．2016-09-20．［2020.01.10］．http：//www.miit.gov.cn/n1146285/n1146352/n3054355/n3057542/n3057544/c5258400/content.html.
［12］ 工业和信息化部办公厅．绿色工厂评价要求［EB/OL］．2016-09-20．［2020.01.10］．http：//www.miit.gov.cn/n1146285/n1146352/n3054355/n3057542/n3057544/c5258400/part/5258413.pdf.
［13］ 工业和信息化部办公厅．绿色园区评价要求［EB/OL］．2016-09-20．［2020.01.10］．http：//www.miit.gov.cn/n1146285/n1146352/n3054355/n3057542/n3057544/c5258400/part/5258439.pdf.
［14］ 工业和信息化部办公厅．绿色供应链管理评价要求［EB/OL］．2016-09-20．［2020.01.10］．http：//www.miit.gov.cn/n1146285/n1146352/n3054355/n3057542/n3057544/c5258400/part/5258440.pdf.
［15］ 王晓彬，方掩，李璐，等．绿色工厂建设探索与研究．资源信息与工程，2020，35（1）：127-131.
［16］ GB 50678—2011．废弃电器电子产品处理工程设计规范．
［17］ 环境保护部．废弃电器电子产品处理资格许可管理办法（环境保护部令〔2010〕第 13 号）．
［18］ 中华人民共和国国务院．废弃电器电子产品回收处理管理条例（2019 年修正）．
［19］ 国家环境保护总局．电子废物污染环境防治管理办法（环保总局令〔2007〕第 40 号）．
［20］ GB/T 51023—2014．有色金属冶炼工程建设项目设计文件编制标准．
［21］ GB 50681—2011．机械工业厂房建筑设计规范．